海外中国研究丛书

—— 到中国之外发现中国

U0338664

中国早期的星象学和天文学

Astrology and Cosmology in Early China

Conforming Earth to Heaven

[美] 班大为 著

宋神秘 译

江苏人民出版社

图书在版编目(CIP)数据

中国早期的星象学和天文学 / (美) 班大为著；宋
神秘译. -- 南京：江苏人民出版社，2024.12. --（海
外中国研究丛书 / 刘东主编). -- ISBN 978 - 7 - 214
- 29113 - 4

Ⅰ. P1 - 092

中国国家版本馆 CIP 数据核字第 20241ZW156 号

This is a Simplified Chinese edition of the following title published by Cambridge University Press：

Astrology and Cosmology in Early China: Conforming Earth to Heaven by David W. Pankenier

ISBN：978 - 1107006720

© Cambridge University 2013

江苏省版权局著作权合同登记号：图字 10 - 2019 - 559 号

书　　　名　中国早期的星象学和天文学
著　　　者　[美]班大为
译　　　者　宋神秘
责 任 编 辑　李晓爽
装 帧 设 计　陈　婕
责 任 监 制　王　娟
出 版 发 行　江苏人民出版社
地　　　址　南京市湖南路 1 号 A 楼,邮编:210009
照　　　排　江苏凤凰制版有限公司
印　　　刷　江苏凤凰通达印刷有限公司
开　　　本　652 毫米×960 毫米　1/16
印　　　张　39.5　插页 4
字　　　数　434 千字
版　　　次　2024 年 12 月第 1 版
印　　　次　2024 年 12 月第 1 次印刷
标 准 书 号　ISBN 978 - 7 - 214 - 29113 - 4
定　　　价　139.00 元

(江苏人民出版社图书凡印装错误可向承印厂调换)

"海外中国研究丛书"总序

　　中国曾经遗忘过世界，但世界却并未因此而遗忘中国。令人嗟讶的是，20世纪60年代以后，就在中国越来越闭锁的同时，世界各国的中国研究却得到了越来越富于成果的发展。而到了中国门户重开的今天，这种发展就把国内学界逼到了如此的窘境：我们不仅必须放眼海外去认识世界，还必须放眼海外来重新认识中国；不仅必须向国内读者迻译海外的西学，还必须向他们系统地介绍海外的中学。

　　这个系列不可避免地会加深我们150年以来一直怀有的危机感和失落感，因为单是它的学术水准也足以提醒我们，中国文明在现时代所面对的绝不再是某个粗蛮不文的、很快就将被自己同化的、马背上的战胜者，而是一个高度发展了的、必将对自己的根本价值取向大大触动的文明。可正因为这样，借别人的眼光去获得自知之明，又正是摆在我们面前的紧迫历史使命，因为只要不跳出自家的文化圈子去透过强烈的反差反观自身,中华文明就找不到进入其现代形态的入口。

　　当然,既是本着这样的目的,我们就不能只从各家学说中筛选那些我们可以或者乐于接受的东西,否则我们的"筛子"本身就可能使读者失去选择、挑剔和批判的广阔天地。我们的译介毕竟还只是初步的尝试,而我们所努力去做的,毕竟也只是和读者一起去反复思索这些奉献给大家的东西。

刘　东

落其实者思其树，饮其流者怀其源。

———庾信（513—581 年）

目 录

序 言

天空,作为一种宗教直觉,早在宣称诸神居住于天上以前,就显示出其超越性。在这种意义上它是一种定向符号。它的高度和广度将人类置身于一个适宜的领地中——四周有边界、面朝天空中冉冉升起的穹顶,其间星光闪耀,卓越而超然。意识便是天空这一壮丽景象最明确的关联物,我们以这种方式成为人类。

——查尔斯·朗(Charles Long),论述米尔恰·伊利亚德（Mircea Eliade)《神圣的存在：比较宗教的范型》(*Patterns in Comparative Religions*),1958①

在《中国早期的星象学与天文学》中,班大为提供了一个极其有力的方式以理解中国古代有关宇宙的宗教政治图景的实质。

---

① 此处的查尔斯·朗(Charles Long)即 Charles Houston Long,他在 1996 年退休前担任芝加哥大学宗教史教授。米尔恰·伊利亚德（Mircea Eliade, 1907—1986年),罗马尼亚宗教史家、小说家、哲学家,曾在芝加哥大学担任教授。米尔恰创立的宗教研究范式一直沿用到现在,是西方宗教研究的开创性人物。查尔斯十分推崇米尔恰的学术观点,并与米尔恰等人一起创办了《宗教历史》(*History of Religious*)国际学术期刊,这份期刊及芝加哥大学的宗教史学科创建了美国宗教研究的主要力量。查尔斯的这段话出自其《米尔恰·伊利亚德与物质图景》(*Mircea Eliade and the Imagination Matter*)一文,该文登载于《文化与宗教理论》(*Journal For Cultural and Religious Theory*)2000 年春季刊。详情可见 http://www.jcrt.org/archives/01.2/long.shtml。——译者注

我指的是在极少数星象预兆（班大为称之为"星象预兆学"）中所见的中国对人类与天上世界相互作用的敏锐关注。所有汉学学生称之为"天命"的这一天地感应理论贯穿中国的全部历史直至今天；有趣的是这一理论与古代希伯来的天神和其子民之间的契约关系理论非常相似。这种相互感应是中国古代世界观或神话宇宙论的主要内容，在一些中国最早的文献中有详细的阐述，同时也反映在早期的建筑结构和其他具有象征性的形式上。

直至现在，班大为的工作还未受到足够关注的是这种与上天的相互关系的天文学特征和广泛的文化影响。从他突破性的、对关系中国古代政权建立的罕见行星会聚进行的分析开始，他向我们展示了早期的天文学在形成中国文明的几乎所有重要方面所起的作用。对于他在这方面的成果，虽然其他学者已有所提及，但是还没有人以这样一种技术娴熟、富于想象力的解释和极具说服力的方式将所有这些内容进行整合。事实上，这一工作对于理解中国古代的传统具有广泛的意义。此外，正如他在结语中以一种调侃的方式所示，这种上天的和天文学的异常仍在中国诱发、标记、萦绕着当代重要的政治事件。班大为在本书中的研究成果还为研究许多其他古代与当代文明的传统提供了丰富的线索，诸如，"如上所述，所以之下"（古代西方炼金术文献《翠玉录》）的宏观/微观主题在不同世界的文化中产生的许多变种。

我不是以一个汉学家而是比较宗教学家或研究宗教的世界历史的学者的身份来写序的。然而，我对中国传统（尤其是早期道教）的方方面面以及西方学术界关注中国的整个历史〔例如：19世纪研究中国经典的伟大学者理雅各（James Legge）的主要工作〕都十分熟悉。换句话说，我足以鉴别出真正的汉学研究——即这部著作中所展现的清晰而丰富的内容。因此，我在这些简短评论中的任务不是复述班大为作为一位研究中国文本的学者的精湛性，我想强调的是他的研究能力，突破了常常局限于语言学和文化学的传统模式，在拓展中国学术研究范围方面具有创造性和成果性。

这部著作的真正魅力和作用，在于不仅仅展示了班大为作为研究中国早期的学者的能力，同样突出的是他谨慎、批判地运用比较和跨学科的方法进行解释性分析。这方面最值得注意的是他应用了来自于高度专业化的天文考古学的技术和视野，这一学科结合了考古学、天文学、语言学、历史学、古文字学和跨文化的阐释学。这些学科方法尤其吸收了来自于与大众文化发展相联系的比较宗教史的视野。在这一意义上班大为认为"古代中国人对上天的关注并非独一无二"。这使得他转而关注非汉学家的学者[如拉斐尔·贝塔索尼（Raffaele Pettazoni）、乔治·德·桑提拉纳（Georgio de Santillana）、赫塔·冯·戴程德（Hertha von Dechand）和亚历山大·马尔沙克（Alexander Marshak）]，他们辨识出许多不同的早期文明神话、仪式、文化产物中记载的天空的象征性语言与天文现象。

比较宗教学学者米尔恰·伊利亚德在研究宗教信仰的神话—仪式"类型"或"结构"中注意到，人类对自然世界——最原始、最深刻、最超然、光芒四射的天空——象征性意识和想象性反馈总是内嵌于并塑造了一种文化的基本世界观和人生观。这一人类与天空及其相关现象的基础性遭遇或经历——在所有与各种各样的神性观点（如中国古代的上帝）相联系的古代文化中都能发现的这一经验——很快便具有高、飞翔、超越、权力和宇宙秩序的意义。这是因为白日和黑夜天空的苍穹，充斥着闪闪发光和不断变化的天体，这一"高于"并"超越"地平面普通人类的存在

"就在那儿"。所有这些天空可见的现象确实并通常具有启迪性，而且很可能对地面上的现象具有象征性。这一意识取决于人类古老的将天空视为一种具有一定含义从而需要文化上的、反馈的象征的基本能力。对天文学中"之上"的一般认识只有在涉及这些经验是如何富于想象力地（即在艺术和技术上）在"之下"的使男人女人过着有意义生活的故事/神话、行为/仪式、建筑结构/图像形式和社会制度/政治实践中被孕育、产生、传播和实现时，才在文化和人性上具有成效并赋予意义。

班大为极具说服力地给我们展示了古代中国天上和地下之间遍及各处的宗教政治关系，然而他的工作具有更加广泛和重要的启示意义。以他的跨学科方法和对跨文化比较视角的敏锐性可见，班大为力促我们想象和理解我们对天象的应对在我们作为人类的文化发展中居于最核心。对于中国以及其他的古代传统是这令人敬畏的天空图景在许多方面激励着我们的祖先去创造我们至今依旧栖息的人类世界。如伊利亚德对我们的提醒，对天空的沉思在本质上揭示了人类对定义整个宇宙的天象的干涉。阅读班大为的著作就像是一种启示，我们得以认识到了解中国早期的同时也了解了人类本质的源泉。这是一部拥抱闪耀天空的著作，由此激励着我们去更加完善地了解整个世界。"如上所述，所以之下。"

吉瑞德（Norman Girardot）

理海大学比较宗教学大学杰出教授

4

前　言

　　这部著作孕育了许多年。20 世纪 80 年代早期我在中国古代的历史资料中发现了天象的观测记录,这些天象记录如果经过科学的验证,将为确定中国早期王朝的年代建立可靠的、关键性的历史基准。重建中国确定的最早年代公元前 841 年之前的年表这一挑战至少自公元前 4 世纪开始就激励着历史学家。一开始我研究的这些历史记录似乎很不可信,就像一千多年以前发现、长期以来文本流传变化莫测的《竹书纪年》和《逸周书》中的记录一样。然而,随后的研究证实,在许多其他可靠的早期资料也可以发现类似的记述,实际上是文献篡改的结果,而且在这些记述最早出现的时期中国人还没有掌握回推这些古代的复杂天文现象的能力。因此我认为这些记述必定以某种仍知之甚少的方式存世并流传。

　　与此同时,日益明朗的是一些罕见事件尤其是五星会聚,在古代传统中与被称为“革命”的颠覆引起的朝代更替联系在一起,因此固定了其作为星象征兆的地位。我认识到阐明古代的“天命”观和青铜时代晚期的中国人自以为享有的与上天(或上帝)的唯一联系,它们便可以打开一扇新的窗口以了解中国青铜器时代的思想。随后的研究集中在通过研究考古发现、碑文资料、语言、历史、星占学和宇宙论从而发现古代的天文学概念和实践。最后对于天文—星占学和宇宙论在中华文明形成过程中的作用逐渐形成了一个新的观点。这个新观点,经由应用天文考古学和文化天文学的研究方法,证实了在中国古代文明的许多方面都以迄今为止尚未被认识到的方式呈现出对天上事物的关注。

　　最初的突破产生于我得以证实传世本《竹书纪年》中一个公元前1059年五星会聚的时间错误的记载,应是一次真实的实测记录。这一发现激励我进行深入研究,随后我发现,青铜器时代早期的人们已经目睹并在神话中记载了公元前1953年这次更为壮观的五星会聚,5000多年中最紧密的一次五星会聚。古代中国人对此印象非常深刻、足以将天文现象纳入朝代建立的叙述中,开创了一个理解天命观念起源的全新视角——即政治合法性直接由上天授予相应的统治者这一观念。在我阅读经典文献时,"天"作为影响一切的宇宙和精神力量之源泉在宇宙论和政治宗教中的中心作用早就令我印象深刻。只有在我钻研早期中国人关注天空的细枝末节后,宇宙论对文明所产生的深刻结构性影响的深度和广度才日渐明显。

　　不是作为一位受过正规训练的天文学家,而是为了更好地理解我的发现的文化意义,我不得不使自己沉浸在一个新兴的新学科中。对天文学实践、天象知识、星象崇拜、神话和古代文化宇宙论的研究被称为"天文考古学"。实际上,它是天文学的历史人类学,区别于天文学史。1983年,我在史密森学会举办的第一届民族天文学国际会议上报告了我的早期发现,我从此次会议其他报告中学到的内容使我相信,古代中国人对上天的关注并非独一无二;事实上,这是一个人类的共性。我继续为文化天文学和天文考古学中不断增长的文献所激励,这些文献提供了不计其数的观点,告诉我们,我们的祖先在所有时间和地点都对天空中发生的事物——熟悉的可预见周期以及不可预见的短暂现象——展现出浓厚的兴趣。

许多学者和朋友在这些年提供了非常宝贵的建议和意见,我也竭尽全力在这部著作中对他们的工作进行致谢。对于他们,我深深地感激他们以一种合作和共同努力的态度分享自己的知识。但百密而有一疏,在此我先对任何的疏忽表示歉意。

古克礼(Christopher Cullen)给出了许多卓有见地的意见和建议。胡安·安东尼奥·贝尔蒙特(Juan Antonio Belmonte)、林德威(David P. Branner)、毕鹗(Wolfgang Behr)、尼克·坎皮恩(Nick Campion)、李峰、诺曼·吉瑞德(Norman J. Girardot)、金鹏程(Paul R. Goldin)、詹启华(Lionel Jensen)、吉德炜(David N. Keightley)、柯马丁(Martin Kern)、刘次沅、梅杰(John S. Major)、马悦然(Göran Malmqvist)、裴碧兰(Deborah L. Porter)、普鸣(Michael Puett)、高嶋谦一(Kenichi Takashima)、徐振韬、瑞·维特(Ray White)、哥伦比亚大学中国上古研讨班的成员们,以及其他许多无法一一提及的人在专业上和私下对我的大力支持和帮助。尼克·坎皮恩,马克·卡林诺斯基(Marc Kalinowski)、吉德炜和班查理(Charles E. Pankenier Jr.)阅读了部分或整个稿本,并提出了修改意见。我要特别感谢比约恩·维特罗克(Björn Wittrock)——瑞典高级研究学院的院长,并深感荣幸能获得高本汉奖学金,受到瑞典银行300周年基金会为纪念这位伟大的瑞典汉学家而进行的资助。这两个机构慷慨的资助使我能够在完成这本著作的写作时于2010—2011年在位于乌普萨拉的研究院度过非常愉悦和充满回报的一年。

我非常幸运能在一个易受到影响的时代有机会与伟大的学者一起进行研究:诺曼·布朗(Norman O. Brown)——我的启

蒙老师,他启发我去关注精神生活;海登·怀特(Hayden V. White),我从他那里学会了将历史写作视作文学;马悦然和马宁祖,他们对中国语言和文化的启发式教育和深厚的爱开启了我的研究之路;爱新觉罗·毓鋆(Aisin Gioro Yuyun,毓老),教我以古代的方式阅读和欣赏中国经典著作,并逐渐让我深深地钦佩他以及在传播这一教育方面早于他的那些人的学识之深。对于以上所有这些人,这部著作将致以真诚的谢意、深厚的感情和深深的尊敬。对于那些与我最亲密的人,我也欠他们一声感谢,没有他们的耐心和宽容,长期以来我将不能持续进行研究:Eva Pankenier-Minoura,Sara Pankenier-Weld,Emma Leggat,Sophia Pankenier,Simone Pankenier,Birgitta Wannberg,以及永远支持我的妻子翟正彦。最后,我怀着感激的心情要感谢我父母 Elsa Wunsch 和 Charles E. Pankenier Sr. 的恩情,他们尽其所能地满足我对知识的好奇心。

圣佩德罗,伯利兹安伯格里斯岛

鸣 谢

第一章的部分内容是经过许可后对《襄汾陶寺遗址：中国新石器时代的"观象台"？》("The Xiangfen, Taosi Site: A Chinese Neolithic 'Observatory'?")［与刘次沅和萨尔沃·迪梅斯(Salvo De Meis)］的重印，出自 Jonas Vaiškūnas 主编，《民间传统和文化遗产中的天文学和宇宙论》(*Astronomy and Cosmology in Folk Traditions and Cultural Heritage*)（克莱佩达：克莱佩达大学，2008，波罗地大陆考古 10），141—148。

第三章的部分内容是经过许可后的重印，《北极简史》("A Short History of Beiji")，《文化和宇宙》(*Culture and Cosmos*)［8.1-2(2004)，287—308］。《北极简史：对"帝"字起源的附注》("A Brief History of Beiji (Northern Culmen): With an Excursus on the Origin of the Character Di 帝")，《美国东方学会期刊》(*Journal of the American Oriental Society*)［124.2(2004 年 4—6 月)，1—26］。班大为(David W. Pankenier)，《北极的发现与应用》，自然科学史研究所［27.3（2008），281—300］。《中国古代真北极的发现》("Locating True North in Ancient China")，《文化中的天文学》(*Cosmology across Cultures*)，太平洋天文学会(Astronomical Society of the Pacific Conference Series)［409（2009），128—137］。班大为（David W.

Pankenier),《再谈北极简史与"帝"字的起源》,出自伊沛霞(Patricia Ebrey)和姚平主编,《西方中国史研究论丛》(卷一),《古代史研究》(陈致编辑)(上海:上海古籍出版社,2011),199—238。

第四章和第五章的部分内容是经过许可后对《与上天"一致"以及中国文字的起源》("Getting 'Right' with Heaven and the Origins of Writing in China")的重印,出自李峰和班大为主编,《中国上古的文字和文化》(*Writing and Literacy in Early China*)(西雅图:华盛顿大学出版社,2011),13—48。

第六至八章的部分内容是经过许可后对《天命的宇宙政治背景》("The Cosmo-political Background of Heaven's Mandate")的重印,《中国上古》(*Early China*)[20(1995年),121—176]。

第九章的部分内容是经过许可后的重印,《应用周代的分野星占学:晋文公和城濮之战(公元前 632 年)》["Applied Field Allocation Astrology in Zhou China:Duke Wen of Jin and the Battle of Chengpu(632 BCE)"],《美国东方学会期刊》(Journal of the American Oriental Society)[119.2(1998 年),261—279]。《中国上古分野星占学的特点》("Characteristics of Field Allocation(fenye 分野)Astrology in Early China"),出自 J. W. Fountain and R. M. Sinclair 主编的《当代天文考古学研究:跨越时空的对话》(*Current Studies in Archaeoastronomy:Conversations across Time and Space*)(达勒姆:卡罗来纳州学术出版社,2005),499—513。

xxv　　第十章的部分内容是经过许可后对《中国帝制早期的大众星占学和边境事务:一个考古证据》("Popular Astrology and Border Affairs in Early Imperial China:An Archaeological Confirmation")的重印,《汉学-柏拉图论文》(*Sino-Platonic*

Papers)(2000 年 7 月第 104 期),1—19。

　　第十一章的部分内容是经过许可后的重印,《中国上古的宇宙中心及其古老的共鸣》("The Cosmic Center in Early China and Its Archaic Resonances"),出自 Clive L. N. Ruggles 主编,《天文考古学和民族天文学:架起文化间的桥梁》(*Archaeoastronomy and Ethnoastronomy : Building Bridges between Cultures*),《国际天文学联合会会刊》第 278 期(IAU Symposium 278)(剑桥:剑桥大学出版社,2011),298—307。《中国上古的宇宙化都城和神圣场所》("Cosmic Capitals and Numinous Precincts in Early China")的重印,《天文学期刊》(*Journal of Cosmology*)(2010 年 7 月第 9 期),可见网址 http://journalofcosmology. com/AncientAstronomy100. html。

　　第十二章的一部分内容是经过许可后对《中国早期思想中的时间性和时空的形成》("Temporality and the Fabric of Space-Time in Early Chinese Thought")的重印,出自 Ralph M. Rosen 主编,《古代世界的时间和时间性》(*Time and Temporality in the Ancient World*)(费城:费城大学博物馆,2003),129—146。

　　第十四章的部分内容是经过许可后对《欧洲和中国的 1524 年行星预言》("The Planetary Portent of 1524 in Europe and China")的重印,《世界历史期刊》(*Journal of World History*)[20. 3(2009 年 9 月)],339—375。导言的部分内容是经过许可后对 Horowitz, Maryanne 主编的第一版《新思想史词典》(*New Dictionary of the History of Ideas*)(第 6 卷)的重印。© 2005 盖尔国际,圣智学习有限公司。据许可重印 www. cengage. com/ permissions。

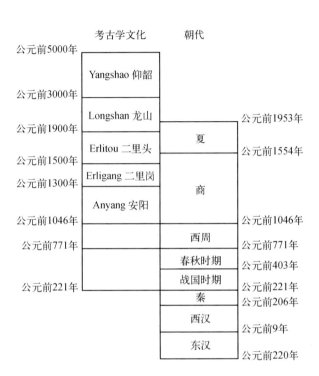

图 0.1 中国上古年表

导　论

　　天空,这一使人敬畏的存在,已经在所有时间和地点给人类文化留下了深刻的印记,如今却很少被关注。直到最近我们才得以构建出围绕我们自身的环境之茧。在美国的街道安装路灯后不到一个世代,拉尔夫·沃尔多·爱默生(Ralph Waldo Emerson)[①]写道:

　　　　有人可能认为,大气之所以被设计成透明的,是为了让人们领略天体这一庄严的永恒存在。从城市的街道上看,它们是如此的伟大! 如果星辰仅仅是一千年出现一次,人类怎么可能去信仰和崇拜,并历代传颂着对曾经出现的上帝之城的记忆! 然而,每晚这些美丽的使者都会降临,并以它们训诫的微笑照亮整个宇宙。[②]

　　爱默生怎能想象出当前的生活状态,大多数都市人都对清澈夜晚一片漆黑的天空这何等壮观的景象一无所知。更少有人曾经亲眼看见这道灿烂的银河,随着时间和季节的不同,其光迹不断扭曲和波动,穿越天际。充斥我们周身的人工制品在把我们与自然环境隔离,赋予我们现代生活方式的同时,如今也将我们与

---

① 爱默生(1803—1882 年),美国思想家、诗人。
② 引自拉尔夫·沃尔多·爱默生(Ralph Waldo Emerson)(1979,第一章)。

天空、我们的原始遗产隔绝到一个史无前例的地步。这不幸的后果是根本不了解天地之间的联系,没有意识到天文现象曾在历史上何等深刻地影响着艺术、神话、宇宙论、文学、音乐、哲学和建筑环境等各自不同的领域。然而,我们还拥有爱默生"上帝之城"的记忆吗?爱默生成为"超验主义"的领路者并不是没有原因的。[①]

南非斯布度洞穴宽敞的岩棚深达 8 米,这反映出 7.7 万年前此处长期被人类居住。[②] 位于法国多尔多涅省莱塞济和哥魔洞,是一个约公元前 1.4 万年的"马格达林雕刻和绘画的陈列所",此处的文化沉积和大量的火石工具,证明了人类从莫斯特文化时期(距今公元前 30 万—3 万年)开始就长期居住于此。纵然对其远亲尼安德特人的认知能力存在怀疑,但可以肯定的是,在旧石器时代晚期创造了惊人的马格达林洞穴艺术的克罗马努人(其脑容量比我们大 1/3)是现代人类,其智力程度不亚于我们。在其所处时代既有概念框架的限制下,他们在迎接自己的时代挑战时展现出丰富的智识。莱塞济的居民对夜晚出现的壮丽景观,那个周天旋转的发光图案有何感观?当他们开始感受到不同星座在特定季节出现的规律性时,他们可能向后代讲述什么样的故事以方便他们记住其赖以生存的鲑鱼或麋鹿的产卵、迁徙即将到来时的天象预示?可能他们并不像后来的古代美索不达米亚人、埃及人和希腊人那样,让他们自己创造出的与季节相联系的神,以及日

---

① 令人惊奇的是,在其权威著作《人类进化中的宗教:从旧石器时代到轴心时代》(2011)中,罗伯特·贝拉(Robert N. Bellah)没有提及天空对古代思想业已形成的深刻影响。虽然他用西庇阿的梦和开普勒的宇宙神秘图景等例子为一切和谐的泉源进行阐述时指出——"事实上会发生奇迹,那个证实了哥白尼日心体系的人确实'听见了'宇宙的声音"(第 41 页),但是贝拉忽视了天空的壮丽景象是"超越性存在"这一古代信仰的灵感源泉,如李白(701—762 年)的诗句:"别有天地非人间(出自《山中问答》——译者注)。"

② 迈克尔·巴尔特(Balter)(2011)。

常生活中的物品之神栖居于天空之中？这种非凡的想象可能还保存在拉斯考①和其他一些地方。正如路德维希·维特根斯坦（Ludwig Wittgenstein）在评论弗雷泽（Frazer）的《金枝》（*The Golden Bough*）时谈道：

> 人的影子，具有一个人类或其镜像的外观，雨、暴风雨、月相变化、季节变迁、动物和人类之间的异同、生死、性欲，简单来讲，一个人年复一年周身所感知到的一切，以最多姿多彩的方式相互联系，这些都会体现（起作用）在他的想法（他的哲学）中，他的行为举止一望便知……②

拉斐尔·佩塔佐尼（Raffaele Pettazoni）把这种影响用更诗化的语言进行表述：

> 天空，以其广袤无垠、循环反复、灿烂光辉，极易在人类心灵中激发出崇高感、无以匹敌的威严和至高无上的神秘力量。天空使人产生对神的崇拜，这种对圣灵显迹的崇拜，最适合用上帝这一概念进行表达。③

1894 年，维多利亚时代杰出的天文学家、天文考古学之父约瑟夫·诺尔曼·洛克耶（J. Norman Lockyer）在其著作《天文学的黎明：古埃及庙宇崇拜和神话研究》（*Dawn of Astronomy：A Study of the Temple Worship and Mythology of the Ancient*

---

① 拉斯考洞穴，位于法国多尔多涅省蒙特涅克村的韦泽尔峡谷。——译者注
② 引自坦拜雅（Tambiah）（1990，60）。北斗曾被想象成各种形状，如勺子、犁、熊、马车、牛屁股，等等。欧文·金格里奇（Owen Gingerich）这位权威（1984，220）认为"在广泛流传的北斗星和大熊（大熊座）的神话联系中，我们得知少量星座可追溯至远至冰河时期"。也可见乔瑟夫（Joseph）（2011）。
③ 佩塔佐尼（Pettazoni）（1959，59）。虽然佩塔佐尼在文章中对其进行限定："另一方面，上帝这一概念并不仅限于天体"，但他所提出的神灵产生的理论目前已被广泛接受。

Egyptians)中第一次描绘了天文学对古代埃及人的重要性,展示了金字塔以非常精准的度数指向天文学上的一个点。他的发现基本上被忽视,直到 20 世纪中期杰拉尔德·斯坦利·霍金斯(Gerald S. Hawkins)[《千古疑云巨石阵》(*Stonehenge Decoded*)(1963)],亚历山大·汤姆(Alexander Thom)[《不列颠巨石遗址》(*Megalithic Sites in Britain*)(1967);《巨石月亮观测站》(*Megalithic Lunar Observatories*)(1970)]和其他人开始发表他们在巨石阵和其他巨石遗迹中发现的天文学阵列的研究。乔治·德·桑提拉纳和赫塔·冯·戴程德在他们备受争议但深具启发性的《哈姆雷特的石磨:论神话和时间框架》(*Hamlet's Mill: An Essay on Myth and the Frame of Time*)(1969)中推测天文学知识在古代以神话进行体现和传播。① 1972 年,亚历山大·马尔沙克(Alexander Marshak)出版了其开拓性研究《文明的根源:人类第一件艺术、符号和标记的认知起点》(*The Roots of Civilization: Cognitive Beginnings of Man's First Art, Symbol, and Notation*),指出冰河时期的古代欧洲居民早在旧石器时代晚期就有可能以简陋的方式记录月相。

天文考古学已经发展成熟为一门学科,这尤其归功于安东尼·阿维尼(Anthony Aveni)、胡安·安东尼奥·贝尔蒙特、约翰·贝尔提·卡尔森(John B. Carlson)、冯·德尔·张伯伦(Von del Chamberlain)、米歇尔·霍斯金(Michael Hoskin)、斯坦尼斯洛·伊万尼诺斯基(Stanislaw Iwaniszewski)、史蒂文·迈克拉斯基(Steven McCluskey)、金姆·马勒维尔(Kim Malville)、迈克尔·拉彭鲁克(Michael Rappenglück)、克莱夫·拉格尔斯

---

① 例如,芭柏(Barber)和巴伯(Barber)(2004);关于精神意识和神话思维的出现,可参看约瑟夫(Joseph)(2011);唐纳德(Donald)(1991)。

(Clive Ruggles)、冯时、莱昂内尔·西姆斯(Lionel Sims)、罗尔
夫·辛克莱(Rolf Sinclair)、瑞·维特(Ray White)、雷·威廉姆
森(Ray Williamson)、汤姆·朱伊德马(Tom Zuidema)和其他许
许多多一流学者示范性的研究工作。更倾向于推测性的早期观
点逐渐被淘汰,愈加重视人种学证据和文化背景、方法和理论的
精确性,以及出土资料的人类学阐释。与此同时,为了更好地界
定天文考古学所需的多学科方法,需要结合部分或全部人类学、
天文学、人种学、历史学、统计学和景观考古学方法。① 随着精准
的天文软件、电脑动画、全球定位系统,卫星图像等数字工具的快
速发展,现在更容易准确地模拟古代观测条件,更好地理解天体、 *4*
星座、天顶和地平线现象,以及全年和几个世纪以来的地形之间
的相互关系。

随着对历史学和人种学愈加关注,出现了一个领域更为广泛
的文化(或民族)天文学学科,该学科关注具有大量人种学证据的
现代和前现代时期,例如波利尼西亚的天文航海,西班牙编年史
记载的印加和玛雅星象知识和历法。全世界的学者已经发表了
许多著名的建筑遗址和文化现象,它们的设计明显与天文学有
关,目前其地理分布已从印度次大陆延伸至中国,从欧洲到美索
不达米亚,从美国西南部到中南美洲,从澳大利亚到太平洋
岛屿。②

在中国,考古学背景下的天文学研究仍由天文学史家主导,
他们很少具备能力能对相关的文化和历史背景进行详尽的探究。
然而,冯时的《中国天文考古学》(2007)和江晓原的《天学真原》

---

① 拉各斯(Ruggles)(2011)。
② 拉各斯和柯特(Cotte)(2011);凯利(Kelley)和米洛(Milone)(2011);马利(Magli)
  (2009)。

(2004)是近年来里程碑式的研究,前者对于最近的考古发现、天文实践和出土实物进行了广泛的考察。尽管中国的天文学遗产非常丰富,然而它们缺乏从一个文化视角进行背景分析。最近的一个例外是孙小淳和雅各·基斯特梅柯(Jacob Kistemaker)合著的《中国汉代的天空:星座与社会》(*The Chinese Sky during the Han : Constellating Stars and Society*)(1997),它开始对早期帝国天文星占学的思想价值进行分析。与使用巨石的英国和欧洲、埃及,或玛雅和印加世界进行比较,他们拥有大量的纪念性石头建筑和古代城市聚落,而古代中国、朝鲜和日本存世的建筑遗址很少,这意味着东亚文化圈的天文考古学研究将非常不同。

虽然中国前帝制和早期帝制时期的纪念性建筑遗址仅限于古代的夯土地基、城墙和墓葬,但是中国的天文考古学研究得益于中国文字记录的持续时间的长久和丰富。因此,中国的天文考古学研究需要兼通汉学与中西方天文学。我希望这本书将证明一个未受过正式训练的天文学家也可以从事这类研究。鉴于天文考古学多学科的内在特性,积极不断地进行学者间的交流是非常重要的,这也是为了丰富自身的学术素养,以应对天文学在全世界各文化中所体现出的多样性。①在茫茫的数千年中,世界各个角落的人类祖先在夜晚注视着天空展示的宏伟景象,尤其是天黑以后出行不安全,一小圈忽隐忽现的人类火光之外就是随处可见的星光闪耀的天空,这种观测大多置身于这种环境中。面对天空的壮丽景观,无论是人类文化应对体现出的巨大差异,还是突

---

① 下列相关的研究资源:国际天文考古学和天文文化学会(ISAAC);欧洲天文文化学会(SEAC);国际天文现象启示会议(INSAP);拉各斯和柯特(2010);联合国教科文组织世界遗产研究可见网址:http://issuu.com/starlightinitiative/docs/astronomy-and-world-heritage thematic-study。

出的共性，都可以从中获得宝贵的认知。必须敏锐地意识到古人所尝试的各种可能性的疆域。

现在毫无疑问，这本著作并不是通常意义上的中国天文学史，它也不是一本讲述天文考古学方法的教科书，这两个方面已有许多更具权威性的论述。① 这本著作是 30 年"中国天文考古学"基础性研究的成果，一个阶段性成就。它意在介绍一个正在进行的研究领域的诸多方面，而不是一个综合性工作。奥托·诺伊格鲍尔（Otto Neugebauer）称天文学为"第一精密科学"。我在书中叙述了天文学及其最初应用于建筑、星占、历法、宇宙论、占卜、政治意识形态、神话和宗教的许多深刻方式，天文学及其应用自最初起便以这些方式塑造了中国文明。与古代世界其他地区一样，中国的天文学和星占学之间没有明确的区分——即使在西方，直到 18 世纪晚期这两者也没有明确地区分开。② 因此正如中国早期实际应用的星占学（或者更精确地说，星象征兆学），天文学将成为焦点。30 年中，我一开始发现的公元前 1059 年引人瞩目的"五星连珠"现象和周朝（公元前 1046—前 256 年）建立之间的历史联系，已经被许多——即使不是大多数——学者确认为事实。天文现象与"天命"这一古代政治宗教概念的历史性联系显而易见，自青铜器时代早期便开始的星象占卜实践也是如此。

在中国，人类活动与太阳、月亮、星辰的协调一致，包括建筑

---

① 例如：拉各斯（1999）；阿维尼（Aveni）（2008b）；马利（2009）；凯利和米洛（2011）；坎皮恩（Campion）（2012）。一个面向大众但具有大量信息的在线描述天文考古学方法的网址为 www. greatarchaeology. com/archaeostronomy. htm♯2。对于该学科近几十年发展的批判性研究，见拉各斯（2011）。

② 如内森·席文（Nathan Sivin）（1990,181）解释道："天文学与星占学之间的区别在于前者强调量的差异，而后者强调质的不同；前者指向物体的运动，后者关注天体与政治事件之间的关联。"

6 规划中建筑物的主要方向确定,可以追溯至公元前第五千纪的新石器时代文化。据中国第一位伟大的历史学家,司马迁(活跃于公元前145—前86年)"自初生民以来,世主曷尝不历日月星辰?"①从青铜器时代早期至公元前第三千纪末期,关注点已经开始聚焦于作为天神"帝"住所的天极附近区域,自此时起,北天极逐渐成为一个具有精神意义的位置点。中国古代天文学极-赤道坐标系统的形成,意味着比起古埃及人或巴比伦人,古代中国人在很大程度上并不关注黄道(太阳、月亮和行星在天空中运行的轨道),更别提对偕日升落现象(例如天狼星在黎明前的第一次升起)感兴趣。这种强调天极的一个显著特征是将北斗七星的手柄作为一个天体钟的指针,并用特定的星座来确认季节及其独特性——苍龙主春,朱雀主夏,白虎主秋,玄武(龟蛇)主冬。

五星会聚,上帝的"臣正",日月食和其他天文大气现象被视为即将发生的、通常是不吉利的事件的预兆。这只是早期文字记载中的少数天文记录,出自商代晚期(公元前第13至前11世纪中期)的甲骨文卜辞,虽然有许多是气象学现象。卜辞中开始出现预示后世中国星占学思想的天地感应理论。由于天是上帝和王室祖先的居所,天上发生的一切可以而且的确深远地影响着人类事务,反之,人类的所作所为可以而且事实上引起了超越人类感知限度之外的超自然领域的反馈。没有真正的分离:这两个"领域"是连续不断的。商代卜辞具有被动性和随机性,除了王室成员及其配偶、军事、臣属,它并不关注任何普通个人,主要着眼于向王室祖先祭祀、收成、战争、疾病等国家大事。

至周朝(公元前1046—前256年)晚期,"天文"已经用二十

---

① 出自《史记·天官书》,北京:中华书局,1959年,第1342页。——译者注

八宿(后世用赤道等分的十二天区)体系来划分天空。如司马迁后来所说:"二十八舍主十二州,斗秉兼之,所从来久矣。"①在周代中晚期的经典"分野"星占学中,这 28 个不均等天区与地上相应的区域一一对应。占卜所用的分野有两种,一种是九州,中国在古代被认为由 9 个州组成;另一种是周代晚期的 12 个战国,它们被其中最残忍的秦相继灭国,最后在公元前 221 年建立了大统一帝国。

对王室星占学家这一职位的典型描绘可见公元前 3 世纪的经典著作《周礼》:

> (保章氏)掌天星,以志星辰、日月之变动,以观天下之迁,辨其吉凶。以星土辨九州之地,所封封域,皆有分星,以观妖祥。以十有二岁之相,观天下之妖祥。以五云之物,辨吉凶、水旱、降丰荒之祲象。以十有二风,察天地之和命,乖别之妖祥。②

在这一叙述模式中,日、月、五星的运动形成了占卜的基础,同时考虑了它们与阴阳和五行的对应(辰星—水,太白—金,荧惑—火,岁星—木,镇星—土)。虽然当代资料很少记载,这部分缘于星象占卜的密传性,已有的证据显示星占学在古代的影响深远而广泛。如汉帝国建立后不久,一个广为人知的格言所说"虽有明天子,必视荧惑所在"③。虽然一个世纪以前有人认为中国星占学受到美索不达米亚的影响,但自此至今,没有任何研究能

---

① 出自《史记·天官书》,北京:中华书局,1959 年,第 1342 页。——译者注
② 此处英文翻译出自李约瑟(Needham)(1959,190,作者有所调整),中文原文出自《周礼》卷六"春官宗伯下",四部丛刊明翻宋岳氏本。
③ 出自司马迁《史记·天官书》,第 1347 页。——译者注

够支撑这一说法。[①] 中国古代的天文学和星占学在许多方面都如此不同,因此中国的天文星占学在其形成时期只能是独立发展起来的,并未受到外界的影响。对于中国邻邦,这些观念主要以离心方式向外传播。

帝制早期,汉代(公元前 206 年—220 年)的宇宙论者将分野星占学与日辰占、阴阳五行学说以及《易》卦象进行融合,发展出系统化、高度复杂的占卜方法,体现在该时期具有代表性的占卜"式"盘中。汉墓中出土的"式"盘的典型样式是有一个圆的天盘,其中间是北斗七星,外圈依次刻有二十八宿和一年十二个月(太阳历)。天盘的中心遵循传统位于北斗斗柄或其附近,将其视为象征性中心和可感知的神圣力量,而天盘下方的四方形地盘圈依次标有刻度,分别对应二十八宿、标记四正四维方位、显示二十四节气,等等。一些式盘用一个磁石做成的勺子代替天盘,设计成在一个光滑的代表天极区域的圆圈内进行旋转。

如其产生之初,二十八宿并未构成一个黄道带,因为除彗星、新星一类天体外,日、月、五星并不会运行至黄道上的所有星区,它们中的许多在古代事实上更靠近天赤道而非黄道。更确切地说,发生在一个特定星区范围内的天文现象,只与其对应地域上的重大事件有关。根据星占理论,这是由于天上和地上的区域是连续的而且由同样的物质"气"所组成。[②] 该理论认为这一连续列中任意一个点的失调有可能引发失衡,这一神秘的过程有点类似于力磁场或共振中的干扰。若有灾难发生,有必要应用阴阳五

---

① 班大为(2014)。

② 考虑到没有一个令人满意的能包含"气"千变万化属性的英语对等词汇,"气"这一词通常不翻译。作者暂时用"materia vitalis"这一翻译试图去表示似物质但又像气的结合物,以生动地描绘"气"所具备的属性。

行的各种对应关系来查找缘由，并采取行动，通过恢复平衡（或用生理学上的术语"稳态"）来禳灾。不同于被称为"星占人种学"的托勒密体系，尽管分野星占学因为了适应政治边界的历史变化以及帝国与周边非中国民族之间的力量均衡而进行了修正，但它从一开始就是以中国为中心的。很大程度上，中国以外的世界除了作为中国的参照物外，在天文和星占学中都没有予以体现。

虽然中国古代星占学并不包含生辰星占学，但是汉代的星占理论由于择日禁忌和神煞信仰的发展而愈加复杂。古代的"太一"祭祀，"太一"即驻于天极中的神圣宇宙力量，在汉代的国家祭祀体系中上升至一个非常突出的位置，其地位可媲美当代的上帝，乘着他的座驾北斗七星绕着天极四处游走： 9

> 斗为帝车，运于中央，临制四乡。分阴阳，建四时，均五行，移节度，定诸纪，皆系于斗。

术士和帝国官员们也在地方祭祀中祈求太一和其他星神的保护。帝国官员们，即使在重大军事战役前夕：

> 其秋，为伐南越，告祷太一。以牡荆画幡日月北斗登龙，以象太一三星，为太一锋，命曰"灵旗"。为兵祷，则太史奉以指所伐国。①

也根据北斗各星的形态，彗星、客星（新星或超新星）的颜色、亮度、运行等，日月食，月掩各行星，云气和各种大气现象进行预测。

公元前第二千纪青铜器时期夏、商、周三代的古代天象先例，使汉代确定了一些星占学周期，尤其是五星连珠以约 500 年的间

---

① 出自司马迁《史记·封禅书》，北京：中华书局，1959 年，第 1395 页。——译者注

隔出现,突出地标志着天——上帝将"天命"的统治权授予新朝。五星的其他排列,或仅仅是五星同时出现在天空的"阳"面,在后世经常被视为对中国有利。不足为奇,在汉帝制的意识形态中,异常、征兆已与国家军政事务紧密地联系在一起,谶纬的流行导致了星占学的政治化。伪造天象记录非常罕见——无疑这是一种自取灭亡,朝廷里的政权竞争保证了伪造的报告将被发现——或者,在事实发生以后,有时很久以后,当历史教训变得更加清晰,可以看出预言在"轮回"。由于星占预言和国家安全之间的联系,只有特定的帝国官员才能进行天象观测;研究历史征兆先例,根据帝国法令,未经授权不准擅涉星占或历法事务,有时还会处以死刑。

随着汉朝灭亡后的几个世纪中佛教的广泛传播,六朝时期(316—589 年)的佛教徒努力整合印度佛教的天文与星占学说,调和各自迥异的命理学门类,如将佛教的"四元素"与中国的五行进行对应。随后,试图在中国和印度的星占学概念之间建立更加复杂的对应,如将二十八宿对应于源自希腊星占学的印度黄道十二宫,将印度天文学中的九曜与北斗七星各星神进行匹配,等等。然而,总体来说,这些融合对历史悠久的中国星占学理论几乎没有影响,尤其考虑到唐朝 9 世纪中期的打压所导致的佛教急剧衰落和随后新儒学的支配地位。同时,外来概念和术语翻译成中文的困难,也阻碍了这一吸收融合,这些翻译常用奇异而古怪的音译完成。

在大众层面,中国星占学通过中亚和海上贸易之路继续吸收外来影响(伊朗、伊斯兰和粟特文化)。广泛流行、四处传播的历书中体现的西方命理学门类(如一个星期七天)自 9 世纪时便有记载,个人化的生辰星占学出现在晚期(自 14 世纪起)的算命天宫图中。但总体上,希腊的星占学说并没有在帝国宫廷的星占实践中产生影响。至现代,最普遍流行的占卜运用古代十天干和十二地支相关的吉凶占卜规则,由天干和地支组成的六十甲子至少从商代起就用于纪日,而算命则以分别代表准确出生日期、时辰等要素的八字为基础进行推算。

宋代(960—1279 年),星占学进入了一个程序化和逐渐衰落的时期,这部分是由于谄媚者和野心家们将其作为宫廷加官晋爵的手段过度利用,部分是由于新儒学的复兴,社会回归到一个更加理性和人本位的立场中。随着对世俗事务和道德修养的不断强调,古代对于"上天"通过天上的征兆干涉人间事务的信念逐渐消亡,"天文"把重点从一种具有风险的预测方式,向一种更加安全和可控制的解释模式进行转移。

因此,自然现象的客观性下降,帝国官员的星占学实践整体上回归为常规观测和记录观察,注重异常天象。对"天文"的解释是儒家化的——或者说驯化的——只能从观测中发现一些经归纳而形成的概念的孤例,而不是基于历史先例做出带有一定倾向的解释。由于其服务于国家意识形态的从属性,中国的星占学未 11 能成长为一门独立的有关天的学识或科学的主体,未遭摈弃时纯粹作为迷信,然而它在整个帝制时期都保持着政治的侍女身份,其职务由太史来履行。

汉代太史司马迁(约公元前 145 或前 135—前 86 年)言:"上下各千岁,然后天人之际续备。"[①]也就是说,这种连续性形成了从远古时期到司马迁生活时代中国文明中的历史元叙事。在

---

① 《史记》,27.1344。原注标 1350 页,有误。

其《天官书》中，司马迁列举了一系列的历史史实来证明其星占历史学的理论。本书中，我将从不同主题进行历史分析，着眼点不在于论证星象的影响在某种物理层面是否真实存在，而是讨论在早期中国人的观念中，认为星象影响通过气来传播，而且这一观念几乎进入中国古代文明的方方面面。

第一部分，"龙时期的天文学和宇宙论"，从新石器时代晚期谈起，此时最早的阶级社会正在形成之中。第一章"天文学始于陶寺"首先讨论了新近考古发现的用于仪式化天象观测的祭台（后文中以"灵台"指称）。这些发现将中国天文学和历学的起源向前推至公元前第三千纪。以最早论及龙与人类社会共生关系的记述为开头，第二章"龙的观测"探究远古时期龙的知识及其象征性，以研究巨大的东方"苍龙"星座的文化作用，回顾其作为最重要的季节指示的意义。然而，与此同时，我们还将探究中国文明这一变化最丰富的图像化标志的可能起源，向公元前第二千纪早期追溯其纪历功能的历史。

第二部分论述星空神话的起源、历法、天象记录和主要方位。第三章"向上帝看齐"考察古代从新石器时代起对轴向基准的要求，展示天空的枢纽，即"天极"如何从很早开始就被视为上帝的居住之所。即使在中华文明的整个形成阶段天极处也没有一颗亮星，古人如何掌握这些最重要的基本方位将在实践层面进行探究。这反而引出了一个过去常写作"帝"的文字的起源假说。

第四章"把上天拉下凡间"描绘了一个原始的中国方法，用飞马座大四边形的星星来定向真北。先秦资料中隐晦地提及，这是周代（公元前 1046—前 256 年）运用的革新技术，精度应该很高。虽然中国古代已经熟知利用太阳投影来确定方位，却更重视用星象来定向天极，这足以证明长期以来对天极以及居住于此的祭祀对象上帝的关注。

第五章"星空的启示和文字的起源",我认为历算天文学促进了文字在中国的发展,并预设了它在后世出现的其他记录形式中的运用,包括公元前第二千纪晚期商代的甲骨占卜。我推测纪日干支符号的押韵是为了将口语的声音与常见的图像符号挂钩,在新媒介中充当言语的模拟物。最后,我认为纪日符号中的天干"丁"①,写作一个小四方形,其灵感很可能来自于飞马座大四边形,与前文中上帝的住所有关,这一点巧妙地揭示了在空间和时间上衡量正确、真实、标准与否的标准,这个四边形还生动地体现了从公元前第二千纪初开始上述几个内涵之间的关联。

第三部分"行星征兆和宇宙论"探究了宇宙论在意识形态和宗教方面的影响,它给本书其他部分提供了最初的灵感,从而成为本书的关键点。第六章罗列了中国口头和文字历史中长期流传的著名天象与重大政治军事事件之间的早期对应。此外,还论述了中国古代的政治宗教图景,依据此图景通过各种宏观或微观的宇宙化对应将这一社会秩序合法化。以上帝(或"天")授予的君权合法化为起点,第七章"超自然的修辞"和第八章"宇宙论和历法"探讨了上帝通过各种天象裁定政权合法性的哲学、思想、心理和实践意义。

第九至十一章在古代文献基础上重建了彼时的天文理论和实践,严格来说,早期的星占学,尤其是行星和暂现天象,可以称之为"星占征兆学"。区别在于:对于天象的实际观测,早期实践通常是在天象出现以后,基于先例推断其意义,而不是为了某一既定行为事先推算天宫图或考虑太阳、月亮或行星位置的影响。当

13

----

① 其甲骨文为"口"。——译者注

我使用"星占学"或"大众星占学"这一常用术语,它便表示这种实践,虽然直至帝制早期,作为政治和军事决策辅助的军事星占学占据主要形态。与西方类似的生辰星占学在早期的中国并不存在。

第九章"星象预兆与城濮之战"在星象区域和地域政体一一对应的基础上阐释了周朝中期的星象预兆理论和实践。集中讨论了行星会聚在公元前632年著名的城濮之战中的作用。而具有开创性、公元前11世纪中期在周朝建立之际出现的行星会聚,被视为在军事策略和时机中扮演了十分重要的角色。

第十章"新的星占学范式"显示了司马迁《天官书》试图从根本上改革传统的星象地域分野星占模式,以适应新的大一统帝国的政治现实。本章研究了赵充国将军及其领导的公元前61年的战役①,描述了这一新的星占学范式在帝制早期最高层战略决策中的应用。此外,我们还将看到沿用至东汉时期(25—220年)的古代秘传的占卜知识是如何融入大众星占学的。

第五部分从第十一章"宇宙化的都城"开始,此章具体地展示了古代以天极为基准进行定向的模式如何固定地成为帝国符号化的一个特征,并体现在帝国都城的实际布局中。第十二章"时间性与时空建构",关注中国古代时空观念以及经验世界的时空是如何建构的。在此背景下,讨论回到了古代重视天极这一主题,并探讨了早期为将宇宙概念化而运用的主要结构性隐喻。其目标,首先是为了展示《易经》中的符号对时机以及时间和空间各种可能性的处理,在帝制早期这已经深入文字文化的许多方面;其次阐明早期使用编织和绳索术语为宇宙形状的概念化提供了必需的结构性隐喻。继中国古代宇宙结构学最重要的基本元素

---

① 即平西羌之战。——译者注

天极之后,第十三章"银河与宇宙结构学"关注银河这一重要主题。银河,即中国的天河,正如第九至十一章所展示的,在星占学和天文学中非常重要。但是,银河的功能很少被研究,而且所知匮乏,尽管其在中世纪的诗歌和民俗中非常引人注目。这篇论述 *14* 简要地探讨了银河在图像学和天文学中的作用,特别是与中华文明神话中的祖先伏羲和女娲有关的内容。

第十四章"中国中古时期的行星星占学"论述了三国的历史记载了汉朝灭亡的最后几十年中发生的行星预兆是如何被当作证明曹丕合法受天命以及魏(220—265 年)建立的上天征兆。类似地,500 年以后的安禄山叛乱受到那些历史先例的深刻影响,尤其是中唐时期发生的又一次重大的五星会聚的影响。这一章探讨了行星征兆、安禄山和曹操经历的比较,以及安禄山赤裸裸的野心都力促他利用这次机会进行叛乱。

第十五章"东西方的行星星占学"是一个对东西方行星星占学进行比较性研究的星占学理论和实践导读。集中讨论了1524年2月发生的五星会聚,对此宗教改革时期的欧洲和中国明朝的星占学家均有预测。研究的目标,首先是为了展示中国与西方的行星星占学理论和实践及其导致的预测的差异;其次,展示了尽管针对星象征兆的理性怀疑主义在不断增长,中国的官僚系统仍要控制住五星会聚所预示的当前政权可能被破坏的危险性,这一天象长期被视为朝代更替的典型象征;再次,通过比较中国明代和德国宗教改革时期的社会政治环境,描绘其完全不同的历史境遇;最后,展示中国长达三千年"把上天拉下凡间"的最后阶段。

希望这本书能展示出"中国特色的天文考古学",能为研究古代中国文明的许多重要方面提供可行的途径。若想全方位了解古人对其所处环境的应对,我们还有大量的工作要做。

第一部分

龙时期的天文学和宇宙论

第一章　天文学始于陶寺

三代以上,人人皆知天文。[1]

在历史记述和传说中,从山西省西部的汾河至黄河陡然向东转向并经过洛阳的区域,便是中国第一个可能的朝代夏的核心地带,夏从公元前约 1953 年至前 1560 年统治着中原地区的西部。[2] 对新石器晚期二里头城市遗址及其对华北大范围文化影响的研究,已经证实公元前第二千纪早期国家的形成已经达到一个较高的水平。1959 年以来对二里头的几十年研究已经证实这是一个高度阶级化的社会,城市中心用坚实的城墙围绕,精英统治阶层,宫殿式建筑,奢侈物品,精致的宗教仪式,早期的青铜器工业,所有这一切都由大量的农产品剩余和贸易网络维持着。[3]

直到最近,较不为人所知的陶寺才走进人们的视野,这个新石器晚期的龙山文化城市,位于山西境内汾河河畔的平阳地区(北纬 35°52′55.9″,东经 111°29′54″)。陶寺包含至少 4 个史前城市遗址,这些城市从公元前约 2500 年至前 1900 年间,在该地点

---

[1] 顾炎武(1613—1682):《日知录》,30.1a。

[2] 公元前第二千纪中事件的定年主要依据班大为(1981—1982)确立的天文学基准,随后在其(1995)论述中进一步优化。其详细的编年与中国夏商周断代工程对公元前第二千纪前半期的编年不同:夏商周断代工程专家组(2000)。

[3] 《偃师二里头》(1999);刘莉(2007)。

屹立了500到600年,鼎盛时期扩张至周围约3平方千米范围。陶寺最初发现的时间约与二里头相同,即20世纪50年代晚期,但直至二三十年之后,平民住址和一个贵族公墓才发掘出土。迄今共发现1300多座墓葬,其中包括陶寺早期的统治者们,表明前王朝时期出现过一个非常大的王国,其贸易触及非常遥远的地点。该遗址的时间和地点,均与随后向王制早期的转变保持一致。[①]

19　　从1999年至2001年,考古学家发掘了一个大型的陶寺中期(公元前2100—前2000年)夯土围城遗址。城址约呈长方形,总面积为28平方千米,这一发现使得陶寺成为中国目前已知的史前最大围城。除大量的夯土建筑基址、墓葬、窖坑等外,考古还发掘了一个铜钟、精美的玉器、斑斓绚丽的彩绘陶器,以及社会贫富分化悬殊的证据。更令人激动的是,书写符号的发现,使人联想起500年以后商代的甲骨占卜文,很有可能这一时期已经使用文字,只是写在易腐朽的载体上,没有留存下来。

　　直至没落,陶寺晚期在文化上已经与同时存在约一个世纪的二里头早期阶段一样成熟。而且,陶寺具备二里头文化的前述所有特征,即便发展可能有些许落后。考古研究显示,陶寺中期约公元前2100年左右发生了巨大的变革,早期的小城镇转变为大型的城市中心,后者在规模上是以前的5倍。陶寺成为龙山文化前王朝时期最大的城市,贵族众多,宫殿规模史无前例。尽管存在很多争议,通过一些元素——时间、地点、文化水平,一些中国学者已经确定陶寺是中国前王朝时期的英雄人物——尧帝的都城。传说和历史都提及,尧征服了一个称为陶唐的方国并在平阳

[①] 谢希恭(2007);刘莉(2007,109—111)。

建立首都。①

进一步向前审视所谓较小的方国,陶寺的征服统治者带来了全新的象征着遥远东边的龙山文化的文化产品——雄伟壮丽的宫殿,富丽堂皇的墓葬,轮制陶器,模制技术,新的陶器器形,彩绘装饰图案,铜器制造,骨卜,玉漆器物和书写符号。墓葬中发现的与众不同的手工制品证实该地区与遥远的诸如东南方 800 公里之外的良渚等其他文化存在贸易往来。但是陶寺人民也从事一些以前中国新石器晚期闻所未闻的新生事物——通过太阳观测来进行仪式化的天文活动和纪时,这一创新使尧的统治至少自公元前第一千纪早期起就声名远播。虽然在这一早期中国北方的这一创新史无前例,但它并不稀奇。50 年前徐复观写道:

> 但我们只要想到古巴比伦在天文上的成就,则中国在唐虞时代已积累有了若干历象的知识,而这种知识,在政治上是有一定的人加以传承,可以不受改朝换代的影响,因而保存了下来,又有什么稀奇?②

在第二和第三部分我将再论述史前时期和青铜器时代的天文定向,这里我们将集中探讨陶寺的考古遗迹(图 1.1)。

2003 年在陶寺中期大城的东南围墙旁边发现了一个围城遗址(IIFJT1),包含夯土筑成的三层同心建筑,总面积超过 1400 平方米。该建筑被复原为一个三层坛台。第三层,即坛台的顶层是一个半圆平台。这三层梯台临近一个贵族墓地,显然被用作祭祀供奉。坛台上有一组弧形夯土墙,面朝南—东南,残留的地基遗迹上排列有 12 个间隔均匀的凹槽,间距约 1.2 米,凹槽宽 25 厘

21

---

① 《左传》(襄公二十四年);程平山(2005,52)。
② 徐复观(1961,14)。

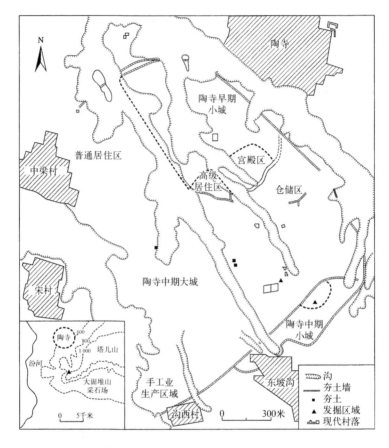

　　　　图 1.1　陶寺中期城址及观象台和贵族墓地布局图,与塔儿山和汾河有关的地点(小插图)。引用刘莉(2007),© 2007 刘莉(剑桥大学出版社授权)

米,目前仅深4—17厘米。对这些凹槽的分析显示凹槽之间突起的夯土很可能是形状约略一致的土柱的遗迹,其横截面为长方形或梯形。考古学家从结构上推测弧形土墙应最先建好,随后以规则的间隔切割完成这些凹槽(图 1.2)。①

---

① 何驽(2004);中国社会科学院考古研究所等(2004);中国社会科学院考古研究所等(2005);刘次沅(2005,129—130);武家璧与何驽(2005);何驽(2006);中国社会科学院考古研究所等(2007);徐凤先与何驽(2010)。

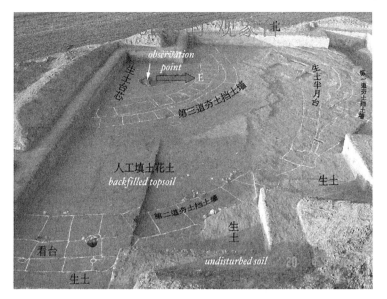

图1.2 陶寺"灵台"。中心观测点位于上层左方箭头所指的台基处。最上层（即第三层）的柱子和孔槽用白粉标出。感谢王巍授权使用该图片,图片源自中国社会科学院考古研究所

天文学与"灵台"

　　由于墙的弧度接近全年东方地平线上的日出方位角范围,考古学家认为这个坛台可能被用于观测日出,同时具备祭祀和天文功能。站在梯形坛台中心,透过基墙中的狭缝进行观测,考古学家发现它们大多数朝向东—东南方向的塔尔山山脊。狭缝E2-E12的方位角范围与冬夏至之间太阳沿地平线的运行轨迹一致。一开始基于计算和实地观测的分析认为狭缝很可能被设计为可以在两至等特定日期观测太阳在地平线上的升起。也就是说,这一遗址被认为是一个祭祀坛和太阳观测台,从而结合了自公元前第一千纪早期起在文献和铭文中均提到的称为"灵台"的神圣建

筑的性质。[①]

何驽带领的考古团队,在 2003—2004 年对这个半圆平台进行了发掘,发掘工作假定夯土台基的设计意味着它可能存在与日出观测或太阳祭祀有关的应用。考古队从平台圆弧的计算中心对半径和角度进行了最初的测量,随后模拟日出观测。观测工作通过制作一个与基墙缝隙各方面尺寸一致的铁架,并在各凹槽上轮流移动这个铁架以确定太阳何时在铁架围成的框中升起。这些田野调研和长达一年的观测完成之后,才在一个以前未曾发掘的堆土台(图 1.3)下发现一个圆形夯土台基。这个圆形小夯土台基的中心,有一个直径 25 厘米的夯土芯,明显地标记出原始观

图 1.3　中心观测点,在图 1.6 中位于点"0"。引自武家璧、陈美东和刘次沅(2007,2)

[①]《诗经》最古老的部分之一《大雅》中有关"灵台"的赋辞,参见后文黄铭崇(1996,234—235)。

测点的精确位置。该观测点离这个台基的计算中心仅相差 4 厘米,强有力地支持了有关其功能的假说。武家璧和何驽计算了公元前 2100 年太阳两至时在陶寺的日出点,证实了这一台基很可能用于太阳观测的假说。进一步与天文学家进行讨论后,考古学家认为,最初的测量和观测工作应该在新发现的观测点、应用更高精度的仪器重复进行。这一工作在 2004—2005 年完成。

结构特点

从这一台基结构的设计中明显可以看出几个显著的因素。首先,太阳不可能在最南端狭缝(E1)处升起,因为它面向地平线上一个冬至日出点以南几度的点,因此狭缝 E1 有可能用于标记月亮的运行位置,即每 18.6 年发生一次的"南至"。第二,狭缝 E2 - E12 有其特定功能,原本用于标记狭缝的列柱可能有 3—4 米高,才可框住远处山脊上的日出点。第三,位于弧形最北边的狭缝 E11 和 E12,明显偏移夯土地基的弧形走势,在方向上还有一点偏离,意味着它们可能建于不同的目的或不同的时间。对该结构的物理特征进行详细分析,显示它建造得非常粗糙,因为夯土地基与狭缝环的弧形并不完全吻合。[①] 尤其是几个狭缝(E1,E6,E9),与原始观测点不能很好地匹配(图1.4)。从观测点进行 *24* 观测,有时候显著地缩小了狭缝缝隙的尺寸。第四,狭缝的数量正好是 12 个,但是间隔均匀,而太阳在 6 个月中沿着地平线在最北端和最南端之间游走,在两分附近的速度快 6 倍于两至附近。根据这 12 个间隔均匀的狭缝区分出的时间段,与后世的二十四

---

① 武家璧、陈美东和刘次沅(2007)。

节气相比,必然在时间分布上有很大不同。①

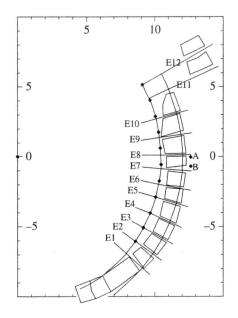

图 1.4　陶寺"列柱"和狭缝比例图。据武家
璧、陈美东和刘次沅(2007,2)重绘

　　虽然现在不能从狭缝 E12 处观测到夏至日出,考虑到黄赤
交角的变化,可以推测出公元前 2100 年通过狭缝 E2 和 E12,在
几弧分的误差范围之内,可以观测到夏至和冬至时的日出
(表1.1)。无论是将日出定义为出地平线一半或整个上切于地
平线,公元前 2100 年的匹配精度都高于现代。因此,天文学分析
已经确证,该遗址可用于在冬夏两至日出时进行观测并举行祭祀
仪式。狭缝 E7 的功能不明,它可能与春秋两分有关。从测量数
据来看,它与两至无关,而且,从狭缝 E7 根本观测不到春秋两分

26

---

① 有趣的事,这里陶寺的遗址结构与秘鲁查基洛(Chankillo)发现的两千年以后的矩
形石塔很像,后者具有类似的功能。盖兹(Ghezzi)和拉各斯(Ruggles)(2007)。

的日出。由于缺乏这一早期有关春秋两分的证据,要想证明狭缝 E7 被用于标记春秋两分,目前还存有疑虑。最早提及四季中点的文献证据,直到一千多年后才出现在《尧典》中,虽然这份文献中的天文内容明显地指向一个更早的时间。从铭文记录来看,商代晚期的甲骨卜文(公元前约 1300—前 1046 年)中开始出现对舜的祭祀,从《尧典》可知,对太阳的直接观测已经涉及决定何时是"日中"。[①] 除了遗址的年代以及陶寺的地理位置与传说中的尧都接近外,没有其他证据可以证明陶寺与这位传说人物之间存在直接的联系。

---

① 宋镇豪(1993)。《尧典》中有关商代四分至的定义,见李约瑟和王铃(1959,248)。马伯乐(Maspero)(1932)认为,中国天文学的起源在公元前第一千纪中期以前无法确定。他的这一观点很快就被公元前 13 世纪商代甲骨卜文中的天文记录的出版所驳斥;李约瑟和王铃(1959,176,242,259,460)。

表1.1 陶寺"灵台"的物理和天文数据

标记	中线方位角	地平高度	狭缝视觉	方位角之差	中线赤纬	公元前2000年左右太阳赤纬	儒略日数	日数	间隔日数	公元前2000年儒略日期(~公历)
E1	131.07°	5.56°	0.36°	—	−28°20′06″	—	—	—	—	—
E2	125.06	5.81	1.23	6.02°	−2335′23.90°	−23.93 8:30LT	990928	179		1999.1.6(~12.20)
E3	118.87	5.54	0.68	6.17	−193216	−19.61	990894	145	34	12.3(~11.16)
					−19.54	−19.59	990962	213	34	2.9(~1.23)
E4	112.68	6.13	0.56	6.19	−142648	−14.62	990877	128	17	11.16(~10.31)
					−14.45	−14.81	990979	230	17	2.26(~2.9)
E5	106.00	7.20	0.70	6.68	−83515	−8.40	990860	111	17	10.30(~10.13)
					−8.59	−8.96	990996	247	17	3.15(~2.26)
E6	100.64	5.78	0.09	5.36	−51441	−5.21	990852	103	8	10.22(~10.5)
					−5.23	−5.97	991004	255	8	3.23(~3.6)
E7	94.46	4.27	0.76	6.17	−11244	−1.51 6:27LT	990842	93	10	2000.12.12(~9.25)
					−1.21	−1.36 6:39LT	991016	267	12	1999.4.4(~3.18)

（续表）

标记	中线方位角	地平高度	狭缝视觉	方位角之差	中线赤纬	公元前2000年左右太阳赤纬	儒略日数	日数	间隔日数	公元前2000年儒略略日期（公历）（~公历）
E8	89.11	3.32	1.02	5.35	23237	2.59	990833	84	10	10.3(~9.16)
					2.54	2.51	991026	277	11	4.14(~3.28)
E9	82.30	2.26	0.53	6.80	72341	7.41	990821	72	12	9.21(~9.4)
					7.39	7.05	991038	292	12	4.26(~4.9)
E10	74.59	1.91	0.61	7.71	132315	13.66	990804	55	17	9.4(~8.18)
					13.39	13.03	991055	309	17	3.13(~4.26)
E11	66.08	1.12	2.29	8.51	193804	19.75	990783	34	21	8.14(~7.28)
					19.63	19.01	991076	330	21	6.3(~5.17)
E12	60.35	1.27	1.42	5.73	2412042 4.20°	23.92 5:19LT	990749			2000.7.11(~6.24)

表阐释：

表1.1展示了据已发表的考古调查数据计算的陶寺"灵台"相关数值。表前6项重新计算了12个狭缝(E1-E12)的物理数值。第5列①列出各狭缝中线的方位角存在约5°—6°的差异，反映出狭缝和间隔列柱的尺寸基本规则。如前所述，这种规则性不受狭缝宽度不一的影响，有时狭缝没有精确地指向中心观测点。然而，这种排列不齐还是影响了狭缝的作用，如狭缝E6的宽度只有0.09°。狭缝E10和E11的偏离非常明显，两者位于基墙的弧形主体部分和北端标记狭缝E11和E12的偏移的列柱中间。这一偏移也改变了该结构的某种规整性，即打乱了两至附近太阳相继出现在各个狭缝中间隔日数的均匀性(表1.1中第10列"间隔日数")。例如，冬至前后，太阳相继出现在狭缝E2-E3中的间隔日最多可达5周，然而夏至附近，太阳相继出现在狭缝E11至E12的时间只经过了2周半。

表1.1第6列列出在第2—4列考古调查数据基础上计算出的每个狭缝中线的赤纬度数。第7列列出公元前2000年7月11日至前1999年6月6日(据Starry Night 6.0天文实时模拟软件)进入狭缝中(以"上切线"进行定义)的太阳赤纬，以及下述三例的当地日出时间：狭缝E2，E7和E12。第8—9列给出自夏至起算的儒略日数和日数。第11列列出在每一个狭缝可观测到日出的"最佳"儒略历日期(括号中为公历)。用完善的VSOP理论②推算出的公元前2000年和前1999年两至(冬至和夏至)和两分(春分和秋分)数据如下*：

冬至六月六日22时26分　儒略日数990563.4347(2000)

春分四月七日17时38分　儒略日数990655.2417

夏至七月十一日0时40分　儒略日数990749.5278

秋分十月九日18时59分　儒略日数990840.2910

---

① 原文写作第4列，有误。

② VSOP theory，即法国的行星理论(Variations Séculaires des Orbites Planétaires)，是一个描述太阳系行星轨道在相当长时间范围内周期变化的半分析理论，可用于推算出高精度的行星轨道参数。——译者注

冬至一月六日 4 时 26 分　儒略日数 990928.6847(1999)

春分－冬至＝91.8070 日；夏至－春分＝94.2861 日；秋分－夏至＝90.7632 日；冬至－秋分＝88.3937 日；年＝365.2500 日

从表 1.1 中，可以看出冬至和夏至时分别从狭缝 E2(δ－23.46°至－24.50°)和 E12(δ23.65°至 24.75°)中恰好能观测到日出。然而，秋分三天后、春分三天前才能从狭缝 E7(δ－0.19°至－1.52°)中观测到日出，如果设计者是通过计算冬至到夏至间的天数并将其对半分来确定狭缝 E7 的地点，那计算结果却适得其反(地球轨道稍偏椭圆所致)。狭缝 E1，其北部边缘在太阳最南点赤纬以南近 5°，因此不可能用于观测日出。有人推测 E1 可能用于观测月亮的主要停变期(major standstill limit)。下面列出表 1.1 时代附近月亮停变期的数据，依据狭缝 E1 的赤纬(δ－28.21°至－28.46°)数据推算：

新月：公元前 1995 年 7 月 11 日 20:44 时

满月日数 14.8 天(100% 可见)

方位角 132.85°，高度角 5.56°＝赤纬－29.56°(月亮地心赤纬－28.21°)

这次新月发生在公元前 1995 年 7 月 11 日夏至，当时满月在狭缝 E1 以南至少两个月亮直径处升起。因此狭缝 E1 不能精确地标识月亮的主要停变期南点。虽然有可能会认识到月亮赤纬达到极大值和夏至同时出现，但就我所见，没有任何历史证据记录过这件事。28

＊非常感谢 Salvo de Meis 教授提供这个数据。

实测考量

对观象台(图 1.4)的布局进行研究，可知该结构可能是如何建造的。弧形夯土墙基在冬至点位置进一步向南延伸，而在北端的夏至点位置变短，这显示出一开始建造者可能没有很好地掌握相应的方位角范围。最靠近冬至点的狭缝(E2-E5)指向最精确(从标记中线的黑点可知),这表明它们以冬至点为基准,其他的狭缝均匀排列,沿东北方向每个间隔约 1.2 米(新石器时代的单位?),一直到中点 E6 处,累计的测量误差导致此处的位置与中心观测点严重偏离。也许,六个月以后才认识到无法观测到夏至时太阳在东北方向的升起,因此额外增建了狭缝 E11-E12,但是由于地点的限制,这一附加建筑不得不与主体割离,并远离中心观测点。狭缝 E11-E12 奇怪的地点和特征,很可能源于其建造时间与 E1-E10 不同。而且,该结构的设计以及 12 个间隔均匀的狭缝,显示出不了解或没有意识到太阳在四季沿地平线升起的日常变化。有趣的是,弧形可能反映出当时认为天空是圆形的,因为一个直线的队列同样可以满足这一需求。除确立两至点和回归年长度以外,很难理解这一布局有任何历法功能。然而,灵台展现的反复试验过程和缺乏一定的熟练性显示出技术上与陶寺新石器晚期文化水平的"适龄"。

值得注意的是,以预测为目的的仪式化太阳观测可能被称为"科学行为"。安东尼·阿凡尼(Anthony Aveni)谈到巨石阵时说"我觉得奇怪的是我们要在'仪式'和'科学'之间进行选择……在一年中以阳光落在一条大道或穿过一个石拱门为标记的时间点举行仪式,这里难道没有一点儿科学吗?"[①]最近,在陶寺进行的太阳观测的科学性得到一座王墓中发现的一个漆杆"圭尺"的支持,其刻度似乎与标准长度的日晷在特定日期的投影长度一致,这些日期由墙上的狭缝决定。初步的研究显示,这个漆杆可能用于丈量太阳在全年中的影长。用现代复制品模拟测量太阳影长,

29

---

① 阿凡尼(Aveni)(2002,67)。有关新石器时代宗教中的"科学"成分,请见大卫·路易斯-威廉姆斯(Lewis-Williams)和大卫·皮埃尔斯(Pearce)(2005,232)。

根据报告,已经确认在狭缝标识的特定日期太阳影长与圭尺上的标记一致。① 同样显著的是,为了方便测量,漆杆圭尺上的刻度用不同的颜色——绿、黑、红——间隔标记,这是一个在当时技术背景下使用颜色的早期特例。②

对陶寺祭司来说不幸的是(或许是幸运的),观象台的规划是有缺陷的。间隔均匀的狭缝形成了一种非常不符合实际天象的历法。标记 12 段长度均匀的空间距离需要间隔不均匀的狭缝。但是这个失败的努力形成了有关自然界、体会到自然界知识的方法以及有关能够获得自然秩序的更深层次含义这类可行性的意义的见解的重要实证知识。

"观象台"的布局和地点以及圭尺的发现,显示出陶寺贵族毫无疑问出于控制和威严,垄断了仪式化的日出观测。而且,他们中有一些就被埋在毗邻灵台的城墙内。进入遗址的唯一途径是穿过墙的一个通道,加上灵台的崇高地位和祭祀功能,这或许解释了遗址是被破坏而不是仅仅被遗弃,可能是当时北方的一个敌对政权石峁发起暴力攻击,导致了这个城市的衰落并最终被遗弃。墓葬、宫殿围墙以及陶寺贵族的其他建筑都遭到亵渎或破坏。③

瑶山和汇观山太阳祭坛

良渚文化中期有两处更早的、公元前第三千纪中期,位于浙江省南部的祭坛,可与陶寺进行比较。1987 年和 1991 年在杭州

---

① 何驽(2009);黎耕与孙小淳(2010)。
② 黎耕与孙小淳(2010,366 页,图 2,372 页相关彩色图片)。
③ 刘莉(2007,111)。

附近进行了第一次发掘,这两个 20 多米高的祭台仅相隔几千米,都以"回"字同心方形进行布局。两者都由不同颜色的泥土层构筑而成(图 1.5)。这两个祭台在遗弃后被用作王室墓地,其中一个有 14 座贵族坟墓。这些装饰丰富的墓葬出土了许多雕刻各异的良渚玉器、武器和其他手工艺品。[①] 瑶山遗址中的墓葬对之前的祭坛造成了巨大的破坏,以至于小山顶虽然还明显地保持着庄严性,但更早的祭台肯定已经不再使用。

30

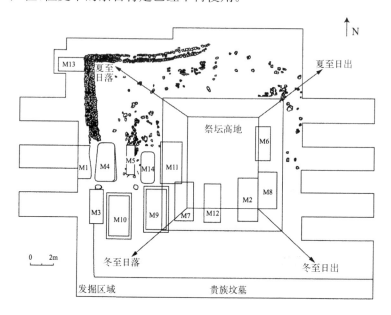

箭头指向冬至夏至时的日出日落方向

图 1.5 瑶山良渚祭台可能的两至方位。据浙江省考古研究所编著(2003,6)授权复制

这两个祭台的原始功能尤其引人关注,因为与陶寺的太阳观测台进行比较,它们的设计非常不同,而且建造更粗陋,但三者可

---

① 有关良渚祭坛出土坟墓的集中论述,见吉德炜(Keightley)(1998,789)。

能有相似的目的。两个良渚山顶台的方向几乎相同,四个角朝向冬夏两至的日出和日落方位。根据考古报告,两个祭台东北角的方位角为 45°,东南角方位角 135°,西南角 225°,西北角 305°。① 虽然由于墓地的破坏,很难精确地确定方位角,而详细的天文考古学分析还没有展开,但这两个祭台特征相同,并被置于特定的位置以清晰地观测各方向上的地平线,这说明两个祭台可能具备历法功能,通过观测太阳在地平线上的运行来确定时间。虽然这里得到的回归年长度其精确度没有陶寺高,但良渚祭台在时间上早出许多世纪。因此对于相同的科学问题,两个相隔 800 公里的新石器晚期文化给出了不同的解决方案。两种文化明显都对观测天空非常感兴趣,对他们的统治者来说这是非常重要的事,他们愿意而且有能力投入巨大的资源来建造并长时期地维护这些场所。对于这些遗址的一些基本功能,存在如下的经典解释:

31

> 杜梅齐尔(Dumézil)②对"伟大时间"的解释,[可被视为]不仅是一种准备向世人公告的典型事件,也是一种秩序以及与日常时间相关的权力的来源。根据这一观点,历法的基本目标就是将宗教时间和世俗时间区分开。时间的两重性,显示出原始仪式的一个重要功能可能是对世俗时间进行干扰,这种干扰几乎废除了世俗时间。幸好时间中的节日组成确立了这一秩序性,新的典型性对比被引入世俗时间,并确保世俗时间具有一定的意义,例如区分何时适合做某事或不适合做某事,适合做这件事或那件事。这种区分可能以天、一月中的不同时间段、月份、季节,或者其他时间段来进

---

① 刘斌(2001)。

② 即乔治·杜梅齐尔(Georges Dumézil, 1898—1986 年),法国语言学家、历史学家。——译者注

行。有人可能认为世俗时间的这一秩序性是一种"渗透",像过去宗教时间对世俗时间所做的那样。但是,在一定程度上,它控制的不只是特定宗教节日的周期性出现,而是那些像赫西奥德《工作与时日》(Hesiod's *Works and Days*)①中的工作本身,而且除了工作,各种各样的日常活动……自身就是世俗时间。②

良渚和陶寺"灵台"详细展示了如何应用太阳在地平线上的运行来确定时间,这一考古发现在中国史无前例,而且给予《尧典》和《山海经》等文献中的历史记载以强有力的支持,这些文献记载了公元前第二千纪对这些地平线方法的应用。《尧典》记录了四个星官在相应的季节上中天时举行的太阳祭祀,这一仪式至少可追溯至商代晚期(公元前 12 世纪—前 11 世纪):

> 乃命羲和,钦若昊天,历象日月星辰,敬授人时。分命羲仲,宅嵎夷,曰旸谷。寅宾出日,平秩东作。日中,星鸟,以殷仲春。厥民析,鸟兽孳尾。申命羲叔,宅南交。平秩南讹,敬致。日永,星火,以正仲夏。厥民因,鸟兽希革。分命和仲,宅西,曰昧谷。寅饯纳日,平秩西成。宵中,星虚,以殷仲秋。厥民夷,鸟兽毛毨。申命和叔,宅朔方,曰幽都。平在朔易。日短,星昴,以正仲冬。厥民隩,鸟兽氄毛。帝曰:"咨! 汝羲暨和。期三百有六旬有六日,以闰月定四时,成岁。"③

32

---

① 赫西奥德,古希腊诗人,有长诗《工作与时日》。——译者注
② 保罗·利科(1985)(Ricoeur)。
③ 此处中文与《尚书·尧典》原文不同,在语序上据英文原文调整,并有所删减。原英文出处和注释为:黄铭崇(1996,608—609)。参见高本汉(Karlgren)(1950a,3);李约瑟和王铃(1959,245)。近来对《尧典》的最佳研究可见黄铭崇(1996,607—610)和刘起釪(2004)。如黄(1996,606ff.)和宋镇豪(1985)所示,甲骨文记载证明了商代在两至(并有可能在其他日期)对太阳进行观测和祭祀。

图 1.6 大汶口陶罐上的刻符,据徐凤先
(2010,373)授权复制

有学者认为山东新石器时期大汶口文化遗址(公元前约
3000 年)发现的几个陶罐上刻的显著符号(图 1.6)与太阳观测有
关。构成这一符号的各组成部分与后来太阳、月亮和山的字形非
常相似。有人认为符号的左边表示对太阳和月亮从遗址东边显
著的五峰寺崮山山脊升起的仪式化观测。毫无疑问这些与太阳、
月亮有所关联的符号,以及陶寺和瑶山都为公元前第三千纪中期
存在这样的观测方法提供了无可争议的证据。这里以及一系列
的文字和文本证据使黄铭崇得出如下结论:"《山海经·大荒经》
中'日月所出入之山'的记载,似乎让我们将所有:包括这个符号
的意义……利用大自然的山峰作为参考点、《尧典》和其他经典文
献中的记载联系在一起。"[1]

---

[1] 黄铭崇(1996,612);还可参考邵望平和卢央(1981);王树明(2006,34—39,58);徐
凤先(2010)。

其他灵台观测

无论在陶寺或其他目前尚未发现的类似灵台建筑,那些观天祭司们可能还观测哪些其他天文现象? 很难想象他们不会认出夜空中那些耀眼的星辰,并试着将一些星座与相应的季节联系起来,正如我们即将看到的那样。[①] 星象家试图确定太阳的回归年长度这一事实,显示他们力图编制一个更精确的季节历表,而不是简单的朔望月叠加。下文第二、第三部分将继续详细分析这一问题,这里仅介绍一个时代相近的著名观测,它具有一种开创性意义,引领那些尚未建立王朝国度的早期中国人对天文现象给予密切重视。

《墨子》(公元前5—前4世纪)中一个著名的篇章有一长段关于夏、商和公元前第二千纪的周朝三代朝代更替的叙述。[②] 段落一开始讲述王权授予大禹,即传说中夏王朝的建立者,叙述了历史上最早的上帝(即"天")对人间事务进行直接干预的先例:

34　　　　昔者三苗大乱,天命殛之。日妖宵出,雨血三朝,龙生于庙,犬哭乎市,夏冰,地坼及泉,五谷变化,民乃大振。高阳乃命玄宫,禹亲把天之瑞令以征有苗。四电诱祗,有神人面鸟身,若瑾以侍,搤矢有苗之祥。苗师大乱,后乃遂几。[③]

---

① 这一点也不奇怪。比较一下伊恩・利勒(Ian Lilley)有关数万年以前从非洲走出的人们的认知和语言能力的结论。利勒(2010,24)。

②《墨子・非攻下》,1.11b;榎一雄(Enoki)与木村寿贺子(Kimura)(1974,33/19/44)。

③ 伊恩・约翰斯顿(Johnston)(2010,189)。即使"天"在中文中有"天空,日期,神明"等不同的含义,而且不可避免地具有相关神学上的意义,出于实际考虑我不愿再找另一个词来代替"天命"的翻译。我希望上下文语境能使读者跨越本书涵盖的时间范围,在"天"从古老的天空神圣性到人格化的干预世间的天神,再到抽象的宇宙力量等各种历史含义中,找到自己的理解。

后世《宋书·符瑞志》(公元5世纪)记载了另一个版本,并增添了其他细节:

> 禹观于河,有长人白面鱼身,出曰:"吾河精也。"呼禹曰:"文命治淫。"言讫,授禹《河图》,言治水之事,乃退入于渊。禹治水既毕,天锡玄珪,以告成功。[①]

现在我们步入史前神话领域,看看这些像创世洪水治理者禹一样的创世英雄,黄河之精,以及《河图》秘籍。即便这些描述是神话性质的而且主题奇特,我认为这是对发生在公元前20世纪一次真实天文事件的神话性叙述。随后将再次回到《墨子》中与商、周王朝建立相关类似事件的叙述,它们明显地涉及天文现象,现在我们将简单地分析上天命令大禹治水、统治国家的一些内容。[②]

《墨子》谈及上天授命大禹的同时赐予他一个珪。他的卓越功勋在于治水、打败敌人、划定边界,进而建立了中国第一个世袭制王朝夏。为了纪念禹杰出的功绩,上帝赐予他一个刻有铭文的玄珪,以昭章其统治乃天命。类似的玉珪通常被授予王室成员和诸侯,作为他们分封授权的象征,周代早期如此,在更早的商代贵族墓葬中便经常见到这些玉珪。无论有无铭文,它们毫无疑问标志着皇家的合法性,如公元前第一千纪前期《尚书·顾命》章中提及的"河图"。同书《禹贡》章也明确地显示授予禹的是一件"玄珪",以昭章他成功治水的功绩。上述第二段引文述及禹曾被黄

35

[①]《宋书》,27A,北京:中华书局,1974年,第673页。

[②] 对于中国古代洪水神话产生的不同论述,可见约翰·梅杰(1978,4);黛博拉·L.波特(1996);鲁威仪(2006b)。最新发现的一个非常罕见的西周青铜器皿豳公盨,引起对大禹这个传说中人物的重新探索,它确认公元前9世纪早期以前就传颂着他的创世功业,并证实他曾被推举为楷模。有关铭文及其意义,可见李零(2002);饶宗颐(2003);李学勤(2002);邢文(2003);裘锡圭(2004);夏含夷(2007)。

河精授予《河图》，以指导如何治水，如我们从后世的传说中获悉，不是通过壅堵的方式，而是依自然地形对水进行疏导。

《墨子》中，这个珪是在"玄宫"中授予禹，早期的注释者认为它是一处世间的庙堂。但是在墨子时代，"玄宫"通常指冬天或天空属"水"的北方地区，即颛顼（前述引文中的"高阳"）的领地。出自公元前 4 世纪星占学家石申《天文》的一段叙述认为"玄宫"一词特指飞马座的一个星宿，通常称为营室，在二十八宿中排名第十三。[①] 进一步向前追溯二十八宿的距星（公元前 6 世纪），我们称为飞马座的星座中最亮的星是飞马座 α 星，通常用它来标记这个重要星宿的位置，而营室包含飞马座大四边形的西边。第四章中将看到飞马座四边形——在《诗经》（第 50 篇，《定之方中》）中称之为"定"——在仪式化天文学和历法中起着重要作用。这里，我们仅需注意在飞马座发生的一次行星会聚并非巧合。

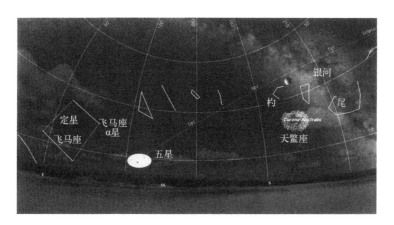

图 1.7　公元前 1953 年 2 月发生的五星会聚。水星与火星非常接近，以至于这里无法显示。飞马座 α 星是标记营室西界的距星（天文实时模拟软件 Starry Night Pro 6.4.3）

36

---

① 《晋书》，11.301。

公元前 1953 年，自 2 月 19 日土星与日偕升，至 3 月 16 日水星与日偕落，连续 27 天五星在黎明前升起。公元前 1953 年 2 月 26 日黎明前的几个小时，中国古代的星占祭司们在等待日出时，可看见五星在东南地平线上几乎同一点即飞马座四边形"定"（图 1.7）的经度线上升起。五星之间非常接近，仅可外切一个直径 4 度的圆，这一会聚如此紧密，面积仅相当于一个拳头，而北斗斗杓围聚的空间至少可填满 4 个直径 4 度的圆。[①]

以下是天文学家韦策尔（R. B. Weitzel）于 1945 年描绘的景象，这是第一次从天文学角度对该景象进行的描述：

> 五星出现了一次壮丽的奇观。水星、金星和火星几乎形成一个三角，土星在左边低一点的位置，木星稍远，在它们的右上方闪耀。公元前 1953 年 2 月 26 日早晨，水星、金星、火星、木星和土星在 3°至 8°—10°的范围内聚集——五星非常紧密的一次会聚。[②]

韦策尔理解这一次会聚。它不仅仅是一次非常紧密的聚集——而是人类历史上最壮观的一次行星会聚。第二、第三部分将进一步证明，公元前第二千纪的星占祭司们不仅见证并记住了这次上帝发出的预兆，而且很可能建立起一套王权的合法性必须经由上天承认这一意识形态。然而，首要的是，这一案例有助于理解早期观测者关注的其他天文现象及其目的。

（37）

---

① 韦策尔（Weitzel）（1945）；班大为（1983—1985）。
② 韦策尔（1945，159）。

第二章　龙的观测

很难想象有任何虚构形象能对一个民族的想象力产生如此巨大的影响,更不用说这一影响如此深远。[1]

龙的形成时期

龙是中国最典型的象征。龙的形象在东亚文化圈简直无处不在,自新石器时代以来就在中国流传。即使中国龙与西方神话中常见的喷火的龙在表面上相似,但它们生来就与西方英雄人物搏斗的怪兽有本质的不同。[2] 中国"龙",这个字的真正含义也很"厉害",象征着巨大的力量和千变万化的能力,同时是一种仁慈的自然力量。本章将从4000年以前人类世界和人们的想象中探寻中国龙这一形象化象征的源头。这一研究认为龙这一象征起源于新石器时代对大自然和星辰的密切观测,是人类为适应环境而进行观测的产物。龙的两面性——巨大的力量和千变万化的能力,来源于与天上星辰和地上领地两者的联系(图2.1)。

---

[1] 韩庄(Hay)(1994,119)。

[2] 对从印度摩伽罗(makara)到安第斯马恰夸伊(machácuay)(感谢刘凤先生对该词中文翻译提出的建议)各种文化中龙这一宇宙化象征的初步调查,请见卡尔森(Carlson)(1982)。

　　此处我不会考察所有龙形象相关的原始资料和研究文献，这一目录已由桀溺(Jean-Pierre Diény)汇编好。① 而且，韩庄(John Hay)发表了对后世中国传统中龙这一隐喻的研究，他以这种让人难忘的方式展示了这一象征的特征：

　　　　[龙]与物质的流动结合在一起，不可分离……可从水和雾中看见……它从水雾中出现，又消失于其中，形象地展示了这一转化过程自身。[龙]任意转化成万事万物，这是它的 *39* 本质。②

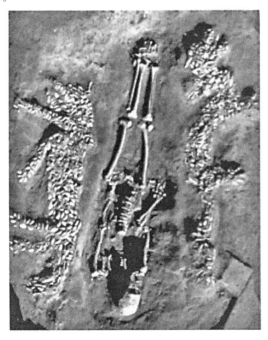

　　图2.1 公元前约3000年濮阳西水坡新石器时期墓葬。蚌壳拼成龙(右)虎(左)，其摆放位置与2500年以后的宇宙观念一致。引自鲁惟一与夏含夷(1999,51,图1.5)(剑桥大学出版社授权)

------

① 桀溺(1987)。最近对中国传统中龙的其他讨论，特别是前古典时期，同见桀溺著作，119,n.2；对于前帝制时期，见阎云翔(1987,131—133)。
② 韩庄(1994,149)。

显然,我们的对象完全不同于欧洲神话中熟知的恶龙。[①] 然而,桀溺和韩庄都没有关注远古时期。事实上,桀溺的研究放弃了追溯这一象征源头的可能性。此处我将展示这些源头并不像所想的那样模糊不清,同时还要讨论龙在后世的象征含义,然而我的主要目标是探询我们从这一形象化象征的源头及其天文学意义中能得到什么。

40 　　首先,在《左传》这部公元前 4 世纪、记录春秋时期(公元前722—前 481 年)两个半世纪周(公元前 1046—前 256 年)分封诸侯争霸的编年史著作中,发现了有关龙的征兆与人类占卜活动如何交织在一起的详细记载。

人物角色和词汇

舜帝:传说中的前王朝时期统治者,约公元前 21 世纪

孔甲:(此处指)半历史性的夏朝(公元前 1953—1555 年)第 14 世德君,舜帝曾禅位于其先祖大禹以表支持。

帝:位于北极的最高神,上帝＊

豕韦:被孔甲所灭的部族,后在商代(公元前 1554—前 1046 年)复兴为驯龙一族;后世也成为一个星官名,约在水瓶—双鱼宫之间。

陶唐:传说中先于舜帝的尧帝的世系

《易经》:公元前第一千纪早期(周朝)的占卜文献,由 6 个阳爻(连贯)和 6 个阴爻(非连贯)组成 64 个卦象,以表示空间和时间

乾:《易经》中第一个卦象,由 6 阳爻组成

坤:《易经》中第二个卦象,由 6 阴爻组成

＊全书我用古克礼(Christopher Cullen)对"上帝"的英文翻译(即Supernal Lord)。

---

① 芭柏(Barber)和巴伯(Barber)(2004)。

昭公 29 年(公元前 513 年)

秋,龙见于绛郊。魏献子问于蔡墨①曰,吾闻之,虫莫知于龙,以其不生得也,谓之知,信乎,对曰,人实不知,非龙实知。古者畜龙,故国有豢龙氏,有御龙氏,献子曰,是二氏者,吾亦闻之,而知其故。是何谓也,对曰,昔有飂叔安有裔子,曰董父实,甚好龙,能求其耆欲以饮食之,龙多归之,乃扰畜龙以服事帝舜。帝赐之姓,曰董氏,曰豢龙,封诸鬷川,鬷夷氏其后也,故帝舜氏世有畜龙,及有夏孔甲②,扰于有帝。帝赐之乘龙,河汉各二,各有雌雄,孔甲不能食,而未获豢龙氏,有陶唐氏既衰,其后有刘累学扰龙于豢龙氏,以事孔甲,能饮食之,夏后嘉之,赐氏曰御龙,以更豕韦③之后。龙一雌死,潜醢以食,夏后,夏后飨之,既而使求之。惧而迁于鲁县,范氏其后也,献子曰,今何故无之,对曰,夫物物有其官,官修其方,朝夕思之,一日失职,则死及之,失官不食,官宿其业,其物乃至。若泯弃之,物乃坻伏,郁湮不育,故有五行之官,是谓五官,实列受氏姓,封为上公,祀为贵神,社稷五祀,是尊是奉,木正曰勾芒,火正曰祝融,金正曰蓐收,水正曰玄冥,土正

41

42

---

① 蔡墨(即蔡国的史官墨)是《左传》中最负盛名的星占学家,以预测精准闻名。正如马克·卡林诺斯基(Marc Kalinowski)(2009,370)所说,晋国的蔡墨(活跃于公元前 513—前 475 年)……是一个著名的学者。他的言论中经常出现大量的天文、历史和仪式传统等知识,他也涉足政治争论。在一则记述中,他的观点被视为评论孔子的一个标准,他因洞察力卓越而获得"君子"的称谓;史嘉柏(Schaberg)(2001,7,108)。

② 《史记》中,除孔甲被描绘成一个衰落王室堕落放荡的晚期统治者外,有关他在位时期的叙述与《左传》此处的叙述相近。据称他的暴政引发了叛乱。倪豪士(Nienhauser)等(1994,37)。

③ 豕韦氏后来成为天上冬宫中央区域的星官名,从而得以永生。

日后土，龙，水物也，水官弃矣，故龙不生得，不然，《周易》有
之，在《乾》之《姤》曰，潜龙勿用，其同人曰，见龙在田，其大有
曰，飞龙在天，其夬曰，亢龙有悔，其坤曰，见群龙无首，吉，坤
之剥曰，龙战于野，若不朝夕见，谁能物之。①

为什么魏献子说再也见不到龙？难道是因为它们比人类更
聪明，从而能躲避捕获？蔡墨的隐晦应答"人实不知，非龙实知"
是理解这段文字的关键。

这是《左传》中暗示"过去曾经有一个辉煌时代"的早期少数
记载之一，那是一切都很成功，一切都很美好的黄金时代。所有
的后世，尤其是我们所处的时代，比起其他时代，最为不幸。② 与
孔子一样，蔡墨"用神话故事或远古传说"来讽刺他自己所处的时
代，但与孔子不同的是，他并不"想建立一个新的学说从根本上改
变对人类本质和权力的认识"。这个"神话故事……只是对历史
的叙述，一旦为我们所知它便与历史产生联系"③。

这种与历史的联系还清晰地展现在与上述龙的引文有关的

---

① "在乾之卦 X"因便利被翻译成"变爻"，即《左传》中"在乾之姤"的简化形式。除了
表示属格外，"之"还保留如《诗经》中"去"的古老含义，在这里作动词用；可参见苏
德恺（Smith）(1989，445)。使用这一专业术语是因为读者对 64 个卦象非常熟悉。
有关爻的论述在后世发展为"天数九，地数六……"。作者对"物之"的翻译"使其
形象化（make iconic）"来源于宣公三年（公元前 606 年）的一个著名段落，即楚庄王
（公元前 613—前 591 年在位）毫无掩饰地展露他意欲继承周统的野心，向周王室
官员（即王孙满——译者注）询问九鼎的大小轻重，而九鼎是王室权力和合法性的
象征。为了教训其鲁莽，这位官员隐晦地说道："昔夏之方有德也，远方图物，贡金
九牧，铸鼎象物，百物而为之备，使民知神奸。……用能协于上下，以承天休。"在
早期的商和周的青铜器中，各种样式的龙形图象无处不在。如卫德明（Wilhelm）
(1959，275，n.2) 指出，《易经》最早的内容没有爻辞"勿用，悔，吉"。如果这些在
当时就包含其中，那么中间四爻韵律工整的四字短语就与《诗经》中的内容丝毫
不差。
② 保罗·利科（1985，22）；史嘉柏（2001，110）；乐唯（Levi）(1977)。
③ 赫伯特·芬格莱特（Fingarette）(1998，67—68)，引自罗伯特（Bellah）(2011，415—
416)。

"五官"古史的叙述中。① 然而,文中战国晚期的词汇"五行"只在这段论述的开头出现过一次,而《左传》其他地方全部使用"五官"和"正"称呼官员,这一用法可以追溯至一千多年以前,我们将在后面第二、第三部分见到。这段叙述的目的不是要通过阐释五行系统来进一步加强蔡墨有关其职业历史的观点。他把当世的学说置于历史脉络之中,只是为了找到一个理论立足点,而不是为了从早先的原初模型中进一步优化五行系统。

此段作者对于历史变迁明显有一个特殊的视角。简单来说,也许可以[根据海登·怀特(Hayden White)的观点]实验性地按照修辞手法进行分类,将他的历史叙述视作讽刺戏剧中的情节设置:一个不为社会接纳或被社会所排斥的主角(因此缺乏戏剧常见的圆满大结局),但是被描绘成比置身于其中的社会更聪慧,与他进行对话的是一个微不足道的代表当时或传统智识阶层的对比式人物,自然与社会之间的关系冲突而非和谐(就像在戏剧中一样);情景化的争论:当前的状况经由与过去相似事件的关联而得以解释,这一追溯直至源头;意识形态是保守的:历史向前发展,将迎来黄金时代,但是变革缓慢,过程曲折。②

从表面上看蔡墨的言论似乎是在直接叙述文化传统,但实际上这个段落的作者在告诫那些有知识的读者此处另有深意。如艾朗诺(Ronald Egan)评论《左传》的作者"将他自己从资料的选

---

① 这一论述被称为"《左传》或《国语》中最全的五行系统"——史嘉柏(2001,109)。史嘉柏继续谈到"以邹衍为代表的思想家,会根据这一线索来追溯五行的发展,但把它们视为历史……邹衍有关各代对应五德的学说,另一方面,是用五行理论来统筹历史,《左传》和《国语》并未这样做"。倪豪士(Wilhelm)进一步谈到《易经》中的爻辞(1959,276):"《左传》中记载的所有卦辞都与我们现在的不同,这很容易用《左传》的版本可能更早来解释。"1973年发现的马王堆帛书版《易经》中除三个明显的音近异体字外(例如:键与乾),乾卦的爻辞一致。

② 海登·怀特(White)(1975)。

择和应用中剥离"：

> 当作者选择放弃自己对事件进行直接评论的权利,将期望他通过其他方式展现它们的意义。让叙事者默默无声的作者必须像戏剧家一样设置他的素材,用形式来阐释内涵。[1]

这段话的含义已很明晰。首先,具体来说,从龙的这段叙述中我们能得出哪些实际材料?

(1) 有个人一开始掌握了驯龙的秘诀,这个秘诀很宝贵,因此被征召去侍奉最早的统治者。他被授予官职、薪水、世袭封号,他的子孙在公元前第二千纪的两个朝代夏(公元前 1953—前 1555 年)和商(公元前 1560—前 1046 年)一直负责驯龙。

(2) 从前,龙被上帝授予敬畏神灵、有德行的统治者。龙的繁盛标志着上天对统治者的认可。

(3) 龙是形象化的"水"物(与云、雷、雨以及地下深渊有关联),有一天"驯龙师"这一掌管水的皇家世袭官制被制度化。兢兢业业做好这一工作非常重要,事实上,它攸关生死。如果当值官员玩忽职守,龙将消失(标志着上帝不悦),预示着这个朝代即将灭亡。

(4) 再以见不到龙,更不用说驯龙了。缘由是召唤和驯龙的秘诀("智慧")被废弃,朝政乱治,君德失范,神灵不再对人类社会微笑。

(5) 龙一定不是虚构的,因为如果它们是虚构的,那

---

[1] 艾朗诺(Egan)(1977,325);史嘉柏(2001,7)。

么《易经》之类的权威经典怎么能在其神谕图景中如此生动地描绘它们的行为？因此，古代能经常见到龙（尽管在左丘明的时代对此持理性的怀疑主义）。

天文学和驯龙

这里将忽视《易经》中历时长久地围绕着首卦乾☰的形而上论述，仅将该卦各爻爻辞视为最早的文本形态：

45

（1）潜龙：勿用

（2）见龙在田

（3）［与此处无关，固不引用］

（4）或跃在渊

（5）飞龙在天

（6）亢龙：有悔

用九，"群龙无首：吉"。

图 2.2(a)　广阔的龙星宿，囊括从处女座到天蝎座各星

图 2.2(b)　马王堆西汉早期墓葬 M1 出土帛画，一人（神仙?）乘龙。
出自鲁惟一和夏含夷（1993,743,图 10.41b)（剑桥大学出版社授权）

　　此处虽然忽略了形而上的论述,但乾卦的爻辞涉及苍龙星宿季节性出现这一点从来不是秘密,即囊括从处女座到天蝎座众星的广阔星座（见图 2.2a)。闻一多是第一个详细阐述这一关联的现代中国学者。闻指出:"古代文献中提及'龙'时,大部分都是指龙这一星座";许多其他学者也认为该卦的爻辞与季节性的天文现象有关。① 我对这些爻辞天文学含义的解释在一些重要部分

46

---

① 闻一多（1993,卷 2,231)。闻还认为乾原本是一个星名,意思是"旋转",专指"北斗"。曾宪七(Hsien-chi Tseng)引用欧阳元（玄）(1273—1357 年)对宋代画家陈容（活跃于约 1244 年）所绘图卷《九龙》的题跋,欧阳明确指出《九龙》的灵感来自于乾卦各爻和《象传》的第一句,曾宪七(1957,23)。见网址 http://scroll. uchicago. edu/artists-short/chen-rong-陳容。第一个阐释该星座与卦象关系的西方学者是德莎素(de Saussure)(1930,378)。也可参考李镜池(1978,198;1981,1—4);班大为(1981;1981—1982,29,n.56);夏含夷(1985);孔理霭(Kunst)(1985,380—419);陈久金(1987);冯时(1990a,113);裴碧兰(Porter)(1996,46,73);夏含夷(1997,9,197—219);冯时(2007,416—417)。

不同于其他学者,尤其是我认为天上的苍龙星宿和爻辞描绘的龙形象具有指示季节的功能,表示一年中不同的阴阳两个部分,这一点以前被忽视。

乾卦,均由阳爻组成,象征纯阳之力:光明,温暖,力量,万物复苏,像龙在地下深渊扰动。中国第一本词典许慎(约58—约 47 147年)《说文解字》对"龙"字注释道:

> 鳞虫之长。能幽,能明,能细,能巨,能短,能长;春分而登天,秋分而潜渊。①

过去,对于龙季节性出现的讨论几乎集中在苍龙星宿在春夏季节缓慢划过南部天空时,它的形态和方向在不断发生变化。根据这类阐释,冬天,当田间农活闲止时,龙应隐藏在地下深渊:"潜龙,勿用。"龙角(处女座 α,角宿一)第一次(日落时)从东方地平线上升起"在田",同时出现了春季的第一次满月(经常被描绘为龙逐或含珠),标志着作物的复苏和春耕的临近。据《左传》(桓公五年,公元前707年),当苍龙星宿升起时应举行求雨的大雩祭祀。②

蔡墨的叙述让我们得以解释《左传》昭公十七年"太昊氏以龙纪,故为龙师而龙名"。太昊是神话中人类的祖先和首领伏羲。《左传》对于"纪"的内容以及如何以龙纪不详,但传统的纪时

---

① 即使在今天,俗语"(阴历)二月二,龙抬头"还被称为早春的"龙头节",那一天要吃"龙鳞饼"和"龙须面",还会举行其他活动,向龙祈求风调雨顺;可与陈久金(1987,208)进行比较。

② 杜预(222—285年)注释说这一祭祀在夏至前一个月举行。儒家经典《论语》(第十一章,"先进")指出该祭祀典礼包含祭祀舞蹈。鲁惟一(Michael Loewe)(1987,195)追溯了这一仪式的古老源头:"理论和实践均展示了从中国文化发展的其他方面均可看出的一个过程;一个相对较晚的以哲学原理为基础的理性化和标准化,强加于一个原始的信仰行为上,这一信仰行为很可能是早期神话的源头。"

48 以日、月和季节来纪事（因此有编年体著作《春秋》），①似乎涉及掌管龙和太阳的季节性观测等星占历法事务的太史。

　　龙星宿初次出现以后，以几乎垂直的姿态跃向天空，直至夏至才趋于平横（"飞龙在天"），此时其 75°的广阔范围在整个南方天空水平展开。② 八月中旬，收获季节来临，龙角和龙头（处女座-天秤座）已经消失在东南地平线以下，整个星座即将再次沉入深渊。本文对于苍龙星宿这一季节在天空中徘徊（"亢龙：有悔"）新的解释是，朔望月和回归年之间已不同步，需置闰进行调和。③ 因此，其他爻辞所表现的苍龙星宿形态的连续变化，当它们与月份吻合时，意味着自然与人事的和谐统一："群龙无首：吉。"④如其所见，叙述在此结束，至此我们已梳理了该卦的所有爻辞。如《易经·系辞》所示："大哉乾元……时乘六龙以御天。"

　　乾卦☰，由阴阳二爻中的纯阳爻组成，其后为坤卦，由六条破折的线即阴爻构成。坤紧随乾就像植物枯萎，日影变长，黑夜延长等一切象征冬天的到来，阴达到顶点的季节。因此坤卦的第一爻谈论的是仲秋："履霜，坚冰至。"事实上，古代的任何农民或星象家都知道，苍龙星宿在寒冷和黑暗的季节绝不会在天空中消失，就像阴从未曾完全战胜阳一样。

---

① "纪"指"纪年"，如《左传》襄公三十年（作者这里有误，英文原文为"昭公"，应为笔误，详情可见后文——译者注）绛县年长者的故事中所示。更多有关"纪年"的含义，请见后文第十三章。

② 第三句（即第四爻——译者注）龙"跃在渊"，表示该星座一半可见，另一半已经没入地平线以下。第三爻爻辞"君子终日乾乾，夕惕若厉，无咎"并不涉及龙的行为。

③ 一个朔望月 29.5 日，12 个朔望月共计 354 日，比回归年的长度少 11 多日。这意味着纯阴历历法将与季节越来越不符，3 年累积相差一个多月。历法中 13 个月置闰以调和阴阳历的记录第一次出现在公元前 13 世纪的商代甲骨文中。

④ 也就是说，回归年与朔望月协调一致。该卦有六爻展示的是不同月份的龙。"群"的另外一种可能性读法是"君"。该卦第三和第六爻被认为象征着恶劣的环境，因此这些解释强调警示和时机——知道何时行动与否。第六或最上的一爻尤其重要，因为它使这一卦得以成形，因此不难将不合季节的（亢）龙的行为与有抱负的"君子"的傲慢进行类比。

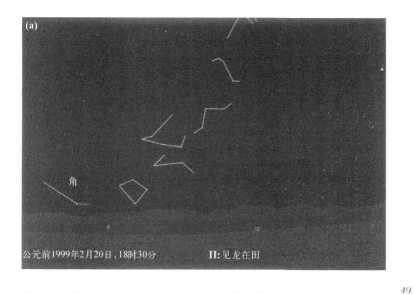

公元前1999年2月20日, 18时30分   **II: 见龙在田**

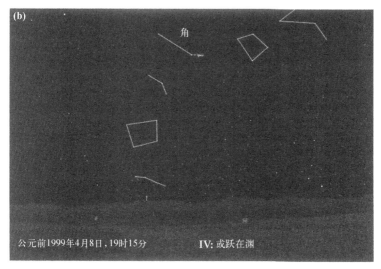

公元前1999年4月8日, 19时15分   **IV: 或跃在渊**

图 2.3(a-d)乾卦各爻爻辞与立春至立秋苍龙星宿在夜晚的形态之间的对应;
日期为儒略历(天文实时模拟软件 Starry Night Pro 6.4.3)

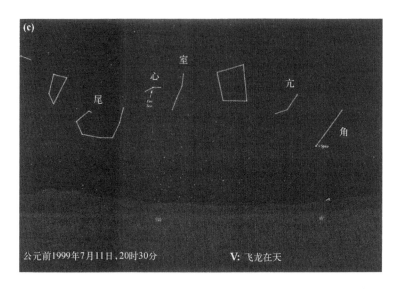

公元前1999年7月11日，20时30分　　　**V**: 飞龙在天

50

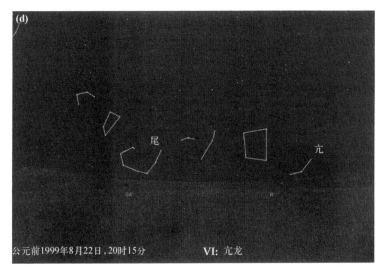

公元前1999年8月22日，20时15分　　　**VI**: 亢龙

公元前1999年10月10日，4时

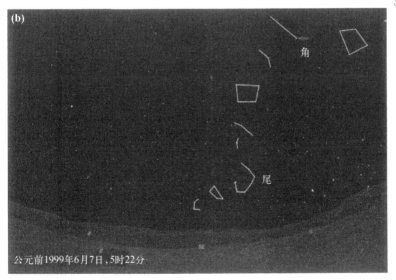

公元前1999年6月7日，5时22分

图2.4(a) 秋分时阴龙之角在黎明前出现；(b) 冬至时陡峭攀爬的龙(天文实时模拟软件 Starry Night Pro 6.4.3)

太阳在星空背景下每日仅前行一度,而苍龙星宿约有 75°之广,依理苍龙星宿不可能被太阳遮蔽达 90 多天之久。在苍龙星宿从西方升起的最后一个晚上,太阳正靠近已沉入地平线之下的角宿(处女座角宿一)。当太阳每日前行一度向东穿过角宿时,苍龙星宿的整个身躯迅速消失在地平线上,因为在一年中的这个时节它的身躯几乎与地平线平行(图 2.3d)。消失一个月左右以后,到十月中旬,有相当一段时间太阳将穿过苍龙星宿,而且角宿将再次出现在东方地平线上,只是在黎明前几小时而不是日落以后。随后,苍龙星宿几乎垂直地升起,像在春夏一样以同样的飞跃路线穿过天空,但仅用了一半时间(图 2.4a 和 b)。古代文献中记载了大量与这种"失时"现象有关的论述,反映出苍龙星宿的形态承担着指示全年各季节的作用,而不仅仅是生长季节。[①]

52   分析一个典型示例。《国语》中有如下论述谈及秋季和早冬时节苍龙星宿的迹象:

> 夫辰角见而雨毕,天根见而水涸,本见而草木节解,驷见而陨霜,火见而清风戒寒。故先王之教曰:"雨毕而除道,水涸而成梁,草木节解而备藏,陨霜而冬裘具,清风至而修城郭宫室。"故《夏令》曰:"九月除道,十月成梁。"其时儆曰:"收而场功,待而毕榯,营室之中,土功其始,火之初见,期于司里。"此先王所以不用财贿,而广施德于天下者也。[②]

---

① 闻一多(1993),高亨(1973)和高文策(1961)都在一定程度上认识到经典文献在论述苍龙等星宿的出现时存在矛盾之处,但没有提出明晰的解释。孔理霭(Richard Kunst)(1985,409)认为仅偶尔出现矛盾;夏含夷(1983;1997)认为根本不存在矛盾。

② 《国语·周语中》2.9a 。在新近发现的汉代石碑中出现了一个非常相似的记载《四时月令诏条》(公元 5 世纪),出自敦煌附近的悬泉置;陈立强(Sanft)(2008—2009,184)。

毋庸置疑,这一系列论述在描述苍龙星宿各组成部分在秋季夜晚升起时的形态。随后,新年最重要的星象和冬至约六周后春季的到来被称为"农祥晨正,日月底于天庙,土乃脉发"[①]。同样,这只能发生在冬季末的黎明前——根据定义,"日月在天庙"指夏历正月。此时,阳处于支配地位,而阴随着冬天的寒冷逐渐衰弱。在此之前,所有秋季和冬季的迹象都被忽略,所有对乾、坤卦象的关注无一例外都集中在农业季节方面:

> 苍龙星宿的可见时期与中国的农业生长季节完全一致,因此龙的运行进程被等同于作物的生长期……当乾与生长季节相联系时,它是很重要的;万物在春天发生,在夏季生长,最后在秋季成熟……这一历法意义在坤卦中很明确。[②]

现在已经知晓为什么苍龙星宿在论述初冰的坤卦第一爻后很久(中间各爻没有论及月份或苍龙星宿),才在第六或最上一爻中展现最后的形态。在蔡墨引述的"龙战于野"仅四个月以后,阴耗尽,该爻表示争战,但是何类争斗?答案同样蕴含在苍龙星宿的动作中,此时它的形态非常特别。从前述可见龙在冬季再次跳起春夏之舞,虽然仅用了一半的时间——那就是,它以陡峭的姿态跃向天空直至完全可见,然后趋于平横、穿过整个南天,直向西方斜落下沉。至此形成这一前后呼应,但这一壮丽的奇观仅在阴历新年前上演。

---

① 《国语·周语上》2.9b。
② 夏含夷(1997,203—205)。随后夏含夷进一步论述了坤卦应如何与丰收相联系,即便它的第一爻描述霜预示着坚冰的到来。"霜降",秋季的最后一个节气,预示"小雪"冬季的开始。《国语》中有"《夏令》曰:'九月除道,十月成梁。'"也就是说劳动季节即将到来。当然,坤卦爻中的时间进程应与乾卦以及其他卦象一致。因此,当坤卦开启丰收时节时,已经过去很久了。在收获谷物以前等霜来毁坏庄稼,这可能是一个很坏的想法。但夏含夷描绘天空中的苍龙星宿(图7.1—图7.7)的所有图像都是逆向的,这也削弱了他的论述。

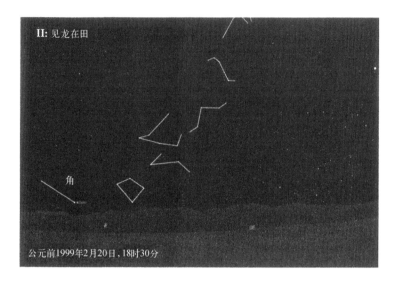

　　　　图2.5　阳龙在初春日落后重现,再次开启这一周期(天文实时模拟软件 Starry Night Pro. 6.4.3)

　　现在再来看一下苍龙星宿的范围,约 75°,从处女座角宿一至天蝎座的尾巴。苍龙星宿在 1—2 月西沉以后,不是像秋分以前那样完全从天空消失,龙角角宿一(处女座 α 星)在黄昏将再次出现在东方地平线上(图 2.5),而第二个龙将在相同的日期于后半夜至黎明时分在西方天空出现(图 2.6)。即使新一年年初同时在黎明前和夜晚天空出现的苍龙星宿的形态有所不同,两个龙可被视为在天空中同时存在,一阴一阳,互相斗争。这一现象解释

了为什么坤(阴)卦最上爻以战斗结尾"龙战于野"①。它们的争

① 蔡墨删减了这条爻辞,其后接"其血玄黄"。闻一多(1993,229—230)认为将"玄黄"翻译成"黑和黄"是错误的。"玄"是深红,接近黑色,是已凝固血液的颜色,而"黄"(黄土的颜色,现在的"黄")涵盖从淡黄到棕色所有的颜色。此处,或许是许慎《说文解字》提及的龙"能幽能明"这种多重性格以及它们血液的不同颜色,黑(阴;水)和黄(阳;土)的起源。马王堆墓葬画像(公元前 2 世纪)中不同颜色的阴—阳龙(红和淡黄色),可见汪悦进(Eugene Y. Wang)(2011,53,57)。商代甲骨卜辞中的阴—龙星,可见饶宗颐(1998,44)。

斗象征着阳在土壤中萌动，准备在龙沉入深渊时接替阴。对于这
一交接，"图注"《象传》有："龙战于野，其道穷也"——意味着这一
周期已经结束，新的循环即将开始。

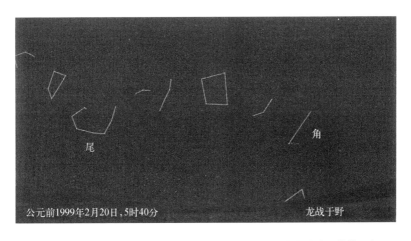

图 2.6　初春同一天，阳龙龙角日落时在东方重现，阴龙徘徊在黎明前的天空（天
文实时模拟软件 Starry Night Pro. 6.4.3）

　　作为一个形象化的创造物，龙是千变万化的。它在展示阴阳
原理方面独占优势，即使不是均衡体现，至少已充分展示了阴能
胜于阳，就像光和温暖不会从冬季的深渊凯旋。龙是典型的水中
之物，驱云降雨，潜藏于地下深渊，属阴。与此同时，龙象征着初
生的阳，于春季一跃而起前在地下萌芽和发展，是整个夏季的代
表性星象。（所有有关苍龙星宿的飞跃形象，以及后世插上翅膀
的奇异造型，都来自于该星座的形态。）在这样一种全面的阐释
中，《易经》前两卦"乾""坤"体现出的变化过程让人想起这种覆盖
全年季节变化的双重属性。

　　最后顺便指出，有可能蔡墨对失传的有关龙的学问的了解不
止如此——"人实不知，非龙实知"。作为一个星占学家和皇家术

56 士,观察和解释星象是他的职责。① 再看一下他对所引《易经》爻辞含义的评论:"若不朝夕见,谁能物之?"在一个看似怀疑龙的存在的评论中,蔡墨展现出对天上苍龙星宿行为的详细了解——"若不朝夕见"。这一表述可谓陈词滥调,但是它并不妨碍作者表达字面意义上的反话。通过这种方式《易经》中的引文在叙述中被转化,从一个深奥的预兆到一个明晰的天象——对潜在读者的一个眨眼和点头。

我们现在已经知道,公元前 2100 年在陶寺,还有可能更早几个世纪以前在瑶山和濮阳(图 11.10),中国人已经有规律地在东方地平线上观测日出,自然他们也观测到了苍龙星宿各星季节性的出现。② 有力的证据显示至少早在商代求雨仪式就应用了龙的形象。③ 显然蔡墨(当然左丘明也一样)完全了解苍龙星宿指示全年时节的功能。战国时期是一个理性和怀疑精神不断增强的时代——罗伯特·贝拉(Robert N. Bellah)称之为"神话反思"——压倒了占卜行为。对于这种怀疑精神,马克·卡林诺斯基(Marc Kalinowski)谈道:

> 《传》(如《左传》)授予谋士和太史的职责无疑给传统数术带来深刻的信仰危机……那就是,不经意地,《传》中可能出现了对个人命运的第一次哲学性思考。④

梅杰(John S. Major)也论及对类似宇宙神话的不断怀疑,正发生在《左传》形成的时代:

---

① 夏德安(Donald Harper)(1999,23)指出:"司马谈和《汉书·艺文志》把阴阳观念的出现归因于……通晓天体和季节循环知识即星占和历法知识的人。"
② 班大为(2008a,141—148)。
③ 裘锡圭(1983—1985,9—10);饶宗颐(1998,36)也提到了雌(阴)龙或龙母的祭祀。
④ 卡林诺斯基(Kalinowski)(2008,394);可与贝拉(2011,275—276)进行比较。

显然,周朝末年和汉代初期的自然哲学家对五行相生中体现出的宇宙结构图景,数字主义以及道的运行进行了一些非常复杂和抽象的反思。同时……神话中保存的前哲学概念被记录下来。毫无疑问战国时期的读书人可以理解这些宇宙神话,但是长久以来科学发展前沿并不关注这些;这些神话仅在宗教层面被不断解读。最后这些用神话语言写就的科学内涵已经失传,以至于东汉的学者提出疑问,如果天圆而地方,则是四角之不掩也。[①]

现在将这一论述与当时《管子》将龙的千变万化(此处指形象化的创造物而不是星宿)视为神话的讨论进行对比:

> 伏暗能存而能亡者,蓍龟与龙是也。龟生于水,发之于火,于是为万物先,为祸福正。龙生于水,被五色而游,故神。欲小则化如蚕蠋,欲大则藏于天下,欲上则凌于云气,欲下则入于深泉,变化无日,上下无时,谓之神龟与龙。[②]

显然,战国时期(公元前403—前221年)苍龙星宿已经从蔡墨星占历法科学(现在是图表化和数学化而不是观测性的)中的主要角色转变为神话和秘术中更为熟悉的常见角色。而且,《管子》甚至否认它的季节性。随后在汉代,龙成为皇帝最高权威和统治的象征。这是必然的,据《淮南子》"天神之贵者,莫贵于青龙,或曰天一,或曰太阴"。以这种方式,龙成为一个星神和一种宇宙准则。

[①] 梅杰(1978,14—15)。对于《大戴礼记》中天圆地方之间的矛盾,可见李约瑟和王铃(1959,213)。

[②] 《管子》第14篇"水地"。

辰，指示时节的天上之龙

1978 年，中国考古学家发现曾国的一位诸侯之墓，墓内装饰丰富，墓葬年代为公元前 433 年。根据墓葬中发现的大量物品，确认墓主为曾侯乙，墓中有一件漆箱，饰以星象和星图，盖面绘有二十八宿（图 2.7）。盖面正中，二十八宿围绕着一篆文书写的大"斗"字，代表北斗。斗的两边绘有一龙和一虎，各自代表天上的东宫和西宫星宿。相应的漆箱东西立面还绘有东西两宫的主要星官，东边为天蝎座心宿大火星，西边有猎户座。[①] 用来放置礼仪制品的漆箱很可能与季节性典礼有关，这些季节性典礼的举行时间由星辰以及《尧典》中所谓统治者的"敬授人时"决定。无以计数的古代文本都展示了那些重要的季节性星官指示时节的功能。

公元前 4 世纪另一部与《左传》有关联的著作《国语》(《晋语》)中，位于苍龙星宿心脏部位的火星被称为"大辰"，这一用法在其他地方也经常出现。因此引发了一个问题，星占历法中的"辰"为何义？辰，常用于表示十二地支之第五支，也经常用于表示时间（时辰）、日期（日辰）、会合（日月会合或新月）、十二次之第五次。[②] 显然辰与天空中的运行位置和时间有关，基本上两者是同一回事，以日月来说，它们的位置便决定了日期。

这一点《公羊传》中的一段话阐释得很清楚，这是一本公元

---

① 冯时(1990c，113)，英文原文标注为(1990a)，有误。猎户座为该星区的现代天文学名词，据冯时(1990c，115)，绘于漆箱西立面的图为隶属猎户座的觜、参两宿。——译者注

② 刘起釪提供了一个具有启发性的注释，出自著名的宋代学者沈括(1031—1095年)《梦溪笔谈》，其中谈及"辰"的引申含义；刘起釪(2004，46)。

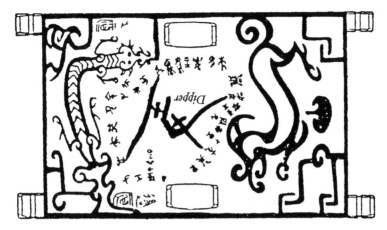

图 2.7 约公元前 433 年曾侯乙墓出土漆箱盖星象图中的龙。引自鲁惟一和夏含夷(1999,820,图 12.1)(剑桥大学出版社授权)

前 3 世纪形成的注释经典《春秋》的问答式著作。《公羊》(昭公十七年)注释"大辰"有:"大辰者何?大火也。大火为大辰,伐为大辰,北辰亦为大辰。"何休(129—182 年)对这一注释进一步解释:

> 大火谓心,伐谓参伐也。大火与伐,天所以示民时早晚,天下所取正,故谓之大辰,辰,时也。①

从《公羊》的这段话中,李约瑟指出文本中的"辰"类似于"天上的指针"。② 刘起釪进一步指出这些重要的天上指针都指示季节变化,因此它们的首要功能是指示时间。刘讨论了"辰"在不同历史阶段的引申含义,指出它原始的含义是"星",类似于aster 在拉丁语中表示"天体"的原始含义。从《春秋》中这段话和《公羊传》的注释中,以及约莫同时期的曾侯乙可以看出,漆

---

① 《春秋公羊传何氏解诂》昭公十七年;可与冯时(1990c,110)进行比较,英文原注标为(1990a),有误。
② 李约瑟和王铃(1959,250)。

箱盖及侧立面上描绘的星象是三大辰或者说三个主要的指示时节的星象。

大火星（心宿二），龙的心脏，是这个星宿最突出的一颗星。有时，心宿两边的星宿作为辅助性的季节指示者，也被囊括在广义的大辰的范围内，古代辞书《尔雅·释天》有："大辰，房心尾也。大火谓之大辰。"①郭璞（276—324 年）注释道："龙星明者，以为时候，故曰大辰。大火，心也，在中最明，故时候主焉。"②大火星的主导作用在曾侯乙漆箱中通过东立面上大写的篆书"火"得到鲜明地体现。③

从上文可以看出《国语》保存了《诏条》的一些细节内容，它们以龙各组成星官的相继出现为基础，旨在准确地安排从收获季节至冬至期间的人类活动。一旦秋分后秋冬季节的阴龙出现在黎明前的天空，它便完美地展现了自身指示时节的功能。④ 最后，《国语》中也有一个段落描绘了太史令（我们的蔡墨）如何在初春观测自然现象的基础上，宣告适合开展农业活动的时间。⑤ 一个重要的时节指示者是称之为"农祥"的星官在黎明时上中天，它是天蝎座房宿的另一个称谓："农祥晨正，日月底于天庙，土乃脉发。"韦昭（204—273 年）注中解释了与日月有关的内容："天庙，营室也。孟春之月，日月皆在营室也。"⑥对公元前 4 世纪二月的

---

① 《史记·天官书》中有类似的简洁说法："东宫苍龙，房、心。"
② 见裴骃《史记索引》；《史记》，27.1296，n.2。
③ 冯时（1990c）详细分析了漆箱上描绘的所有星象。也可见武家璧（2010，90—99；2001，90—94）。
④ 相关的证据出自商代甲骨文，见饶宗颐（1998，32—35，37）。
⑤ 《国语》，1.6b - 7a.
⑥ 同上，韦昭的注释可从《说文解字》得到佐证："辰，震也。三月，阳气动，雷电振，民农时也。物皆生。辰，房星，天时也。"类似地，《说文》有"辰者，农之时也。故房星为辰，田候也"。

天文现象进行检验，证明这一描述是正确的：黎明时房宿四颗星在正南方上中天，太阳在营室（当然，这一现象不可见）。

　　不仅《国语》中的天文内容在技术上是正确的，而且"农祥"这种历法准则的应用通过曾侯乙墓出土的另一个漆箱盒上的文字得以确认。这第二个漆箱盒上有漆书文字"民祀唯房，日辰于维，兴岁之驷"①。在中国青铜器时期的夏商周三代，"农祥"或天驷（新月标志着天庙中春天的开始）在黎明时分上中天都预示着春 *61* 天的到来。②

---

① 在一篇讨论著名的"二十八宿"漆箱立面图像的论文中，武家璧（2001）认为一组四星是房宿天驷。武进一步推测漆箱和漆有文字的漆箱盒原本用于《国语》中提及而且在第二个漆箱盒文字中有记录的"农祥"典礼。

② 曲理查（Richard S. Cook）（1995）讨论了辰和蝎在形态和词源上的早期联系，指出这个字以及相应的星官起源于西亚。曲的论证存在一些问题。例如，引用《史记·天官书》中的"营室为清庙，曰离宫，阁道汉中四星，曰天驷"时，漏掉了阁道和汉中之间的句号。曲（第25页）误解了这句话，认为天驷是第十三宿营室（飞马座）。由于这是所有经典文献中唯一一段将天驷置于这部分天区的叙述，要么这是另外插入司马迁《天官书》中的一段文字（见裴骃《索引》中的注释），要么它与《天官书》中之前论述房宿的内容有所颠倒。其他所有早期的文献，自公元前4世纪的《国语》开始，都将天驷视为房宿，天蝎座房宿的四星正好横跨银河。由于这一误解，曲氏将辰与天驷分离，进一步误解了一千多年以前的商代甲骨文。例如，在卜辞（HJ28196c）"乙未卜暊贞辰入史马，其［X］中，曲氏将"史马"相连并解释为"驷"，将"辰"释为"天蝎座"，他的解释为："第20日，卜者暊占曰：天蝎座下沉时，飞马座大四边形［升起，我们向其祭祀］：关于耕种收割收成的占卜。"另一种解释是"乙未日灼兆，暊占曰：辰送赤马［以致敬］。它可能是［文字无法辨认：有利的？］"。此处的史是赤的同音字，因为赤马在同一片卜壳上的不同卜文中反复出现。在通用的卜辞格式"X如Y"中，X都是地名或人名。其他商代甲骨文将辰作为地名，饶宗颐（1998）举出若干将辰作为天蝎座星官名称的例子。无论哪种情况，天驷都不是飞马座。从金石学和语言学角度分析商代甲骨文中的"辰"指代参（下弦月时可见），可见赵纳川（Smith）（2010—2011）。曲理查对天文术语从美索不达米亚传播到中国的推测也未从中国天文学史的角度进行详细考证。李约瑟很早就曾指出"事实上中西方相关星座的古代名称之间并不存在对应"，"符号性术语之间的对应非常少，而且相同星群的认识方式不同"。李约瑟和王铃（1959，233，271）；尤其可见约翰·斯蒂尔（Steele）（2007）；班大为（2014）。

中国龙的自然主义源头

二里头时期和陶寺的墓葬中有大量精美的龙制品。在新寨发现的介于龙山晚期和二里头早期文化之间的陶器碎片上刻有龙早期的图像。二里头出土的造型优美、内镶绿松石的青铜片，为龙脸和龙杖部分。从陶寺出土龙的图像可以推测二里头龙的形象，如著名的"龙盘"上的原始图像，但是二里头制品的艺术和青铜工艺高于陶寺。从二里头墓葬中发现的龙制品和青铜钟来判断，它们由地位高贵、拥有特殊技能的个体使用，可能是蔡墨回忆的那段历史中传说的"驯"龙师或官员。从考古学家那里得知，这些龙制品不是君主所有。[①]

现在有一个问题，对苍龙星宿天文功能的记载会早至何时？虽然各种各样的龙形象几乎在中国青铜器时代早期的艺术中随处可见，但它们抽象、叠复的描绘长期阻碍了对其自然主义起源的探讨。有些艺术史家认为常见的"龙"面具式的饕餮图案是幻想的，纯粹人类想象的产物。另一些在证据不足的基础上赋予它们"萨满式"的内涵（见下栏"饕餮"）。[②] 一些学者还提到一个更实际的、龙与濒临灭绝的扬子鳄的联系。[③] 事实上，在公元前第二千纪早期龙的形象遍及各处的中国北方，气候远比现在暖和潮

---

① 朱乃诚(2006,15—21,38)。
② 这些解释包含从"萨满教式"的故弄玄虚到对任何图像含义的彻底否定等。见罗樾(Loehr)(1968,12—13)；约旦·帕佩尔(Paper)(1978,18—41)；张光直(1983,56—80)；韩庄(1994,125—126)；艾兰(Allan)(1991,124—170)；白克礼(Bagley)(1993)。据韦陀(Roderick Whitfield)(1993)，学术界没有形成一致的图像学解释。拉吉斯拉夫·凯斯特纳(Kestner)(1991)的研究很有说服力。
③ 裴碧兰(1993,53—55)；冯时(1990a,114)；伊世同(1996,28)。

湿。大量的文献和考古证据显示,扬子鳄与亚洲象、犀牛以及其他亚热带动植物在过去的中国北方很常见,尤其是东边的沼泽地带。① 距离扬子鳄当时的常居范围约 500 公里,在大汶口新石器时代的墓葬中发现有打磨过的扬子鳄鳞,②在陶寺发现了带骨头的扬子鳄皮制成的鼓,这些考古发现证明了这一物种曾出现在东边的黄河流域,并显示出扬子鳄在贵族祭祀和贸易中的重要性。③ 纵观中国历史,击鼓是仪式中的一个基本环节,用来吸引龙灵降雨,很可能模仿了扬子鳄在春季发情期"轰隆隆"的吼叫。④

(a)

---

① 李约瑟和王铃(1959,464,n. b);吉德炜(Keightley)(1999a)。孟子曾(3B/9)谈到"尧之时,水逆行,氾滥于中国"以及大禹"驱蛇龙而放之菹",可能代表了对这一气候不同时代的文化记忆。

② 裴碧兰(1993,53—55);刘莉(2007,122—125)。

③ 刘莉(2007,122—125)。

④ 对于陶寺出土的鳄鱼皮鼓,可见张光直等(2005,94)。鳄鱼皮鼓的使用可以径直追溯至周代,这点可从《诗经·灵台》一篇得到证实:"王在灵囿,麀鹿攸伏。麀鹿濯濯,白鸟翯翯。王在灵沼,于牣鱼跃。虡业维枞,贲鼓维镛。于论鼓钟,于乐辟雍。于论鼓钟,于乐辟雍。鼍鼓逢逢。矇瞍奏公。"尤其值得注意的是周代早期这一仪式在明堂中举行,这一仪式非常复杂,最能体现星占历法的象征性和仪式性(见后文第十二章)。还可参考鲁惟一(1987);裴碧兰(1993,54)。

(b)

图2.8 （a）商代青铜器中的饕餮图案。出自波普等（1967，第一卷，编号36）。
（b）铸有"饕餮"样祭祀动物图像的商代晚期四方鼎。出自楚戈（2009，31，图17）

(c)

(d)

图2.8 (c－d)四川青城山摆放的猪脸(照片已获授权) *64*

饕餮和龙节 *65*

奇怪的是,所有对饕餮内涵的推测(或否定)都忽视了人类学的证据。祭祀祖先和山川神灵在中国文化中源远流长,考古学上可追溯至新石器时代。这一实践行为无所不在,为死者埋葬食物、武器、艺术品、日常用品,等等。羊、牛和鹿在商和周早期的青铜器中都用饕餮来表示(如妇好墓中出土的四方鼎),同时还伴随大量造型各异和抽象的龙像,这些龙像不仅仅是一张面具式的脸孔,有时是展开整个身体的正面视图,双翼清晰可见。随着时间的推移,艺术的发展使得这些装饰性的龙像越来越富有创造力(例如描绘牲畜时用小龙作角),随后抽象、溶解,变得愈加虚幻,最后几乎无法认出。[a]

正如大量的铭文所记载,在商代的王室祖先祭礼中,最常用饲养的牲畜作祭品。《尚书》记载,公元前 10 世纪中期周朝新都洛邑的兴建典礼,用一只鹿、一只羊和一只猪作祭品。祭品在祭祀典礼和宴会上被开膛破肚、肢解、炫耀性地摆放陈列,被视为私人财产而不仅仅是烹饪和食用的对象。研究证实,早在新石器时代猪就具有政治、经济和宗教方面的重要作用:"人种史资料显示,猪是古代中国人最主要的动物蛋白来源,它们被用于各种仪式,是展示财富和身份差距的一种方式。"[b] 刘莉得出了相似的结论:"墓葬中随葬家猪的颅骨、下颌骨或甚至整头猪的习俗可以追溯到公元前第六千纪新石器时代早期……这种习俗在中国新石器时代广泛传播,并且一直延续到青铜时代……新石器晚期,猪颅骨和下颌骨通常出现在随藏品丰富的墓葬中。"[c] 陶寺墓葬中这类葬品丰富。红山文化(公元前第五千纪至三千纪)中的玉"猪龙"举世闻名。

我认为饕餮纹可能源自某种平凡的,类似于仪式中飨用的动物祭品的去骨风干的脸。这些脸展现出典型的、与饕餮一样、下巴张开的死亡之笑(图2.8a),饕餮也明显没有下巴和短鄂。考虑到家畜在祭祀中的重要性,这类习俗中饕餮的来源一点儿也不令人惊奇。[d] 将埋葬的猪头骨的脸作为祖先祭祀仪式上展示的供品,还有比这更自然的事吗?也许这些脸后来才出现,可能作为一种古语,刻在献给神灵的上等青铜器供品上?对于像面具一样的饕餮是否曾经代表某种幻想中的"祖先神灵",或者萨满们向家常动物的"神秘转化",或者"借由怪兽身上的无底洞通向死亡之国",这些观点目前尚存在争议。随着青铜器装饰的造型衍化,原始图像的抽象、溶解以及幻想性的重新组合逐渐导致其越来越难识别,最终在周代末期被抛弃。[e]

1974年我在湖南、陕西、山东、四川甚至台北看到的农村集市小摊上贩卖的风干的猪脸看起来非常像饕餮,如今还能看到这些。这些猪脸储存完好,以便在特殊的场合作为佳肴享用,偶尔会在网上搜到这种佳肴的秘方和特色餐馆。享用猪脸的主要节日是前面提及的龙头节,以前这天举行的所有意在唤醒龙并求其降下春雨的民俗节目。称为"腊猪脸"或"扒猪头"的猪头在古代是祭祀祖先或上天的供品。在北方,"二月二"这天"龙抬头",农家要炖猪头。新年正月初一和十五过后,二月二是春季的最后一个节日。辛苦劳作一整年的农民,将在前一年腊月即最后一月的二十三宰猪。新年过去,宰杀的猪肉已经吃完,只剩下了猪头。在北方二月二被称为"春龙节"。

在周朝，二月二是一个祭日，到唐代已经发展成众多民俗节日中的一个。这天吃的每一道食物都被加上"龙"的前缀，如面条成为"龙须"，春饼成为"龙鳞"，油煎饼成为"龙骨"，炖猪脸毫无疑问也代表"龙头"。饕餮纹这一总体来说更使人愉悦的中国起源，让我感到惊奇，即便少了一点神秘感。[f]

a 张光直(1983,75—76)。

b 金承玉(1994,122)。

c 中文出自中译本刘莉：《中国新石器时代——迈向早期国家之路》，北 [67] 京：文物出版社，2007年，第113页。英文出自刘莉(2007,123)。早在公元前第六千纪的陶罐底座上经常发现猪的刻符，见徐大立(2008,78)。陶器上羊和猪脸的形象，可参考张光直(1999,45,图1.3)。

d 近年出土的许多西周早期王室祭祀坑中发掘有羊、马、牛、猪、狗残骸，一些还有人的残骸，其中有一个用8岁小孩与一只猪祭祀(《中国文物报》，2011年6月17日，第4页)。这些仪式是否就是"驯龙师"主持的萨满仪式，可见张光直(1983,72—78)。最近在古董市场上出现了一对可能从西周墓中盗出的像猪嘴的青铜饕餮面具，见安娜·罗勒德(Rohleder)(2011)。

e 张光直(1983,77,图29)。尤其参考了与前述九鼎上的装饰纹相关的"物"的讨论。

f 包含饕餮在内的商代丰富多样的龙纹，可参考陈仲玉(1969)。

最让人惊奇的手工制品之一是图示新石器晚期二里头城址发现的内镶绿松石的青铜器龙形器(图2.9)。[①] 同时还发现了许多内镶绿松石的青铜片，时代从龙山晚期至二里头三期(公元前第二千纪早期)。它们全都与青铜小钟一起出土于贵族墓葬(即使不是王室墓葬)。考古学家认为这些铜片属于具备重要技能的贵族个人，与陶寺发现的龙制品类似。[②] 这些很可能是蔡墨提及

① 刘莉和许宏(2007,891,图4)；艾兰(2007,480,483)。
② 朱乃诚(2006,20—21)；张天恩(2002,43—46)。

的传说中的"龙官"。据《左传》(昭公十七年)："太昊氏以龙纪,故
为龙师而龙名。"太昊就是伏羲,神话中的英雄人物,在一些版本
中(与女娲一起)被视为中华民族的祖先,因此《左传》中的这句话
将龙的监管职位进一步向前回溯至与陶寺同时期的前王朝时期。

因此充分的证据显示龙在青铜器早期中国人敬畏的神灵中
排位很高。中国鳄的行为特点展示了这一缘由。如今,之所以被
称为扬子鳄是因为它几乎只在长江流域生存。这些沼泽地解释
了过去三千年以来由于北方持续干旱,它们逐渐向南方撤退。它
68　们行为的一个显著特征就是冬天在地下洞穴冬眠以储存能量,在
春季温暖的白日出来猎物。相反,夏季它们在夜间活动。像农民
一样,它们存贮从三月到十月收集的能量,以便能顺利度过整个
冬眠期。很难用巧合来解释这个骇人并带点攻击性生物的季节
性行为与苍龙星宿的行为以及新石器晚期和夏商周三代农民的
季节性活动完全一致。①

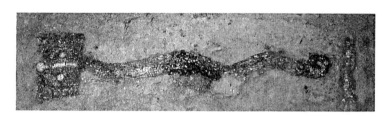

1. 绿松石龙形器(原物)

---

① 李学勤(1989,7)。陶寺发现的绘于陶盘上、口中长出一根谷穗的龙被视为一个图
腾。更有可能这一图像展示了龙与丰收和农业之间的联系。李修松 (1995,82—
87);裴碧兰(1993,39)。基于其季节性的行为,对于龙与安第斯的阿马鲁斯(彩虹
蛇)在功能上的显著相似性以及它们的宇宙化关联,见卡尔森(Carlson)(1982,
157);格里·乌尔顿(Urton)(1981,115)。在印加宇宙学中,几乎所有重要的安第
斯动物都有其天象对应,如"总体上,[印加人]相信地上所有的动物和鸟在天空中
都有其相似物,以用于生殖和繁衍";格里·乌尔顿(1981,110),引自西班牙编年
史家保罗·德·奥德加多(Polo de Ondegardo)(1571)。

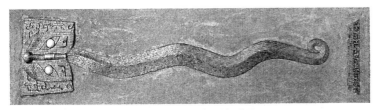

2. 仿制复原的绿松石龙形器

图 2.9　二里头龙形器,70 厘米,死者握在手中并斜横在胸上。引自《中原文物》4(2006,编号 1,2,封面内页)

图 2.10　商代龙盘。引自波普(Pope)等(1967,第一卷,编号 3)　　　*69*

奇特的龙

　　一件特别的青铜器皿的发现为鳄与天上的苍龙星宿之间的联系提供了令人信服的证据。在陕西省西部考古发现了一些"北方系青铜器"制品,之所以这样称呼是因为它们在风格上相互影响,出自这一相互融合地区的手工制品与中原地区的风格明显不同。许多都具有混杂的特征,这反映了中原文化和草原文化的混合,显示出该地区复杂的考古学图景,在这里"北方民族将青铜器的制作和使用纳入他们自己的文化",其中一些"与奇特的、应为当地制品的器皿一起不断地被发现"①。

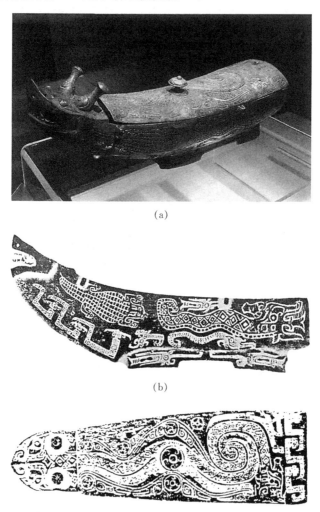

(a)

(b)

(c)

图 2.11　(a)山西省博物馆藏品中的夔龙觥。引自《山西省博物馆:青铜器》。(b－c)觥侧面与顶部拓像。可见山西省博物馆网址:www. art-and-archaeology. com/china/taiyuan/museum/pm05. html

① 白克礼(1999,225—226);林沄(1986)。

　　这一奇特的青铜器是一个称为觥的船形动物状酒器,呈现出
龙的形态(图 2.11a‐c)。① 盖面上有明显的突出物,用作把手。
不仅是造型奇特,这件青铜器在几个方面都非常特别。它是已知 _71_
唯一一件将鼍纹(图 2.11b)与商代晚期中原地区青铜器中常见
的"夔"纹放在一起的实际制品,发现于古代夏故土的中心地带、
距离陶寺北面仅 50 千米的石楼。这件器皿因刻有鼍纹而具独特
性。将鳄与龙这两个自然与虚构物种并列放置,明显是为了彰显
它们之间的紧密联系。饰在器皿侧面的菱纹龙也出现在盖面上,
只是盖面上它们的尾巴蜷缩在一起,整个器皿呈现为一条尺寸大
得多的龙。侧面围绕夔纹和鼍纹的是各种各样的其他带鳞或蜿
蜒状的物种,显示出这类爬虫物的共性。在这一方面,器皿上的
图像与龙为"鳞"种首领这一传统完美契合。(与图 2.10 比较)

　　这件物品最让人惊奇的特征,是盖面不对称的设计,在那条
更大的龙的背上排列有七个圆涡纹。三个横跨龙的中段,中间最
大的一个形成把手,其他四个排列在身体的一侧,位于把手和头
之间。此外,头上两个瓶状角的"蘑菇盖"上也饰有圆涡纹。对任
何熟悉中国青铜器的人来说,一眼就可以看出圈纹的不对称及其
尺寸大小的不一致,这是一个非常不同的特征,因为严格的双边
对称是商代青铜器的标准。这些圆涡纹(或蜗文)经马承源确认
为"火纹",他描述了火纹从新石器晚期到战国时期的漫长历史。
后来,在西周,商代早期朴素的圜形发展为更明显的火焰。② "火
纹"自商代早期起就非常普遍,尤其在青铜礼器上,常伴有龙纹, _73_

----

① 山西省博物馆藏品,可参见网址:www. art‐and‐archaeology. com/china/taiyuan/
　　museum/pm05. html;谢青山与杨绍舜(1960;51—52);冯时(1990a,114);杨晓能
　　(1988,117,编号 170);张光直(1999,图 3.39g)。
② 马承源(1992,338)。

间或有其他纹饰。虽然火纹经常用作装饰纹，但此处在这一奇特的造型中与龙纹相联系，这需要一个解释。它们是否具有特别的含义？答案是肯定的。

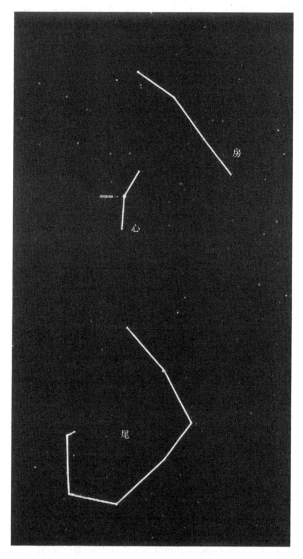

图 2.12 苍龙中段和尾部绘图（天文实时模拟软件 Starry Night 6.4.3）

　　查看一下图 2.12 中对苍龙星宿的描绘,立即就可看出龙的中段由两个星官组成,四星构成的房宿(天蝎座 π,ρ,δ,β₁)和三星构成的心宿(天蝎座 σ,α,τ)。心宿中间的大星是一等星天蝎座 α 心大星,即中国传统中的"火星",因其昏暗的橘红色而得名。心大星是公元前 13 世纪商代甲骨卜辞中最早记载的几个星之一。① 从上述可以看出,这颗星在早期具有重要的功能,以苍龙星宿的象征性心脏和其自身的位置预示着季节的到来。在房宿与角宿的两龙角(处女座 α 角宿一,处女座 ζ)之间,是有点儿平凡无奇的氐宿(天秤座 α¹,L,γ,β)和亢宿(处女座 κ,ι,φ,λ,)。比起天蝎座的房、心、尾,这两宿既不明亮也不显眼,这一特征在前引早期的辞典《尔雅》中有所强调:"大辰,房心尾也。大火谓之大辰。"②

　　与图 2.13 所示东汉(公元前 2 世纪)的画像石进行比较,从中可见角、房、心、尾各宿,其中心宿再次横跨龙的中段。显然任何用肉眼观测的人都可看出房宿和心宿的星辰亮度变化很大,心大星非常显著,尤其是它与众不同的红色。由此,可以解释龙躯上圆纹大小的不同。除代表早期星图上一定会标明的星官外,它们实际上用以表示星的视亮度的不同,而尤其将心大星显著(和巧妙地)作为把手,这缘于它的明亮度和在指示时节上的重要

---

① 饶宗颐(1998)。

② 司马迁在《史记·天官书》(27.1295)中特别强调龙的这一部分:"东宫苍龙,房、心。心为明堂,大星天王,前后星子属。不欲直,直则天王失计。房为府,曰天驷。"裴碧兰(Deborah L. Porter)(1996,45,n.67)指出(与裘锡圭相同):"禹字是表示天上之龙的下半部分的象形文字。"裘锡圭(1992,13)。裴碧兰指出(1996,56),在他作为宇宙起源英雄的角色中,"禹象征着圣君的典范,体现了人类最初观察、测量和预测天象变化的能力"。事实上,裴碧兰(同上,202,n.105,原文),"禹在《史记》(《史记》1.2,51)中被描绘为以'身为度'"。

73 性。① 这个出自公元前第二千纪中期文化相互融合地带的奇特青铜器,似乎给我们带了最早的以某种媒介描绘的苍龙星宿。②

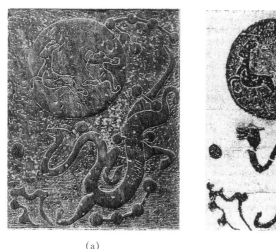

(a)   (b)

74   图2.13   (a) 第一个公元二世纪汉代画像石中的天上之龙(照片已授权);(b) 画像石拓本,引自《南阳梁汉画像石》,270

　　类似的圆纹在各种造型的青铜器中很常见,即便它们的排列并非像觥上那样奇特。如果这是星的早期描绘,我们可提出疑问,这些相似的图纹在其他商代制品中是否含义相似,如牛方鼎上的鸟尾圆纹(图2.14a-b)? 我认为这非常有可能。即使商代甲骨文中出现的"鸟星"一词目前仍存在争议,③《尧典》中提到的与公元前第二千纪夏至相联系的"鸟星",被确认是后来称为"朱雀"(第23—28宿,约为巨蟹座到巨爵座)的巨大星座,这些足以

———————

① 冯时(2007,418)。冯时(1990a,114)第一个提出突出的把手是心大星;引自裴碧兰(1994,41)。

② 河南濮阳西水坡出土的公元前2500年墓葬中著名的蚌塑图可能是一个例外,图中的龙虎可能代表或不代表实际的星座;可见冯时(1990c,108—111;1996,159;2007,374);伊世同(1996,22—31);及后文第十一章中的图11.10。

③ 李学勤(1999c;2000)。

(a)

(b)

图 2. 14 (a) 牛方鼎。商代晚期,1935 年出土于安阳 M1004 墓。从侧面的放大图中可以看到侧面饰以鹦鹉或猫头鹰位于两侧的饕餮纹面具。具体可见网址 www. ihp. sinica. edu. tw/~ museum/tw/artifacts_ detail. php? dc_ id = 9 & class_plan = 138。(b) 牛方鼎中的鸟像局部图(照片已授权)

75

76　证明商代已有该星座。① 支持这一观点的证据出自西周都城丰京遗址,当地出土了一片瓦当,上面清晰地印着都城名"丰",上有四个动物图像分别位于四个方向:东方龙,北方鱼,南方长颈鸟,

77　西方虎(图2.15a)。② 虽然时间和产地未知,但它似乎描绘了早期的四象,后世战国和汉代的四象与之相比只有微小的不同,即北方用玄武代替了鱼。③

　　然而,问题是牛方鼎青铜上描绘的禽鸟完全不像囊括舆鬼宿到轸宿(巨蟹座到乌鸦座)的长颈朱雀星座,也不像图2.15中的鸟。难道还有其他的可能性?确实如此。毕(金牛座)和参宿(猎户座腰带)之间,位于昴宿(昴星团)下方,是称为觜觿的小三角形星宿(又称为觜,第20宿)。④ 将该星宿视作一只鸥属于这一体系发展过程中的早期状况。不像东宫龙,西方星宿中除猎户座外没有能描绘老虎身体部位的星,《诗经》中已经出现了此宫各种不同的称谓。图2.16展示了西安西汉墓室顶上描绘的觜宿。图

---

① 事实上,如黄铭崇指出《尧典》中几乎所有的内容都能在《大荒经》中找到一个更早更完整的例子。《大荒经》与《尧典》的这一契合,有力地展示了应如何理解中国早期的认知历史。假设将《大荒经》视为商代的宇宙论是一个合理的命题,从《大荒经》到《尧典》似乎存在一个从宇宙论到历史的转化"。黄铭崇(1996,664)。

② 一丁,雨露,洪涌(1996,14,图1-15);伊东忠太(Itō Chūta)(1938,87)讨论了这个中国建筑的历史,他重印了冯云鹏(1893)《金石索》(第六章)中的拓本。西周瓦当是典型的半瓦,这件制品的产地和在西周的具体时间尚未确定。

③ 《周礼·冬官·考工记》中仍然将熊作为西方的神灵,其中,四方星官中的"伐"用上有六个旒旗的旗帜表示。郑玄在注释中将猎户座参、伐两宿分别对应于虎和熊,见一丁,雨露,洪涌(1996,11—15)。虎可能是后世加入的,当南方被纳入华夏文化圈时便成为传统,因为虎形象在南方的图像中非常显著。甲骨文中可能记载了"虎星",见饶宗颐(1998,39,44)。北方有时用鹿或麒麟代替鱼或龟,可与冯时(2007,427与封面上的尼雅锦织物)进行比较。

④ 猎户座 λ,φ_1,φ_2,见《史记》27,1306。1987年发现的西安西汉墓顶壁画中用一个带角的猫头鹰表示该星宿,这解释了该宿用觜觿命名的疑问。呼林贵(1989,87)。它作为"虎头"和觜觿的双重性,反映了虎的形象是后来添加到早先的西宫星座上的。

中,对应金牛座的是一个人掷出一张小网来追捕一只逃跑的兔子。这个人的背后就是觜觽,这一词汇模糊的含义在1987年西安墓室顶画发现以前引起了许多讨论。因为司马迁在《天官书》中谈到"小三星隅置,为虎首"①。由于这个星宿的范围很小,学者理所当然会疑惑它怎么能用以表示囊括西部整个1/4天空的巨大星座的头。《说文解字》中,第一个字"觜"表示鸱头上的角,或一个西方星宿,一千年以后《广韵》(11世纪)将其定义为"鸟嘴"。第二个字"觽"被定义为穿在皮带上用来解结的角或锥子,这又是一个带棱角的物体。一些早期文献提及"觜觽"一词原指"大龟",但没有给出注释。鸱和龟这两类动物唯一的共性是嘴的形状,因此这一词语有可能指代两种东西,禽喙和尖嘴。

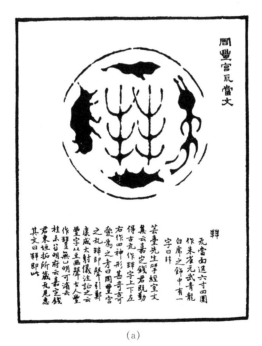

(a)

---

① 《史记》27.1306。

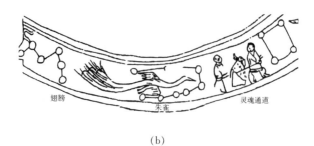

(b)

图 2.15　(a) 都城丰京出土的西周瓦当。出自冯云鹏(1893)，第六章；也可参考一丁，雨露，洪涌(1996，14，图 1 – 15)。(b) 西安交通大学出土西汉墓室壁画中的"朱雀"星座图，1987。局部据罗森(2000，178，图 9)重绘

79　　图 2.16　西安交通大学出土西汉墓室壁画中的西方星宿毕和觜觿(猎户座 λ，φ_1，φ_2)。局部据罗森(Rawson)(2000，178，图 9)重绘

　　无论如何，西安壁画都证明了将该星宿视为一只鸱是一种传统，因此司马迁的描述才仅用猎户座的这部分标记虎头的大致方位。古代就认识到该星宿是一个三星组成的三角，被认为是觜觿，这一描述明显符合牛方鼎上像鸱的带冠的鸟，其尾部有三星组成的三角形。如果这一考证无误，商代晚期的典型青铜鼎上出现觜觿星官这一实例，将与天上的龙这一个案完全相反，从而与巨大的朱雀星座不符。[1]

----

[1]　在四川、贵州和云南地区的彝族古代天文学中发现了支持这一考证的有力证据。在彝族和纳西族中，觜觿星宿的星被称为鸱鹆，它尾巴上的长羽毛更接近牛方鼎上的图像，见陈久金、卢央、刘尧汉(1984，90，95)。鸱和鹦鹆在商代晚期的装饰艺术中大量出现，鸱形的青铜酒嘴和酒杯尤其盛行。战国时期和汉代中原地区不再有鹦鹆，虽然它与大象、老虎和犀牛一起在商代晚期曾生活于该地区。无论是鹦鹆还是鸱，这种鸟在商代一定比在帝制晚期具有更多的吉凶预兆意义，而鸱在夜晚的叫声被认为是凶兆。

结 论

这两件公元前第二千纪中期的制品——一件奇特的来自文化交融地区的龙形青铜器和一件典型的安阳时期青铜鼎——似乎是中国最早以某种方式对可见星座和个别星官进行的描绘。这些珍贵的青铜器皿极好证明了最晚在商代,我们熟知的晚期经典宇宙论和宇宙结构论中的星座已经被用于定义天空。尤其是龙,根本上来自对鳄的活动的仔细观察,鳄的季节性行为与该星宿一致。这并不意味着应该用神化或将一个自然环境中的物种发展为天空中的宇宙化崇拜对象的理性化过程来理解这一自然主义解释。同时"自然"的含义并不是将其与人类世界加以区分。而应将这一联系视作新石器时代和青铜器时代早期思维中典型的"自然、社会、神话和技术之间整体的动态的互动"的代表。① 可以进一步确认存在一个祭司-星占学家的贵族阶层,他们是蔡墨的先驱,负责制定历法和管理祭祀时间。考虑到数量众多的墓葬中出土的龙形青铜器的物质形式,他们的秘传知识,定是《左传》那段话中提到的"秘识"一类,星占学家蔡墨在回忆驯龙这一时期的历史时,隐晦地哀悼了这类"秘识"的失传。

---

① 坦拜雅(Tambiah)(1990,106)。如席文(Nathan Sivin)指出[劳埃德(Lloyd)和席文 2002,200]"在现代以前,中国人不需要'自然'(物理的或物质的世界)一词"。

第二部分

以天上为基准

第三章 向上帝看齐

中国人对天文定向的关注有非常悠久的历史。公元前第五千纪中国北方新石器文化的考古证据显示坟墓和住址的建造已经在考虑方向,特别是基本方位和太阳位置的季节性变化。从黄河中下游到长江下游地区的一些新石器文化时期的坟墓基本方位一致,明显地显示出这些民众以日出日落位置为基础已经形成了东、西观念,并设计出一种判定基本方位、有时是隅角方位的方法(图3.1a-b)。半坡仰韶文化早期的住址大门朝向冬至以后约一个月最暖和时的冬日午后太阳位置。①

随着公元前第二千纪青铜器时代的开启、早期国家的形成,方位观念发展到用于仪式和政治的重要建筑呈四方形,在形状和基本方位上一致,其纵向轴与南北方向的不断变化保持一致。② 公元前第二千纪夏商周三代的宫殿建筑和王室墓葬都一致地呈现出这一方位(图3.2、图4.1)。

从保存最完好的城墙和宫殿地基的布局,可以明显看出主道

---

① 今天中国西南地区的一些少数民族称这个时间相应的月份为"建房月";可见卢央和邵望平(1989)。吉德炜(1998,794)指出:"中国早期居民对方位和布局的极大关注,是新石器和青铜器时期文化的重要特征。"

② 鲍罗·惠特利(Wheatley)(1971);巫鸿(1997)。从一期到四期的二里头所有墓葬都头朝北,磁北偏西0°至10°。《中国社会科学院考古研究院》(1990,141,397—398)。

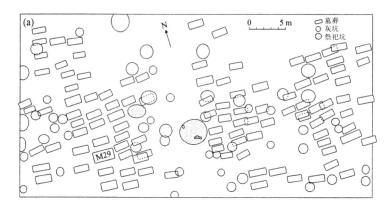

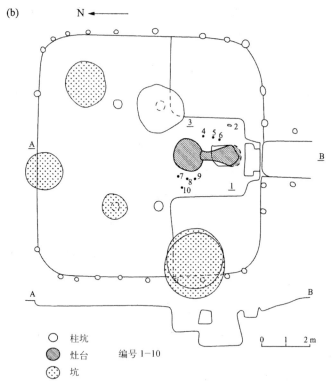

图 3.1　新石器时代遗址的基本方位:(a)河南裴李岗墓地(约公元前 5300 年)。(b)陕西半坡姜寨仰韶文化房屋(公元前 4800—前 4300 年),出自刘莉(2007, 129, 37),© 2007 刘莉(剑桥大学出版社授权复制)

通常穿越南面的大门，有一个后室远离入口背抵后墙。周原宫殿在入口前设有传统的影壁。这种常见的、具有宇宙学意义的四合院式建筑设计在整个中国历史上基本保持不变，尤其是与王室威望和权力有关的宏伟建筑，以北京明代紫禁城为例。这点已众所周知，文献中也都有记载。[①]　探讨稍显不足的是青铜器时代的古代王权和北极之间可能的天地对应，北极作为天之枢纽的独特性 88 和强有力的功能最终导致它成为上天赐予王权的中国君主的天上标尺。战国(公元前 403—前 221 年)晚期，在大一统帝国建立以前，孔子有句著名的利用北极的隐喻来证明圣君之德："子曰：'为政以德，譬如北辰，居其所而众星拱之。'"[②]

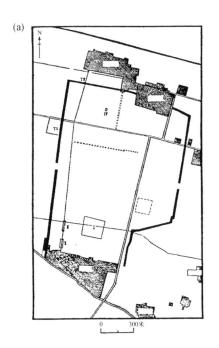

---

① 鲍罗·惠特利(Wheatley)(1971)，特别是第五章；杜朴(Thorp)(2006，16，37，33，69，147，131)；夏南悉(Steinhardt)(1999)。
② 《论语》(2/1)；英文翻译见白牧之(Brooks)和白妙子(Brooks)(1998，109)。

　　　图 3.2(a)　偃师商城(公元前 15—前 14 世纪)和郑州商城(公元前 14 世纪)方位正北稍偏东

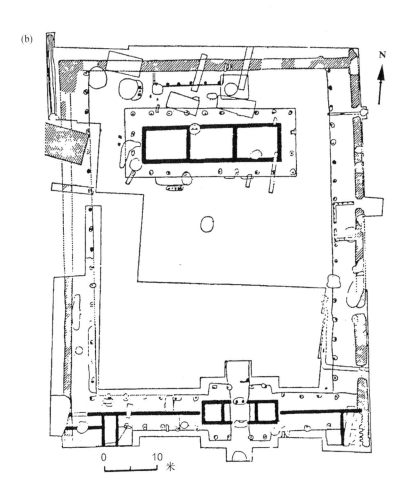

(b)

N

0　　　　10
　　　　　　米

图 3.2(b)　二里头宫殿 2 号(公元前 17 世纪)方位正北偏西 6°。箭头标明发掘　　86
时期的磁北极(即忽视该地区有－3.5°的磁偏角)。四个例子中,最早的(b)二里头宫
殿,最接近真北极

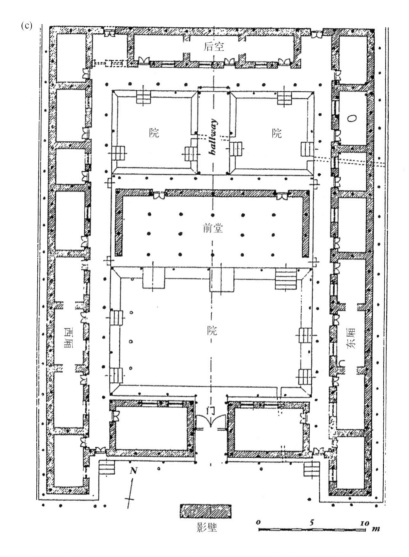

(c)

后空

院 *hallway* 院

前堂

西厢 院 东厢

门

N

影壁

0   5   *10* m

87   图 3.2(c)   陕西凤雏西周前王朝时期宫殿(公元前 11 世纪早期)。引自巫鸿 (1997,84,86 – 87,图 2.3,2.6,2.7)

太一和北极

近来对战国时期至汉代的超自然力量"太一"相关祭祀活动、仪式和思想背景的研究利用了丰富的文献和考古资料,并确认了太一与北极的联系。引用相关例证如下:

《史记·天官书》:"中宫天极星,其一明者,太一常居也。"①

《淮南子·天文训》:"太微者,太一之庭也。紫宫者,太一之居也。"②

《鹖冠子·泰鸿》:"中央者,太一之位,百神仰制焉。"

《礼记·礼运》:"是故夫礼,必本于太一,分而为天地,转而为阴阳,变而为四时,列而为鬼神。"③

战国时期郭店楚简中有《太一生水》。④

《庄子·天下》有:

89

> 关尹、老聃闻其风而悦之。建之以常无有,主之以太一。以濡弱谦下为表,以空虚不毁万物为实。⑤

包山数术文献中也有几处提及太一,它们是汉代在攻打南方的南越时战前所用的祈祷文。其上书写的"太一"(见图 3.10a)显示出太一的宇宙论属性。楚帛简中有这一方面和太一作为最

---

① 《史记》,27.1289。

② 刘安(1974,3.39)。此处的太微指天庭太微垣,在狮子座和处女座之间;紫宫指紫微垣,北极的紫微宫,前文已有所论述。

③ 《十三经注疏·礼记正义》,22.1426;也可见见《吕氏春秋·大乐》(毕沅 1974),5.46。

④ 引自李建民(1999,51)。

⑤ 王先谦(1974),33.461,472。

高神的讨论。①

这些资料和观点无以计数。从中我们可以推断：

（1）战国和汉代思想中的太一是位于北极紫微宫中心的最高神，即是道。在超自然的背景中，它代表着古老的神灵上帝的权力。②

（2）所有其他的神灵都从属于太一，它是万物之本源，无形地驱动和调节着整个宇宙。

（3）太一的一个重要属性是它的变化性，当时已认识到它与明亮的帝星即小熊星座 β（天帝星）在名称上的一致性只是为了方便，类似于汉代式盘中将北斗斗柄作为上天的中心。③

（4）作为一个关注焦点，在《史记》《庄子》及其他文献证据的基础上，太一作为北极星的历史可以追溯至遥远的过去，此时其上天至高神的属性与上帝的属性合而为一。④

无 为

孔子在前述引文中提到的德所具有的强大功能在《庄子》的

---

① 有关楚帛简中这一点和太一作为最高神的讨论，见夏德安（1999，870）。有关汉武帝时期太一祭祀的国家制度，见陆威仪（1999，187ff.）。

② 崔瑞德（Twitchett）与鲁惟一（1986，661—668）。马克（2004，117）。

③ 太一的天文学联系，可见钱宝琮（1932）。式盘在中国古代宇宙论和数术中的重要性，见李零（1991，89—176）；也可见石云里，方林和韩朝（2012）。如前述有关龙的讨论中所见，另一个神"天一"有时被视作东方苍龙，有时被视作靠近北极的某些星，但是在神灵层面或星占历法预测上其地位都不及太一；见夏德安（1999，851）。戴明德（Michel Teboul）（1985）对太一和天一两神之间的混淆进行了梳理。

④ 尤其见李零（1995—1996）。

道家思想中成为无为,人与驱动整个宇宙、不可见的道(太一)和谐统一的终极目标。《老子》中的警句格言不断应用无为、质朴、归一等概念,通过它们,才能达到最终无为的目标。而且,看似矛盾的无为可能具有这种思辨性:

> 三十辐,共一毂,当其无,有车之用。埏埴以为器,当其无,有器之用。凿户牖以为室,当其无,有室之用。故有之以为利,无之以为用。 91

《吕氏春秋·大乐》中有:

> 太一出两仪,两仪出阴阳。阴阳变化,一上一下,合而成章。浑浑沌沌,离则复合,合则复离,是谓天常。天地车轮,终则复始,极则复反,莫不咸当。日月星辰,或疾或徐,日月不同,以尽其行。四时代兴,或暑或寒,或短或长,或柔或刚。万物所出,造于太一,化于阴阳。①

《吕氏春秋》的这段引文在谈及天的循环运动以及前引毂的无为之用中均应用了车轮这一比喻。与孔子《论语》明显用天上的北辰比喻德行强大的功能进行对比,《老子》选择的图景间接、隐喻,但非常实际。不需要进行巨大的想象飞跃,它能用一个普通的灵感去理解自身的终极图景,即获得看不见的天之枢纽所具有的强大力量。对此,司马迁(约公元前100年)在《自序》中非常明确地指出:"二十八宿环北辰,三十辐共一毂,运行无穷,辅拂股肱之臣配焉,忠信行道,以奉主上。"②

很难说这是巧合,两个千年之间当这个神秘图景正在形成

---

① 《吕氏春秋》(毕沅 1974,5:46)。
② 《史记》,130.3319。

时，无星位于北极处，不如今天那时天上的中心没有任何物理实
92 体，因此旋转的天之苍穹的中心所具有的"无"的奇迹，在晚上上
演，引人注目，发人深思。

北斗和帝国权力

可以理解的是，作为北极附近最显著的星官，围绕该地点的
一些神秘的光环自然赋予北斗。数世纪以来北斗围绕这个神秘
的四方之极不停旋转，成为挂在天上的时钟，其方向的变化标志
着夜晚时间的流动和一年中季节的变化。正如《鹖冠子》中指出：

> 斗柄东指，天下皆春；斗柄南指，天下皆夏；斗柄西指，天
> 下皆秋；斗柄北指，天下皆冬。斗柄运于上，事立于下，斗柄
> 指一方，四塞俱成。此道之用法也。①

对于《鹖冠子》这幅北极图景的主导性，戴卡琳（Carine
Defoort）评论道：

> 大多数对《鹖冠子》的关注都指向圣君，天子，他是秩
> 序的唯一源泉。这位圣君是政治上的北极星，四周臣属环
> 绕，公平地分配职责，其权力渗透到国土的每一个角落。
> 在《鹖冠子》中充分展示的这一图景的力量，……在于确定
> 与其他政治性星座互相联系的天极非常不同和极其独立

---

① 《鹖冠子》，5.21/1—4。最早用星或星官进行这类比喻的用法出现在《诗经》第203
篇，包括北斗在内的几个星官的光辉被反讽地比喻为贵族精英，占据重要的职位
却没有用他们的光辉惠及大众；见高本汉（1950b，153—154）。汉代对北斗的叙
述，请见梅杰（Major）（1993，106ff.）

的地位。①

随着大一统帝国的建立,正如著名的东汉武氏墓祠中的画像石所示,出现了用明晰的文字和图像展示的北极及其特征上与帝王天子的联系(图3.3)。② 在此,可以看见驾着"北斗"、身着帝国服饰的上帝,由仙人、大臣和神灵侍从陪同。像天之中心神秘的北极一样,地上皇帝的端庄仪态是面南而坐,从而他所有的大臣、官员、将军和这一高贵尊者身边的所有下属,都拜跪着面朝北方。如第十一章"宇宙化的都城"中所见,汉代早期的历史叙述已经非

图3.3　斗车中的上帝,由侍从和带翼的精灵围绕(一个握着辅星,大熊座80号星,紧接着是开阳,大熊座ζ)。东汉(公元2世纪中期)山东武梁祠石刻拓本。出自冯云鹏和冯云鹓(1893,第三章)

---

① 戴卡琳(1997,120)。先秦典籍中只有《夏小正》和《鹖冠子》提及利用北斗斗柄方向指示季节。然而对此无法在商和周代找到进一步的根源。陈久金、卢央和刘尧汉(1984,65,71,107—108,119,214)指出,这两份文献与西南少数民族彝族的历法天文学具有高度相似之处,显示出用北斗指示季节是与夏有关的羌戎部落的文化特征,他们是现代彝族人民的祖先。长弘(西周晚期厉王的星占学家),鹖冠子和落下闳,后者是公元前104年太初历改历中的主要人物,都来自于西南巴地区的彝族少数民族。

② 比较李约瑟和王铃(1959,241,图90)复制的缩略图,对此李约瑟评论道:"在原始的信仰中,这颗孤星与除最后一颗星外的'斗柄'各星形成一条更直的线,孤星应是招摇(牧夫座γ)。"李约瑟图中的这一部分并不显著。从图3.3原拓片的复制图中明显可以看出,辅星在开阳旁。北斗只有七颗星,因此斗柄末端的那颗星一定是摇光,而不是招摇(牧夫座γ)。

常明确的表示秦朝的都城咸阳和汉代都城长安都是依据星象的象征意义设计的,强调皇帝就是北极。

随着帝国制度的开启,皇帝也像上帝一样,被冠之以帝称。《史记·天官书》中记载了将帝王与北斗的宇宙性功能相提并论的常用章句。在描述天极附近区域与帝国宫廷的对应功能时,司马迁写道:

> 斗为帝车,运于中央,临制四乡。分阴阳,建四时,均五行,移节度,定诸纪,皆系于斗。[1]

梅杰(John S. Major)指出,汉代上帝或至高神与当时离开北极几度的帝星联系在一起,它在星占文献中通常被视为极星。[2] 因此该星成为汉代式盘中天盘的中心,刻在式盘上的北斗,作为一个指针围绕帝星不停旋转。[3] 汉朝伊始,其历史记载充分反映了北斗在宇宙-术数图景中与帝国政体相联系的重要象征含义。例如,太史在西汉礼仪程序的记载中,有以下论述:

> 其秋(公元前112年),为伐南越,告祷太一。以牡荆画幡日月北斗登龙,以象太一[4]三星,为太一锋,命曰"灵旗"。为兵祷,则太史奉以指所伐国。[5]

后世有一则叙述出自前汉、后汉之间的王莽统治时期(公元

---

① 《史记》,27.1289。这是有汉一代的共识。何休(129—182年)在《公羊传》(宣公三年)中对"上帝"一词进行注解:"帝,皇天大帝,在北辰之中,主总领天地五帝群神也。"《春秋公羊传何氏解诂》,《四部备要》辑本,15.4b。

② 汉代的极星实际上是鹿豹座4339,见李约瑟和王铃(1959,261)。

③ 梅杰(1993,107)。

④ 英文为天一,*Tianyi*,《集解》徐广曰:"天官书曰天极星明者,太一常居也。斗口三星曰天一。"——译者注

⑤ 《史记·封禅书》,北京:中华书局,1959年,第1395页。英文可参考倪豪士(Nienhauser)等(2002,239)。

前 45—23 年），即新朝第一位且唯一的皇帝。公元 17 年：

> 是岁八月，莽亲之南郊，铸作威斗。威斗者，以五石铜为
> 之，若北斗，长二尺五寸，欲以厌胜众兵。既成，令司命负之，
> 莽出在前，入在御旁。①

六年后，在公元 23 年的叛乱中，当着火的宫殿被攻破，王莽
和他的随从将被汉兵杀死时，发生了下面一幕：

> 时莽绀袀服，带玺韨，持虞帝匕首。天文郎按栻于前，日时
> 加某，莽旋席随斗柄而坐，曰："天生德于予，汉兵其如予何！"②

笃定地相信自己受到上天和北斗的保护，以这种姿势，王莽
和他的新朝结束了。

季节化的时钟与北斗

荷马时代的希腊，在特洛伊根据北斗斗柄的指向来安排哨兵
放哨，北斗成为悬挂在天上的时钟指针，指示季节的变换和夜晚
的流逝。北斗这一巨大的应用功能是非常古老的。③ 中国有一
个更独特的应用极星的方法，显然它也是常见的经验，那就是通
过极星上中天来测量其他星官的位置，并用这种方式间接地确定

---

① 《汉书·王莽传下》，北京：中华书局，1962 年，第 4151 页。——译者注。李约瑟和
　王铃（1962，272）。
② 《汉书·王莽传下》，北京：中华书局，1962 年，第 4190 页。——译者注。李约瑟和
　王铃（1962，272）。
③ 与北斗祭祀有关的占卜已经出现在公元前 13 世纪的甲骨文中，见饶宗颐（1998，
　42）。证据显示，明亮的大角星（牧夫座 α）也参与了北斗斗柄的这一功能，直至岁
　差导致黄道从它附近偏离，从而司马迁写到摄提"无纪"。英文见李约瑟和王铃
　（1959，252）；《史记》，26.1257。

了日月和其他天体于夜晚看不见时在星宿间的位置。① 考虑到中国天文学从一开始就使用赤极坐标系统,这一运用可能起源很早。它明显地体现在公元前 433 年曾侯乙墓中出土的著名的漆箱盖上所绘的天文装饰中,漆箱盖上还第一次展示了完整的二十八宿。在漆箱盖上的天象图中,中间的大图代表北斗,它以特定的方式夸张地指向某宿以标明日期。②

青铜器时代的先驱

96　　现已知,皇帝与天之顶端的上帝之间微观宇宙与宏观宇宙的类比在帝制早期已有丰富的记载。而且,如鲍罗·惠特利(Paul Wheatley)和其他学者指出,许多古代社会奉为楷模的理想化城市所具有的每一种象征性基本元素都明显地体现在商周时代中国古代都城的规划中。这些传统象征的各方面已由伊利亚德(Mircea Eliade)梳理出:

(1)现实是一种对上天原型的模拟。

(2)宏观宇宙与微观宇宙之间的对应要求举行仪式典礼去维持神灵世界与人类世界之间的和谐。

(3)现实就是实践诸如"世界之轴"所表示的中心主义。

(4)界定世俗空间中神圣领土的范围所必需的定向技术,必然要重视基本方位。③

---

① 据李约瑟(李约瑟和王铃 1959,232,239)"毕奥(Jean Baptiste Biot)(约 1835 年)第一个认识到选择哪一宿依赖于何宿与一直可见的极星同时(或接近同时)右升"。很快将看到这一原则被用于定向天极自身。

② 冯时(2007,320ff.);孙小淳和基斯特梅柯(Kistemaker)(1997,20);夏德安(1999,820,833ff.)。

③ 惠特利(Wheatley)(1971,418)。

　　除前述第一章和后文第十一章所讨论的各朝代都城和祭祀中心宇宙化的物理布局外,丰富的文字证据证实了中国古代对这每一种象征性基本元素的考量。例如,商代晚期用于商王室祭祀的甲骨文中包含许多安抚性的占卜实例。除了那些与上帝操控诸如风、雨一类大自然力量有关的内容外,许多其他占卜涉及求四极之灵——北斗①及其他神灵赐予好收成、减免自然灾害与邻国的战争等等。这些和其他占卜也体现了商作为象征性中心的概念化,皇家恩惠从这一中心向四面八方扩散。这些甲骨文也显示出以上帝为首的超自然神灵们模仿了世俗中商的等级制度。②　虽然甲骨卜辞中没有当时描述这种作用的明确陈述留下来,但似乎商代观念中的上帝住所与战国和汉代一样,都位于天之中心,从这中心发出对宇宙的控制命令,由于没有极星这一位置使一切更为神秘。这一时代没有明显的极星,从而需要进一步的探索。这一方面是考虑到布局中宏伟建筑的轴向问题,另一方面也出于更好地理解上帝及"帝"字的含义。首先,简短地按顺序叙述自新石器至青铜器时代的天极。

北极的移动

　　分点退行可能是一个对公元前第二千纪中期的中国人来说相当复杂的概念,但是对一个天文学上运用赤极坐标和文化上强调宇宙化政治的文明来说,天极位置的不断变化会引起一些麻烦。虽然直到公元 3 世纪即帝国建立以后很久,才将退行解释成一种现象,它所造成的效应在几个世纪以前已经被注意到并被接受,它引起的最大

---

① 这反映了北斗不断变化的角色,它最早(约公元前 1300 年)是与斗,一种容量单位联系在一起。

② 许倬云(Hsu)和林嘉琳(Linduff)(1988,88)。

争论导致了公元前 104 年的太初历改革，这一改革有众多记载。[①] 鉴于中国早期天文学对天极的关注，如果中国青铜器时代对这一高度象征性的地点没有进行持续性的观测，将使人感到惊奇。

可以理解，围绕天极运转的地轴的退行将逐渐导致一颗星或一个星座比以往升起得晚。改变的幅度约为每 72 年延迟一天。为观察两至三代人以上的退行，有必要选取一些参照点。对此哈拉尔德·雷施（Harald A. T. Reiche）解释道：

> 看这缓慢的东行，经过一个固定的古老地平线标志，即标记两至或两分的常见星座，可明显地注意到几代过后逐渐抛弃了以前的极星……需要注意的是［用莫里逊（Philip Morrison）教授的话］这是一棵老树并相信其祖父的精确性。显然，亚历山大·托姆（Alexander Thom）教授大量记载的那组石头标志做得更好。鉴于这是肉眼看到的地平线现象，没有任何实证的理由能将这一带疑问的退行下推至喜帕恰斯（Hipparchus）时期（公元 150 年），他正确地将这一可见的现象解释为不可见的天赤道与同样不可见的黄道所产生的不可见的交点的向西"进动"。毕竟，通常只有在进行很久的常规观测后才能正确地解释某一现象。[②]

想象一下你的祖父告诉你，就像他的祖父告诉他一样，冬至早晨，一颗特定的星刚好从地平线上的一棵老树或一个山峰上升起。

① 古克礼（Cullen）（1993）。诺曼·洛克耶（J. Norman Lockyer）（1964，300）在评论埃及人观测的连续性时指出："然而，伟大的一点是埃及祭祀的变化可能依赖于天文学的变化——即依赖于分点退行与宗教或天文学思想的不同流派。我们从中可知这些惊人的连续性观测是由埃及人观察星辰的升落而获得的，因为，如果这一工作不是完全连续，他们不会形成分点退行这一敏锐的观点，毫无疑问他们是知道退行这一事实的。"也可见朱利奥·马利（Giulio Magli）（2004）。
② 雷施（Harald A. T. Reiche）（1979，157）。

再假设许多年以后,冬至时你站在一样的位置,但没有看见这颗星 98
从那个点升起。一两天以后,当你看到这颗星在黎明前第一次出
现,如果你相信你的祖父和他转述给你的星空神话,你可能认为有
什么地方出错了。当然,你可能怀疑你的祖父记错了细节,但几代
以后,这一结论将不可避免——要么是时间,要么是星弄错了。

就北极来说这一情况更是如此,新石器时代已经有一颗相当
明亮的星,天龙座 α(星等＋3.65)正好位于北极处。而约公元前
2775 年,右枢(即天龙座 α,赤纬 89°53′)比我们现在的北极星更接
近北极。1894 年英国天文学家和"天文考古学之父"诺曼·洛克耶
爵士(Norman Lockyer)(1836—1920 年)在《天文学的黎明》(*The
Dawn of Astronomy*,1894 年)一书中证实了古代埃及人通过星星
从东方升起的那些点来建造他们的庙宇,并随着时间的推移不断
重建这些庙宇,以使它们对准那些由岁差引起的不断变化的升点。
这些结论促使桑提拉纳(Giorgio de Santillana)得出如下结论:

> 当一个庙宇与星辰对准地如此精确,以至于它在几个世
> 纪中要经历好几次重建,每一次重建都要与一颗星对准精密,
> 并舍弃其原本的对称性结构;当黄道星座,像德拉(Denderah)
> 神庙上的,被故意描绘成几个世纪以前的形态,就像是为了标
> 记这些变化的日期,那么没有理由假设埃及人并没有意识到
> 分点进动,即使它们的数学还不能对它进行数理化地推测。
> 洛克耶爵士让事实说话,但是他提供了证据。事实上,埃及人
> 确实描绘了岁差,但通常是以一种神话或宗教的语言。[1]

---

[1] 桑提拉纳在洛克耶(1964,vii)中指出。也可见雷施(Harald A. T. Reiche),1979,
162。对岁差的文字解释,见 http://robertbauval.co.uk/articles/articles/anchor.
html。上文我们指出古代中国人也深刻地意识到某一个"定"星的季节性升点的
变化性,见古克礼(1993)。

北极星的更替

自公元前第三千纪晚期起,跨越整个中国青铜器时代,所谓北极并没是指一处毗邻亮星如右枢的位置(图 3.4)。从前述可以看出,北极处恰好没有星,这一点并没有妨碍商王室的建筑师们在公元前第二千纪后半期将他们的建筑物对准真北极。在安阳的殷墟

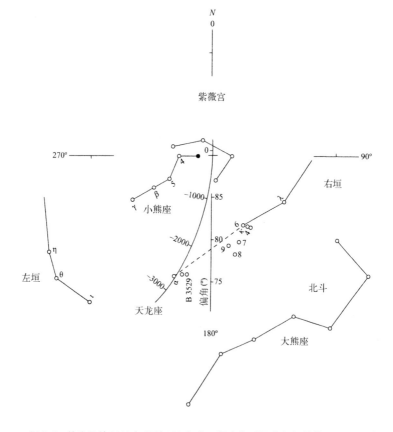

图 3.4　从公元前 3000 年至前 100 年北天极在临近星座之间的轨迹。公元前 2775 年北极位于天龙座 α 或右枢星处。据前山保胜(Maeyama Yasukatsu)(2002,7,图 4)重绘

祭祀中心尤其如此,这里的宫殿地基、城墙、王室墓地和其他建筑将各自的纵轴对准北极来布局。引用一个著名的例子,商晚期墓葬显示出的不断位移幅度,从现在的真北极向东5°至12°,就是李 *99* 约瑟指出的"应离我们所想的不远,如果商代民众仔细地为坟墓选址,以对准当时天文学上的北方"。[①] 李约瑟认为帝星(小熊座β)在公元前1200年离北极约6.5°(赤纬83°26′54″),出于校准的目的可能被视为北极星。这一推断理由充分,但也存在其他的可能性能一样很好地解释地上的考古发现。

表3.1　公元前2000年至公元前600年第一个极星右枢和帝星的赤纬 *100*

年代	星	赤纬	北极距离
−2000	帝星	82°01′54″	c. 8°
	右枢	85°32′36″	c. 4.5°
−1600	帝星	82°58′11″	c. 7°
	右枢	83°18′00″	c. 6.6°
−1200	帝星	83°26′54″	c. 6.5°
	右枢	81°04′20″	c. 9°
−1000	帝星	83°28′46″	c. 6.5°
	右枢	79°57′56″	c. 10°
−600	帝星	83°07′05″	c. 7°
	右枢	77°46′13″	c. 12.25°

注意表3.1中两星与北极的距离在不断变化。右枢在公元前2775年恰好位于北极处,在随后的两千年历程中离北方90°处越来越远,与此同时帝星(星等+2.0,几乎被视为北极星)是当时北极10°以内最亮的星,却越来越靠近北极。然而不像右枢,帝星距北极从未接近至6.5°以内,至第一千纪中期,即孔子时代,帝星

① 李约瑟和王铃(1962,313)。约公元前1000年以帝星为北极星,见第261页。

已经在远离北极。让人惊奇的是,在公元前 16 世纪的交叉点,两星离北极的距离相等,恰与商民族崛起的时代一致。有趣的是,二里头早期的宫殿地基,被许多考古学家归属于非常不同的夏朝,与随后的商代建筑完全区分开,其方向为约同等度数的北偏西,而不是北偏东(图 3.2)。① 也许,将北极星从旧的右枢替换为东边的新贵帝星,可能解释了这一现象。因此,有可能随着政治霸权的确立和祭祀新王室的祖先,商也进行了某些其他仪式和文化革新,其中包括应用一颗不同的北极星或校准方法。或者,可以设想,帝星被夏和商两代共同使用,但是夏朝持续不断的观测时间恰逢该星在围绕北极旋转的过程中运行至西大距点。无论原因为何,值得注意的是,扶风周原遗址(图 3.2c)上的周朝宫殿地基也同样对准真北极的西边,这暗示着周所宣称的要使夏代遗产永存不朽并不仅仅是空话。但这一差异也可能存在其他的缘由,接下来我们将转向另一种推测。

¹⁰¹ 标注在左边距

"帝"字的起源

接下来将探讨这一问题,如何能在实践上对准北方? 由于缺乏实际存在的北极星,这也导致对众所周知的形状模糊不

---

① 譬如,二里头文化三期,宫殿 1 方位北偏西 8°,而宫殿 2 为北偏西 6°。1—4 期的所有二里头墓葬的头都朝向北方,方位在北偏西 0°—10°之间,见中国社会考古院考古研究所(1999,141,397—398)。近来,唐际根和其他学者认同我的观点(班大为,1995),认为这种方位的不同是文化差异的一个线索:"虽然,一个新的方法主张二里头遗址和郑州、偃师商城遗址不同的文化特征源于各自有不同的源头。下列特征用于支持这一点:在二里头,宫殿和其他主要建筑以及墓地都朝向北偏西,但是偃师商城及其宫殿的方位朝向北偏东,郑州和南方 500 千米外湖北省盘龙城内文化相似的同时期商城方位也朝北偏东,所有这些方位都在北偏东 20°以内。"唐际根(2001,39)。

清、用于书写商代上帝名字的甲骨文字"帝"有了一个新的解释。鉴于北方90°附近的星不明显,建造商晚期王室墓时,必然已发明一些技术来定向真北,以给这些建筑的布局定向。谈到技术,可能会想到某种类似今天仍使用的方法,以方便用肉眼在广袤的星空中定向一个目标。首先,确定附近一个明显的星座——比如,用大熊座来寻找北极星。瞄准两颗亮星天璇[①]和天枢(大熊座 β 和 α,形成北斗斗勺的外延)之间形成的线,肉眼很容易就能引向北极星。这是一个简单有效的方法,既有用,又在用肉眼观测的天文学时代很有必要,即使在一个拥有明显的北极星的时代也是如此。在一个无星位于北极处的时代,这一技术更加必不可少!事实上,类似的技术在后世运用普遍。[②]

有人可能提出,使建筑的方位与用日出日落方向所形成夹角的 1/2 所确立的南北轴向一致,这样更容易对准天文学上的北方。事实上,这些步骤在周代早期的一首古诗中有所涉及。[③] 很久以后《周礼》明确记载了这些步骤。[④] 但是,通过日出日落方向 ₁₀₂ 所形成夹角的二分之一,很难确立精确的南-北向方位,除非东西方地平线在同一个水平线上,否则必须用一个更复杂的几何方法。更重要的是,如果利用一个日晷和日影进行方位校准,即使在今天也会非常准确,也不会产生商代建筑遗址显示出的偏移问题。[⑤]

---

① 作者的英文单词原为 Mirak,有误,应为 Merak。Mirak 是梗河一,牧夫座 ε,又名 Izar。

② 冯时(2007,320ff.)。

③ 见下文第四章。惠特利(Wheatley)(1971,426);也可见张光直(1980,160)。

④ 惠特利(1971,426)。

⑤ 有趣的是,一个原本位于公元前 13 世纪晚期商王武丁的配偶妇好地下墓室顶上的小祠堂地基,比其下的墓室更精准地朝向南北基本方位。张之恒与周裕兴(1995,117,120);巫鸿(1997,111);杜朴(2006,187)。另一方面,盘龙城商代二里岗文化早期最大和最南面的部分,方位北偏西足足 20°。

在我看来，更有可能的是，某一时期商政权所面临的上帝意图非常关注"国家安全"，获取方位，就字面意义上看，从超感知的终极源头上可能要求用一个更直接的北极方案。杜朴(Robert Thorp)论说道：

> 负责一个像位于盘龙城那样一个大殿的人们掌管许多专业性的工作。有人必须为建筑地址定方位。必须评估它的周围环境，包括地下的环境。如果地下水位高，将不可能建凿深沟渠。定向和布局这个沟渠，需要具备对准北极星或其他自然灯塔，并用直角工具在地上画直线的能力。①

上帝的角色

假设在古老的北极星右枢明显离开北天极之后的某个点，就说在离开五度左右，需要一个简便的方法来定向真北极。现在，看看商甲骨文字"帝"这让人好奇的模糊形状(图 3.5)。几个世纪以来，辞典编纂者为这个字的起源和书写笔法迷惑不解，没有一个词源能被普遍接受。② 公元前 13 世纪，这一文字在甲骨文中用来表示上帝以及祭祀上帝的仪式。后来通过给祭祀用语(从上往下数第二个字形)添加一个"祭台"的象征性符号，对两者进行了区分。从后来特别是帝制早期的叙述中可知，这种祭祀在一个像《史记·封禅书》中描绘的露天平台上举行。由皇帝亲自祭祀，该仪式有一个角色的变化，在进行祈愿祷告以后，皇帝就以祭祀者的身份，像那些踏入他领地的臣民一样，面向北方并下跪。

103

---

① 杜朴(2006,73,83)。
② 班大为(2004a)。

图 3.5 甲骨文"帝"字的最常见写法。据于省吾(1996,卷 2, 1082)重绘。字形 2—4 常用于表示对四方帝的祭祀,后来通过添加"禘"的象征性符号加以区分

汉代许慎(约 55 年—约 149 年)在《说文解字》中提到"帝"等同于表示"审视,检查"的同音异形字"谛",后者只在左边加了一个偏旁"言"。与此类似,后来的注释者由于有一个草字头的"蒂"字,便认为帝是植物梗茎的象形文字。[①] 于省吾通过对该字形组成部分的剖析(与严一萍)提出"燃烧的祭品"是它的基本含义,暗示着表示祭祀的"帝"字通过借代被用于表示还没有对应文字的 104 上帝。在他展示的各种甲骨文字体中(图 3.5),自商王武丁时(在位时间约公元前 1239—公元前 1181 年)起主要用前两个甲骨文。随后在安阳时期的商晚期甲骨文中,该字体的形状保持着一定的稳定性。

---

① 对于字形的分析,见于省吾(1996,卷 2,1082)。

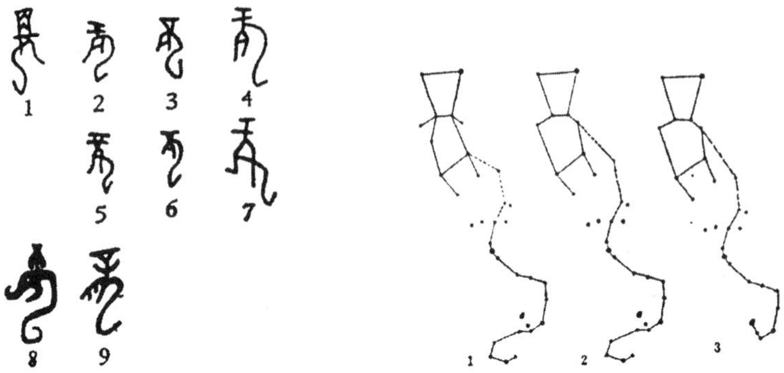

图2 甲骨文及金文“龙”字
1–7甲骨文 8–9金文

图3 苍龙之象构想图

图 3.6 商甲骨文(左 1—7)和商金文(8—9)“龙”字;(右)处女座至天蝎座各星连线构成的苍龙之象。出自冯时(1990c,112)

我认为“帝”字是表象形的。这种表示方法在甲骨文中有先例。一个明显的例子是斗的甲骨文明显像一把勺子,在一些语境中指“北斗”。更突出的一个例子是“龙”字的甲骨文字形与苍龙对应的星座图形非常相似(图 3.6)。如第一章所示,龙星宿对应于处女座至天蝎座这一片星区,它的角上有角宿一,尾部有天蝎座,总长约 75°。不会感到惊奇的是被巴比伦人视为蝎子尾巴的那勾状的一列星已被中国早期的观测者视为龙的尾巴,尤其是考虑到天上的龙星宿及其心脏部位的大火星即心大星(天蝎座 α)的季节性意义。事实上,大火星在甲骨文中被称为“商星”,是甲骨卜辞中仅提及的两三个星名中的一个。

那么上帝的“帝”字描绘的究竟是什么内容?考虑到定向真
105 北极的现实必要性,这里表示的是一种可能的方法。图 3.7a 展示了公元前 2100 年的北极附近区域。图 3.7b 展示了叠加在这张图表上按比例绘制的商文字“帝”及相连的大熊座斗柄(下面:大熊座 ζ,ε,δ)和小熊座斗杓(上面:小熊座 γ,β,5)中的亮星。比

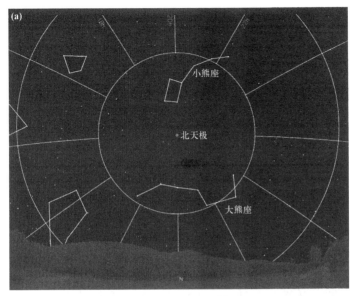

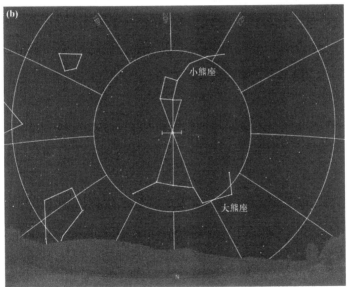

图 3.7 （a）星图展示了公元前 2100 年北天极的位置，在两个斗之间。
(b) 同一时间的星图，"帝"字叠加其上并连接天极两边的星。连接大小熊星座
主星的三线交点处标记着公元前 2100 年北极的位置。小熊座顶部的中间一星
帝星(小熊座 β)，后用于表示帝王星，可能是这一古老角色的余声(天文实时模
拟软件 Starry Night 6. 4. 3)

较这两幅图,明显可看出公元前 2100 年所有"帝"字形中常见的三条纵向线将真北极的实际位置三角形化。一条垂直的横线从北极两边的星区中间穿过,贯穿彼时的天极,从而可以在地上画出一条真南北方向的线。我们不知道"帝"字创造于何时,只知道

106 它必须出现在公元前 13 世纪最早的商甲骨文出现以前,甲骨文的出现证明了一种书写语言已经发展完善。[①]

我并不认为这些星在当时被视为一个星座。我主张的是,"帝"字的甲骨文描绘了一个装置的形状,这个装置用于在缺少北极星的前提下确立真北方向。作为一个确定北极方位以画出真南-北线的实用工具,这里提出的这类装置或方法肯定被使用过。事实上,它或者某种类似的东西是必不可少的。纯粹从一种实际的层面上考虑,必须确立某种对准北方的视线,还可能需要设置直角角度以确立东-西方向。我们当然知道四方在商代的祭祀仪式中非常重要。用一个像上述星图中描绘的瞄准器或模板,在顶上放一个校准器,外加一条垂线,就可以满足这一要求。可以想象代表这一装置的字体后来被用于表示位于天空那个神秘空点

108 处的至高超自然力量。其中有关的校准技术也与后来用星进行校准的实践记载完全一致。例如,下面的例子出自帝制早期的技术性手册《周髀算经》:

> 正北极璇玑之中,正北天之中。正极之所游,冬至日加酉之时,立八尺表,以绳系表颠,希望北极中大星,引绳致地而识之。又到旦,明日加卯之时,复引绳希望之,首及绳致地而识其端,相去二尺三寸。故东西极二万三千里,其两端相

---

① 似乎"帝"字的甲骨文甚至可写作上下颠倒的形式。这令人非常惊奇直至认识到这一星座在持续不断地围绕北极旋转(虽然必须承认这一异体字非常罕见)。刘兴隆(1986,178)。

去正东西。中折之以指表,正南北。①

"立表"一词显示出如何利用垂摆来确保获得完美的垂直(即使是在公元前 21 世纪的陶寺)。虽然《周髀算经》描绘的是战国晚期的技术实践,但是有充分理由说明更早的时期在发展相似的方法,我们随后将看到这一点。

埃及类似的方法

早在公元前第三千纪中期,古埃及人已经能够将吉萨大金字塔一类的宏伟建筑以一度以内的精准度对准真北方向。对此诺曼·洛克耶在他的开创性研究《天文学的黎明》中已经多有论述。② 他们是如何做到这一点的,这将对我们的讨论有所启发。图 3.8 的右侧展示的是古埃及女神塞莎特(Seshat)(约公元前 3000 年)在"丈量"("stretching of the cord")仪式中作"守护神",这是规划庙宇、金字塔和其他珍贵建筑时的第一个基本步骤。③ 她的头上有一个星形的头饰✲(图 3.8b),这个图案也是左图(图 3.8a)仪仗队列中一个仪仗的标志。在确定这是代表塞莎特女神的图像后,有人提出这个装置是用于确定南北方位的工具。在埃及这个例子中,当斗杓的两颗星天权和天玑(图 3.8c) *109*

---

① 《周髀算经》卷下,引自古克礼(1996,191)。

② 位于吉萨的埃及最大的三座金字塔所达到的对准精度,近来被克立弗·拉各斯(Clive Ruggles)再次证实:"每一个吉萨金字塔的边都非常仔细地对准基本方位(南-北或东-西)。这种对准与已有的实践一致,但是在吉萨,达到的精度非常惊人,特别是胡夫(Khufu)金字塔(最大的一个)。它的每一边与基本方位只有 6 弧分或 1°的 1/10 的差距。这不超过日或月可视直径的 1/5。其他金字塔对准得稍微差一点儿,哈夫拉(Khafre)有 8 弧分,孟卡拉(Menkaure)有 16 弧分。"拉各斯(Ruggles)(2005,353)。

③ 洛克耶(1964,173—175)。

精确地位于该装置的两条垂线之间时,转盘头上的八根水平轴精确地指向四方和四维方向。在那个时代,当这两颗星形成的直线位于这两根尖管中时,是否直指向天极还存在疑问。这一埃及发明很可能是称为"测量十字"(*groma* or "surveyor's cross")(图3.9)装置的祖先,被古代的伊特鲁里亚(Etruscan)和罗马工匠用于相同的工程作业:

> 建造新城市或罗马殖民地时,测量员们非常推崇古代伊特鲁里亚用天文方法确定城镇方位的方式。比如,公元 1 世纪的历史学家希吉努斯·戈罗马提库斯(Hyginus Gromaticus)说道:"确定这些边界并非没有考虑天文体系,因为东西街道依据太阳进行布局,南北街道根据天轴进行布局。这一测量系统第一次确立了伊特鲁里亚的准则……从这些术语中也描绘出庙宇的边界。"①

凯特·斯宾塞(Kate Spence)(2000)提出,埃及人应用了一种"同步经天"("simultaneous transit")的方法,与我提出的技术非常相似,通过北极附近区域、前述北极上下的一对星同时经过子午线时进行。一条位于两星之间用垂线法确定的垂直线,在公元前 2500 年刚好经过天极。②

---

① 安东尼·阿维尼(Aveni)(2008b,147—148);诺埃米·米兰达(Miranda),胡安·贝尔蒙特(Belmonte)与米格尔·安琦·莫利内罗(Molinero)(2008,57—61)。

② 见斯宾塞(2000,230—240)。金格里奇(2000,297—298);罗林斯(Rawlins)和基思·皮克林(Pickering)(2001,699);斯宾塞(2001,700)。在不知道凯特·斯宾塞提出的"同步经天"假设时,2003 年我提出中国人应用了与我类似的方法来定向真北方向。班大为(2004a,287—308)。李约瑟和王铃指出《周礼》中有一段话与这段引用类似,指出"汉代注释者认为它的意思是在地基的每个角落上一根长度相同的绳子,但是唐代贾公彦提出用的是四根悬垂线;若果真如此,这一工具便非常像罗马的测量十字"。李约瑟和王铃(1959,286)。

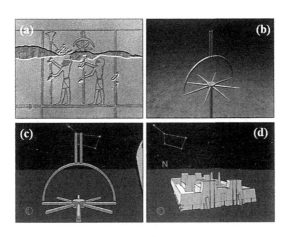

图 3.8　（a）丈量仪式中一个仪仗头上的塞莎特装置。（b-d）应用这一装置的艺术创造。图像感谢胡安·贝尔蒙特（Juan A. Belmonte）授权复制。（e）第五王朝（约公元前 2450 年）对塞莎特女神的描绘，头饰穿过顶上的一列星。据诺埃米·米兰达（Miranda），胡安·贝尔蒙特与米格尔·安琦·莫利内罗（Molinero）（2008，58）授权复制

110

(a)

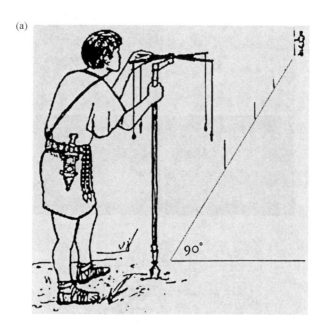

(b)

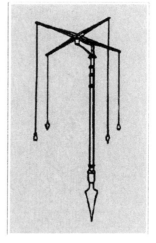

111　　　图 3.9　(a) 罗马测量员正用一个测量十字布列直角。引自 http://blog.
edidablog. it/edidablog/tuautem/2009/11/25/introduzione-alla-torino-romana-3/groma。
(b) 庞贝一名测量员墓碑上测量十字的复原图(右)。诺埃米・米兰达,胡安・贝尔
蒙特与米格尔・安琦・莫利内罗(2008,59,图 3)授权复制。测量十字一词被认为
源于希腊文的日晷(γνόμων),可能是通过伊特鲁里亚传入

古文字和语言证据 112

上述讨论中我们没有分析甲骨文"帝"字中的横线元素⊨的可能含义。现在,我们也许可以确认其含义。这一"I-横"条描绘了我们称之为三角板或角尺的工具的最早形式(和功能),过去用于绘制精确的直角。该工具在商代甲骨文中书写为🦴(矩)字,明显描绘了一个左手拿着"I-角尺"的人。① 不奇怪的是,这一横条出现在"方"🦴字中,该词被商人用于表示他们世界的四方。这个字的基本含义是四方,其异体🦴也出现在一些占卜语言中。② 类似,甲骨文"养"🦴字也包含一个 I-方,意思是"中心"。③ 就该元素强调"中心性"这一点来说,"帝"🦴字也很明显。无论 I-方对帝 113 字的含义作出了多大的贡献,就像塞莎特工具一样,类似的中国装置在顶部也有一个或更多的水平横木,相互之间并与柄杆形成直角,以指示基本方位。像埃及和罗马工具一样,它应也有确保垂直的悬垂物。④

---

① 李孝定(1970,第 5 卷,1593)。

② 印加人称他们的国家为"四方之地(*Tahuantinsuyu*)"。

③ 李孝定(1970,第五卷,1825);于省吾(1996,第 1 卷,223);班大为(2001)。艾伦(SarahAllan)(2009,22—24)讨论了这一元素"I-方",而没有解释它在语义学上对"帝"字含义的贡献。

④ 李约瑟和王铃(1959,286)。

表 3.2 "帝"字家族

"帝"字家族的词根含义：匹配，配对，适合，与……一致，连接		
dì	敌	抵挡："寡不敌众"；相当，匹敌："势匀力敌"；《孙子兵法·谋政》："敌则能战之。"
dì	蒂	花、叶；瓜、果与枝茎连结的部分[～芥；结]
dì	缔	缔结：贾谊《过秦论》："合纵缔交，相与为一。"
dì	嫡	正妻；嫡子[～妻；系]
shì	适	适合，适宜，恰好：《商君书·书策》："然其名尊者，以适于时也。"
dì	禘	祭祀上帝或祖先
dì	帝	上帝，居住在北极的天神

如前所述，自二里头文化起，为使建筑地基对准南北轴方向，必须使用一个类似的瞄准技术。如第一章所示，陶寺的历法祭司们可能已经发明出一种圭尺，因此毫无疑问他们知道用一个像圭尺的垂标进行瞄准。随后，像埃及女神塞莎特这个例子，用表示居住在空白北极处的帝这一抽象概念的图像符号作为这一工具的象征。如前述所示，位于北极的天神这一概念，自新石器晚期至汉代，延续了两个千年，最后复兴并转化为一种对位于天之中心的超自然权力、太一的崇拜。但是，它的古代设计者们不知道的是，在整个公元前第二千纪中持续了同样久的对这一常规对准方法的仪式性应用，随着时间的流逝，在定向真北方向上累积的误差导致了实质性的差距，以至于从珍贵的商代建筑中都可看出明显的失准。

最后，表 3.2 列举了"帝"的一些音义同源字。[①] 撇开那些仅
114 同音的字，对这些本质上相互联系或者同源的词的根义进行分

---

① 高本汉（1964），GSR877：k-1。

解,结果呈现在表格中。这一组词汇集合了相似的含义"匹配,配对,适合,与……一致,连接",等等,似乎这个字的原义来自于用一种能与天空中的星宿排列一致的工具来定向真北方向的过程。

从北极神灵获得神圣的方位,这一古老的仪式性观念从字面意义上就包含了将一套规范秩序从神秘的天上带至地上的含义。如将北斗斗柄用作时钟指针,这一观念得以幸存至公元前第一千纪晚期,并激发出有关德行功效的富有创造力的比喻,此时帝以其自身和太一国家祭祀前身的面貌在虔诚的信仰中复活。早期甲骨文"帝"字与战国时期"兵辟太岁"戈上太一伸展的姿态有惊人的相似(图3.10a)。这种英姿在另一个典型的例子中可看到,即图3.10b右边展示的对宇宙神话人物"战神"蚩尤的早期描绘。

结　论

公元前11世纪中期商代灭亡之际,商人的祖先崇拜已经发展到顶点,不仅将商王室祖先视为帝,而且在君主死后也追封为 *115* 帝。由此,似乎商王权和帝在起源上的关系已经被视为一种先例,这点在后来用于周代君主、最后用于中国所有皇帝的"天子"一词中表现得更为明显。除了世俗政权和超自然的无为之间的比喻性联系,无论是儒家理想还是道家神秘主义,都非常有力和持续地对星-地进行非常具体的一一对应,尤其是将真北极视为超自然权力的所在地。虽然古典和帝制时期丰富的文献资料对此有许多记载,但是早在公元前第二千纪,并没有对这段关注天极及其权力象征的历史进行阐释。将许多考古、古文字记录、天文学证据放在一起,就有可能拼凑出至少在青铜器时代早期商代 *116* 建立或者更早之时,已将帝和天极的功能相提并论。

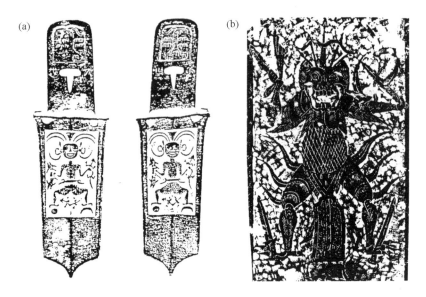

图 3.10 (a)战国时期兵辟太岁戈上描绘的具有宇宙起源性质的太一。引自夏德安(1999,872)。(b) 山东沂南东汉晚期石刻蚩尤"战神"。详图源自中国画像石全集编辑委员会(2000,143,编号 194)

117　　　　李约瑟推测帝星可能在商代被视为北极星,这有点似是而非,此时帝星围绕北极画出一个很大的圈,应不可能不被注意到。由于一些夏和商的建筑对准真北极的精度非常之高,他们不可能将帝星作为自己的极星。同样,周代中期"无为之用"与北极的不朽在哲学文献中已经成为一种固定修辞。考虑到所有这些,在没有得到解释的情况下,很难认为公元前第三千纪中期的古代埃及人能够以不超过六分度的精度精确定向真北极,他们东亚的同行在一千多年以后还做不到这一点。

第四章　把上天拉下凡间

　　此先王所以不用财贿,而广施德于天下者也。(《国语·周语中》)

　　我们已经了解新石器时代晚期和青铜器时代早期的仪式专家们,像他们古希腊的同行一样,如何在北极处缺乏亮星的前提下,应用北极附近区域的星来完成对准真北方向这一任务。夏商周的考古发现明晰地显示使建筑环境——城墙、宫殿、宗庙、坟墓、公共墓地精确地对准基本方位变得相当重要,甚至连窖藏地点也提供了对准南-北方向的证据。① 长期认为方向性是中和四方这两个中国早期宇宙论思想中核心组织原则的一个前提。② 然而,这里我们不那么关注宇宙论观点,而更关注在实践层面上当第三章中提出的古代方法过时以后如何对准基本方向,以及它所展示的在中国早期文明的形成中一个非常重要的基本倾向。

　　当然,天文考古学文献中描绘了许多确定方位的方法,大多数需要用圭尺来测量日影。战国时期(公元前 403—前 221 年)

---

① 吉德炜(1998,794)对不止一处例子总结道:"中国早期居民对方位和形态的极大关注是新石器时代和青铜器时代文化的重要特征。"出自新石器时代不同文化的证据不断地证明了这一点,虽然有时在同一个遗址内轴向方位也不一致。姜寨遗址半坡期出土的证据,见刘莉(2007,37,图 3.3,和 81,图 4.5)。

② 见王爱和(2000);吉德炜(2000);艾兰(Allan)(1991)。青铜器时代的中国人在这方面几乎不是唯一的,见鲍罗·惠特利(Wheatley)(1971);塞林·赫莱茵(Selin)(2001)。

记载的此类方法的变种曾经一段时间很有名,下面将进行描述,

119 我们将继续复原青铜器时代晚期用星对建筑布局进行定向这一独特的中国式解决方案。不奇怪的是,这种方法强调了中国天文学独特的赤极系统。[①] 至今,学者们忽视了汉代以前中国利用称之为"定"的飞马座四边形的独特性来进行定向的技术。

对准和偏离

我们已知三代(夏、商、周)的重要建筑几乎都精确地朝向基本方位,显示出施工前付出了艰辛的努力来进行定向。但为什么商代有许多重要建筑、其中心轴一致地朝向真北偏东几度(图4.1),这尚是一个难题。吉德炜对这一现象评述道:

> 商晚期,西北岗大型王室墓葬的基本方位非常引人注目,其长甬道轴向一般为北偏东/南偏西方向。出自诸如小屯北部的大司空村、湖北盘龙城、河南罗山、山东苏福屯等遗址的许多考古发现已经证实,商代或商代类型的贵族墓葬一般都为南北方向。所有这些遗址中墓葬的南北方向,与他们夯土土墙(如果还存在的话)或建筑地基的方向类似。殷墟西区的平民墓葬也对准基本方位,明显地"向右"偏离约10°。商代其他遗址中也发现了同样的10°偏离。商代殉人墓的基本方位进一步显示出当时对方向的密切关注。[②]

---

① 李约瑟和王铃(1959,239)。

② 吉德炜(2000,82)。安阳小屯庙宫地基向东偏离小于10°,见吉德炜(1999b,259,图4.9)。邹衡(1979,69)注意到小屯大多数房屋地基呈矩形,相对地更多朝向东-西而不是北-南,不像后期的宫殿,据邹说朝向南方。根据实地调查,后者地基的长轴都接近于磁北,张光直(1980,112,121)只是顺便提到方位对准一事。也可见杜德兰(Thote)(2009,108,120)。

　　吉德炜提出的10°偏离是在殷墟西区总计938座墓葬的基础上得出的,这导致他进一步得出"这种偏离显著的一致性,强烈地显示出商代坟墓的建造者们,至少对于'平民'墓地,脑中有一个明确的方向表"。[①] 少数学者,包括吉德炜在内,怀疑商代"推崇,或至少优先考虑东北方向"。[②] 但是,丝毫不清楚它的缘由是什么,而商代贵族来自何处的问题也远未得到解决。[③] 甲骨文中记录的对四方的祭祀没有显示出对任一方位的特殊偏好。仅对考古研究进行粗略统计,便可证实矩形坟墓、入口甬道、王室骨骼、小规模贵族坟墓的轴向强烈偏好北—南方向(图4.1b)。[④] 如果 *122* 日影被用于这个目的,那么那些具有高度象征性的商代建筑——宫殿、王室墓地、城墙在今天看来应仍定向精准,而偏离不应该高达10°之多。如果小屯房屋的定向基于日出观测,那么它们应指向东-东南方向的一个点,以及秋分后不久的一天,而不是东北。李约瑟也注意到西北岗王室墓地等商代遗址呈现出一致的5°—10°的偏离(2°—10°偏离真北)。[⑤]

① 吉德炜(2000,83,n.8)。

② 同上,87;朱彦民(2003,27—33)。

③ 朱彦民(2005)。

④ 中国社会科学院考古研究所(1994,100—135)。

⑤ 李约瑟和王铃(1962,313),在石璋如报告(1948,21)的基础上得出这一观点。应注意到中国考古报告中给出的数据,是用中星仪和磁罗盘测量的,而没有考虑磁偏角。讨论涉及的华北核心区域的磁偏角在考古发掘当时平均略大于真北偏西3°,因此对吉德炜提出的真北偏东的正确平均值应在7°左右(约一个半拳头)。李约瑟提供了从唐代到清代的相似偏离数据,但是那些明显源于使用磁罗盘的缘故,对此公元前第二千纪中期还不了解。见李约瑟和王铃(1962,310,表52)。

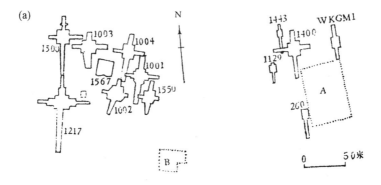

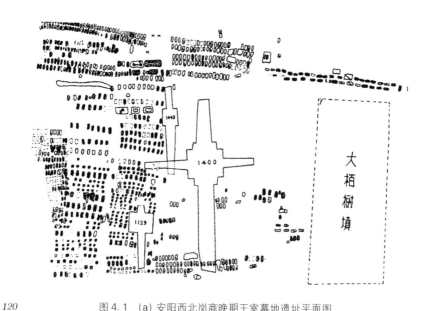

　　　　图 4.1　（a）安阳西北岗商晚期王室墓地遗址平面图

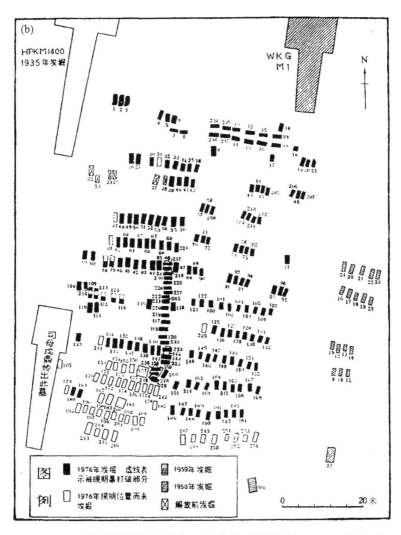

图 4.1(b) 附近小规模的贵族墓葬。引自鲁惟一和夏含夷（1999，187，图 3.20），*121*
剑桥大学出版社授权复制。箭头指向发掘当时的磁北极。当时的真北极在其西边 3°
以上处，这意味着这些墓葬向东的偏离小于考古平面图上所示

对比一下,二里头 1—2 期商代以前(例如夏)城墙和宫殿的地基呈现出一致的真北偏西约 6°—8°的偏离,校准磁偏角以后产生一个实际约 9°—11°的偏离。[1] 这一偏离如此之大很难用测量误差来解释,即使是在公元前第二千纪中期,当时,正如我们从前述已知,埃及人已能将胡夫大金字塔的方位以 0.1°的精度进行定向。而且,夏代偏西和商代偏东之间的对比显示出应存在对比性的方法或动机。[2] 尤其引人注意的是,在周室克商、王朝建立以前,位于家乡周原的周室宫殿地基与几个世纪以前夏代北向西的方位偏离相同,可能显示出恢复或复原商代以前的方法或文化倾向。[3] 对北方的偏好一直持续至西周,并鲜明地体现在青铜器铭文中,仪式中君主总是面朝南方,重要的是,在描述方位时"北方"居于首位。[4] 朝南是仅为"天子"所用的象征性姿态。

123

[1] 很少例外,中国社会科学院考古研究所(1999,附录 1)平面图中列出的二里头 1—4 期墓葬呈现出精心对准的北-南方位,骨骼得以保存的 25 例中有 19 例墓主头对准北方。有 6 例头对准南方,其坟墓的长轴对准东西向。墓葬的方位在北偏西 3°—17°之间(磁角),但有一例向东偏差 24°。

[2] 罗泰(Von Falkenhausen)(2006,215)。强有力的证据显示公元前 2000—前 1000 年华北平原的磁偏角波动幅度很大。最近中国的古地磁学研究发现"在过去的 4500 年中地磁场方向有了明显的变化……磁偏角也经历了一个很大范围的波动:从公元前 4600 年至前 4000 年 BP 向东偏离 38°到公元前 1900 年至前 2900 年 BP 向西偏离 37°"。Cong Y. Z. 和 Wei Q. Y.(1989,71),Wei Q. Y. 等(1983,138—150)。磁场方向的改变当然很有吸引力。然而,必须强调,虽然公元前第一千纪中期已经认识到天然磁石的磁性,但没有证据显示古代中国人在汉代用天然磁石制作司南以前曾利用过磁石指北的性质,甚至司南的应用也是占卜式的而非地磁性的。见李约瑟和王铃(1962,229—230);也可见惠特利(Wheatley)(1971,461);可与卡尔森(Carlson)(1982)进行比较。

[3] 对周朝建立以前和西周早期地基的初步调查揭示出方位的大致范围,但不清楚其中是否存在一个一致的倾向。有趣的是,秦国自公元前 8 世纪起占据了前代周室的故乡,也将其都城雍城对准(地磁)北偏西 14°。

[4] 李学勤(1990a,122)引用吴虎鼎和五祀卫鼎为例。

早期文献中的都城建造

对于一个朝代,没有比选址和建造新都城具有更大象征意义的工程了。随着文王受天命(见第六章),文献中出现了因政治环境改变而对新都城进行布局的相关步骤的明确描述。几乎在受天命后不久,王朝的建立者文王积极追求各种受封为商朝西伯侯的特权,包括发动战役,征服东方渭河流域的诸侯国密和崇。商帝辛三十四年(公元前 1053 年),即《竹书记年》所说文王受"天命"六年,崇臣服于周。[①] 不久,开始在今西安西南建新都丰,自此周进一步巩固了在殷商西边的势力。随后周王室迁都于丰,公元前 1051 年继承人武王发受命在新都附近镐京营建新的祭祀中心。镐京,也被称为"宗周",是"神灵的"或祭祀之都,包括一个第一部分已经提及的所谓"灵台"和主要的国家宗庙,在此随后举行了革新、任命、朝贡等王朝常规礼仪。成功克商以后,另一个地域上更中心的行政中心和王室所在地成周,在距今洛阳以东近 150 公里处兴建。

　　两段出自《尚书》的早期文献《洛诰》和《召诰》记载了公元前 [124] 1036 年临近洛阳的新都成周的建立,即武王伐纣(公元前 1046 年)十年后。为实现武王(公元前 1049—前 1045 年在位)的愿望,文献记载,由于象征性和策略性的原因周朝建立者们认为应迁移王室行政地点,包括将成王的居住地(公元前 1042—前 1021 年在位)迁移至华北平原地区一个更中心的位置。在对不同的地点进行吉凶占卜后,在洛河边上临近它与黄河的交汇点处选定了一个合适的位置。《洛诰》中提到的太保(即召公)"召公既相宅,

---

① 鲁惟一(1993,39—47)。

周公往营成周"。第二天,周公,作为摄政王,"朝至于洛,则达观于新邑营"。在大段展示两位公侯主导新都选址占卜的功绩后,记载称成王说道"来相宅……公既定宅,伻来,来,视予卜,休恒吉"。[①]

许多克商时期和周朝建立的事件在几个世纪以后的《尚书》编纂时期被描绘成神圣的传统,因此它们多是一些盛世功绩。然而,这一特殊时期的史实性最终在 1963 年随着大型青铜器何尊的发现而被确证,其铭文记载其铸造年代为成王五年,当时"唯王初壅,宅于成周(成周,即新都洛)"。随后铭文叙述了制作者先辈在王朝建立中的功业,追忆了成王的父亲武王发布了迁都的命令,虽然他在计划实施前死去:"唯武王既克大邑商,则廷告于天,曰:余其宅兹中国,自兹乂民。"[②]这种早期叙述的语言是暗示性的,也有点隐晦不明,因此必须等到我们更加了解明显涉及布局重要建筑技术的早期文献后才对其精确含义进行讨论。

《诗经》(约公元前 10—前 7 世纪)中的许多诗篇也赞颂了商

125 周两代都城的精心建造。许多周早期的文献中都记录了这些事件,虽然也许其纪念性不如《诗经》。《文王有声》(《诗经》第 244 篇)是一篇赞颂周朝建立者的赞美诗。

《尚书》中描述营建成周时应用的相同词句在这里出现:新城址由占卜确定,建造前对新城(或仪式建筑)经(如用绳布局)之,

126 反复"经之营之"。[③] 从根本上,经指将经线系在织布机上,以确

---

① 出自《洛诰》。英文翻译见高本汉(1950b,47,有所修改)。

② 何尊图像和铭文的拓本,见张光直(2005,183)。

③ 此处与埃及的"丈量"仪式[诺埃米·米兰达(Miranda)],胡安·贝尔蒙特(Belmonte)与米格尔·安琦·莫利内罗(Molinero,2008)和(约公元前 5 世纪)印度吠陀文献《绳经》(Sulva Sutra)非常相似。对于古代文献中"方之"这种古代方法的数学分析,见马塞洛·拉涅利(Ranieri)(1997,209—244)。芮沃寿(1977,37)讨论了与都城建造有关的仪式活动。

定编织物的结构。此处，在都城建造中，经和营指用绳子确定即将建造的城墙和建筑的朝向和夯土地基的方位。[1] 对于这些词汇的具体含义下面将有更多的论述，但是这里要指出的是来源于界定物理空间的相同词汇也在更广泛的意义上比喻性地用于"经营"作为一个整体的国家甚至处于演化中的宇宙。因此，在诗歌《何草不黄》（《诗经》第 234 篇）中，有"何草不黄、何日不行。何人不将、经营四方"。几个世纪以后，《淮南子·精神训》谈及阴阳的产生，说道："有二神混生，经天营地。"

周早期的诗歌《江汉》（《诗经》第 262 篇）也记载了成王在位期间，召公主持了一场平定淮河流域的战役，以镇压商昔日盟友的叛乱：

> 江汉汤汤、武夫洸洸。经营四方、告成于王。四方既平、
> 王国庶定。时靡有争、王心载宁。

这首诗突出地重现了早期青铜器纪念铭文的形式和内容，主题是平定和开发以前不在周王室控制之下的广阔的淮地。运用"经营"这一词汇描述将新版图纳入国土的政治进程——平定，确立边界和行政划分，颁布王室命令，实行税收——尤其合适，因为它从宏观上概括了联绵词"经营"的功能性用法，即用"神圣的"空间去描绘本来世俗的土地。

《绵》（《诗经》第 237 篇）描绘了庆祝建址奠基的具体细节，这 [127] 是一首献给太王亶父（活跃于约公元前 1150 年）的赞美诗，这位著名的先祖将周人安置在岐山脚下的周原：

---

[1] 这就是这一术语在诸如汉代长安城布局相关文献中的用法。卫宏（活跃于约 25 年）《汉旧仪》叙述长安城墙"经纬各长十五里"，见《汉旧仪》，2.14。许慎（约 55—149 年）定义"营"为"市居也"，段玉裁解释"市居，谓围绕而居"。

> 乃召司空，乃召司徒，俾立室家。
>
> 其绳则直，缩版以载，作庙翼翼。
>
> 捄之陾陾，度之薨薨，筑之登登，
>
> 削屡冯冯、百堵皆兴，鼛鼓弗胜。
>
> 乃立皋门，皋门有伉。
>
> 乃立应门，应门将将。
>
> 乃立冢土，戎丑攸行。[1]

这里，生动描绘了力役在工头的指挥下，竖起木板来敲打夯土。建造地基和城墙时，用垂绳来保持城墙垂直，用篮筐运输来维持不间断的供应，所有行动都与鼓的节奏一致。这一场景中可能应用什么选址或定向技术？

"何时定之方中"

《诗经》中的诗歌《定之方中》（《诗经》第50篇）回答了这一问题。这首诗的主旨是歌颂公元前658年卫文公重建被毁的都城，并赞美了他诚实正直的品格：[2]

128

> 定之方中、作于楚宫。揆之以日、作于楚室。树之榛栗、椅桐梓漆、爰伐琴瑟。升彼虚矣、以望楚矣。望楚与堂、景山

---

[1] 《诗经·大雅》"绵"，英文出自高本汉（1950a，190，有所调整）。祭祀土地神［有点类似于罗马的拉列斯神（lares）］的"社"或冢土，是都城奠基中唯一特别提及的其他正在建设的神圣建筑。根据定义，有"社"和祖先祠堂的城邦就是都。见芮沃寿（1977，39）。

[2] 该诗赞美了卫文公在卫国遭狄蛮入侵被毁后，于公元前658年在楚丘重建卫国的事迹。霸主齐桓公发兵驱逐狄人，戍守卫国，卫文公和卫国遗民才得以重建卫国。见理雅各（Legge）（1972，128）。很久以后，荀子在《君道》一文中应用了一个非常相似的比喻来形容君子："君者，仪也，仪正而景正。"见王先谦（1975，第3卷，154）；金鹏程（Goldin）（2005，45）。

与京。降观于桑、卜云其吉、终然允臧。

再次可以看出，所有事情中最重要的是确定主要庙堂的方位。[1] 注释者一致认为开工的时间"定之方中"指晚上定宿到达当地子午线正南方。后一句诗提及了另外一种天文技术："揆之以日，作于楚室。"从一个山顶上望楚室，即从山顶上通过日影来勘测地点（假设在一个高地朝南的斜坡上）。"毛注"注解这些诗句如下：

> 定，营室也。方中，昏正四方。楚宫，楚丘之宫也。……揆，度也。度日出日入以知东西，南视定，北准极，以正南北。室，犹宫也。[2]

既然明显提到日和影，可以猜测这一方法：用圭尺在日出、日落时测日影来布置合适的东-西线。《公刘》（《诗歌》第 250 篇）是一首赞美古老的周代祖先公刘的诗歌，他曾率领周民在豳定居。[129] 据称公刘"既景乃冈，相其阴阳"。如第一章所示，陶寺的最新发现与商代和冬夏至点有关的资料显示日影方法可能在公元前第二千纪中期至晚期公刘率领的民众中已有所运用。[3] 如果日影方法过去常被用于宫殿基地、坟墓和城墙定向，那么今天它们的定向也依然准确。没有证据显示过去应用了其他的技术，而星显然是无法投影的。

那么毛亨中的注释"南视定，北准极，以正南北"。从何而来？

---

[1] 黄铭崇(1996,346)举例说明建造中的建筑实际上是具有高度象征性的国家仪式中心明堂："[诗歌的前言中]说这首诗叙述的是公元前 658 年卫国重建首都。这一解释毫无疑问。然而，我们认为该诗中描绘的是重建神圣建筑——明堂的整个过程。"

[2] 阮元(1970,第 1 卷,59)。

[3] 黎耕和孙小淳(2010)；李约瑟和王铃(1959,293)。

郑玄(127—200 年)进一步扩展了毛的注释：

> 定营室也。方中昏正四方。楚宫楚丘之宫也……揆度
> 也。度日出日入以知东西。南观定北准极以正南北。室犹
> 宫也。定昏中而正,谓小雪①时其体与东壁②连正四方。

郑玄增加了一些重要的解释,随后它们将变得更有意义,现
在可以看到在这一看似直接、简洁的评论中呈现出比肉眼所见更
多的技术性。

《周礼·考工记》中记载了战国晚期一些定向步骤的细节：

> 匠人建国,水地以县,置槷以县,眡以景,为规,识日出之
> 景,与日入之景。昼参诸日中之景,夜考之极星,以正朝夕。③

用于保持地面平整的技术有些模糊不清,句中似乎有些断章
取义,但于此处并无大碍。有些注释者认为使用悬绳是指将一定
长度的绳子从圭尺顶端以各种方向拉至地面,以确保垂直。更有
可能,指的是一条垂线。过去常用绳子测量早上和下午何时的影
长相等,届时它们通过一个以圭尺为中心的内切圆相连。这种方
式不十分需要精确地测量日出日落时的日影,而且可以避免不同
地平高度的日出日落所导致的误差。将日影与圆弧相交的两点
相连,就可以确立一条真东西方向的线。平分这条线,将中点与
圭尺相连,就可以确立一条真南北线。当中午的圭影叠加在这条
线上时,便是正午,太阳正落在当地的子午线上。《淮南子·天文
训》中描绘了一个相似的几何步骤。

130

---

① 小雪是以冬至 30 天以前为起点的节气。
② 东壁,包括飞马座的壁宿二和壁宿一两星,是营室东边的第 14 宿,营室位于更
下方。
③ 《考工记·匠人》,英文见惠特利(1971,426);毕奥(Biot)(1851,第 1 卷,555)。李约瑟
和王铃(1959,231)将"考之极星"误译为"考星之极"。也可见芮沃寿(1977,47)。

北极定向

　　注意,正如上述诗歌《定之方中》,《考工记》仅仅用太阳来布置真东西向线是不够的;必须用北极来确定真南北方向线。问题在于如何进行? 从这首诗的注释和其他地方我们已知定为飞马座的营室,即第十三宿。[①] 从上文中可知营室意为"经营宫室",在《尚书》和《诗经》中有关都城建造的文献中可以见到"营室"中的"营"用于这类含义。因此这一星座的定向功能实际上体现在营室这一名称中,从汉代开始营室替代了定的命名。营室南北两端的两颗亮星飞马座 α 和 β(室宿一和室宿二),构成了著名的飞马座四边形的西边(在西方四边形构成飞马的身躯)。东边相邻的星宿为东壁,囊括飞马座 γ 和 δ 两星(壁宿一和壁宿二),为第十四宿。

　　见图 4.2,可明白为什么东壁几乎平行的方向也暗示着在定向功能上该星座应属于营室,如郑玄在上述注释中所说:"小雪时其体与东壁连正四方。"这一描述的精准性已被公元前 433 年最早完整描绘二十八宿的曾侯乙墓中出土的著名漆箱盖(图 4.3)所证实。比起后世星图中常用"点线"法来表示星宿,漆箱盖上用篆书书写的实际星名来表示星宿的相对位置。即使有一些小的笔画不同和同音异形字,全部都可以识别。但是在营室和东壁的位置,这些后世通用的名称被西营和东营代替。[②] 因此,在此我

---

① 公元前 3 世纪的辞典《尔雅·释天》中有:"营室谓之定。"郭璞(276—324 年)注释:"定正也,天下作宫室者,皆以营室中为正。"《说文解字》注"正":"正是也。是直也,从日正。"
② 裘锡圭(1979,25—32);王健民等(1979,40—45)。雒启坤(1991,242)指出公元前3世纪晚期秦睡虎地《日书》形成之时,后世通用的营室和东壁已经出现。云梦睡虎地秦墓编写组(1981,图 151,第 987,988 片)。

们不仅确认了两宿之间的关联性,而且指出在公元前 5 世纪晚期
二十八宿系统形成之前古代单独的一个定宿已经分成两个
宿。① 中国西南少数民族彝族天文学也证实了将第十三和第十

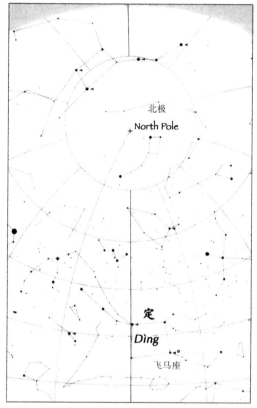

图 4.2 营室(右)和东壁(左)两对星组成的飞马座四边形(称为"定")
两边的方向(天文模拟软件 Starry Night Pro 6.4.3)

---

① 竺可桢(1979,234,237)在 1944 年已经指出营室和东壁原为一个星官——定。竺
也指出,一个更早的 27 宿系统更接近于月亮夜晚在星空背景下的运行,因为恒星
月周期为 27.32 日,而朔望月周期为 29.53 日。但是 27 不能被四季均分,从而不
符合后来在战国时期占主导地位的数字主义。雒启坤(1991,242)赞同在春秋时
期以前(即公元前 722 年以前)这两个星宿是一个称之为定的星官。也可见 H. J.
Zhong 等(1983,特别是 11—12);阿瑟·韦利(Waley)(1937,164);李约瑟和王铃
(1959,244)。他们都没有提及用定来定向北极的功能。常正光(1989a,177)仅顺
便提及了这一可能性,也可见李勤(1991,36)。

四宿视作一个四边形星座的古老性,这一少数民族的许多天文学
内容都早于战国时期。在彝族的宿中,对应营室和东壁的星宿名 *132*
为"一个四颗星大四边形",那无疑就是定。①

　　《尔雅·释天》中将营室视为定,文中随后谈道:"娵觜之口,
营室、东壁也。"娵觜是战国晚期和汉代对亥(约为水瓶-双鱼座)
相应星区的命名,包含营室和东壁。注释中的"口"当然指飞马座 *133*
大四边形的形状。郭璞有注:"营室、东壁,星四方似口,因名
云。"《尔雅》的解释无疑指向《左传》襄公三十年(公元前 543 年)
的记载,其中记录木星位置为"岁在娵訾之口",其注释也认为
"口"为营室和东壁。对营室-东壁原为一个星官这一早期历史的
记忆仍残留至唐朝(618—907 年),8 世纪的《开元占经》第 61 卷
保留了东汉星占学家郗萌(活跃于约 100 年)的注释,再次重复道
"营室二星,西壁也。营室东壁四星,四辅也。欲其正,中有二星,
二舍也;欲其实正犹方"。

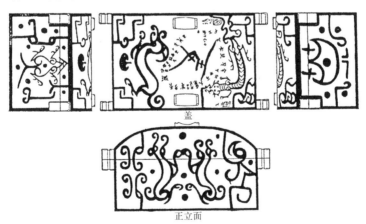

图 4.3　曾侯乙墓出土漆箱上的图像以及盖上的二十八宿。营室和东壁,在
这里被称为西营和东营,恰好位于龙脸的前面。引自鲁惟一和夏含夷(1999,830,
图 12.1),剑桥大学出版社授权复制

---

① 陈久金,卢央,刘尧汉(1984,95—96)。彝族星名为"色铁"。——译者注

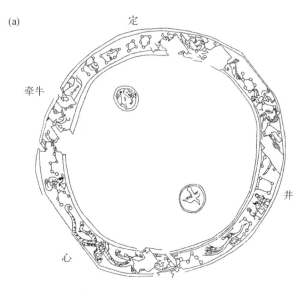

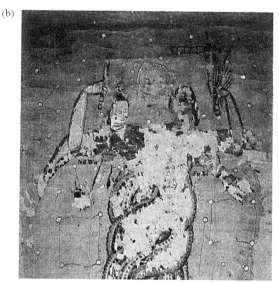

134   图 4.4 （a）西安交通大学汉墓室顶二十八宿圆环。定位于十点钟位置。四边形顶端的第五星是一个尚存疑问的特例。据李勤（1991,25）重绘。（b）吐鲁番高昌出土绢画天空图中的伏羲和女娲。定在女娲左肘下面。引自中国社会科学院考古研究所（1980,58,图 56 和 9,编号 7），授权复制

除文献证据外,考古发现也用图像证实营室和东壁曾经是一个星官。1987 年在西安交通大学校园发现的西汉晚期墓室中,其墙面装饰富丽堂皇,上绘彩色壁画。考古学家在墓顶发现了一幅描绘日月被二十八宿环绕的星图,二十八宿按顺序排列在圆环中,其星用熟知的"点线"法勾勒出(图 4.4a)。这是目前发现的 ₁₃₅ 该类型最早的星图,仔细研究它所描绘的星官,显示出画家不仅是一个天才艺术家,而且非常熟知五宫、二十八宿、它们的方位以及与之相关的星学知识。① 也就是说,不像以前发现的更表意而非表形的墓顶壁画那么粗陋,西安壁画的绘画者展示出专业的星学知识。② 二十八宿的排列和组合显示出位于十点方向位置、左上方有一个角的小四方形可能是定,即营室和东壁四星,司马迁称之为"清庙"。

已有充分证据显示汉代非常了解营室和东壁以前是一个星官。也许更让人惊奇的是,定的四边形还被描绘在约公元500 年高昌(吐鲁番)出土的大型绢画伏羲和女娲天空图中(图4.4b)。③ 它还出现在一个墓葬中,原本位于墓室棺椁上方的墓 ₁₃₆ 顶。因此,原本,营室和东壁没有被视为各包含两星的两条平行线,如后来通常被表示的那样,而是由一个四边形连接在一起,表示一个非几何抽象的,而是事实上的建筑地基。

---

① 曾蓝莹(2001,202ff.)。

② 比较一下五代(907—960)王处直墓中对相同主题的外行处理;罗森(Rawson)(2000,182)。

③ 中国社会科学院考古研究所(1980,9,图 7);孙小淳和基斯特梅柯(1997,112背面)。

营室—东壁为"天庙"

公元前 4 世纪的叙事性历史著作《国语·周语》中有一段描绘了古代太史在观察自然现象的基础上如何在春天伊始宣称此时适合开启农事活动。① 其中一个重要的季节标志是称为农祥的星官在黎明上中天,这一称谓即天蝎座室宿的别名:"古者,太史顺时觇土,阳瘅愤盈,土气震发,农祥晨正,日月底于天庙,土乃脉发。"②韦昭(204—273 年)在注释中认为农祥即室宿,并解释"晨正"如下:"谓立春之日,晨中于午也。"韦昭进而解释与日月相关的内容:"天庙,营室也。孟春之月,日月皆在营室也。"对战国晚期二月的天象进行检验,证明这一描述非常正确:黎明时室宿在正南方上中天,太阳在营室,当然这是无法看到的。《国语》中的这段话最早将营室作为天庙。③

《史记·天官书》中记载营室的第一个别名为清庙,④暗示了祭祀周朝建立者文王的太祖庙,《诗经·周颂》对其威严庄重大加赞美。而且《史记·律书》中,司马贞在《索引》中注释"营室"为"定星也。定中而可以作室,故曰营室。其星有室象也,故《天官书》主庙"。⑤ 显然,营室和东壁两宿构成了天庙这一原型的东西墙,因此在二十八宿全部形成以前,约稍晚于公元前 5 世纪晚期

137

----

① 《国语》1.7a。
② 可与武家璧(2001,90—94)进行比较。对于商代的先例,可见饶宗颐(1998,35)。农祥在前述"辰,指示时节的天上之龙"一节中已有介绍。
③ 《太平预览》20.5b,引用了这句话中的一个词汇,唐固(死于 225 年)的注释中将农祥作为房星。
④ 《史记》27.1309。司马迁还在此给出了另一个别称"离宫",后来的星图基本上用营室最北端的星上加一个附属物来表示。孙小淳和基斯特梅柯(1997,73,158)。
⑤ 《史记》,25.1244。

的周朝人也将飞马座四边形视为一个独立的星官。①

"定"的定向功能

从前述已知定的东西墙一般被描绘成两条基本平行的线,每条由两星组成。但是它们有一个更重要的共同特征。仔细看图4.2中的纵向经线,显示出公元前658年(诗经中提到的事件日期)定位于正南方,可以立即看出天庙的东西墙完美地与北极偏北70°处的经线对齐。事实上,东壁即东墙(即从壁宿一到壁宿二)比西边营室对齐地更精准。计算显示公元前1105年东壁对得非常精准,偏离真北仅有0.001分弧度。② 整个商周时期,东壁两颗星的方向偏离真北最多从未超过2分弧度,约为食指1/15的宽度。而西壁营室,其偏离未超过13分弧度,6倍于前,但仍小于月亮视直径的一半。如此小的偏离当然被瞄准过程中的其他测量误差所掩盖,因此至少在周早期中国人已经拥有足够的技术能在北极处缺少亮星的前提下精确地对准真北。③

现在,从天庙到北极的长远距离意味着面对南面的定时不可 ¹³⁸

---

① 当然,用定时还没有二十八宿。因此定的时代也可能标志着二十八宿形成的时间范围,战国早期(公元前5世纪—前221年)已有完整的二十八宿。

② 感谢米兰意大利亚非研究院(Istituto Italiano per l'Africa e l'Oriente)的梅斯·萨尔沃博士(Dr. Salvo de Meis)计算公元前第一千纪中飞马座四边形对准北极的长期变化。对于飞马座在新石器时期作用的其他观点,见帕特里齐亚·加蒂尔瑞(Galdieri)和马塞罗·拉涅里(Ranieri)(1995,155—171)。

③ 具有启发性的是汉代运用略有不同的方法去定向北极,通过"北极星"围绕北极旋转所谓的"游"来进行。小熊座β帝星被用于这一目的,它离开北极约为7°,以小圈绕北极如此旋转。古克礼(1996,191)。《周髀算经》中,小熊座β是北极星,它上中天时与东壁一致,因此《周髀》中描绘的步骤基本上反映了利用东壁的方法,表现为面向北方而不是南方。对于东周(约公元前550年)王城定向的例子,见罗泰(2006,172)和www1. lit. edu. cn/heluo/Article_Show. asp％7B?}ArticleID＝1892。

能观测到北天中北极附近的天空。此外,飞马座每日和每年的周旋意味着天庙只能用于在某一特定时期对准北极——当夜晚上中天时定的两条平行边与地平线垂直并从背面向上指向北极时。一年中的其他时间,定要么不可见,要么与地平线成斜角,都不能用于这一目的。由此,可以理解我们推迟讨论的前述毛亨隐晦注释的真正含义:"定,营室也。方中,昏正四方。……南视定,北准极,以正南北。"①

研究显示商末西周最适合这一定向活动的时间是深秋的傍晚。确切日期随观测时间有所变化。十一月中旬,定在日落后的黄昏时分到达最佳位置。各类资料证实秋季农耕结束时将开展这一活动。《吕氏春秋·月令》认为这些活动应在仲秋举行:"是月也,可以筑城郭,建都邑。"②而且,《尚书·尧典》中也有"乃命羲和,钦若昊天,历象日月星辰,敬授人时。分命羲仲,宅嵎夷,曰旸谷。寅宾出日,平秩东作。日中,星鸟,以殷仲春。厥民析,鸟兽孳尾。申命羲叔,宅南交。平秩南讹,敬致。日永,星火,以正仲夏。厥民因,鸟兽希革。分命和仲,宅西,曰昧谷。寅饯纳日,平秩西成。宵中,星虚,以殷仲秋"。③

---

① 秦放马滩简文(公元前 269 年)中的天文学内容"正"具有"面向南进行观测"的含义。钟守华(2005,93);也可见常正光(1989a,180)。

② 《吕氏春秋》卷八《仲秋纪》,英文出自毕沅(1974,第 7 卷,76)。在新近发现的汉代石碑中出现了一个非常相似的记载《四时月令诏条》(公元 5 世纪),出自敦煌附近的悬泉置。见陈立强(Sanft)(2008—2009,184)。

③ 虚是北方天空的中间一宿,约位于营室向西一时区处。《尧典》中叙述了对日出和日落进行的祭祀,应分别在仲春和仲秋举行。常正光(1989a)提出将和负责的观测任务分派给四位(羲仲,羲叔,和仲,和叔),分别负责早、晚、东、西事务,这一文本也保存了在春秋两方向日出和日落进行祭祀的记忆,同时,甲骨文中也记载了同样的日出日落祭祀。对于《尧典》中看似神话般的地点的重新解释,见刘起釪(2004)。

《国语·周语》中有"营室其中，土功其始。"①类似，《左传》 *139*
(庄公二十九年)也提到：

> 凡土功，龙见而毕务，戒事也。火见而致用，水昏正而
> 栽，日至而毕。

如我们从前述《左传》(昭公二十九)蔡墨的叙述中可见，世袭
的水正官员负责"喂养龙"。很难用巧合来解释商代复兴的驯龙
官正是豕韦。像伟大的商代官员傅说，传说他上天后成为一颗
星，豕韦也通过上至天上的尊贵位置而得以纪念，这些例子正如
冬季对应的天区名称为水，因此定也对应着飞马座四边形。②

由此，已经完整解释了毛亨对于"定之方中"的注释以及郑玄 *140*
的扩展注解——其中将上中天的定(《国语》中的"营室")确认为飞
马座，它是天庙的原型，作为一种四方形的庙堂具有指导建筑精确
对准北极的特殊功能。天庙在夜晚上中天即标志着在此季节可为
即将建设的祭祀用建筑规划基墙。③ 值得回忆的是两千年以前埃
及"丈量"仪式中利用一个瞄准工具去定向北斗斗杓中最里面的
两颗星时，应用了非常类似于这里用"定"的技术。主要的差别在
于埃及方法是面对北极从而有可能是在夜间使用，而中国是面对
南方，只能在秋季修建公共工程的时节用定来对准北极。

---

① 《国语》2.9b。现在回忆一下前述引用的这段话是如何展开的："此先王所以不用
财贿，而广施德于天下者也。"
② 豕韦是岁星所在星次娵訾的一个别名。《晋语》阐述了如前述第一部分蔡墨所述
同样的驯龙师或水正的谱系。豕韦是商代彭国的统治部落。应劭(153—196 年)
在《风俗通·皇霸五伯》中写道"及殷之衰也，大彭氏、豕韦氏复读其绪，所谓王道
废而霸业兴者也"。《广雅》(张揖撰)(四库全书电子版，14a)中将营室作为豕韦。
③ 常正光(1989a，180)引用了毛亨："度日出，日入以知东西，南视定，北准极以正南
北。"常指出了《定之方中》提到的利用日影和商代祭祀四方以及日出日落之间的
重要关联。常正光(1989a，177)。

定"正而真"

上述这些准则中"正"(﹡tɕiɜŋ﹡﹡tjɜŋs)字的所有相关性质既是观测不可缺少的组成部分,也是实施某种对准过程的结果。① 类似,《尚书》"洛诰"和"召诰"中的"经"(﹡keŋ﹡﹡keeŋ),和"营"(﹡jiɜŋ﹡﹡ɢʷleŋ),指布局大型基墙或庙堂组合,以及国家的"四方"。这三个字有相同的音节,以及非常现实的联系——"直—正—对齐"。而且,读者无疑已经注意到,它们具有相同的音节,这一音节与用于完成这一工作的星官"定"(﹡deŋ﹡﹡deeŋs)名称中的音节相同。② 当《召诰》中成王说道"公既定宅",定宅可能不仅仅意味着"驻扎"在某地。事实上它的言外之意是用定使建筑对准天极。《尧典》"敬授人时"这段话中已提到,"正"是以"准确决定"这一意义使用的,例如"以正仲冬"。显然"定"和"正"在这些语境中基本上是同一词,因此所描绘的这些(即上中天)对准步骤利用了"正"的根义"直的,竖直的,正确的,对的"。③ 当然,所有

---

① 对上古中文(﹡)和中古中文(﹡﹡)音标的复原出自《汉学文典》(*Thesaurus Linguae Sericae*)(http://tls. uni-hd. de/home. en. lasso)。

② 高嶋谦一(Takashima)(1987,408—409)给出了这一类词的根义,为"固定的-稳定的-安置好的-安全的-确定的";也可见鲍则岳(Boltz)(1990,1—8)。

③ 于省吾(1996,第1卷,790ff.);张玉金(2004,38—44)。与这一内容也有关的是斯塔罗斯金(Starostin)的汉-藏/中文同类词汇编,其中确定了"正"的根义及其古老性:正﹡tɕiɜŋ﹡﹡tjɜŋs,直的,正确的;贞﹡tiɜŋ﹡﹡teŋ,占卜,直的,合适的;藏语(Tibetan):draŋ,直的;缅甸语(Burmese):*tan*'? 径直的,直接从一点到另一点;克钦语(Kachin):*diŋ*¹ 直的,垂直的;卢舍依语(Lushai):*diŋ*,正的,右边的(可比较,*diŋ* 也表示直接去,像箭一样);雷布查语(Lepcha):*diŋ*(1)竖立的,高的,垂直的;最高点或最高度;(2)站立,保留,存在。谢尔盖·阿纳托利耶维奇·斯塔罗斯金(Sergey S. Starostin),巴别塔:人类语言进化工程(The Tower of Babel:Evolution of Human Language Project)(1998—2003);http://starling. rinet. ru/intrab. php? lan＝en-bases。

这些都让人想起《论语》中圣人所说的话:"席不正不坐。"①这句话可能有除了表现孔子的严格之外更多的含义。

真与鼎

值得注意的是,同源字"贞"($zhen * \text{ʈiɛŋ} * * teŋ$)在商甲骨文中用于引导出占卜的内容。该字的意思通常由诸如"卜问"这类没有任何实义的功能性词汇给出。"鼎"($ding * teŋ * * teeŋ?$)字在甲骨卜辞中可用作"贞"字,即使在同一个句子中有时也互相替换。② 第三章讨论了利用北极附近的星或星官使神圣庄严的场所和建筑对准北极这一举动背后的政治宗教性,指出"当商政权所面临的上帝意图非常关注'国家安全'时,'获取方位',就字面意义上看,从超感知的终极源头上可能要求用一个更直接的北极方案"。③

从前述已知商代和西周如何应用"定之方中"的方法精确对 142 准北极。更重要的是,该技术展示的目的性非常明显。由于"定-正"这一系列词汇词根中的具体含义"固定—摆正—直—校准"之间的明显联系,可知甲骨文中应用明显也属于这一系列的"贞-鼎""建立—固定—安装—确认",其中存在"验证"与超感知力量的"一致性"这类智力冲动,而这就是占卜现象的核心所在。

---

① 《论语》,10/7。

② 于省吾,《甲骨文字诂林》,第3卷,2718ff.;高本汉(1964b,834)。鲍则岳(1990,2)指出"鼎"和"贞"之间形象上的一致性在于"长期存在"。

③ 与坦拜雅(Stanley J. Tambiah)(1990,85)一样,我更喜欢用"supra-sensible(超感知的)"而不是"supernatual(超自然的)",因为[引用列维-布留尔(Lévy-Bruhl)]"'未开化的人'不能区分与超自然相对的自然领域,比起信仰'超自然的存在','超感知的'力量或力能更好地描绘他对某种存在的观点"。

143

"定-正",通过对准天上力量的所在之处北极来界定物理空间,在心理上也有其对应,即与那些超感知的实体进行神谕化的交流"贞"来确定某一命题的正当性这种心理实践过程。关注方向具有悠久的历史,可追溯至新石器时代,也许随着时间的流逝早期物理意义上的"对准"冲动(如使居室朝南以获得光线和冬天太阳的温暖)已转变为占卜和祭祀场所的定向所体现出的心理性。

然而,占卜和定向逻辑中对语言的神奇使用可能有比最初呈现的更多内容。占卜中对龟壳和甲骨以"重要"的宣告形式进行的"贞问"传达着对某一类结果的心理需求——形式本身体现着内涵。[1] 这就是所谓的修辞目的性。正如肯尼思·伯克(Kenneth Burke)所示,"实际用语言去诱导人们的行动,成为神奇地运用语言去诱导事物的动机(事物本质上不同于动机的纯语言式表达)"。因此伯克说道:"神奇之处在于'原始的修辞学',根植于语言自身的基本功能,这个功能完全是现实主义的,也是新生的;将语言作为一种象征性手段去引导本质上与象征符号对应的存在对象进行合作。"[2]对天时地利的"宣告"贞问也是一种象征手段,用以诱导大自然的超感知力量施以仁慈。

自中国文明发端伊始,古代的中国人就非常关注北极附近区域,尤其是神秘的北极自身。我们已经分析了公元前第一千纪在没有北极星的前提下精确对准真北方向的一种方法。这一方法自西周早期起便大加记载,虽然几个世纪以前它可能就有所运用。因此最后需要思考的问题是:对定即飞马座四边形及其特殊性质的关注,可以追溯到多早?早期的相关记载出现在《国语》有

---

① 坦拜雅(1990,54,82);柯马丁(Kern)(2009)。
② 肯尼斯·伯克(1969,42—43)。

关"农祥"即天蝎座房宿历法功能的段落中,即"农祥晨正,日月底于天庙"。韦昭注对其进行了详细解释:

> 农祥,房星也。晨正,谓立春之日,晨中于午也。农事之候,故曰农祥。……天庙,营室也。孟春之月,日月皆在营室也。① 144

不仅《国语》对天象的叙述非常准确,而且这一历法准则在战国时期的应用已经被曾侯乙墓(约公元前433年)出土的另一个漆箱盒上的文字所确认,该墓出土了著名的完整描绘二十八宿的漆箱盖。这第二个漆箱盒有漆书文字"民祀唯房,日辰于维,兴岁之驷"。② 农祥或天驷临近黎明时上中天是夏、商、周三代预示春天到来的标志。当然,不能被忽视的准则,是太阳运行至定是正月的标志。③

从第一章,我们已知中国古代山西陶寺的历法祭司们至少早在公元前2100年就每天观测日出。更不用说,他们及其后继者也非常关注一年中每月日出前次第升起的星官次序。他们也不会忽略苍龙星宿(以房宿为中心)的星与春季到来、农事开启的对应性。这是为什么龙星宿作为民用生活的季节标志,在神话和图像,以及《易经》"乾"卦爻辞中如此突出的主要原因。公元前20世纪等待日出的古代星象家不会忽视另一个黎明现象。第一章中讨论了公元前1953年2月末在飞马座α星经线处发生的(图

---

① 《国语》,1.6b-7a。

② 最近有一篇文章讨论了该墓出土的著名的"二十八宿"漆箱尚未确认的侧面图像,武家璧(2001,90—94)认为图中的房宿用天驷代表。武进一步推测漆箱和漆有文字的漆箱盒原被用于《国语》中提到的"农祥"典礼,从而被记载在第二个漆箱盒的文字中。也可见湖北省博物馆(1989)。

③ 司马迁在《律书》中对营室的功能进行了解释:"主营胎阳气而产之。"《史记》25.1243和1244,注释2。作者英文原注为引自《天官书》,其页码有误。

4.5)五星聚会罕见天象这一最早最突出的例子。[①] 飞马座 α 即
145 室宿一,天庙营室的距星。目前我们有了一个为什么古人早在公
元前 20 世纪就会深切关注定的可能解释。通过一幕壮丽的天文
景象以及定独特的北极定向功能,这将能解释定后来成为农业、
历法和礼仪标准的原因。

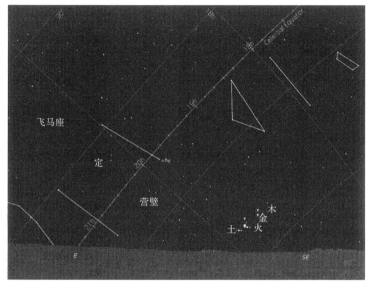

图 4.5 公元前 1953 年 2 月 26 日黎明时分营室出现的五星聚会(此分辨率下
金星和水星旁用点表示的火星非常模糊)。室宿一或飞马座 α 靠近中心(天文模拟
软件 Starry Night Pro 6.4.3)

结 论

我们已经梳理了为什么古人早在公元前 20 世纪会深切地关
注定的原因。通过一幕壮丽的天文景象以及定独特的北极定向

---

① 班大为(1983—1985)。

功能,这一"神圣化"能充分解释定后来成为农业、历法和礼仪标准的原因。它也解释了具体到明堂一类象征上天授予权力和合 *146* 法性的地上庙堂和宫殿,其轴向方位对准北极这一形态上的关联性。事实上,公元前第二千纪早期从自然的增长和无组织的城镇到有规划的都城,这一变化并非巧合,四方布局、网状的街道、廊柱林立的方形宫殿建筑,多重庭院,夯土地基,都呈纵向排列(与图1.1和3.2b进行比较)。

对二里头的考古发掘揭示了其布局上的特点,对此考古学家许宏总结道:

> 二里头遗址的聚落形态与陶寺、新砦等超大型围垣聚落间有着飞跃性的变化,而与郑州商城、偃师商城及其后的中国古代都城的面貌更为接近。因此,二里头遗址是迄今可以确认的最早的具有明确规划、且与后世中国古代都城的营建规制一脉相承的都邑。从这个意义上讲,二里头遗址的布局开中国古代都城规划制度的先河。①

这些布局显示空间按照某种理论进行了预先布置,就中国文明早期的情形来看,这一理论就是宇宙论。如伊利亚德(Eliade)所述,轴向定向从根本上是一种宇宙观的体现。默林·唐纳德(Merlin Donald)指出,"理论形成的基本形式最早发现于古代天文学中。天文学知识,像文字一样,是社会控制的一种有力工具。"他进一步指出:

---

① 许宏(2004);杜朴(2006,29)。目前没有任何考古证据可以把二里头归之为夏代。但是,刘莉和陈星灿(2003,148)明显认为存在"一个以二里头为中心的复杂政治经济体系,其运作要求远远超出氏族部落社会的行政管理水平"。张光直(1999,73)总结认为"目前的证据表明确实存在一个夏朝"。

天文学很可能是人类历史上理论广泛传播、在社会中发挥重要作用的最早实例。没有某种形式的数据积累就不可能进行天文观测和预测,没有某种形式的计算天文学也不能模型化。将一套简单的符号计算体系与各种模拟测量和计算工具进行结合,人类在应用这些计算去运转不断增长的农业社会时,能以各种方式发展自己的时空模型。模拟测量工具的改进因此与理论的发展相互交织。最终的可见"模型"是理论化过程的直接产物,反映了理论的发展状态。理论没有对它后来的发展状况进行反思和关联,但是一个更大宇宙的符号建模已经开始。①

在中国青铜器时代早期,随着城邦化和国家的形成,我们发现从天上得到灵感的宇宙化宗教、历法科学以及文字作为自然而然产生的中国文明最重要的形成元素,其相互之间具有明显的文化联系。

公元前第二千纪晚期,已经认识到飞马座四边形定提供了一种精确定向北极的方法,可以代替一种不断失误的用北极附近区域的星进行定向的方法。虽然不知这一切发生于具体何时,但周初已经对定的方法在仪式上进行了规定。

为什么古代中国人不充分利用这些方法以获得更高的精度,这仍是一个难题。至今没有发现任何帝制早期以前的大型建筑对准真北方向的精度接近埃及金字塔(第十一章"宇宙化的都城")。由于其他方面(如冶金、制陶、建筑、测量)展示出的高超技

---

① 默林·唐纳德(Donald)(1991,335,340)。埃里克·哈弗洛克(Erik A. Havelock)(1987,44)也谈到了希腊同样地用理论建构了一个更大的宇宙,其描述如下:"通过宇宙化的投影,他们把人类的想法译成宇宙学……巴门尼德(Parmenides)明显掌握了这一真理,即这一想法的各个方面存在于人类思维的过程中。"

术水平,以及对南北轴向方位的明显偏好,我们可以排除当时对定向和测量并非毫无想法。这种偏离,若果真如此,范围之大基本上很难归之于测量误差。应存在其他因素,因为如我们所见,早期对准真北偏东或偏西方向的一致性,似乎是与政治变迁联系在一起的系统性变化。①

　　该变化一个非常明显的例子是公元前 8 世纪秦国统治前周代故乡时坟墓方向出现了整个 90°的变化,但是从夏到商的变化也非常明显。自周代早期起,这一图景变得极其不连贯。从前述(图 3.2c)已知渭河流域中部凤雏村出土的周朝建立以前的宫殿如何模拟了二里头北偏西的方向。另一方面,临近今天洛阳的西周早期行政中心成周的城墙似乎与商代北稍偏东的方向嗜好一致。继续深入这一图景,其遗址布局显示文王时代都城镐京大型宫殿(5)的轴向约为北偏东 24°(磁北,真北—20.5°)。然而,在这个例子中,比起难以理解的 24°误差,一个更满意的解释可能是偏东实际上是为了朝向冬至日出约 119°的方位角。②

　　因此,明显文化或政治因素应该影响了地上的观测对象。宗教变化,也可能起着重要作用,自新石器时期起,东海岸文化似乎

---

①　一个奇怪的事实是在哥伦布发现美洲大陆以前,墨西哥中部的建筑基本上是南-北轴向,对准天文学上的北方稍东一点方向,与商代的情况非常相似。中美洲文化主要强调两分时的日出,如阿维尼(Aveni)和吉布斯(Gibbs)(1976,516)指出:“通过改变与观测对象相应的观测者的海拔高度,两分时日出的位置能在地平线上进行变化以适应许多定向需要……(特别是北向东 0°至 10°范围)。”作者也强调(同上,515)“对建筑方向进行天文学方面的研究时要考虑多方面因素的重要性”。不幸的是,我们没有任何中国青铜器时代的纪念性石制建筑可从这些方面去考察,只有墓地方向、城墙和夯土地基遗址。即便在墨西哥中部,作者对建筑的广泛调查也只能使他们得出结论“没有单一的天文学或其他方面的原因,可以用于解释墨西哥中部前哥伦布时代建筑奇特的方向”。同上,517。

②　陕西省考古研究所(1995,图 3)。只有对当地向东的地平线进行一个精确的调查,才能解决这一问题。

偏好向东,西方内地偏好向西。当然与商朝统治的几个世纪中方向的一致性相比,从西周到春秋时期的情况比较复杂。如果周代的重要建筑因其空间使用或仪式功能而方向有所不同,这一点也不奇怪,诸如用于祖先祭祀或明堂一类的象征宇宙的建筑均对准北极。只有进行一个全面的方向调查,对早期都城的实际地理位置进行描绘和调研,我们才可以进行推测。

第五章　星空的启示和文字的起源

天垂象,见吉凶,圣人象之⋯⋯古者包羲氏之王天下也,仰则观象於天,俯则观法於地。

——《易经·系辞传》

长期认为从天干地支可以追溯中国文字系统的起源。[1] 实际上,很有可能十个天干和十二个地支是中国文字社会早期阶段最古老的遗迹。虽然它们一些最初可能有具体的指涉对象或与一些已知含义的商代文字同义,但干支对唯一的应用是作为序列符号,仅就十天干而言,曾用作王室祖先的祭名。蒲立本(E. G. Pulleyblank)评论道:

> 这 22 个符号的奇怪之处在于其书写和名字不具有任何独立的含义。只有当它们用于表现某种序列时才具备含义。的确有一小部分字也用于书写其他的同音字,但是它们非常之少,而且这些同音字与这些周期性符号没有明显的关系。[2]

这些独特的性质表明商末殷墟(公元前 13 世纪至前 11 世纪中期)时期,这些周期性符号的语义学源头已经模糊。实际上,如

---

[1] 鲍则岳(2011,73,n. 41)
[2] 蒲立本(1991,39—80);刘华夏(Kryukov)(1986,107—113)。

果传统的编史学具有指导性,那么十干应该已被商以前的夏代统治者用于为(死后的?)帝王命名。这可能意味着它们的发明比考古记载的甲骨文的第一次出现要早几百年。

干支的起源可以追溯至商末祖先祭祀的应用中,但这只是少数人的观点。① 我们将看到,这两组周期性符号在历法中的应用更为古老,并有可能产生于商以前的文化。而且,由于必须利用序列符号去记述逝去的祖先,很难理解为什么要用像十天干没有各自含义的符号,除非它们具有特殊的意义,要么由于它们的古老性,要么由于它们被认为具有神圣的起源,或者出于与世俗权力和权威的联系,像历法一样。② 最初选择表示数字的符号是非常任意的,这一点已有充分记载(如在楔形文字中),这一任意性展示了文字能够直接表达观点——表意的基本独立性。文字显然一开始并不是"声音的图像化回声",如默林·唐纳德(Merlin Donald)所说"文字,终究是一种用图像[通过视觉]表示信息的尝试,而不是与该信息的叙述相联系的声音"。③

通常认为十干是商王室部族神话传说中的太阳祖先这一解释简化了文字符号的起源问题。目前在如何选择商代君主的庙

---

① 波斯特盖特(Postgate)等(1995,463)。鲍则岳(William G. Boltz)认为"我们不能确定文字产生于一个独特的宗教环境中"。吉德炜(1989,197)尖锐地指出"最早的中国文字商甲骨文的保存和考古发现仅仅是偶然,它本质上是宗教的,不能在此基础上认为早期的中国文字已经发展到能与死去的祖先进行交流"。对这个问题进行批判性的回顾后,白克礼(Robert W. Bagley)(2004,226)也总结道:"中国最早的文字仅出现于宗教环境中,虽然它切实地体现在文献中,但没有基础。"另可见鲍则岳(2011,68)。认为中国文字的出现产生于与西亚的融合,这一推断也不成立。休斯顿(Houston)(2004b,233);引自鲍则岳(1986;1994;1999)。

② 对此,吉德炜(2000,51)谈到"商代的祭司无疑是……历法、日和太阳的守护者,他们的世俗和司法权被复杂的宗教假设神圣化"。

③ 默林·唐纳德(Donald)(1991,294);萨姆森(Samson)(1994);何莫邪(Harbsmeier)(1998,33,40)。而且,显然甲骨文是一种成熟的文字系统,自哲学家大卫·德奇(David Deutsch)所谓的"一般化"以来,已历时长久。

名或为什么会选择性地使用它们这些问题上学术界尚未达成一致的观点,虽然也许这些符号的原始序列意义以某种方式被激发出来,即使其承载的信息如今已模糊。也有一些天干被认为比其他更吉利,当然这是后来的发展。①

象形文字

151

我对有争议的"象形文字"一词的使用,来自于默林·唐纳德(Merlin Donald)对天生耳聋者的阅读能力以及控制视觉和声音阅读的神经通道具有独立的神经心理学证据的讨论。唐纳德指出"更重要的问题是(1)是否字母系统的表现能力确实依赖于与声音的联系,以及(2)是否字母系统的'视觉性'一定不如象形系统?[a]"而且"字母的书写形式只包含语音元素这一假设,似乎是造成困难的主要来源。它不是一个可靠的假设;一个由字母书写的词可能是一个表音元素,但它同时也能表意。经常使用的词,尤其能很快地认出,似乎无暇去展现其所表示的义-音图景;训练有素的快速阅读者能从单个词汇中快速地理解整个短语和短句子。字母阅读因此利用了图像文字和它们的内涵指向之间快速、直接的联系……然而,不像象形文字,类似的语音路径能让读者同时重建该信息的声音版本……这不仅仅是推测;这是对天生耳聋者具备阅读技能唯一可能的解释。大多数耳聋阅读者没有经过语音训练,很多没有发声的能力,但是他们具有相当程度的阅读能力"。[b]沃尔特·翁(Walter Ong)对于象形文字也有类似的观点:"含义是一个不直接由图像表示但是由编码确定的概念。"[c]吉德炜在论述新石器时期贵族艺

---

① 吉德炜(2000,33)。张光直(1980,169)的分析排除了过世君主名字中的天干是依据出生或死亡日期来命名的可能性,因为这些逝者的庙名顺序是随机的。而且,张提出(同上,172)"商王世系排成十个仪式性单位,并以十天干进行命名。商王是从各种单位中选出的,死后根据他们的天干单位进行命名,这些天干单位也规定了向他们进行祭祀的仪式章程"。吉德炜(2000,35)给出了另一种假说。张光直(1980,169—170)列出的1295份青铜器铭文中祖先名字包含天干的表格,显示偶数天干(乙、丁、己、辛、癸)无疑最常用,其中前两个天干比起其他,使用得非常多。李学勤(1989,4—11)提供了一个结论性的证据,从商到汉更偏好柔(偶)数天干甚于刚(奇)数天干。这一特征几乎与天干自身一样奇特。

术的主题时也提出了差不多相似的看法："这些艺术像中国文字一样发挥作用：在理解含义以前你必须知晓一般的编码。"[d]

新近的大脑研究大力支持这一观点："最近，研究阅读能力的科研人员研究了西方的字母。英语和其他 218 种语言，从阿尔萨斯语（Alsatian）到祖鲁语（Zulu），都是从同样的拉丁字母演变而成。但是这些拉丁字母只是世界仅存的 6912 种口语运用的 60 种文字系统中的一种。即便如此，那些研究向科学家和教育者证实了不考虑语言因素，大脑对书写文字的反应是普遍一致的。新的研究显示他们是错的。英文或中文阅读所需的教育可能以不同的方式规划神经回路。学习英文的 ABC 字母时，我们基本上利用针对语音代码的听觉技能。成为中国人中的知识分子，必须多运用位于大脑前端的记忆、运动控制和视觉回路……'我们必须认识到中国的文字系统是不同的，对大脑的要求不同而且失语症的特征也不同'……'一旦具备不同的文字系统，可加强掌握文字的感知和认知倾向。它们可能共同作用'。"[e]

我并不认为中国的文字是一个纯粹的象形媒介，而只关注语音可能妨碍我们理解早期文字是如何出现的以及哪些文化因素有助于防止中国文字向一个更经济的文字系统转变。麦尔肯·海曼（Malcolm D. Hyman）认为"进行纯粹的语音或非语音系统的模型分类毫无用处。或者，我们可以将文字视作一个系统的系统……额外的子系统存在于专门领域的文本中……许多文化中的著名例子是历法和记录天文观测数据的表格……我们也许不应把语音视为一种文字类型，而是文字系统内部子系统的一种功能"。[f]

[a] 唐纳德（1991，298）。对于这一点，也可见约翰·罗宾逊（John S. Robertson）（2004，18，19）："用图像来解释符号比声音解释更快……文字同时包括视觉的所有特征以及听觉的相继性特点而不存在矛盾。"

[b] 唐纳德（1991，300，原文）。有关"口语本身保留了强烈的视觉成分"的证据，见迈克尔·科尔巴里斯（Corballis）（2011，68）。

[c] 沃尔特·翁（Ong）（2002，85）。

[d] 吉德炜（1996，84）。

[e] 霍兹（Hotz）（2008）；尤其可见谭力海等（2005）。

「海曼(Hyman)(2006,245‐6,原文)。保罗·戴维斯(Paul Beyton-Davies)(2007,313,原文)从信息学的角度提出"谈及印加结绳文字奇普的部分原因是为了将'文字'这一概念扩展为简单的口语的图像化表示"。休斯顿(Houston)(2004b,226)也谈到了"集合"的概念:"基本特征不同的符号没有依次相互代替,而是经常以集合或独立的标记同时出现。"

历法符号是一种文化必需品

第一章中讨论了陶寺天文观象台的设计和功能。天文学分析显示,利用这一建筑可以冬夏两至之间地平线上的日出轨迹为基础,设计出一种历法。这一地平线历法可得出一个与回归年年长度相差七天左右的近似值。对回归年的密切关注,显示陶寺的设计者努力调和回归年与朔望月,并最终产生了一种后来在商末通行的阴阳历,这从商代用闰月第十三个月来调和朔望月与太阳的运动周期即可看出。有人提出,以陶寺观测狭缝的数量为基础,观测平台代表了一种早期力图创建后世常见的二十四节气的努力,但这一观点存在疑点,因为十二个观测狭缝是均匀分布的,而太阳沿着地平线的运行速度变化非常大。

从观测平台的设计和布局以及带刻度的漆杆圭尺可立即看出,那些早期的历法祭司(他们最可能是祭司-天文学家)应掌握许多重要的概念和相关的专业术语。[1] 无论是在建造还是应用过程中,这些概念和术语应包括日、月、星、影、地平线、升起、落下、方向、地点、北方、南方、东方、西方、高度、狭缝、弯曲、直线、测

---

① 与尼古拉斯·坎皮恩(Campion)(2012,62)进行比较。

量、测量单位(英寸,英尺,码),长度,颜色,阴影,等等。再进一步,他们的技术词典也应该包括一些日常概念如日、夜、月、黎明、黄昏、正午、日出/日落,月升/月落,至点,甚至可能是星辰的偕日升落。这一暗示非常重要。奥托·诺伊格鲍尔(Otto Neugebauer)是第一个将天文学称作精密科学的人,如默林·唐纳德所述:

> 理论形成的基本形式最早发现于古代天文学中。天文学知识,像文字一样,是社会控制的一种有力工具,以天文学周期为基础的时间计量可能是早期农业社会的根本性控制行为,为播种、收割、仓储、分配谷物给宗教性的观测机构,以及各种周期性的社会活动设定时间……在可视图像化象征非常早的历史时期,已经产生了标记时间时用于测量和预测的类似工具。这些工具最终为人类用于观测天文事件、建立精准的历法,以日为基础进行纪时。①

154　　经常会疑惑,在一个农民完全掌握如《夏小正》、《诗经》以及后世其他文献中记载的物候星象的农业社会,是否需要历法。默林·唐纳德非常强调"所有早期的农业社会,出于需要,拥有以天

---

① 唐纳德(1991,335)。也可见卡林诺斯基(2004,87—88)。托尼·阿维尼(Tony Aveni)(2002,91)指出"历法 calender 一词的来源 calends 指每月的第一天,即传统中宗教领袖召集人们公布该月节日和圣日的时间"。阿维尼也怀疑是否赫西奥德(Hesiod)提到的"工作"和"日"中两种非常不同的历法可能不是指应用于两种不同目的的"节日和季节"两种历法,而是反映了"自然和文化之间不断进行的对话"(同上,43,44)。默林·唐纳德(1991,340)指出"就大多数而言,天文记录与商业记录非常相似,主要涉及构建观测列表"。这从而导致"系统性和有选择性地观测,收集,编码,以及最后对数据的实体保存;分析积累的数据以建立规则和组织结构;并在这些规则的基础上进行预测"(同上,339)。也可见贝拉(Bellah)(2011,274)。早期历法并不始于月份和季节的"调和",而是千年来观测的结果。即使是旧石器时代的猎食-采集者也要提前知道何时在入夜后也能借着充足的月光行动,因此观测月相,安排睡眠时间,掌握月亮运行位置都具备历法和预测动机。一次集体狩猎无疑需要掌握他们离家走了多少天的路以及何时回到部落。

文科学为基础的历法"。① 还有两个进一步的论点。首先,如杜朴指出,安阳储藏点中发现的大量石制刀具(该遗址中的一个储藏点就有 3600 件)表明商代对农业进行集中控制。② 其次,如果,如吉德炜和托尼·阿维尼认为的,同时应用两种历法,一种礼拜性质的(或节日的)和一种农业的,又如果后者的月份据农业活动、节日或者物候进行命名,对统治者来说保持两种历法之间以及与季节的同步以维持"宇宙的"合法性将非常重要。③ 商代第二种历法的直接证据将在下文中呈现。托尼·阿维尼指出了与中国历法类似的几种历法:

> 雅典的月份以神和节日进行命名。因此,希腊阴历背后的历法模型与美索不达比亚不一样。例如,在苏美尔和巴比伦类型中,月份根据该月的主要农事活动进行命名。许多雅典节日确实与农业周期的不同阶段存在联系,如播种节或收获节。这也许加强了将阴历和阳历法基本协调一致的要求,虽然这一目标并非总能达到。然而,农民眼中的年,不是历法的首要关注点。④

随着更复杂社会的出现,保持与自然规律的一致性成为组织 155

---

① 唐纳德(1991,339)。
② 杜朴(2006,159)。
③ 吉德炜(2000,44)。对于时间,吉德炜特别指出"对商代的占卜者来说,时间像地点和方位一样具有吉凶预兆性,时间被观测、塑形和规则化,像空间一样,是宗教宇宙观不可缺少的一部分,是所有宗教性观测和占卜性预测的有机组成部分"(同上,17)。
④ 阿维尼(2002,91)。一个西伯利亚托法语(Tofa)中的例子,该语言现在的使用者不超过三十人,其月份的命名如下:*teshkileer ay*——大致相当于二月份或者"在滑雪月狩猎动物";*ytalaar ay*——三月,"用狗狩猎月";*eki tozaar ay*——四月,"好的桦树皮采集月";*aynaar ay*——八月,"挖食用百合茎月";*chary eter ay*——十月,"集合阉割过的麋鹿月"。虽然他们不是纯农业社会,但托法语中的时间命名展示了与农业的相关性;可与同书中的第 96 页进行对比。

社会的结构性前提:"天上王国中有许多定期出现的可验证事件——一而再,年复一年。这些事件的连续性不仅与时间的季节性有关,而且由于社会与宇宙的密切配合性还与社会结构有关。"①

历法中的干支

随后,我将提出一系列假设,这一套循环干支符号是一种最初为了满足上述概括的观念性需要而设计出的智力工具;它们的起源至关重要地与历法的起源联系在一起;在中国是历法天文学促进了文字的产生。②

商代甲骨上刻的历日表提供了重要的材料。它们显然不是占卜文献,也不是为了练习书法。③ 在有序的排列中它们明显展现出用可视化的图表记载时代不同但通用的文本信息的便利性。类此将文本信息整齐排列的图表不可能代表着文字的早期阶段而更可能是已有规则、深度发展和常规使用所产生的代表性和图

---

① 大卫·路易斯威廉姆斯(Lewis-Williams)和大卫·皮埃尔斯(Pearce)(2005,232)。
② 历法符号和列表是文字形成的早期阶段。斯蒂芬·休斯顿(Stephen D. Houston)(2004a,11)指出"文字是一连串的阶梯状发明"以及"大多数早期文字没能发展到能满足每一种可能的需求——这是一个过时的谬论——但是至少最初,其能满足的需求非常有限"。也可见沃尔特·翁(2002,82)。
③ 一个甲骨文书法练习的例子可能是HJ18946,有十个以下的干支以同样的次序在五个不同的行列重复出现。许多记载这些周期性干支符号的表格可从HJ38044中看到。将书法练习文本作为商末字迹的一种索引,见亚当·斯密(Smith)(2011)。吉德炜(2000,39)断定,许多例子,如郭沫若确认的那些,事实上,是用于参考的历日文本。在一个类似的语境中,裘锡圭(1996,41,图6;2000,62,图6)引用了小臣墙骨版——迄今发现的最长非预测性商代甲骨文——一面记载了事件,另一面展示了一个干支符号表格,反映出历史记录和相关历日之间的联系。

像化应用。① 1929 年郭沫若在他分析干支起源的开创性论文《释¹⁵⁶干支》中分析了下文提及的两个例子。② 郭指出只是前三旬中依次循环使用的天干地支实际上就囊括了构成 60 个干支对整个序列的所有天干地支。郭推断这些 30 天的表格表明商代的月份原本由 30 天构成的三旬组成,这意味着每月都始于甲子,终于癸巳。这个论断理由非常充分,因为大小月的交替作为一种校正必须出现在将一回归年分成 12 个月的历法运行一段时间以后,认识到 30 天的 12 个月实际上比 12 个朔望月的 354 天略多 5 天。

郭引用的表格中的一些排列证明它们是历日。在一个表格(合集 21783)中,从甲子到癸亥的干支被分成四组,前两组一起构成 29 天,后两组一起构成 31 天。而且,四组中日数的分布是 14 - 15 - 17 - 14,形成了前后两个连续月的日数,前一个小月后一个大月,每个月以满月为界一分为二。这一安排不可能是巧合,也不可能纯粹为了参考或字体练习有意设计出干支循环符号表格,因为不规则的排列和一个月 31 天都非常罕见。因此,表 5.1a - b(合集 24440)中的文本也重复了干支符号序列,但是在这个独特的甲骨文本中月份的命名为"月一正曰食麦",而"二月秋"。③ 为进一

---

① 仅需比较美索不达米亚早期文字的不规则排列就可以知道:"楔形文字语法规则的形成时间几乎与它们部分成为表音文字的时间相同。他们也是线性的:最早的文字排列在松散的矩形方格内,后来的楔形文字进行了 90°的改变,从左向右在行列中书写,开始模仿词语的口语次序。这一进程从一开始的视觉媒介中产生了全新的像数字序列一样的符号表示法,而后发展成为一个逐渐试图模仿语言系统口述的媒介。"默林・唐纳德(1991,289)。对于这一点,也请见沃尔特・翁(2002,99,122);杰克・古迪(Goody)(1977)。唐纳德描绘的美索不达米亚例子的进程有 500 年。没有理由认为它比中国发展得快。见鲍则岳(1986,424,429)。

② 郭沫若(1982b)。郭的许多有关干支与星的联系以及它们可能的巴比伦起源的文献学分析和他的假设,没有经过时间的考验;与王宁(1997)、赵纳川(Smith)(2010—2011)进行比较。

③ 甲骨文中常见到"食"字侧面的撇没有写完整,就像这件甲骨文中的许多其他字一样。郭沫若(1982a,161);杨升南(1992,121)。第二个月名的读法未知。

步展现这个表格毫无疑问是历日的一部分,两个连续大月的 30 天用从 1 到 60 的干支循环符号进行罗列,每一列 15 天。由于存在足够的空间,奇怪的是那件甲骨文毫不犹豫地把列一底部己巳(5)和列六底部庚戌(47)的干支分开,似乎暗示干支对的匹配并不如以后 3500 年连续性的使用让我们期望的那样稳定。

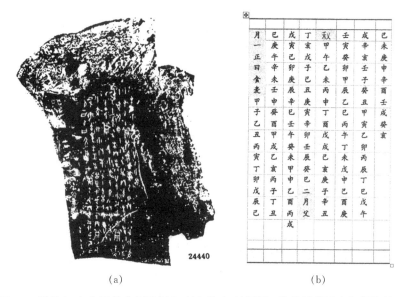

(a)　　　　　　　　　　　　(b)

图 5.1　(a) 甲骨文历日拓本; (b) 抄本,HJ2440。转抄于胡厚宣和郭沫若 (1979 – 82)

　　　很明显,这份甲骨文记载了一年头两个月的常用名,第一个月的名称"食麦",已经为后来的文献如《逸周书·月令》所证实。① 郭沫若称这份甲骨文为"中国最早的历日"。② 它的确是目

---

① 《月令》中描绘孟春之月"日在营室"的内容包含"食麦与羊"。冬季小麦在春末收割,一些人由此认为如果商代的月份以当季第一次收获的庄稼命名,那么他们的正月将接近夏至。杨升南(1992,121)。相反,《月令》中孟春之月与麦和羊的联系似乎存在矛盾。另一个罕见的例子是春秋晚期(公元前 475 年)"陈逆簋"铭文中将十一月称为"冰月"。郭沫若(1971,第 3 卷,215b)。

② 郭沫若(1982a,161);也可见郭沫若(1982b,216);陈梦家(1988,219)。刘学顺(2009,24—28)用 HJ24440 证明商代已使用规范性的日历。

前为止发现的最早历日。它应该反映了早期历日的使用情况,因
为这件历日的显著特征与商代占卜文献中的日期格式没有什么
共同点,后者一般将 30 天与 29 天的大小月交替排列并一直使用
数字月名而不是特殊名称。① 仔细分析这些特殊表格的内容,似
乎可以从这 22 个干支符号复原的上古中文读音去看看不同的排
列中可能出现什么类型。表 5.1 列出了干支符号复原的上古中
文读音。上古中文读音表格的右侧用 D,A,B,C,a 和 X(X 表示
与其他干支符号或相互之间没有明显的韵律关系)标出其韵律
类型。

　　第二组的地支有几个特征非常明显,他们是干支对中的重音
位置所在。首先,除了午和戌,其他十个地支共有四种韵律,其中
只有约 12% 是可得的,其中的"a"与"A"韵母相同。其次,"A"类
韵将 12 个地支约分成两组。再次,很明显,结尾部分没有唇音,
只有鼻音,也没有软腭音(除了数量最多的待定的尾音 $*\text{-}q$)。将
这些特征与天干的进行比较。干支对的韵律几乎全部遗失,但是
天干包含了所有的唇音。十二地支相反的特征非常引人注目,通
过与十天干的对比,初步看起来似乎创造十二地支时存在一些有
意的挑选过程。也就是说,韵律的选择、也许甚至地支的顺序并
不是随机的。②

---

① 吉德炜(2000,44)指出"我怀疑,事实上'一年的开始'可能涉及不同类型的年。商
　代占卜师可能将冬至后的第一个朔望月作为他们阴阳历的第一个月,而农民可能
　将他们的农业历法与星象的观测联系在一起。可能是第一个礼仪性的系统,而不
　是第二个农业系统产生了甲骨文占卜中记载的数字月"。也可见陈梦家(1956,
　228—237);刘起釪(2004,47)。
② 蒲立本(1991)关于早在公元前第二千纪慎重选择这 22 个干支作为表音符号的理
　论似乎是一种太过语言学角度的分析而不能将其归为中国文字发展的早期阶段。 *159*

表 5.1　天干地支上古中文读音复原①

天干	上古中文读音	韵律
甲[八部]	* $kkrap$	
乙[十二部]	* $qrik$	
丙[十部]	* $prang$	D
丁[十一部]	* $tteng$	
戊[三部]	* $mu\text{-}s$	
己[一部]	* $k\partial\text{-}q$	
庚[十部]	* $kkrang$	D
辛[十三部]	* $sing$	
壬[七部]	* $n\partial m$	
癸[十五部]	* $k^w ij\text{-}q$	
地支	上古中文读音	韵律
子[一部]	* $ts\partial\text{-}q$	A
丑[三部]	* $hnru\text{-}q$	B
寅[十二部]	* lin	C
卯[三部]	* $mmru\text{-}q$	B
辰[十三部]	* $d\partial r$	a
巳[一部]	* $s\text{-}l\partial\text{-}q$	A
午[五部]	* $ngnga\text{-}q$	X
未[十五部]	* $m\partial t\text{-}s$	a
申[十二部]	* $hlin$	C
酉[三部]	* $lu\text{-}q$	B

---

① 非常感谢金鹏程（Paul R. Goldin）、毕鹗（Wolfgang Behr）、林德威（David Prager Branner）对于上古中文韵律和发音的建议和更正。此处复原的上古中文读音（"白一平（Baxter）-沙加尔（Sagart）"系统，在最新修订版之前）是毕鹗和高思曼使用的：* $\text{-}q$ 表示一个最后但尚未得到确定的性质（理论上是一个声门塞音），叠音开头表示"A 型"音节。

(续表)

地支	上古中文读音	韵律
戌［十二部］	*s-mit*	X
亥［一部］	*ggə-q*	A

当我们检验一个 30 天的干支表格时这一内容非常明显,只需注意每一个干支对中地支的韵律:

列一:A B C,B a A,x a C,B

列二:x A ‖ A B C,B a A,x a

列三:C,B x A ‖ A B C,B a A……

双竖线表示这一序列又开始重复,因此这里我们有这一序列 ¹⁶⁰ 的两个半,这一序列即十二地支,第三个位置在两种韵律间交替,依次为--C/--A/--C/--A。即便不考虑这一复原来源的不确定性,地支的特征表明诸如此类的模式即使是以元音或类似元音的韵律为基础,也可能在这一排列中起着重要作用。

对此会遭到一个反对,即这一循环仅仅是将十二地支与十天干进行人工匹配从而产生 60 对干支,而循环应该是天然产生的。确实如此,但不能忽视这两组符号之间明显的对比——十干对韵律和尾音的任意选择以及十二地支突出的韵律和尾音明显避免唇音和软腭音(除了特殊的尾音 *-q*)。① 一些人也会反对将上古中文读音复原回溯至《诗经》1000 多年以前,这些批评可能适用于读音复原的细节问题,语音变化或多或少有一定的规律可循,因此同样的规则应适用于一组给定字词的所有成员。因此有可能从公元前第二千纪早期到中期,天干和地支两组符号各成员

---

① 后一种特征由金鹏程向我指出(通过 2008 年 7 月 7 日的邮件来往),他强调这不可能是任意产生的。与此相反,十天干中有一半是唇音或软腭音结尾,也有一些鼻音。

的语音可能不像复原的那样,但两组符号语言学特征的基本对比不可能变化太大。进一步的反对观点可能是没有任何早于西周青铜器铭文的韵律证据。确实如此,但是这里我没有将韵律用作语言的修饰而仅仅是作为可能对记忆干支的重复顺序有用的简单工具,干支读起来一定是有节奏的。① 比记忆功能更为重要的,也许是,在时间的流逝中固定韵律的语言学修饰可能是有意为之的。保罗·利科(Paul Ricoeur)在讨论循环时间的多样性时指出:

> 在此我们要处理一个新的重要概念,不能将之与仪式中的同名概念进行混淆。我认为时间的节奏性结构依赖于强弱区间的相继性和相同模式在相同位置的反复出现……日常时间的节奏感可能与或不与繁衍仪式相联系;它可能产生或不产生一种倦怠感,或日常时间的无意义感。节奏这一概念应从其自身在神圣和世俗时间中的象征性进行把握。②

161   谨记十天干可能的历法来源,有人可能会认为天干、地支的产生时间不同。最初十天干产生于一个十天循环周期旬的日期计数,后来才补入了可用于表示月份的十二地支。③ 一开始日期可能仅用十天干进行命名,可能用任意一组容易记忆的符号来记述日期。但是这意味着每个天干一个月内必须重复三次,一旬一次。将十二地支顺次与十天干一一进行匹配,按照这种方式形成的干支序列在某些方面可能有助于标识既定的仪式性事件。继续按照这种方式进行匹配,直至 6 个十旬后再次出现第一对干支甲子,这样便产生了独特的 60 干支符号(事实上,只是 120 种可

---

① 沃尔特·翁(2002,34,40)。

② 保罗·利科(Ricoeur)(1985,22)。

③ 一般认为十二地支的起源与十天干不同,对此有许多推测,包括可能起源于巴比伦天文学(郭沫若提出)但没有确实的证据。其他新观点,见赵纳川(Smith)(2010—2011)。

能性组合的一半）。现在每一对干支一年出现 6 次，以 60 天的间隔出现在不同的月份中，与单独的天干每十天一次一年出现 36 次形成对比。当然，这意味着需要记忆的干支组合在数量上增加了 6 倍，由此可以用节奏性的重复和韵律去帮助记忆。前文所示最低程度的韵律序列，－－C/－－A/－－C/－－A，在 60 干支一甲子内中重复 5 次，提供了基本的节奏性线索。

天干地支这两组循环符号可能一开始用于满足历日纪时的需要，因此两者的起源至关重要地联系在一起。有可能历法天文学促进了文字在中国的发展，并预示了它在后来出现的其他记录形式中的应用，包括成熟的书写语言完全成型，并非常注重时机的商代甲骨卜文。①

这与默林·唐纳德的观点一致：

> 认为文字产生了科学与技术的发展这一观念可能与现实顺序相反；就像文字和其他符号性工具的发明为新兴的理论性文化对概念的需求所驱使。文字以及一般性的图像符号在经历了许多重要的概念化发展阶段之后很久才登上舞台。这一历史顺序非常重要，如果所有理论的发展都在文字出现以后，尤其是在字母发明以后，可能会认为理论的发展在某种程度上依赖于字母的发明。一长串技术和近代以前的科学发明都早于文字的产生。②

162

---

① 古埃及出现了顺序一致的进化发展过程："埃及人将他们的月神托特（Thoth）……视为计算和数学符号的主宰者，文字的发明者，节日日期的设定者。因此他们认为符号起源于计算天文周期，然后发展出文字。"伊丽莎白·韦伦·芭柏（Barber）和保罗·巴伯（Barber）（2004,178）。

② 唐纳德（1991,333）。贝拉·罗伯特（Robert N. Bellah）（2011,273）对这一点阐述地更加具体："早期文字在可储藏的认知信息中明显是绘画以外非常重要的一步，但是笨拙的早期文字系统和能使用它们的有限人数意味着它们是先驱而不能完全实现理论性文化的所有可能性。"

　　韵律可能是口头表达和功能性符号之间的重要关联，将天干、地支两组符号的实际应用和记录口语这一观念联系起来。那就是，韵律可能作为抽象性的刺激元素促进了某个口语声音与一定的常用图像符号之间的相互联系，因此作为口语的模拟物，导致一种新媒介——真实文字的产生。当然，目前为止这还是推测，因此需要我们去确定早期历法、天文学和发明干支符号的灵感之间是否可能存在直接联系。

早于文字的图像记录

　　　　通过这些结他们计算时间的连续性，以及每一任印加统治者的统治时期，他的孩子数量，他是好是坏、英勇或懦弱，与谁结婚，征服哪些土地，建设了哪些建筑，收获哪些贡赋和财物，生活了多少年，死于何地，喜欢什么。总之，所有书本讲授和展示给我们的一切都来自于那里。马丁·穆鲁瓦（Martin de Murua）（1615）。[1]

　　不可否认，无论陶寺可能用作其他何种宗教或仪式目的，观象台和漆杆日晷一定用于测量和预测太阳沿着地平线运动的时间。从传统文献记载可知，其他类似的方法有可能受到纺织艺术的启发，用打结来记事。《易经·系辞传》中有"上古结绳而治，后世圣人易之以书契"。在战国和汉代的叙述中，伏羲是这一工具以及《易经》八卦的发明者。《庄子·胠箧》将结绳记事归为十二位史前领袖（包括伏羲、神农等）的时代，先于尧、舜、禹。[2] 中国

---

[1] 转引自盖伦·布罗考（Brokaw）（2003，111）。

[2] 来知德（1972，432）。有关中国上古时期用结绳记事，见李约瑟（1969，100，329，556）；李约瑟和王铃（1959，69，95）。商代甲骨文中的"约"，像是一只手在（转下页）

没有这些"管理工具"的实例留存下来——也许文字发明时离其 _163_
太久——但是跨越太平洋从马库萨斯（Marquesas）到夏威夷，以
及著名的安第斯人民，在记账、历法、贡赋、人头税、收成产量等方
面出现了"奇普（*khipu*）"形式的类似工具。图 5.2c 展示了西蒙
（Edmund Simon）拥有的几种琉球"奇普"中的一种，以及它所包
含的信息种类。[①] 中国东海岸附近琉球岛上结绳的使用延续至 20
世纪早期，因此埃德蒙·西蒙 1924 年的研究对于理解当地用于记 _164_
录和传播信息的几种奇普的实际使用，是一个非常珍贵的指导。[②]

图 5.2　（a）利马普鲁楚柯（Puruchuco）考古博物馆收藏的印加奇普

（接上页）打结。该字后来的字形有一个绞丝旁，古代这个字表示某种形式的契
约，双方用结绳、文件，或账本作为协议的证据，据《周礼》，其中一种由称为"司约"
的官员保存。

① 埃德蒙·西蒙（Simon）（1924，660）。琉球岛上对结绳的使用持续至 20 世纪早期，
因此埃德蒙·西蒙 1924 年的研究对于理解当地用于记录和传播信息的几种奇普
的实际使用，是一个非常珍贵的指导。对于奇普在波利尼西亚的应用，见克雷格
希尔·汉迪（Handy）（1923），伊尔斯登·贝斯特（Best）（1921），莱尔·雅各布森
（Jacobsen）（1983）。根据一位外来观测者的叙述，"夏威夷创世神话颂歌《库木里
坡》（*Kumulipo*）最后一次完整传颂一位国王的年代约为 19 世纪……人们转而传
颂并……涉及到他们手中握着的结绳工具"。玛莎·诺伊斯（Martha Noyes）（私
人通信）。

② 孔子的著名格言"礼失而求诸野"进入脑中，引自班固《汉书·艺文志》中"诸子略"
的序言。《左传》（昭公十七年）引用孔子的话："吾闻之，'天子失官，学在四夷'。"

(b)

图 5.2 （b）具有不同含义的各种奇普结绳（照片已授权）；可与威廉·康克林（Conklin）（1982,265,图 4）进行比较

(c)

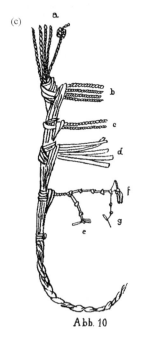

Abb. 10

图 5.2 （c）琉球岛（20世纪早期）伐木工人的奇普，对要砍伐的树的长度、直径、数量等等类型进行了编码。引自西蒙（1924,666,图 10）

图 5.2a - b 展示了安第斯奇普中应用的几种结,每一种表示不同的信息。虽然印加背景中每一种结的精确含义已经遗失,通过它们的方向、组合、颜色、数量、空间等因素,可知它们表示有关日期、地点、数量、种类、事件、相关行动,以及诸如此类的具体信息。[①] 现在已知有许多种奇普,而且不是所有都是仅用于计数的计算工具。盖伦·布罗考(Galen Brokaw)就理解这些工具的符号学功能的方式提出了如下重要的观点:

> 人类学用文字来衡量人类文明的发展水平或属性。文化经常以历史上存在文字或史前不存在文字进行划分。这一划分将文字和口语截然分开,而没有给其他的表达形式留有余地。面对一个不同的智力群体,一种不同的以媒介和话语之间建立不一样关系的技术为基础的"文化",欧洲殖民地知识只能以一个已知的中间类别"记忆"——去了解这种他样文化。事实上,最常用来描述奇普的是记忆念珠。理解奇普需要打破这种文字—(记忆)—口语区分……以这种方式从奇普的几个方面可以看出这种带颜色的结绳不止是一种记忆工具。不可否认奇普应用了一组高度复杂的语法足以对表意的或甚至表音的信息进行编码(绳的形状、数量、数量巨大的结、颜色和颜色类型、族

---

① 印加 *Inka* 和奇普 *Khipu* 是这些词最常用的艾马拉(Aymara)和盖丘亚(Quechua)拼写法。其他常用拼写有 *Inca* 和 *Quipu*. 奇普 *Khipu*(字面意义为盖丘亚的结绳)逐渐被用作所有这类信息记录工具的通用词汇。琉球岛上菩提树的气生根和其他纤维通常被用来制作奇普,古代中国的"结绳"一词被用于命名这种工具(无疑由日本人命名)。随后将讨论文字的实际产生,其出现绝不是春秋和汉代的作者所想象的那样。陆威仪(1999,199—208)。有关奇普中应用的编码方法和向印加首都上贡当地收藏的奇普复制品,见 M.阿谢尔(Ascher)和 R.阿谢尔(Ascher)(1975);康克林(Conklin)(1982);格里·乌尔顿(Urton)(2003);查尔斯·曼恩(Mann)(2003)。

群类别,等等),这些特征只有在满足符号学需求时才能发展出。殖民时期的充分证据显示奇普是一种叙述性编码工具,而且奇普编史学的抄本……证实了存在高度稳定的叙述模式。而且,这一叙述的结构特征展示了与奇普已知的符号学语法紧密的联系。①

在秘鲁,许多奇普得以从西班牙征服的大屠杀中幸存,一些在所有者的坟墓里,但是历日奇普非常少。② 唯一的一件历日奇普是幸存下来的征服年 1532 年历日,但是是 17 世纪早期西班牙文献中的复制品(图 5.3a)。这些奇普由负责印加宗教仪式程序以及保护他们文化中天文学和宇宙学的专家保存,它们作为"异教魔鬼崇拜"的知识库被西班牙传教士积极搜罗,成为前哥伦布时期文化产品的火种。奇普保存者和天文学的联系在描绘星占师的原始标题中表现得非常明显(图 5.3b):

> 还有我们的星占师——诗人!
>
> 谁了解太阳的旋转,
>
> 以及月亮的食亏,
>
> 以及星和彗;
>
> 以及时刻、日期、月份和年,

---

① 盖伦·布罗考(Brokaw)(2003,141)。也可见贝顿-戴维斯(Beyton-Davies)(2007,310—312)。

② 对于安第斯奇普的各种形式,可见康克林(1982)。近来的研究提出技术在环太平洋区域的分布可能是传播的结果。据杰弗里·欧文(Geoffrey Irwin)的观点:"最近几年,越来越多的证据和观点指向史前时期波利尼西亚与部分美洲海岸的接触从智利北部延伸到加利福尼亚。当然美味的番茄以及很有可能葫芦也是从美洲带到东波利尼西亚的。相反,有许多东西也从波利尼西亚运到了美洲,其中可能包括椰子、家禽、黏合船板的造船技术,以及一些不同种类的小件手工制品,有时甚至以波利尼西亚名称对其命名[琼斯(Jones)等,印刷中(2011)]。虽然细节还有许多争论,但接触这一事实已经得到确认。"欧文(2010,60,65,67);梅林达·艾伦(Allen)(2010,147,150,163—164)。也可见琼斯等(2011,42,44)。

(a)

(b)

图 5.3 （a）1532 年印加历日奇普。引自劳拉·劳伦西奇-米内利
(Laurencich-Minelli)和朱利奥·马利(Magli)(2008)，据授权复制。(b) 印加结绳解
读者/星占师，右手握着叉头的天文瞄准棍，左手拿着奇普。地平线界标显示在山
脊上。引自瓜曼·波马(Felipe Guaman Pima de Ayala)，《第一个新编年史和美好
的统治》(*El primer nueva corónica y buen gobierno*) (1615/1616) (哥本哈根：丹麦
皇家图书馆，GKS2232 4°)，可见网址 http://www. kb. dk/permalink/2006/poma/
info/en/frontpage. htm。该图的线描图，可见康克林(1982,262)

167

还有四季的风，

还有播种的耕作时节，

—自时间产生以来。①

　　鉴于其独特的特征,这件早期的西班牙奇普值得从一些细节上考察它记录前文字社会的可能方法,或至少早期的编史家可能如何在当地线人提供的证据基础上制作这些奇普。② 13 个沿着顶绳排列的四方形图案标志是表示一年中每个月得以命名或固定的重要农事或典礼的表意符号。③ 其下悬挂的垂线上有成串

168 标记日期的红黄结。它们以一组十天的旬周期均匀布置这些结,而且以 15 天为一组来定义半月。绳上某些日子系的标签或小垂件表示重要的事件,如天文现象——满月,昴星团的升起,日月食,等等。7 个 30 天的大月和 5 个 29 天的小月以不规则的顺序进行排列,13 个"月"再加上 10 天的闰期,总数为 365 天,与回归年的天数相等。

────────

① 英文由康克林(1982,262)翻译。

② 劳拉·劳伦西奇-米内利(Laurencich-Minelli)和朱利奥·马利(Magli)(2008)。这部著作叙述的西班牙征服秘鲁这段历史的真实性存在疑问。类似,这部著作对奇普文字以及如何解读它们的讨论史无前例。维维亚诺·多梅尼西(Domenici)和达维德·多梅尼西(Domenici)(1996,56)。然而,奇普历日可能是许多文献中提到的一种阳历。研究印加历日的权威汤姆·祖伊德玛(R. Tom Zuidema)提到:"记载印加文化的文献中提到也存在另一种历法……有 12 个太阳月。"祖伊德玛在瓦里(Huari)和蒂亚瓦纳科(Tiahuanaco)的前印加文化中发现了那个历法的起源证据。祖伊德玛认为他分析的历日奇普有可能是编年史家保罗·德·奥德加多(Polo de Ondegardo)(死于 1575 年)描绘的常规太阳月历法的变种。更复杂的"那种历法"用于"精确描绘不以月份为基础的天文学周期,这些周期不能仅用一连串的月份进行描绘"。祖伊德玛(1989,334)。在这些奇普中"结是一个象征性的符号,在物体(如日子)和结之间没有一一对应的关系"。M. 阿谢尔(Ascher)和 R. 阿谢尔(Ascher)(1975,337);也可见康克林(1982)。

③ 三个像巴克特里亚(Bactrian)驼峰的标志表示特殊的界标(*sucancas*),是框住库斯科(Cuzco)四周崇高山峰上重要的天文学升起或降落点的对柱或界标。相似的图像出现同一件 17 世纪早期作品在其他地方记载的奇普"文字"图像中。维维亚诺·多梅尼西和达维德·多梅尼西(1996,53)。

同时期对印加奇普及其用作记录工具的记载证实了它们 具有出色的保存复杂信息的能力，包括定期的贡赋、贸易交易协议、契约、故事，这些信息因需要由称为"结绳解读者"（"knot-readers"，*khipukamayuq*）的贵族官员进行解读（图 5.3b）。他们的证词甚至在法律案件中也被西班牙殖民当局接受。① 劳拉·劳伦西奇-米内利（Laura Laurencich-Minelli），博洛尼亚大学研究前哥伦布时代的教授，认为这件 17 世纪早期的文献《秘鲁语言的历史和训练》（*Historia et Rudimenta Linguae Piruanorum*）描绘了各种类型的奇普并提供了解读这些奇普文字的线索：

> 奇普……是一种类似于音乐的语言，具备几个关键点：人人可用这一语言；仅由结世代相传的神圣语言；通过编织物、纪念图像、珠宝及小物件世代相传的另一种语言。我将告诉你……奇普，是由不同颜色的结组成的复杂工具……有一种可人人用于计数和日常交流的奇普，还有一种用于记录所有宗教和贵族秘密的奇普，只为国王、祭司和哲人所知……我查看了……档案，那些奇普讲述了印加人民的真实故事，还有一些不为普通人所知。这些奇普不同于有各种精致符号的计算用奇普……那些奇普悬挂在主绳上……没有文字，以及对一个用语进行一点点的改动就能获得不同的含义，使他们意识到这可以制成没有纸张、墨水、笔的可读性书本……古拉卡（*curaca*）②强调这种奇普在本质上以没有文字为基础，它的形

---

① 格里·乌尔顿（1998，409—438）。对这一过程的叙述显示解读一个奇普记录的专家"从视觉上检阅、用识盲字的方式用手指进行清点，有时还利用石头来分析这些结"。查尔斯·曼恩（2003，1650）。

② 每个印加贵族家族有一位成员负责记录其世系。

成以及解读的关键点在于它的音节划分……古拉卡解释"如果把表示印加土地与时间之神的单词 *Pachacamac* 划分成独立的音节 *Pa-cha-ca-mac*，就会得到 4 个音节。如果……想表示'时间'一词，即奇普中的 *pacha*，必须用奇普中 *Pachacamac* 的两个符号来进行表示——用一个小结来表示第一个音节，用两个结来表示第二个音节"……［古拉卡］列出了主要的关键性单词并解释了如何从奇普中认出它们。①

170 因此奇普是一种先于文字的组合工具（与美索不达米亚文明中常见的商业符号相反）。它展示了许多种最终不得不用书写形式复制的信息——日期计算、重量和长度单位、十天周期、节日、月相描绘、冬夏至点、中天、日月食、彗星、流星雨、星、月名、颜色、仪式、假日、社会阶层、贡赋条目、季节、许多动词，等等，以及解读这些编码信息的技术。这种信息在许多方面与陶寺"观象台"的设计者不得不利用的词典相似。②

也就是说，一旦实现了智力上的飞跃，从用奇普类的工具会意性地表示月份到用词③，至最终运用文本日历的转变，必须发

---

① 英文翻译引自维维亚诺·多梅尼西和达维德·多梅尼西（1996，50，52）。如果这准确描述了奇普如何用一个像音调调号的通用音节表来记录口语，那么显然这个技术解决了关键性的问题，形成了一种可普遍运用的形式；也就是说，它能表示语言中的任何一个词，这就是大卫·德奇（David Deutsch）（2011，125ff.）所谓的"一般化"。无论如何，如德奇（同上，127）指出："许多领域的早期阶段似乎都会出现这一主题，一般化，当达到这一目标时，它就不是首要的目标，好像它从根本上只是一个目标。一个系统为满足一个小目的的一丁点变化，恰好也会使该系统变得一般化。"

② 第十二章中将看到中国古代有一个奇普的同类为将宇宙概念化提供了结构性比喻，这再一次显示出在古代个人因概念化的需要而运用这种类似工具。

③ 依据文字的发展阶段："当一个图像主要用于描绘一件事物，它就是象而不是文字。当同样的图像或它的修正版，主要用于表示一件事物的名称，那就是那件事物的单词，仅以单词传递的信息来表示这件事物本身，我们称其为词并把它定义为文字。"鲍则岳（Boltz）（1999，110，原文）

明大量的相互关联的符号,或利用已有的宗教符号、图像主题,以及其他图示符号或象,这些符号在中国自新石器时期起便记载丰富。很快就用这种方式来应用文字。为了发挥作用,这种文本日历,一经产生,需要从一开始就体现出前文谈及的各种元素和概念。除指向对应的托卡普(*tocapu*)(见后文)或奇普悬绳,一个据说以"种植玉米月"命名的字形或象形文字,需要产生一个词使口语与常见的字体联系在一起。以描绘界标(*sucancas*)(地平线上标记太阳在重要日期的位置的列柱)的四方形图案标志 1,4,7 为例,由于它们的相似性,对每一个进行解读时必须进行特别仔细的区分。

我们掌握的人种学证据太有限以至于很难了解奇普是否像描绘的"旋涡花饰"可能已经不仅仅是早期的黄道图。不难想象一个概念的非文字表示——如"种植玉米月"的字形或一个印加国王的托卡普字形——以不易察觉的方式转变成通行地用文字来表示其名称。一旦产生了用字形表示文字的技术,就像它在不同的背景和文化中均独立地产生一样,从符号系统向文字的转变以及这一过程向其他文化的传播将迅速发生。[①]

是否这一发展即将在印加文化中产生不得而知,虽然他们有 *171* 一些暗示着原始文字产生的强烈表现。比如,印加的托卡普,是在纺织品和陶器上发现的非常不同的几何设计,由明亮的色彩描绘或编织的几何或图像图案填充的四方块组成。许多种不同类型的四方形图案能将一整块编织物填充得像一个大杂烩。他们也明显出现在仪式用酒杯(*queros*)的装饰圈中。各种类型的设计,现今已知是表达重要信息的常用编码图像,这些信息包括印

---

① 休斯顿(Houston)(2004b,238)。

加统治者的名称,地名,著名战役,等等。他们像历日奇普中的四方形图案标志一样在图 5.3a 中标记月份。①

干支符号在历法中的应用

视觉符号比口语具有一眼即明了的优点。比起口语,一系列的事务和数字能以文字进行更好地表达。一系列的族谱以及其他历史序列同样也能以书写形式进行更清晰地表达,诸如天文历日一类的工具……仅用口语便不能形成或者表达。②

陶寺为了计算满月之间的日数,而不涉及冬夏至、丰收节日,等等,仅有一个只依赖记忆的初级数字系统可能不行。要么最少设计出一个能表示 1,2,3……10,20,30 等的表格,或者

① 应用托卡普显然是印加统治集团成员和其他贵族专有的特权。它们变化极其丰富的四方形类型可能也用编码信息表示不同的阶层、世系,以及个体的不同特权,或许还包括他们所统治的种族人群。丽贝卡·斯通·米勒(Stone-Miller)(1995,210);马里乌什·焦乌科夫斯基(Ziółkowski)(2009)。《秘鲁语言的历史和训练》一个早期的意大利注释者,琼·奥利瓦(Joan Anello Oliva)(约 1637—1638 年),用意大利语增补了一个印度奇普解读者提供的信息以及"出现在许多印加织品中的托卡普符号的定义"。维维亚诺·多梅尼西和达维德·多梅尼西(1996,52)。这些内容没有被出版,马里乌什·焦乌科夫斯基(2009)中也没有提及。类似的四方形图案标志也出现在玛雅象形文字旁。例如,波南帕克(Bonampak)壁画庙里有一幅壁画,其中位于王室典礼场景上方的带状物代表着天空,带状物包含的一些类似符号表示一些星座。这些完全不像象形文字的图案出现在同一幅壁画中,它们可能包含词语。博代(Baudez)和毕加索(Picasso)(1992,119)。

② 唐纳德(1991,290)。沃尔特·翁表达了大致相同的观点:"古迪(Goody)[1977,52—111]仔细研究了表格和列表的诗性意义,历法是其中的一个例子。文字使这些功能的实现成为可能。事实上,文字在很大程度上是为了制作像列表一样的东西才被发明出来的……最初的口语文化通常把他们叙述中的列表性内容……不是当作一个客观的账本而是当作在故事中起作用的表现因素。"沃尔特·翁(2002,97)。

在一段时间内应用一个地平线历法,也是不可能的。由"1,2,3……"组成的基本数字系列,加上一个对满月一类的常规天文或气象观测事件的口语叙述,仍不能完成这一任务——生物学记忆非常有限。默林·唐纳德详细阐述了这些列表的优点:

> 部分优点是记载的可移动性和持久性;但是另一个重要的方面是能够无限地记录这些项目的列表内容。列表是一个非常视觉化的设置。由于记忆的局限性,用口语进行列表非常有限;用口语记忆列表会使记忆的运作面临瘫痪,并使列表进程无法进一步继续。相反,视觉化的列表可以多种方式进行排列和并置,以简化对它们所获信息的后续处理。列表排列有利于项目的分类、汇总和排序,也能展示用其他方式无法区分的类型。随着视觉化列表的发明,新创立的形式能识别、分析和吸收需要产生作用的信息。[1]

在贵族们运用陶寺天文观象台的两个世纪左右,他们一定掌握了某种像奇普的外部记忆工具,如果它不是一种书写符号系统的话,这应该出现在商王武丁时期不朽的文字出现的 8 个世纪以前。值得在这里回忆的是史前文化英雄伏羲被认为通过结绳发明了历法和文字。[2] 如上文所述,最少一个像奇普一样的工具能完美地用于记录历法干支符号的循环系列,也许甚至有出自陶寺的颜色编码证据的支持。

而且,在陶寺出土的陶扁壶残片上发现了用红色颜料书写的个别字形。其中一个(图 5.4)与商甲骨文中的"文𠁣"字在外形、

---

[1]　沃尔特·翁(2002,288),原文。
[2]　李约瑟和王铃(1954,164)。

笔画顺序和用笔上非常相似。更不用说,这一发现引起了这些特殊的记号是否是真正的文字的热烈争论,这一问题并不在我们讨论的范围之内。[①] 然而,中国杰出的古文字专家李学勤对这个早期书写符号进行了一个详细的第一手分析,认为这是书法。[②]

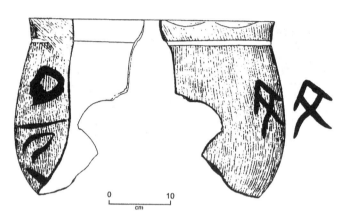

图5.4 陶寺出土的陶扁壶上书写的字形"文"。据李建民(2007,620)复制

从天空得到启示

第四章中我总结出定-正-贞-鼎这些同根字的语音和语义联系反映了应用飞马座设计出一套方法,意在用天上规范的天象去

---

① 沃尔特·翁(2002,82)用这种方式概括了真正文字的内涵和意义:"迈向知识新世界的唯一关键性突破不是人类意识设计出简单的符号标记,而是发明一个视觉化符号的编码系统,从而作者可以使读者从文本中获得准确的词汇。这就是我们今天用文字最突出的意义经常表达的内容。"可惜的是,不能在出现个别(或甚至几个)字形的基础上证明文字系统的存在。

② 李学勤(2005b);原英文注释中标2005c,而参考目录中没有2005c;李建民(2007);徐凤先(2010)。

定向地上的建筑。① 现在我们也将开始分析《易经·系辞传》中 *174*
提到的"易结绳以书契"这个看似由天象激发出的灵感。我们已
知定是清庙，飞马座大四边形。甲骨文中天干丁写作一个四方形
口，其灵感极有可能来自于飞马座。我们也确立了早期天文学、
定向、天象模拟以及天干口（丁）的同根词之间的关联。现在看到
的这个字形也许提供了一个试金石，将前文帝的住所、历法中正
月体现出的时间掌控、占卜中反映的什么是空间和概念上正的标
准，以及我将提出的用一个四方形字形来表示上面所有这些内涵
之间的联系。定/丁，换句话说，就是商代以前"四方形；直的四方
形的；变直变成四方形的；第四"这些语言的根义。②

本章开头的引语包含两个认为文字起源于史前圣人的句子：

> 天垂象，见吉凶，圣人象之……古者包羲氏之王天下也，
> 仰则观象於天，俯则观法於地。

这些观测使伏羲得以发明八卦，由此产生了《易经》中包含万
物的体系。根据传说，《易经》中的卦象可象征所有的现象物和文
明的创造物。然而，注意，圣人的角色是被启发的观测者和启示 *175*
的接受者。他对八卦的发明实际上是对灵感的真正来源——上
天自身的各种图形的照搬。这是一个关键性的区分，它的意义还
没有得到充分认识，或最多被认为仅仅是一种比喻。然而，如果
我们最终希望充分全面地理解这种文化，那么探究宇宙研究人员

---

① 这一章中我试图描绘的联系标志着一个新的理论文化的形成，这一文化在二里头
城市布局中的体现，许宏在前文中已有描述。裴碧兰（1996，71）指出"用'象'字表
示天空展示的星象以及它们的象征化过程（意即'《易》中的圣人象之'），显示出象
征化过程本身是与天体紧密联系在一起的"。

② 在与历法无关的语境中，以及不单独用丁来表示如武丁一类以"丁"命名的君主
时，一个写作口的字，在图像上无法与作为天干的丁进行区分，在用作祭祀对象时
具有非常不同的含义：如远祖商甲、太阳，甚至方（向）。

"文本化"的历史就不能再理所当然地忽视那些青铜器早期星象家对天文的感知。①

天象的图示化描绘:《河图》《洛书》

我曾提出,两组循环符号天干和地支最初因历法的概念化和记录需要而产生,两者的起源至关重要地联系在一起。我进一步提出历法天文学促进了文字在中国的发展,并预示了它在后世出现的其他记录形式中的应用,包括成熟的书写语言完全成型,并能表达任何事物的商代甲骨卜文。② 韵律可能将口语和符号法则联系起来,在使用非声音的符号表格和真实的声音文字所表达的概念之间扮演着桥梁的作用。换句话说,韵律作为一种概念性的先驱完全将口语的声音与通用的字形符号联系起来,在新媒介中相当于口语。

非常重要的文化发明——真正的文字——在传统经典中被认为是上天赐予的。如果《夏小正》《尧典》以及其他周代文献仍保存着自公元前第二千纪以来的星象和物候,③那么当前文所述的《系辞传》也声称如下内容时,它就不仅仅是一个修辞:

① 为了意译巴德"不是我们获得荣誉,而是它们本来由星星赋予 the credit lies not in ourselves but in the stars",谈到"当八卦被认为是文字的起源时,用符号来解读自然现象成为解读文字的范式",陆威仪(1999,263)似乎误解了中国古代有关文字的根本起源。

② 对此,白克礼(2004,225)评论道:"没有新需求的压力,或者新可能性的诱惑,文字将永远也不可能产生。与近东这些图景清晰的发展阶段进行比较,我们在武丁甲骨文中看到的文字系统是逐渐传播到一个更广阔范围的终端产品。"

③ 对于《夏小正》中某些物候的古老性,可见胡铁珠(2000);李学勤(1989,4—11);陈久金,卢央和刘尧汉(1984,63)。

天垂象,见吉凶,圣人象之;河出图,洛出书,圣人则之。[1] *176*

第九章将详细分析星区和地理政区之间的对应,其中黄河对应着天上的银河,但现在我们要注意这一可能性,《易经》中提到的河是天上的银河,也就是地上的黄河。因此上述这一段引文明确谈到了文字的天上源头。值得注意的是《晋书》(265—420年)和《后汉书》"天文志"的序言明确指出《河图》文献记载着天体昭示的智慧。比如,《后汉书》提到"轩辕始受《河图斗苞授》,规日月星辰之象,故星官之书自黄帝始"。[2]《尚书》谈到《河图》是确立王权的象征之一[3],汉代纬书中的叙述明显认为这些符箓的主要意义在于象征着统治权授予君主。在一个定义中,它们与"君主视为象征着上天授予神圣权力的标志袍或珍贵的物品联系起来"。这些图录,通常由神龟或龙马、有时是凤凰传授,一般不是 *177* 被描绘成"一块玉而是玉上书写的图录"。[4] 而且,"凤凰的出现,数字五和朱书因而从根本上是《河图》的象征",被认为象征着一个契约"不是可见的君主与他的属众之间……而是联结着高山、河流的统治与自然的神圣力量"。[5]

宇宙论内容和这些启示的背景之间具有高度的一致性。一个汉代文献《河图考灵曜》谈到"五百载圣纪符"。该文献继续述及"河图命绝也,图天地帝王终始存亡之期,录代之炬"。《管子·王言》中对这些联系进行了更明晰、更早的叙述。管子向他的君

---

[1] 来知德(1972,428)。

[2] 《后汉书·天文上》。传授《河图》或《洛书》一类隐秘知识的经典叙述,出自《汉书》27.1315。第六章中将考察《隋书》(27A.763)中河神赐大禹河图与玄珪的叙述。

[3] 杜敬轲(Dull)(1966,7);苏海涵(Saso)(1978,405—406);何丙郁(Ho Peng-yoke)(1966,42,58)。

[4] 同上,408。

[5] 同上,409。

主齐桓公(死于公元前 643 年)解释,神龟、河图、洛书都是公元前第二千纪中三代(夏商周)被授予天命的绝对象征,它们没有见于桓公意味着他不能合法地继承天命。

现在再看一下阿瑟·韦利(Arthur Waley)具有先见之明的观察"征兆自身被认为是一个转瞬即逝的东西。像银光片一样,它需要'固化'。否则,它将只涉及当时那个瞬间"。吉德炜对此评论说:"商代甲骨文的刻写,也可能涉及'固化'这一卜问的相同需要。"[1]以此来看,引用的证据足以证明这个推断,即原始的隐秘河图事实上是对五星会聚的描绘,第一次也是最壮观的一次(公元前1953 年)于冬天出现在飞马座,当时可一眼看见星官鳖(天渊,我们的南冕座[2])位于银河和龙星官的尾巴旁(图 5.5),[3]第二次(公元前 1576 年)更复杂的往返运动发生于龙和鳖星座之间银河的浅滩上,第三次(公元前 1059 年)出现在朱雀的喙部(柳宿)。[4] 这些谶

178

---

[1] 吉德炜(1975,22)。赐予文王以及后来由武王继承的"朱书"很有可能是一个像商代甲骨文的字形,可能写在玉上,描绘了象征上天将天命授予周的行星征兆(随后第六章)。

[2] 作者认为天渊即星官鳖,似有误,斗宿中,鳖为 11 星,即现在的南冕座,而天渊为 2 星,位于现在的人马座,但两者十分接近。——译者注

[3] 在一些早期的传统中,表示北方的象不是玄武,或秦汉时期的龟蛇组合,而是鱼或鹿,后者也许是为了联想起麒麟,它被认为是鹿的一个现如今已经灭绝的种类。高本汉(1950a,7);冯时(1990a,117);冯时(2007,427—430)。战国时期的星占家石申认为"(南)斗(人马座),玄龟之头",这对石申来说意味着天空的整个冬季区域组成星官鳖。无论如何,南斗恰好位于被称为南冕星座的冠冕上(图 5.5)。

[4] 班大为(1983—1985;1995)。汉代谶纬将这只鸟视作孔雀或雀,或凤凰,如《春秋元命苞》,见马国翰(n. d. ,第 4 卷,2113)。梁代(502—557 年)星占著作《瑞应图》有:"赤雀者,王者动应于天时,则衔书来。"出自《开元占经》,115.2a。在《竹书纪年》(方诗铭和王修龄 1981,232)中,武王从其导师吕尚那接受了丹书,继承其父成为周的君主。同样的内容在《春秋元命苞》中被称为"凤书"。据郑玄注《元命苞》(阮元,1970,第 1 卷,503.2,对《文王》一诗的注释),丹书即是著名的《洛书》。丹书和这些神秘文献所昭示的内容特别引人注意,因为它们让人想起商代用赤色写字的实践和战国用祭物的血书写盟书的习俗。这意味着所有这些书写具有同样的涉及超感知能力的契约功能;可见吉德炜(1975,13—17,尤其是 16)。

纬的图像化表现成为象征统治合法性的王权标志之一。虽然也
许没有意识到行星在天命授权中的作用,但孔子对于这些河图的
象征意义非常熟悉以至于会哀悼:"凤鸟不至,河不出图,吾已矣
夫。"[1]这位圣人非常了解天命的启示在历史上早已存在,而不仅
仅是周初宣传者的发明。

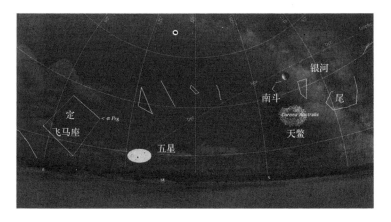

图 5.5 公元前 1953 年在定"天庙"(飞马座大四边形)发生五星会聚时银河、
飞马座和天蝎星座的独特位置。注意天蝎(南冕座)的位置,日月五星恰好在银河的
另一边经过其背面的上方。也注意龙的尾巴刚从银河最稠密的地方"跃出渊"(天文
模拟软件 Starry Night Pro 6.4.3)

我们已知营室或定恰好位于银河的南面。如我们将在第十
一章中所见,秦朝都城咸阳的布局中再现了这一特殊的关系。在
18 个世纪左右以前、公元前 1953 年营室发生五星聚会时,银河
的景象也非常壮观,在营室(天庙)与帝在北极处的处所之间从东
北到西南以拱状穿越整个天空(图 5.5)。因此,似乎出"自河中"
的"图"或"书"可能就是飞马座大四方形或定以及紧挨着该星座、
在同经度位置发生的五星会聚。当然,将《河图》用著名的将数字
5 位于中心的"魔方"(图 5.6a)进行表示是非常晚期的事。更不

---

[1]《论语》9/9。

用说,战国和汉代有关昭示的文献中均提及的关键元素——四方、象征性的数字五、神龟("玄"象表示冬季北方天空)都作为重要元素而被强调。因此,需特别注意的是,图 5.5 中天鳖(鳖,即天鼋,西洋的南冕座)的位置,正位于五星经过银河前往飞马座进行会聚的路上。神龟背上的图示"五"是整个历史上五星的标准化形象表示(图 5.6b - c)。

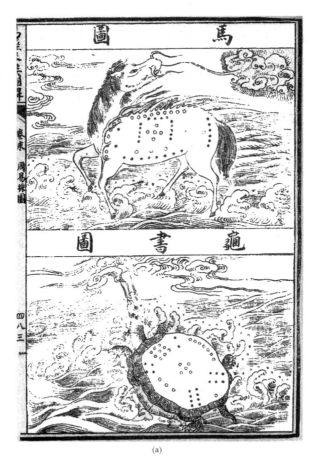

(a)

图 5.6 (a)《河图》(上图)和《洛书》(下图)的经典描绘,分别由各自的神物展示。引自来知德(1972,483)

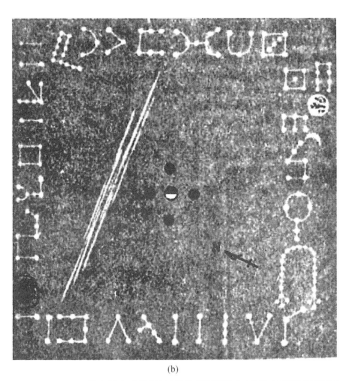

(b)

图 5.6 (b) 明末星占手册《天元玉历祥异赋》中,五星会聚标志着天命授予有德者。经美国国会图书馆东亚特殊藏品 (Library of Congress, East Asian Special Collections) 授权使用

图5.6 (c)

同样值得注意的是,一些图上用点表示的两个方向的排列惊奇地让人联想起印加奇普用结绳表示的图像化数字。① 因此,如果当时用一个图示来描绘公元前 1953 年所观测到的天象,用编码表示形状、数字、天空中的位置,等等,这可能充分反映了向一个准文字社会过渡时期的图示化规范。

桓谭(死于 28 年)《新论》中也叙述了周文王受天命的事情:

> 文王曰:"殷帝无道,虐乱天下,皇命已移,不得复久。"乃作《凤凰》之歌曰:"翼翼翔翔,鸾皇兮。衔书来游,以命昌兮。瞻天案图,殷将亡兮。苍苍皓天,始有萌兮。五神连精,合谋房兮。"②

这里,古代的星占预言、它的图像化表示以及暗示朝代变迁之间的紧密联系是不证自明的。③ 重要的是,《尚书大传》谈道:"天之命文王,非哼哼然有声音也。"如果它是天上的某种昭示,这便是如此。④

中国文化中的龟本身就是一个值得探索的专题。⑤ 显然从新石器时代到帝制时期"神龟"在宗教和宇宙思想中都非常重要。

---

① M. 阿谢尔(Ascher)和 R. 阿谢尔(Ascher)(1975)。约翰·亨德森(John B. Henderson)(1995,214)提出了同样的联系:"《洛书》的标准图示,尤其为宋代的新儒家宇宙论者所推崇,每个图形具有一个四边形外框并且代表一个魔方数字,这一点更像结绳而不是数字。"

② 《太平御览》,84.5b。

③ 李约瑟和王铃(1959,57)讨论了包括《史记》(约公元前 100 年)在内对《河图》在公元前 230 年呈现给秦始皇的叙述,并提出"这一叙述……很可能指古代的图示成为汉代谶纬文献中包含的魔幻-占卜性物质结晶核心这一过程的开始"。同样在这些谶纬文献中,如我们刚看到的,发现了最早有关公元前第二千纪中五星会聚的文本叙述(第六章)。

④ 《尚书大传》,4.5b。

⑤ 对于天象、龟、洛书、四方和大禹之间关系的全新解释,见 David W. Pankenier, "A Chinese Mythos of Mantic Turtles, Yu the Great, Numbers, and Divination," *Bulletin of the Museum of Far Eastern Antiquities* 79 – 80 (2019)。

从很难想象会出现类似东西的新石器晚期起,就有了一个非常复杂的模型。安徽含山县凌家滩村出土的玉龟和玉版(图 5.7a),属于一个受附近约莫同时期(约公元前 2500 年)良渚玉制文化强烈影响的文化。① 我们从前文中已知,作为神物和宇宙模型,龟在中国有一个非常悠久的历史,它的甲壳被认为代表天上的圆顶,而腹甲代表大地。很难用巧合来说明商代用于占卜目的的龟甲的形状如此强烈地暗示着地上被主要河流的蜿蜒河道分隔的九州地形。许多未刻字和极少数刻有单个字形的龟甲(一些像商代甲骨文中的"眼"或"日")在公元前 6000 年的贾湖裴李岗遗址中发现,其中发现的新石器时期的龟甲铃和鼓,它们的功能可能与仪式用途有关。② 而且,从商周的图像中进行判断,天鼋在其他语境中作为一种有力的象征非常重要,因为它也以一种"部落标志"出现,这种部落标志除作为一种星名或可能的地名外,可能具有一种徽章的作用(图 5.7b)。③

含山出土的刻字玉版原本夹在两块半壳之间。穿过三件物品的洞显示出它们在埋葬时以这种组合状态连在一起。对于这件玉龟的功能尚不得而知(它可能也有一些小卵石,这样才能成为一个摇铃),但是它由玉制成,而且似乎具有宇宙论的意义,这些事实意味着它毋无置疑是一个为一位贵族成员所有的珍贵物品。

---

① 李学勤(1992—1993,1—8);冯时(2007,503—504)。冯时(同上,514)也讨论了新石器时期常见的八角"星"(太阳?)图像和河图之间的联系。李学勤(1992—1993,7)研究了"星"图像以及它的产生与该文化和其他相邻文化陶罐上其他字形的联系,以及玉版与后来的宇宙传统表现方式之间的联系。

② 李学勤等(2003);刘莉(2007,124,图 5.5A);吉德炜(1996,87)。

③ 天鼋作为一种部落标志(徽章?)自商初的郑州起,经常出现在商周祭祀青铜器皿上。唐兰(1986,86,n.6)认为它一开始可能用作地名。

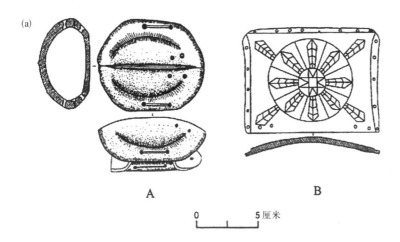

A　　　　　　　　　　　　　B

0 ——— 5厘米

187

图 5.7　（a）含山凌家滩用龟模拟宇宙的玉模型,引自刘莉（2007,66）,
@2007 刘莉,据剑桥大学出版社授权复制;（b）西周早期（成王,公元前 11 世纪
中期）部落标志"大/天龟";引自唐兰（1986,85）

无论它可能是什么，不可否认在陶寺和公元前 1953 年五星会聚这一壮观景象发生数世纪以前存在一个用符号进行表现的珍贵传统。没有理由去预先假设公元前 1953 年的星象家没有能力呈现出它们在一个图像或符号化形式中看到的东西。如吉德炜所说：

> 新石器时代的装饰，商代的字形，以及汉代的画像属于同一种表现传统，进一步的例子是一些新石器时代早期形态的不断延续……似乎虹与龙之间有可能存在语义和语音的相似性，这两个字都源自于一个更早期的字，或许可以复原为近似"*kliung*"的字，具有"拱形的"基本含义。再一次我们了解了早期的中国人如何应用这些形态，首先在新石器时代的贵族艺术中使用它们，然后用它们记录声音直至记录文字。以商代"象"的字形为例［图 3.6］，它包括同样的 C‐形态，不仅仅是对"象"的描绘，这些字形还记录了"象"的文字。①

目前出土的新石器时代最早和最突出的象形文字是 1992 年在安徽蚌埠双墩村附近遗址发现的公元前 5330—前 4900 年的文字。发现的大多数描绘鱼、鹿、猪、羊、棚屋、太阳、纺织品以及类似东西的文字刻在泥罐底座，而这比陶寺早 3000 年。② 在这其间的许多世纪，那些早期的人们也不可能不会用家畜野兽、地形、工具等一些他们赖以生活的物品去仰望和想象天空多彩多样

---

① 吉德炜（1996，86）

② 徐大立（2008，75—79）；张光裕（1983）。尤其让人感兴趣的是即使在如此早的时期，一些相同的符号据称在离双墩 60 公里的类似时期的其他遗址发现。与之相比，后来的大汶口符号具有一个更加广阔的地理分布。石家河出土的新石器时代羊、猪、象、虎等动物的陶制小雕像，见张光直（2005，107）。

的纹路。事实上,后来出现的用以表示这些图像的字形"象"——在其最早的甲骨文字形中是一个大象的象形文字(图5.8)。①

图5.8 商甲骨文"象"具有
"图形、图像"的扩展含义

---

① 将图3.6中的商代字形与龙星宿的实际星象进行比较,可见冯时(1990a,112)。

第三部分

行星征兆和宇宙论

第六章 宇宙—政治天命

> 天文学是中国人非常重要的一门科学因为它从宇宙的
> "宗教"、统一性甚至是全宇宙的"道"中自然而然地产生。①

前面几章已经阐明,中国在公元前第二千纪早期已经牢牢确立了一种倾向,有意识地对天象进行常规观测,孜孜以求上天的启示。不仅历法,而且任何神圣空间的准确定向、排定宗教典礼,以及开展合适的季节性活动全都依赖于统治者能充分胜任作为神权拥有者的宇宙祭司角色。能够洞察上天的节奏并维持上天节奏变化和人类活动之间的一致性是早期中国君权的基本准入标准。② 这意味着,为什么在公元前第二千纪罕见的五星会聚与重要政治变迁之间的相互联系被视为象征着赋予新兴的王朝势力以合法性。③

在第三部分,我将证明从很早开始就将天象征兆与中国口头和文字记载中长期流传的重大政治和军事事件联系在一

---

① 李约瑟和王铃(1959,171)。最近,贝拉·罗伯特(Robert N. Bellah)提出了同样的观点:"部落的和古老的宗教都是'宇宙论式的',在那种超自然、自然和社会中所有一切都融入了一个单一的宇宙中。这一早期状态极大地延伸了在时空上对宇宙的理解,但是如陶克尔德·雅克布森(Thorkild Jacobsen)指出,宇宙仍被视为一种状态——社会政治现实和宗教现实之间具有牢不可破的同源性。"
② 对于天文学与中国古代政治之间互动的总体讨论,见江晓原(2004)。
③ 这一假说最先由班大为(1981—1982)提出,随后班大为(1995)进行了进一步的提炼和发展。

起。此外,古代中国有一个政治-宗教图景,据此那些相应的
宏观/微观宇宙使社会秩序合法化。论证将从三个方面展开:
首先,讨论我们对于天象与政治事件之间相互关系的理解。

194 随后,探究这种理解在星占学、宇宙学的产生以及国家行政关
注的中心历法管理中所扮演的塑造性角色。最后,将讨论中
国古代普通性的一统观念和上帝(即"天")之间的联系,尤其
是天命概念和中国早期的政治-宗教论述中的修辞语所展现
的联系。

天象以及它们与政治王朝的相互关系

本书第一部分首先展示了在公元前 1953 年 2 月底黎明前的
几个小时出现了人类历史上行星之间间隔最近的五星会聚。几
乎 1000 年以后,公元前 1059 年 5 月底的黄昏又发生了一次五星
会聚。"五步"(用一个后世的术语让人想起希腊语的 πλανητης,
即漫游者 πλανηs 的另一种形式)之间这些特别紧密的相聚,仅由
于那些不眨眼的星星之间发生这一壮丽会聚景象的极其罕见性,
就一连数日吸引了那些即使是最漫不经心的观测者。① 这两次
会聚都有证据,而且更重要的是,被古代中国人记得,当他们奋力

---

① "五星聚于一舍"一般用于表示一次行星会聚(《史记》27.1312"天官书"),应指行
星聚集在一起的范围在经度上不超过 15°。马王堆帛书《五星占》用"反行一舍"描
述金星 15°的逆行清晰地定义了"一舍"的范围;见席泽宗(1989b,49)。同样,《汉
书·天文志》(26.1286)有"凡五星所聚宿,其国王天下"。相反,黄一农(1990,97)
批判性地指出一舍为 30°,并由此推算出大量的行星会聚事件。在此基础上他对
这些能观测到的行星会聚的罕见性和意义提出质疑。如果用更狭窄的 15°进行定
义,黄的公元前最后两千年中的 24 个行星会聚中只有 4 个合格,平均每 500 年一
个。事实上,公元前 1953 年和公元前 1059 年的行星会聚距离更紧凑,分别为 4°
和 7°。

去理解它们的意义时一定带着惊奇聚精会神地盯着它们(图4.5,图5.5)。

许多周朝(公元前 1046—前 256 年)和汉代(公元前206—220 年)资料中的其他大量文字和年代学证据显示这些天文事件从一开始就象征着上帝承认一个新王朝的合法性,首先是公元前 1953 年对应的夏王朝,随后是公元前 1576 年对应的商代,以及公元前 1059 年的周,最后是公元前 205 年的汉朝。① 我前面提到公元前 1953 年 2 月发生于营室(图5.5)、公元前 1576 年 11—12 月发生在尾宿和箕宿(天蝎座/人马座)、公元前 1059 年发生在舆鬼(巨蟹座)(图 5.9)的这3 个天文事件是最早的可检验行星事件,中国人将其视作上帝¹⁹⁵意图的象征明确进行了证实、记忆和解释。这些五星会聚,持续数日甚至数周,一定给古代社会的观测者留下了深刻的印象,虽然目前还没有发现其他来自埃及或美索不达米亚对它们进行观测的古代记录。②

¹⁹⁶

① 班大为(1981—1982;1995)。班大为(1983—1985,175—183)第一个指出夏王朝建立和公元前 1953 年五星会聚这一壮丽景象之间的联系。随后,天文学家庞(Pang)(1987),以及庞和班格尔特(Bangert)(1993)在不了解班大为(1983—1985)研究的情况下也指出了这一发现。道格拉斯·基南(Keenan)(2002),与迈克·白利(Baillie)(2000,223ff.)一样,对我关于公元前 1576 年现象的论断进行了批评,我在班大为(2007,138)中进行了反驳。这两个批评都源于对班大为(1981—1982,18—19)分析的误解。《竹书纪年》中记载的"五星错行"现象描绘了一个一个多月未曾出现的进程,而不是一个适时的特别点。公元前 205 年五月的五星会聚,作为天命授予汉的标志,将在第四部分第九章"星象预兆与城濮之战"中进行分析。

② 虽然他们肯定看到了这一天象。目前有记录巴比伦第一个王朝安米赞杜加王朝(Ammizaduga)倒数第二个国王统治期间对金星持续 20 年之久的精密观测的楔形文字。赫尔曼·亨格(Hunger)和平格里(Pingree)(1999,32—39);埃里卡·赖纳(Reiner)和平格里(1975);也可见乔安妮·科曼(Conman)(2009,15)。

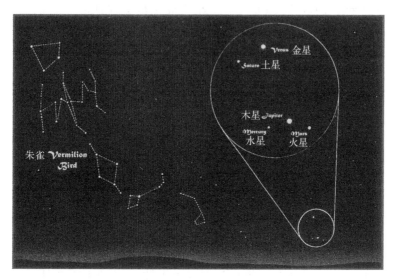

图 6.1　公元前 1059 年五月的五星会聚恰好发生在朱雀"喙"的前方。这个圆直径约为 7°,是过去 5000 年中紧密度位列第二的一次五星会聚。引自班大为(1998b,34)

表 6.1　标志夏、商、周建立的五星会聚

	太阳	水星	金星	火星	木星	土星	宿
1953 年 2 月 26 日	321°	295°	295°	295°	292°	296°	营室(飞马座/水瓶座-双鱼座)
1576 年 12 月 20 日	255	234	279	236	234	238	尾-箕(天蝎座/人马座)
1059 年 5 月 28 日	56	79	82	75	77	82	舆鬼(巨蟹座)

　　这三次事件中时间最近、记载最详尽,可能也是最具说明性的公元前 1059 年五星会聚恰好发生在被称为朱雀的巨大星区的西部,该星区从柳宿(长蛇座 δ)延伸至轸宿(乌鸦座 β)(图6.1)。《竹书纪年》中将这一事件记述在商代最后一个君主帝辛的统治之下,在周推翻商王朝几年前,写道:"五星聚房,有大赤乌

集于周社。"①而且,《逸周书·小开解》中对另一种天文事件——月全食的一个单独记录精确地将月食的日期确定为周文王三十五年正月丙子日。这一日期已证明是对的(公元前 1065 年 3 月 12—13 日夜晚)。② 文王的声明中声称他被这一凶兆所激发,遂命令官员为继统大业开始谋划。文王随后引用了一个相反的格言:"明明非常,惟德为明。"这次月食记录的精确性有力地证实了与公元前 1059 年朱鸟星区相关的五星会聚的年代为文王四十一年,即七年以后。③ 数日间在天完全黑以后当大赤�/鸟在西北方下沉时,五星会聚明显可见,"赤乌衔珪"如今已被我们视为对五星会聚的描述。

从《诗经》《竹书纪年》《国语》《史记》和其他的历史叙述中我们得知文王迅速采取了政治和军事行动,这明显揭示了他挑战商代统治的意图。但是文王未能活着看到商统治的覆灭,而在公元

①《墨子·非攻》中也有类似更详细的叙述:"赤乌衔珪,降周之岐社,曰:'天命周文王伐殷有国。'。"《竹书纪年》中记述此次五星会聚发生于房宿(天蝎座)明显是对该文本的一个晚期解释,记载编年的残破竹简在公元 281 年由晋武帝的皇家学者从被盗的坟墓中进行复原,并进行了艰辛的重新编辑。公元前 1059 年的五星会聚实际上发生在巨蟹座,恰好位于朱雀嘴部的前端。班大为(1981—1982)对其将地点误认为是"天蝎座"进行了解释,进一步的分析可见班大为(1992b,279ff.)。"房"为后来窜入,它源于为了解释汉的兴起而对"五德"作出了修订。显然朱雀星座不在天蝎座内,因此在汉代朱雀在星占中的真实天文含义已经遗失了。
② 朱右曾(1940,3.31)。李学勤(2000)对这段文字的最新研究再次证明了它记载的的确是文王三十五年的月食。其他学者黎昌颐(1981,21)、班大为(1981—1982,7)分别都指出了这次月食的发生日期。同时期另一个著名的天文学事件可能是哈雷彗星的出现。张钰哲(1978)的研究首先将这颗彗星的出现确认为公元前 1057 年。随后用中国所有的历史观测记录校正重力摄动,对哈雷彗星轨道进行更严谨的分析(Yeomans and Kiang,1981),显示张钰哲的研究结果有两年的误差。哈雷彗星应在 1059 年末出现,即五月出现五星会聚约七八个月以后。班大为(1983,185)。《淮南子》《论衡》以及《越绝书》中叙述周征战的分水岭战役城濮之战时显示,与预期相反,彗星的尾巴朝一个方向时是有利的。(同上,194,n.44。)
③《逸周书》和《竹书纪年》都一致地显示文王死于在位的第五十一年,即受天命九年以后,也是这次五星会聚九年以后。班大为(1992b,498—510)。最近发现的清华战国竹简《保训》也提到文王在统治五十年以后死去。刘国忠(2011,79)。

前 1050 年死去，即在他于公元前 1058 年颁布的新历法"受命元年"施行第九年。未等到岁星于公元前 1046 年年初再次回到朱鸟的心脏部位，文王的儿子和继承人武王成功发动战役，并在公元前 1046 年 3 月 20 日（即该年二月甲子）将克商之战推向顶点。[①] 在周军出征并投入这场决定性战役期间，岁星在鸟星（朱鸟心脏部位的长蛇座 α）三四度处留，如《国语·周语》规定的"昔武王伐殷，岁在鹑火，月在天驷，日在析木之津，辰在斗柄，星在天電……岁之所在，则我有周之分野也，月之所在，辰马农祥也"。先秦典籍《鹖冠子·度万》明显地指出这个被冠之以赤鸟、鹑、鹖或朱雀各种名称的星座，实际上就是凤凰："凤凰者，鹑火之禽，阳之精也。"[②]

仔细查看岁星在公元前 1048 年上一场战役期间的运行，即岁星在析木之次，这显示在平稳地向东顺行经过夏天以后，公元

---

① 这一日期是一个甲子六十日以前的公元前 1046 年 1 月 20 日，我一开始在 1981（班大为，1981—1982）中提出这一点。而 3 月 20 日木星恰好处于逆行留的阶段也是一种可能。约翰·贾斯特森（John Justeson）（1989,104）分析了玛雅人运用木星和土星的留来安排人类事务"看起来是决定贵族决策的神圣天命"。也可见苏珊·米尔布拉斯（Milbrath）（1999,233—234,241—242,247）。如果历史记载的岁星位于鹑火（长蛇座 α）是对的，而且大多数证据表明确实如此，那么一些学者提出的公元前 1045 年不可能是武王伐纣的时间。与夏含夷（1999）进行比较。

② 陈久金、卢央和刘尧汉（1984,73）。如陈、卢和刘所述，《鹖冠子》反映了西南蜀地少数民族彝族（该民族在历史上与羌族有关，是周西部和西南地区的邻族）的天文学传统。《鹖冠子》是唯一将鹑火视为凤凰的先秦文献。司马迁用鹑火的组成星官"鸟注""颈"和"素"作为柳宿（第 24 宿）、七星（第 25 宿）和张（第 26 宿）当时的其他称谓时，很有可能遵从了那些彝族传统，这些名称可能起源于羌-周的星象命名。彝族天文学对月相也给予了特别的关注，将 1 月分为满月前后的两个阶段，每个 12 天，这可以解释以前商代纪日规则中没有的月相明显出现在西周早期的青铜器铭文中。陈久金、卢央和刘尧汉（1984,121,254,263），卡林诺斯基（1986）。西周青铜器铭文日期中用月相术语表示 1 月的两个阶段与彝-羌族的日历非常相似。徐凤先（2010—2011），班大为（1992c）。对于《周语》这段文字的进一步分析，见古克礼（2001,47—51）。商周时期与羌族相互往来的考古学证据，见罗泰（2006,201—202,210—237）。

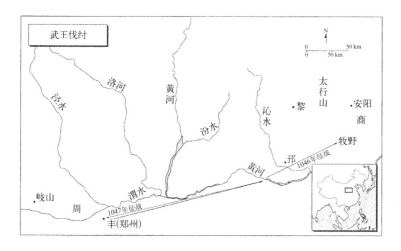

　　地图 6.1　从丰至牧野的武王伐纣。据鲁惟一和夏含夷（1999, 308, 图 5.2）重绘，据剑桥大学出版社授权

前 1048 年末岁星突然停止了向鸟星顺行的过程，留，转向，然后开始退行。这一出乎意料的运行解释了为什么周在部队第一次到达黄河渡口河南的盟津以后在最后一刻取消了第一场战役。据《史记·周本纪》记载，周联盟的诸侯已经会师，诸侯"皆曰纣可伐"——此时武王对其激昂的盟友说："女未知天命，未可也。"乃还师归。[1]　与此次未成的战役相关的一段出自（已佚）战国时期（公元前 403—前 221 年）军事文献《六韬》的文字，引自王逸（活跃于约 100 年）对公元前 4 世纪文献《天问》的注释："会朝争盟，何践吾期？"[2]对于第一个问题的回答，明显应是"他们根据天上的星象！"这已被《六韬》中的另一段文字所证实。文王向他的首席顾问太公（吕尚）询问如何应对商王帝辛的暴政和残酷，太公

199

------

① 班大为（1981—1982, 15—16）。
② 洪兴祖（1971, 3.19a），王逸《楚辞章句》注释：践，履行。吾，指周。期，约定的日期。相传武王起兵伐纣，八百诸侯都到盟津与武王会师，甲子日的早晨在殷都附近的牧野誓师，随即攻下了殷都。

回答：

> 王其修身，以下贤惠民，以观天道。天道无殃，不可先
> 倡；人道无灾，不可先谋。①

随后《六韬》阐释了这一未成战役的背景：

> 武王东伐至于河上，雨甚雷疾。周公旦进曰："天不祐周
> 矣。意者吾君，德行未备。百姓疾怨邪！故天降吾灾，请还
> 师。"太公曰："不可。"武王与周公旦望纣之阵，引军止之。太
> 公曰："君何不驰也？"周公曰："天时不顺，龟燋不兆，占筮不
> 吉，妖而不祥，星变又凶，固旦待之，何可驱也。"②

对武王伐纣相关事件的进一步研究和这一时期年代表的重
建证实了古代的星占学传统，并揭示了一些有关周朝建立者宣称
201 根据上天的旨意行动和受天命的新的事实。③ 这里需要仔细分

---

① 引自银雀山竹简本。盛冬铃(1992,47)。"天道"一句中的"殃"指对应商的异常天
象或凶兆星象。

② 洪兴祖(1971,3.19a)

③ 在最近的研究中，冯凯(Kai Vogelsang)(2002,193)主张"'天命'这一非常重要的
观念……似乎只在《周书》中得到充分的发展，它在几篇以'诰'为名称的章节中应
用了 8 次……只有一个西周早期的铭文《大盂鼎》包含了可能与这一观念有关的
表述……我们对于周代这一观念的认识全部基于《尚书》，这并非意外：它并不源
自于铭文。要求天命观念在非常简洁公式化的西周铭文中有一个'充分的发展'
有点过分。更确切地说，不能忽视公元前 11 世纪中期成王时期的《何尊》铭文，其
中君主宣称"唯王初壅，宅于成周。复禀王礼福自天。在四月丙戌，王诰宗小子于
京室，曰：昔在尔考公氏，克逨文王，肆文王受兹命[大令/命]。唯武王既克大邑
商，则廷告于天，曰：余其宅兹中国，自兹乂民。呜呼！尔有虽小子无识，视于公
氏，有助于天，彻命。敬哉！唯王恭德裕天，训我不敏。王咸诰"。冯没有应用何
尊可能是因为"大令/命"这两个字在出版的拓本中难以辨认。但是，马承源和唐
兰两位杰出的古文字专家，亲自查看了这件器皿，辨识了文字并誊抄了铭文。马
承源(1976;1992,362)，尤其是唐兰(1976;1986,73)。如果将这段话视为一个整
体，很难将这两个字置于文本中，尤其是前三个子句后来成了经常被引用的说辞。
武王的宣告是可以从西周早期祭祀铭文中找出的有关天命概念得到充分发展的
叙述。

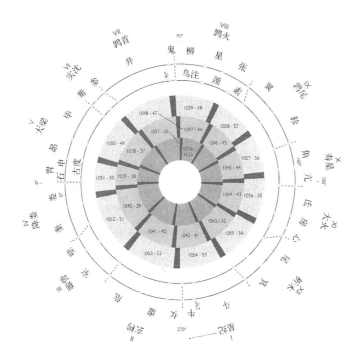

图 6.2 公元前 11 世纪中期星历表中岁星与柳—七星—张宿（又称为鸟注— *200*
颈—素）以及作为朱雀心脏的鹑火中的鸟星、长蛇座（公元前 1046 年 RA 6h 56m）
之间的相互关系。十二岁次标注在最外圈，春分点零度在左方。石申星表中（约
公元前 450 年）的二十八宿名称及其距星位置在第二圈中，此处还标有距星的古
度系统（约公元前 6 世纪）。图中显示的是公元前 11 世纪中期的夏至和分点。其
他三圈为公元前 11 世纪中期岁星在三个会合周期中的可见阶段。黑色部分为行
星不可见时。例如，公元前 1059 年岁星最后出现在 7 月 11 日左右黄昏的西方天
空中。随后它在 7 月中旬的黎明时分，恰好与柳宿——朱雀的"喙"出现在东方。
图表中间的两个楔形块表示岁在鹑火之后出现的两个年代。注意从公元前
1059—前 1058 年顺序数到公元前 1047—前 1046 年共有 13 个岁次，而不是岁星
十二周年周期的十二个岁次。这可能部分解释了武王过早地在公元前 1048—前
1047 年发动战役［图片由索菲亚·班大为（Sophia Pankenier）制作］

析《尚书》核心章节中叙述早期宣告的文献，如《大诰》反复提及的
"大令/命"："呜呼！天明畏，弼我丕丕基！"《多方》中提到有关商
的放荡："天惟求尔多方，大动以威，开厥顾天。惟尔多方罔堪顾
之。"《多士》有："在今后嗣王（商纣王），矧曰其有听念于先王勤
家？诞淫厥泆，罔顾于天显民祇，惟时上帝不保，降若兹大丧。"围

绕这次显著的五星会聚征兆的划时代事件似乎证明了早期中国
人对"天显或天威"形式的上天启示的关注①：凤凰的出现预示着
周的崛起；朱雀位于鹑火之次与星占分野周的命运相关；周代预
测诸侯国君主命运、战争胜负等实践以岁星位置为基础②；最后，
相当重要的是，在帝制早期的星占学中五星会聚一定与朝代更替
联系在一起。

最近发现的战国文献——《耆夜》

周初以星占预言为目的而对天体运行进行的密切关注如今已被迄今为
止发现的最早关注武王伐纣这一时期事件的文献所证实。最近出土的清华
简中的战国文献《耆夜》记载了周庆祝征伐耆国(黎国)得胜举办的"饮至"典
礼。ª典礼期间包括武"王"、周公在内的参加者创作并吟诵了诗歌。(在回
顾性的叙述中，通常用庙号来指称武王。)周公吟诵了一首以前未曾记载过
的诗歌《明明上帝》，并将它献给武王，它虽然不完整，但非常重要。

另一首诗歌《蟋蟀》也是一种类似的风格，用日、月和木星进行比喻并提
到了岁有逆行。

虽然关键的诗句遗失了，但是两首诗仅存的部分已足够证实几个重
要的事实：(i) 在一个军队回师后举办的庆祝战争胜利的典礼语境中应用
了上帝和天体；(ii) 战争胜利后向上帝献上祭品以表示感谢；(iii) 月亮、木
星外形和运行的几个关键性变化被挑选出，不仅仅是为了类似于上帝明
明的诗歌效果，而且是为了标明时间和不断变化的环境；(iv) 通过对木星

---

① 说早期文献应该只是隐约地提及这一现象，这一点并不明显。约翰·贾斯特森
(John Justeson)(1989,76)在玛雅经典文献中也发现了类似的含蓄："[当]玛雅天
文学关注天神的行为时，'神的活动极其影响人类事务'……在一些基本的历史叙
述中开始认识到天文与历史事件之间的相互关系。经典文献几乎从来没有注意
到这些相互关系；它们很少对一些人类事件进行任何明显的星占学陈述。在解释
建筑方向时，这些没有被指出的相互关系一定可以从不同的类型中推断出并被统
计说明所证实。"他总结到(同上,115)，"因此文献的叙述没有直接反映可能与特
定天文事件有关的这些特征；如果它们确实存在，它们将在相应的场景中出现"。
② 第九章中我们将看到模仿武王伐纣这一先例，以木星在运行周期中的位置为基础
的预言在《国语·晋语》叙述的晋文公复国中起重要作用,10.11a-12a。

运动的观测已经认识到木星运行位置的十二岁次和逆行,并精通相关的知识。 *203*

《耆夜》一开始以"武王八年征伐耆"叙述了对战争胜利的庆祝,此处目前被解释为耆(或黎)战败于武王八年。这与目前的历史编年都不相符,将耆国战败定年在文王死以后与其他所有的资料都矛盾。"武王八年"一语没有用连系动词"唯"进行开头,这是引用一个确定日期事件的编年史记录的标准用语——如"唯武王八年"。由于这是一个被广泛接受的叙述方式,这一事件是否发生于武王在位时期还有所争议。其他历史资料用《尚书大传》中的叙述模式来定年文王在位最后十年发生的事件:"受命元年,二年,三年至九年","受命"二字通常省略。包括《竹书纪年》在内的所有历史记载,都将伐耆胜利的年代定为受命六年(公元前 1053 年)。[b]

然而,还存在一些问题,那就是武王在位没有八年,而且《耆夜》的序言紧接着谈到这一庆祝活动在称为"文太史室"的庙中举行。一些学者把"文"当作武王父亲的庙号,从而认为这一庆祝发生在文王死后。他们认为,没有提及文王。但是《尚书》中对这一事件的叙述"西伯勘黎"运用了文王的"西伯"这一头衔。这是商给予文王而不是武王的头衔。无论怎样,这一段落存在几处内部的不自洽。

[a] 刘国忠(2011,131,209)。这一事件也是《尚书·西伯戡黎》这一章的主题。武王从未被授予西伯的称号。清华简也包含了指向西周一个时期的图像和措辞。李峰第一个识别出这段文字中与岁星有关的内容;见李峰,"清华简《耆夜》初读及相关问题",《出土材料与新视野》(台北:中央研究院,2013)。

[b] 班大为(1981—1982,33;1983,325;1992a,278;1992b)。可对《耆夜》 *204* 和传世文献《逸周书》、《竹书纪年》和《尚书大传》进行比较。方诗铭和王修龄(1981,231);朱右曾(1974,84);《尚书大传》,2.16b,4:5a。

伴随武王伐纣的一系列天文事件为以后的一千多年开了先河。看一下这段纪念曹丕(187—226 年)、魏第一个君主的文字,

随着汉朝最后一任皇帝的退位,献帝(190—220年):

> 辛酉,给事中博士苏林、董巴上表曰:"天有十二次以为
> 分野,王公之国,各有所属,周在鹑火,魏在大梁。岁星行历
> 十二次国,天子受命,诸侯以封。周文王始受命,岁在鹑火,
> 至武王伐纣十三年,岁星复在鹑火,故《春秋传》曰:'武王伐
> 纣,岁在鹑火;岁之所在,即我有周之分野也。'昔光和七年,
> 岁在大梁,武王始受命,为时将讨黄巾。是岁改年为中平元
> 年。建安元年,岁复在大梁,始拜大将军。十三年复在大梁,
> 始拜丞相。今二十五年,岁复在大梁,陛下受命。此魏得岁
> 与周文王受命相应。"①

举一反三——从历史到"史前"

将公元前1059年五星会聚这一"周天命"作为一个基准,就
有可能对先秦文献如《墨子》中的类似叙述进行阐释,《墨子》里有
与公元前第二千纪三个王朝建立有关的先例预言。② 随着《竹书
纪年》将商代的建立日期确定为周奇特的天文现象"五星错行"发
205 生的517年前,这一现象可理解为描述公元前1576年秋的行星
动态,此时在几周的时间中五星从不同方向在地平线上分别既逆
行又被太阳超越,在从黄昏到黎明、从黎明到黄昏的时段中时不
时可见。而且,《墨子》中对一个早期在玄宫授珪于夏朝建立者的
描述与周朝预言的描绘一致。③ 这从而证实了中国早期对前述

---

① 《三国志》,2.70。对于后世行星预兆和天命的历史,见后文第四部分。
② 班大为(1983—1985)。
③ 战国晚期的星占家石申认为"玄宫"为营室;见《晋书》("天文志",11.301),该文献
  保存了汉以前石申对星象的命名。

讨论的 5000 年以前公元前 1953 年发生的最紧密五星会聚的观测。再一次一个超感知力量授予的珏与一次奇特的行星会聚事件联系在一起。① 由此，与三个王朝建立有关的三次行星会聚从千年的迷雾中展现。

卜德(Derk Bodde)注意到李约瑟"指出木星、土星、火星的会聚每 516.33 年出现一次，李约瑟认为，这是孟子信仰"圣人每 500 年出现一次的"基础"。② 实际上，李约瑟只是附和了查得利(Herbert Chatley)的早期推断③，但是值得注意的是，虽然卜德和李约瑟都没有直接指出这一点，但周代的中国人推断出这一500 年周期的唯一方法可能是，如果公元前 1576 年和公元前1059 年的五星会聚现象被观测到并以编年形式记录下来，随后就可以推断出它们之间的间隔有 517 年。④

批判性的反驳

黄一农将这些五星会聚事件与相关的历史背景分离开来，批评了年代学研究中对五星会聚记录的使用。他忽视了确认观测记录时列举的过多的历史和年代学证据。然而，黄用晚出的文献叙述来支持他的观点，这些文献即使不是完全正确，也完全是伪造的。最后，黄得出结论，即使约一千年中最紧密的五星会聚真

---

① 班大为(1983—1985)，也可见韦策尔(Weitzel)(1945,159—161)。

② 卜德(Bodde)(1991,123)。李约瑟和王铃(1959,408)。

③ 班大为(1981—1982,24)

④ 没有 517 年以后下一次五星会聚现象的记录，这发生在孔子年青时的公元前 543年 11—12 月中。又一个 517 年以后的再下一次五星会聚，发生在公元前 26 年 4月，此次被观测到并记录在《汉书》中，但是只有土星、木星和火星的会聚，不像以前的三次会聚，这次水星和金星离得比较远。《汉书》，3.1310。

的在公元前 1059 年发生在某一方向,因为如一些晚出的文献资料所认为,此次五星会聚实际发生在巨蟹座而不是天蝎座,那么针对这次天象的整个观测报告是一种事后的杜撰,应予以排除。即使他承认《汉书》中记录的公元前 205 年发生的那次印象浅得多的预示刘邦受"命"的五星会聚的日期出于政治目的有所修改,黄认为不可能想象,有关公元前 1059 年现象的权威记录能同样适应于汉代的五德思想。

206

类似黄的批评忽视了公元前 1059 年这一现象实际发生在朱雀的"喙"这一事实在先秦权威文献《墨子》中已有所暗示,他们也忘记了从《竹书纪年》对这一时期的编年中可以得出一个正确的日期,如果仅将"房宿"解释为它的本来含义——一个出自汉代谶纬的晚期解释(见后文)。为了减少哪怕一条坚实的编年数据资料直至它最简单的形式:在岁星十二岁次中天蝎座比巨蟹座(公元前 1059 年五星会聚发生的真实地点)晚 8 年。如果仅给《竹书纪年》记载的商、周之初发生的两次会聚之间间隔的 509 年加上 8 年,以解释岁星实际上位于巨蟹座,这样共有 517 年,刚好是我所指出的实际天文现象之间的最佳时间间隔(如 1576-1059=517)。鉴于学者们一致认为武王伐纣发生在公元前 11 世纪中期,并确认了夏商周断代工程的碳 14 证据①,没有必要像黄一农在他对这一现象的失实论证中暗示的那样,从一大堆影响更小的行星会聚现象中进行挑选和选择。② 天文学家张培瑜对这一问题简洁地谈道:

---

① 夏商周断代工程专家组(2000)。艾兰(Sarah Allan)(2009,6,n.16)忽视了武王伐纣发生在公元前 11 世纪中期的时间证据,甚至排除了《竹书纪年》中可从科学上进行验证的记录。代替公元前 1059 年实际发生的"天命"五星会聚以及对哈雷彗星的观测,艾兰将她的论证建立在可能发生的其他一些未被记录的偶然天文现象上,而这些现象毫无证据。

② 江晓原(2004,115,242)与黄一农(1990)一样,认为五星会聚早期记录的(转下页)

尤其需要指出,自公元 1 世纪编制的《三统历》开始,古 ²⁰⁷代学者开始对回推行星会合的精确日期和周期展现了巨大的兴趣。然而,计算行星轨道是一项复杂的工作,因此那些早期的计算存在许多误差:计算过去 1000 多年会合的精确位置对于那些早期天文学家来说是不可思议的。由于这一困难性,我认为战国或汉代学者(记载那些天文学现象相关资料的传世文献开始被记录的时间)不可能有能力精确回推出与克商事件相互关联的行星会聚的确切的时间和位置。由于现代计算已经证实这一事件确实发生过,而且历史传统文献中已经有所记载,因此我们得以排除这次会聚是由后来的人伪造记录这一可能性。①

因此,这些发现证实了《竹书纪年》《墨子》和其他周代、汉代著作中的编年史和天文学数据的历史真实性,事实上是非常古老的,它们解释了为什么这些行星会聚现象后来被当作预示王朝统治的天命发生变化的标准性星占预言。它们也指出一个比周"天命"更古老的概念在公元前第二千纪中期商代建立以前已经存在,如《尚书》中提及的:"惟尔知,惟殷先人有册有典,殷革夏命。"②而且,公元前 1576 年和公元前 1059 年五星会聚之间的

(接上页)真实性不可靠,但没有对历史证据进行检验。江和黄都忽视了前面提到的《逸周书·小开》中记载的文王三十五年公元前 1065 年丙子的月食记录。研究中国早期的历史学家有一个共识,那就是司马迁的《史记》(约公元前 100 年)复原了一个相当准确的公元前第二千纪后半期的商代君主年表。显然,记录被保存下来,而且存在一种传播模式。前文中出自桓谭《新论》的引述证明了这一点。

① 张培瑜(2002,350)。

② 出自《周书·多士》。——译者注。对这一联系可以注意吉德炜(1982,272,296)的结论:"我认为赤冢(Akatsuka)的观点是正确的,他认识到在崇拜一个公正无私的天和崇拜带有私心的祖先之间存在一种张力,这一张力最终在西周对天的支持中得到解决……并认为上天没有将它的祐助仅局限于商……因此可以在周'天命'以前构想出一个'天命',它可以造成诸如庄稼歉收和敌人攻击商之类的灾难。"

517 年间隔证实了孟子断言周朝建立者文王距离商朝建立者成汤、孔子距离文王"刚好过五百年"的正确性。[①]

不足为奇的是,从孔子的时代开始,就期待上天随时进行干预,辅佐一个新的圣王和朝代建立者终结战国时期的政治混乱和互相征战。当这没能发生时,孔子门徒的教条式解决方式是将孔子神圣化为"素王",并对《春秋》这种经典编年史文献创作新解以进行支撑(《如公羊传》)。显著的是,从汉中期对经典文献所作的谶纬中就可以识别出对公元前 11 世纪五星会聚现象的叙述,虽然它们也进行了一些修改以回应当时对经典的争论以及预兆性推测。然而,这一天文事实的核心要点仍然是明显可知的。再一次看看桓谭(死于公元 28 年)《新论》中文王受天命的突出论述:

> 文王曰:"殷帝无道,虐乱天下,皇命已移,不得复久。"乃作《凤凰》之歌曰:"翼翼翔翔,鸾皇兮。衔书来游,以命昌兮。瞻天案图,殷将亡兮。苍苍皓天,始有萌兮。五神连精,合谋房兮。"[②]

虽然这是重新指出五星会聚发生于房宿以后编造出的内容,但将其视作五神毫无错误。周对应的五行元素首次在西汉末期从火改为木(对应东宫七宿,包括房宿),因此只是自汉中期的纬书起,周代五星会聚征兆的地点才开始被称为房宿。[③]

考虑到桓谭所处时代这些天象预兆的思想意义,奇怪的是虽

---

① 《孟子》,IV/B26。

② 《太平御览》,84.5b。

③ 王爱和(2000,137—155)详细讨论了这一过程的理学和思想背景。刘歆《世经》中的一个段落展示了刘在这段历史修订中所起的作用,见古克礼(Cullen)(2001,47)。也可见《文选》(公元 6 世纪):"三仁去国,五曜入房;《春秋元命苞》曰:殷纣之时,五星聚房。房者,苍神之精,周据而兴。"引自《文选》,59.28。《易林》中提到的与天命有关的五行,见顾颉刚(n.d.,Vol. 3,27,34)。

然汉朝建立者高祖公元前 205 年的五星会聚预兆偶被涉及,《史记》(约公元前 100 年)和《汉书》(约公元 100 年)都没有专门提及与三代时期天命变革相联系的开创性行星会聚。[1] 因此,明显谶纬与其他周晚期和汉代的文献保留了其他经典文献中没有的古代传统的遗迹。这些记述的保存可能归功于它们记述了一些流传甚广的星座的文本和信仰,其中关注了古老天神(无论是天还是上帝)对人世的关注,从而得以流传,这些天神通过天上的"象"或"天文"授予隐秘的启示。

过去,即便有胡厚宣[2]、徐复观[3]、顾颉刚[4]以及其他学者具有开创性的工作,但有关公元前第二千纪这类宇宙学概念的具体证据相对不足,给研究造成了困难。因此 1982 年我提出的公元前 1953 年五星会聚的记录在中国文字的考古学记录出现以前能流传几个世纪之久,乍看之下似乎需要强有力的支撑。但是正如我所证明的,缺乏夏和商早期的书写记录没有给历史学家造成不能跨越的困难。如我们在第二部分看到的,中国文字可能在一定时间上早于最早的甲骨文字。从考古学和铭文证据中我们也得知,甲骨文"典""册"和"笔"的字形以及在罐和骨头上书写的文字至少可以追溯至公元前 2100 年的陶寺——商代的中国人毫无疑问用笔和墨水在竹或木头等没能保存下来的易腐材质上书写。[5] 然而,同样,如前述所示,从《尚书》《左传》和其他文献中可

---

① 公元前 205 年发生在双子-巨蟹座的行星会聚被认为是天命转移到汉的一个标志而被记录在《史记》(27.1348 和 89.2581)和《汉书》(26.1301 和 36.1964)中;见下文第九章。

② 胡厚宣(1983,1—29)。

③ 徐复观(1961)。

④ 顾颉刚(n. d. ,Vol. 5,425)。

⑤ 白克礼(2004,215,219)。近几十年中国发现的大量简帛文献显示战国时期流传着远比以前怀疑的多得多的文献。

以查阅一些商代晚期和周早期的资料。这一点已经被《尧典》中各类风神和四方神的叙述所证实，虽然周晚期的编纂者无法了解《尧典》的某些术语，但毫无疑问它们被如实地抄写和传播。今天，受益于商代甲骨文中与它们有关的资料，我们得以解释《尚书》的东周和战国编纂者无法解释的内容。[①]

五行对应的早期萌芽

随后，我将用其他方式来探索三代时期的思想以确立对天象进行观测的宇宙-政治学背景。最近指向新石器晚期和青铜器早期宇宙论概念的证据，以及研究宗教史的比较和理论方法，也许能在史料的鸿沟间架起桥梁。

虽然自然和人类世界之间互相作用的观念，尤其当人类受到四季轮回和昼夜更替的影响时，无疑会在古代自然而生[②]，但政体兴衰与五德次序之间的第二阶联系并没有那么明显。因此，自五行"相生"次序对应于季节次序、从而自春季开始（土后来与中进行对应）五行就展示出它们的影响，在许多周晚期和汉代文献中阐述详细的五行（木、火、土、金、水）之间的相生次序，作为一种解释模式一直以来似乎具有更坚实的基础。[③] 另一方面，根据邹

---

① 刘起釪(2004,68)。

② 从上文中我们见到对墓葬和房屋方位定向具有敏锐意识的实例。据徐复观(1961,12)"借地上明显之事物，以言天象，古代都是如此。水火乃作用不同，但又相须为用之两物，故天文上借此两物以言其与此相类之天象，恐起源甚早"。也可见李约瑟(1969,261)；卡林诺斯基(2004,90)。

③ 竺可桢(1979,12)证明了很久以前，天宫的不同大小与相应季节的持续时间一致，因此将天空划分成不同的宫是为了保持与季节的密切相符。商代及更早以前的火历和应用大火星（天蝎座 α）作为基本的季节标志，见庞(Pang)(1978)，艾之迪(Ecsedy)等(1989)，冯时(1990b, 19—42, esp. 28ff.)，以及冯时(1990c,109ff.；1990a,55)。

衍(活跃于公元前 3 世纪中期)和战国阴阳家提出的理论,五行相生相克的循环直接影响了各朝代的运势,看起来确是如此——这些推断没有坚实的事实基础,历史的或其他方面的。但是,发现在典型的依次顺序——天上的冬、秋、夏"宫"中连续发生的三次显著的五星会聚现象与天命相继授予前后各相继朝代的建立者之间存在一致的相互联系,以及它们在文献中与相应的颜色和五行(黑/水,白/金,红/火)的联系,足以证明宇宙论思想和王朝政治在当时已经联系在一起。① 五行对应的这一基本关系,在《墨子》和其他文献中有所引用,仅通过同时观察五星会聚时的实际位置就可得知,即是夏、商、周三代所用的"正色"传统必须遵循的基本关系。

这些正色可以从公元前 100 年左右以前的所有资料中发现,包括《尚书》《论语》和《礼记·檀弓》②,《春秋繁露》③,和《太史》各"本纪"以及几种汉代谶纬。例如,《吕氏春秋》(公元前 240 年)中提到了赐予文王的"丹书":

> 汤之时,天先见金刃生于水,汤曰"金气胜",金气胜,故其色尚白,其事则金。及文王之时,天先见火,赤乌衔丹书集

---

① 当然,"五行"一词是一个相当晚时期的宇宙论思想,这里仅因方便用它来表示一个相互对应的萌芽模式。以前,李零(1991,22)曾得出了一个相似的结论:"五行是占术中与天文、历算的关系最密切的。"

② 这些尚色也在《礼记》的《郊特牲》《明堂位》篇章中分别有所提及;然而,完整的叙述出现在早期的《檀弓上》中:"夏后氏尚黑;大事敛用昏,戎事乘骊,牲用玄。殷人尚白;大事敛用日中,戎事乘翰,牲用白。周人尚赤;大事敛用日出,戎事乘骝,牲用骍。"阮元(1970,6.12)。

③ 苏舆(1974,7.10b)。在另一个与商有关的周代传统的强有力论证中,裘锡圭(1989,70—72)证明了商在仪式中偏好白色这一传统的正确性,也可见刘钊(2009)。安阳遗址中放置璧时可能应用了颜色与方位的对应,见杜朴(Thorp)(2006,163)。周代对纯红色动物祭品的偏好,见《尚书·洛诰》,其中记录了用赤牛祭祀文王和武王。

于周社，文王曰："火气胜"，火气胜，故其色尚赤，其事
则火。①

三种颜色与三代这种联系中显著的不仅是以很难用巧合来
解释的五星会聚发生地点为基础的关联性宇宙论的精确性，而且
这显示出公元前第二千纪这种思想的本质以及许多世纪以后这
种关联性模式的连续性。我们都熟知周晚期和汉代天文学知识
的状况，此时许多有关天命预兆的传统开始在文字中出现，如前
述可见这些复合行星现象也不能通过计算回推。因此，可知，周
代记述中包含的基础关联和术语一定反映了原始观测那一时期
宇宙论联系的状态。② 自1987 年在濮阳发现 5000 年之久的仰韶
墓葬和其他类似的壮观发现以后，认为三代时期的宇宙论和后来
的五行理论之间的基本概念存在连续性的观念开始变得没那么
耸人听闻。在现今濮阳著名的萨满或其他社会上层人物的墓葬
中，第二章已经提及，用蚌壳拼接摆放而成的一龙一虎的形象，在
坟墓中的东西方位与后代宇宙论的认识一致，这一方位后来改为
沿着南北轴方向进行定向。③

---

① 吕不韦(1996,13.4a)。吕不韦将木德赋予夏。而我们在《礼记》中看到，夏应与玄
和水相联。夏的五星会聚发生在冬季，水宫。商初发生的五行错行发生在秋季、
金宫。
② 徐复观(1961,12)略微提及了它们可能起源于天文学，然而他仍然认为古老的天
文学概念和后来的五行理论之间没有直接的联系。如李约瑟(李约瑟和王铃
1959,242)指出，"竺可桢合理地推断道，将天空沿赤道圈分成四宫已经在武丁时
代(公元前 1339—前 1281 年)形成"。当然商代宇宙学强调四方和他们所处的"中
商"之中心；见黄天树(2006b)。上天和地下是连续性的，区域划分同样延伸至天
空，天顶的中心就是北极。
③ 对这一发现的评价，见张光直(1988)。对这一发现相关天文学意义更为深刻的研
究，见冯时(1990a,52—60,69；尤其是 1990c,108—118)。将这一图像与之后的宇
宙论概念和物品相联系的详细讨论，见李学勤(1992—1993)。冯时(1993,9—17)
也研究了约公元前 3000 年红山文化的石祭台，认为它们用于祭祀日月等天神或
天体，也可见田亚歧(1988,21—68)。

与战国和汉代熟知的四方四象有关的青铜器时代早期的证据,据称出土于西周建立以前文王时期的都城丰京(第二章,图2.15a)。龙、虎、鸟的位置与传统的宇宙论对应一致,而鱼对应黑、"水"北方。[①] 更早时期,标准的四象描绘于图2.10安阳时期商代的龙盘中。而且,有一个甲骨文字(《合集》14360)被解释为记录了对鸟和虎的祭祀,可能指代天空中的那些星象组合以及它们的象征性关联。

表6.2展示了目前从甲骨文和青铜器铭文、田野考古,以及前面确认的天象中得出的中国青铜器时代三个朝代的宇宙学关联。与后来的战国版本(即商≈天蝎座(龙心)≈金;鱼在商/西周时期是北方的象)不同以及相反的时间顺序证明了这时期的关联模式比较古老。无论如何,这一表格足以完整地说明公元前第二千纪末沿着这些思路形成的关联性宇宙论思想已经确立。

213

表6.2　公元前第二千纪的宇宙论关联记载

朝代	颜色	方向	象～星座	宫[a]	方 ～ 风[b] 商甲骨文	行～季节	《尧典》"民族"
夏	黑	北～上	鱼一鳖飞马座	*Xuan* 玄 Dark	宛 *yuan*～役 *yi*	水～冬季	隩 *ao*
商	白	东～左	龙天蝎座	*Biao* 鑣 Bright	析 *xi*～协 *xie*	金～秋季	析 *xi*

[①] 冯云鹏和冯云鹓(1893,Vols. 22—24,可见网址 http://catalog. hathitrust. org/Record/002252003);一丁,雨露,洪涌(1996,13)。这件物品的出处不详,它可能不是一件瓦当,因为西周的瓦当都是典型的半圆形,而这件物品中间的"丰"字非常明显。对于春秋时期青铜镜和新近出土的战国楚帛《容成氏》中主要标志的奇特组合,分别见曾蓝莹(2011,251,图416)和尤锐(Pines)(2010,515)。也可见下文第十章图10.3中丝绸之路上尼雅绿洲出土锦织物上的图像标志(其中有传说中的独角兽麒麟)。

(续表)

朝代	颜色	方向	象～星座	宫[a]	方～风[b] 商甲骨文	行～季节	《尧典》"民族"
周	红	南～下	鸟长蛇座		夹 *jia*～微 *wei*	火～夏季	因 *yin*
		西～右	虎猎户座		夷 *yi*～彝 *yi*[c]		夷 *yi*

[a]《尧典》中青铜器时代四个主要星座的中天,以表示分至时昼夜长度的术语分别进行表示,同时也暗示了四个季节的不同。或许还可以添加一栏,显示在不同庙堂进行的不同季节的祭祀,吉德炜(David N. Keightley)通过追溯后来的明堂仪式描绘了它们的规则性循环

[b]常正光(1989a;1989b);刘起釪(2004,66)。商王武丁时期(公元前13—前12世纪)甲骨刻的相关文字为《合集》14294—14295。对四风以及四方神的祭祀有大量研究,因太多此处没法引述;如刘宗迪(2002),http://hi.baidu.com/fdme/blog/item/00dda99fcb3796fb502d92d8.html

[c]值得关注的是,这个与西方有关的字也是少数民族彝族的名称,很多人认为该民族起源于商西边的宿敌西羌民族,并与周有密切的历史联系。《鹖冠子》《夏小正》《管子·幼官》和《尧典》中的历法天文学具有紧密的联系,而且这些天文学与《山海经》中的宇宙图景也有紧密的联系。陈久金等(1984,各处)。此外,这些文献与彝族民族志中记载的星象历法传统和实践之间有一个紧密的联系

从夏到商,以及从商到周的朝代更替,现在被认为标志着霸权或优势在部分同时代政体中的获胜。在这一过程中,位于河南中部的重要文化政治中心相继成为夏商周祭祀和国家行政管理的地点。公元前1046年周推翻商时,古老夏的心脏,临近渭河、黄河和洛水势力范围的"中心",出于宇宙论和实际因素的考量,具有不可抗拒的强大的吸引力。与商以前从更靠近东海岸的故土迁出一样,周从西边很远的受封于商的渭河流域迁出,建立了一个靠近今天洛阳的新都城。通过克商后不久立即迁都,并向上天告知这一事实(如《何尊》所记载),周的第一批统治者确立了他们从前商势力范围的中心来统治这个文明世界的愿望。以这种方式通过在夏的古老故乡进行统治,并宣传与夏有血统和文化联

系,周开始将其统治合法化并加以巩固。早期文献记载周祖先古公亶父领导周民从以前夏的领土汾河流域迁至渭河附近的周平原。①

为寻求上天庇佑新朝,周武王在称为"天室"的地方进行了最神圣的开国祭祀,这一地点有可能指中岳嵩山,它显著地耸立在洛阳西南的黄土平原中。② 这一地点与天神居住的以及所有天体臣僚都绕之旋转的天极相联系。③ 当中岳这一概念首次在西周早期铭文中出现时,我们认识到它是商代统治中心即宇宙中心、世界物理中心这一观念的延续。④ 因此,在最早记载天的国家祭祀的周铭文中,研究以中岳这个高点为基准的四个主要方向的资料表明,周君主首批官方行为之一是通过典礼确立周对四方统治的合法性。这里我们遇到了已经从商代甲骨文中熟知的"中国"这一古老概念,作为一个独立的宇宙论整体,通过这一概念王室影响得以理想化地从中心向四方扩散,正如天之君主所作的那样。⑤

虽然仪式或宇宙论中的颜色关联被认为最早出现在公元前

---

① 《诗经》"绵"(第 273 篇);夏含夷(1990,300ff.)。
② 林沄认为,武王在位时期所制的青铜器天亡簋上的铭文涉及武王从牧野克商之战胜利回师的途中在嵩山举行的一个盛大的封祭祀。《左传》昭公十四年也发现了类似涉及嵩山的内容。天亡簋铭文证实了《逸周书》和《史记·周本纪》(4.129)中对这一事件的叙述。朱右曾(1940,5.70—72);林沄(1998,167—173)。
③ 司马迁主张,通过将北斗称为"帝车"和用北斗的运动解释阴阳、五行、季节和所有的自然周期性变化的成因,上帝的全能影响从北极向外扩散开来;见《史记》27.1291"天官书"。
④ 许倬云和林嘉琳(Linduff)(1988,98)。对于汉代的轴心原则,见梅杰(1993,37)。用人类学视角比较克利福德·格尔兹(Clifford Geertz)(1973,222—223)有关传统印度尼西亚政治组织中"示范中心"模型的讨论和坦拜雅(Tambiah)(1985)对于"银河政体"的论述。
⑤ 王爱和(2000)。

770 年,即秦襄公开始向"白帝"进行祭祀以获得周诸侯的地位①,
即使半个世纪以前李约瑟就质疑早在公元前第二千纪就将上天
分为五宫,现在出现的这一图景表明三代时期就存在这一象征性
关联,正如更晚的《尚书》"洪范"和"皋陶谟"篇中显示的那样。这
里,也许,对于后来五行之"德"与政治命运关联循环的理论我们
有了一个推测性更少的基础,也就是说宇宙之仁、超自然代理、王
朝德运之间的关联不是由后来的事件建立起来的,而是在每个朝
代之初"星占学"便已确立。

当葛瑞汉(A. C. Graham)对五行早在公元前第二千纪就已
经成为颜色的主要关联表示怀疑时,他强调了中国的关联性思想
极力解释的现象之间是否存在潜在的实证联系的重要性:

> 从现代观点看,只有当阴阳对比的事物间确实存在着并
> 列的因果联系,**或者与季节或方向**这两个"五行"中最强的关
> 联**有着因果联系的时候**,中国的原始科学才能发现现象间的
> 意义关联。②

这段叙述中葛瑞汉用作基准的这些联系存在于行星现象、主
要方位、季节、相应的颜色以及用作标志的物象③之间。黄天树
216 已经在商甲骨文中发现在"山之北、水之南"与"山之南、水之北"

---

① 《史记》28,1358;康德谟(Kaltenmark)(1961,20ff.)。
② 葛瑞汉(1989a,346,强调符号是作者添加的)。中文译文出自张海晏译:《论道者:
　中国古代哲学论辩》,北京:中国社会科学出版社出版,2003 年,第 397 页。——译
　者注。可与普鸣(Puett)(2002,146-52)进行对比。梅杰(1978,13),就他而言,提
　出了五星和五行之间的联系:"有理由认为五行一类在中国思想的前哲学阶段作为
　一种宇宙论原则而存在,它体现在展示五星神特征的神话中。因此我们再次看到中
　国科学的一个核心概念或许可以追溯至广泛流传的宇宙论神话的中国版本。"
③ 如虎、龙、鸟、龟一类。——译者注

各自基本的地形意义上对比使用阴阳的证据。[1] 进一步的例子，是公元前 1065 年的月全食和公元前 1059 年的五星会聚都发生在朱雀星区，两者都直接用于昭示周运。前一天象明显被认为预示文王的死亡，以至于在看到"食不时"时文王命令臣属开始"为后嗣谋"。这意味着如《国语》所述公元前 11 世纪中期朱鸟已经在星占学上与周联系在一起，正如大火星（心宿）已经与商代的命运联系在一起，从而被称为商星。[2]值得注意的是五星错行现象就是在心宿附近发生，因此在战国时代的星占学，大火岁次作为商人的后裔宋国的分野。

如果后世"分野星占"（见第九章）的前身此时已经出现，这有助于解释克商之战以前商王帝辛已经被谏臣和官员们遗弃，以及公元前 1046 年年初的牧野之战之中商的部分军队倒戈的传统叙述，因为商领土全境完全可以看到公元前 1059 年 5 月发生在朱雀星区的五星会聚以及 8 个月以后大火星附近出现的哈雷彗星可能产生的凶兆。自天命（1058 年）元年起，周文王就开始公开进行反叛活动，直接挑战商王的权威，这表明他极力利用他军事和心理学上的优势。因此，《尚书·大诰》中引用周公的话，

> 天休于宁王，兴我小邦周，宁王惟卜用，克绥受兹命……天明畏，弼我丕丕基！

这些话不能仅被视为夸张之词。反而，它是古人"理解超感知代表、神和鬼对他们产生了什么影响……当古人经历和记录事情时，神是将一系列因果链条链接起来、赋予各种事件以一致性

---

[1] 黄天树（2006a）。

[2] 班大为（1981—1982，21）；李学勤（2005b，7—11）；刘起釪（2004，58）。

和意义的节点"的这种倾向的一个实例。① 而坦拜雅(Stanley Tambiah)引用了列维-布留尔(Lévy Bruhl)的"神秘(mystical)"概念,该概念将这一经验模式推广至所有的超感知力量。② 陶克尔德·雅克布森(Thorkild Jacobsen)有关经验的"神权(theocratic)"模式的一个关键点是,如我们所看到的,依赖于占卜的功效,无论应验与(用于引出一个反应)否(事后解释)。③

卡尔·洛维特(Karl Löwith)认为"我们与古人最深的分歧是他们相信未来可以预知,要么通过理性的推断,或者通过流行的卜问和占卜活动,然而我们并不这样"④。但是这一分歧也许没有洛维特认为的那么深,或者没有我们所认为的那么广泛。坦拜雅(Stanley Tambiah)指出:

> 弗雷泽(Frazer)坚持认为魔法这一基本概念是"与现代科学一致的",也就是"自然的统一性"。魔法师相信相同的原因总会引起相同的结果,只要他以足够长的时间举行符合既定规则的仪式,期盼的结果一定会达到。因此对于这个世界是魔法的还是科学的,两种观念之间的相似性非常密切:"两者中事件的相继性是完全规则和确定的,由不变的规律决定,可以精确地预测和推算规律的实施,并从自然过程中排除了机遇和偶然的因素。"⑤

由于宇宙-政治思想在三代时期可能具有一定的历史基础,

---

① 陶克尔德·雅克布森(Jacobsen)(1994,46);弗朗西斯卡·罗奇伯格(Rochberg)(2007,166)。
② 坦拜雅(1990,85)。
③ 弗朗西斯卡·罗奇伯格(2004)。
④ 卡尔·洛维特(1949,10)。
⑤ 坦拜雅(1990,52)。

如同它应用于早期的朝代更替时,而且流行的星占传统具有的突出活力证明了它在周末和汉代仍然有效,因此战国思想家邹衍对五德终始循环进行的前"科学"理论化为他在君主的宫廷中赢得了支持他的听众。邹成功的主要原因是在他的贵族听众心中,他的综合工作能产生共鸣,授予知识阶层社会地位,并给庄严的宇宙-巫术信仰规范秩序,这些信仰长久以来被太史和他们的君主视为智慧。一旦传统的不同面向在他的朝代理论中很好地整合起来,这一循环的合理性就很明显了。如徐复观指出,"邹子始终五德之说,乃原始宗教的变相复活;五行的德,以次运转,乃天命的'命'的具体化"①。

五德的朝代更替

在周朝建立者首次明确提出天命学说约一千年以后,司马迁简洁地归纳了五行宇宙观与天命这一成熟理论的星占学起源之间的联系:

> 五星合,是为易行,有德,受庆,改立大人,掩有四方,子孙蕃昌;无德,受殃若亡。②

在司马迁时代,天象和时事的直接对应是非常明显的,因此他才说:

> 自初生民以来,世主曷尝不历日月星辰?③ 及至五家④、

---

① 徐复观(1961,52)。
② 《史记·天官书》,27.1321。——译者注
③ 司马迁在引述《尚书·尧典》。
④ 五个上古帝王是:黄帝,高阳(颛顼),高辛(帝喾),唐虞(尧、舜)。

三代,绍而明之,内冠带,外夷狄,分中国为十有二州,仰则观象於天,俯则法类於地。① 天则有日月,地则有阴阳。天有五星,地有五行。天则有列宿,地则有州域。②

与徐复观一致,李零最近总结了阴阳五行理论,这一理论有古老的源头,而且决不是战国时期哲学思想的产物:

> 这种学说在战国秦汉之际臻于极盛,虽然遇有新的思想契机,也包含了许多添枝加叶,整齐化和系统化的工作,但他绝不是邹衍一派的怪迂之谈所能涵盖,而是由大批的"日者""案往旧造说",取材远古,以原始思维做背景,从非常古老的源头顺流直下,其势绝不让于由诸子学说构成的思想大潮。③

与这些观点进行比较,梅杰(John S. Major)根据西汉时期自然世界的知识转化为政治权力的主要概念对《淮南子》中的宇宙论章节进行了讨论:

> 汉初黄老学派的有效性可能部分在于它以广泛传播的中国文明的起源理论立论的程度……宇宙产生、宇宙结构、天文学、历法星占学和宇宙学中的其他内容形成一个完整的体系,君主忽视其中的主要原则就会让他的统治岌岌可危。④

这一证据显示,将五行关联思想模式最后融入汉代思想和汉

---

① 《天官书》在引用《易经·系辞》。
② 《史记》27.1321,1342。上文涉及的五星现象与此处后文中五行的对应一致。因此上文司马迁论述中所说的"易行"指"五行的变化",直接指五星理论。这段论述中的"无德"无疑指统治这个时代的权力或德的秩序失去控制。
③ 李零(1991,75)。
④ 梅杰(1993,43)。

代世纪末民众颠覆性的千禧运动的复兴从根本上讲在很大程度上都可归因于公元前第二千纪太史们的里程碑式观测。与关联性宇宙论思想是战国时期的一个发明这一世俗观点（仅以战国和汉代文献为基础）相反，我们看到，事实上，它具有一个可以追溯至青铜器时代的悠久历史。

第七章 超自然的修辞

天之命文王，非啍啍然有声音也……①

周朝建立者有力地重申其天命观念的向心力，明确地为篡夺商代政权辩护，同时暗示它是一种历史理论。周对于至高神、无论是他们的"天"还是上帝的声明，构成了我们从这一时期历史事件中获得的有关宗教和政治动机的最真实记录。过去学者之间有一个广泛的共识，即周的天命观念，虽然也许在商代的占卜文献中已经有所孕育，在很大程度上是周的思想家为响应克商这一政治事件而原创出的。对于克商时期很久以前的可验证天文现象的分析有力地显示出，在周推翻商几个世纪以前就信仰某种干涉人世的天神，这一结论也得到有关这一时期的传统叙述和比较宗教研究的支持。例如，伊利亚德（Mircea Eliade）发现"宇宙统治的观念……将它的发展和框架定义在很大程度上归因于天的超然性这一观念"：

甚至在任何宗教价值被赋予天之前，它就显示出自己的超然性。天仅仅是在那儿，就"象征着"超然、权力和永不变化。它之所以存在是因为它的高贵、无限、固定和强大……天的整个本质就是一个取之不尽用之不竭的神圣之物。因

① 《尚书大传》4.5b。

此,星空中或大气上层区域发生的任何事情——星辰的周期
运转、追逐的云朵、暴风雨、雷电、流星、彩虹——都是圣物显
灵。何时这一圣物变得拟人化、天上之神何时显现、或以这
种方式取代天的神圣性,就难以准确说明了。可以充分确定
的是天神通常也是至高神……他们的显灵经由神话以各种
方式戏剧化,因此他们的显灵也是天的显灵;而所谓天神的 *221*
历史在很大程度上是"力量""创造""规律"和"统治"等观念
的历史。①

天象与早期王朝建立之间的联系进一步证实了所有那些密
切关注此联系的朝代建立者所表达的神学动机。

哲学家肯尼斯·伯克(Kenneth Burke)认为,所有关于神的
论述中都有修辞元素给我们提供了如何应用语言使宗教思想家
倾向于以特别的方式思考终极目的的线索。② 周对于上天干预
的信仰,他们将其表述为成功推翻商的动机,一方面可理解为在
世俗层面上在"上天与自然秩序共存的国度"之间建立逻辑联系,
另一方面可认为这就是人类的社会政治秩序。当然,周朝的建立
者并不是以这种方式来进行表述。最多他们展示出进行合法化
的自我意识基本上与商代延续好几个世纪的神权思想不
同。③ 但是通过从社会政治学中借鉴语言的类比用法,周用至高
神来描述上天与人间的相互关系,像最早的商代记录一样,非常

---

① 伊利亚德(Eliade)(1958,39,40)。
② 肯尼斯·博克(Burke)(1970,尤其是 1—42)。对于这些宗教问题的经典社会学研
究,以及在许多方面对肯尼斯·博克观点更广泛的强调,见彼得·贝格尔(Berger)
(1990,特别是 1—51)。
③ 并非偶然,他们对至高神的命名不同明显地显示出商周文化上的不同,即使不是
种族上的区别,虽然周明显地受到商高度发展的文化的深刻影响,包括他们的书
写语言和祭祀仪式。

强调他们的神学以及他们在重要方面是如何自觉地对有意义的问题进行概念化。

接下来的讨论，在很大程度上来自于肯尼斯·伯克(Kenneth Burke)，将对商周思想中世俗和永恒王国之间逻辑关系的几个方面展开论述，试图揭示天命这一概念的发展如何表达了那种神学中的相关内容。为达到这一目标首先有必要简短地分析语言自身如何成为神学动机的一种来源。本质上，这种"宗教修辞"，如肯尼斯·伯克对神学语言的类比用法进行的描绘，与源自这种用法的含义有关，例如在神话中，有关"用以表达在本质上并非叙述性而是'循环性'或'重复性'的相互联系的类叙事词汇"。① 这一术语含义不明的最重要后果，以我们的目的来看，是世俗和永恒王国之间以及从一个到另一个动机之间转换的界限不明确。②

据肯尼斯·伯克，"定义不可描述之超自然领域的存在"、表达"上帝"以及人类与神的相互关系的所有词汇，应以类比的方式进行使用。也就是说，所有关于超自然事物的表述都借鉴于我们讨论这类事物时在字面上应用的词汇。因此，从我们表述超自然事物的语言中可类比构建的东西受限于三个实证资源：(i) 自然物体和过程(以肯尼斯·伯克的话来说是"自然的横扫一切之力")，包括结构的一致性和对称性；(ii) 社会政治秩序，那就是

---

① 肯尼斯·博克(1970,258)。这里肯尼斯·博克指的认识过程是人类思维和记忆中独特的循环性。如迈克尔·科尔巴里斯(Corballis)(2011,180)指出，"因此循环的优先意义可能不在于语言自身，而是在于指导语言并给语言提供了许多内容的人类思维的本质"。

② 肯尼斯·博克(1969,43)表明了信仰可能通过象征性行为影响超感知王国的类似观点，比如巫术或占卜仪式："巫术因此是'原始的修辞'，它扎根于语言自身的基本功能，这一功能是完全现实性的，也是全新产生的；将语言用作一种象征手段以引导本质上与符号对应的各类事物进行合作。"

"官僚的高贵和庄严,以及家族的紧密性";(iii) 词汇,包括元语言词汇,或有关文字的文字,以及一般性的象征符号:[1]

> 根据定义"上帝"高于任何符号系统,因此我们必须像神学一样,开始注意到语言在本质上不适合讨论字面上意义为"超自然的"事物。因为语言在经验意义上受限于表示其物理属性的词汇、表示社会政治关系的词汇,以及描述语言自身的词汇。因此,所有表示"上帝"的词汇一定是在类比的意义上进行使用——当我们谈论上帝"有力的翅膀"(一个物理比喻),或将上帝成为"主"或"父"(一种社会政治比喻)或将上帝视为一个"词语"(一个语言学比喻)。将上帝视为一个"人"的观念是通过类比、起源于目前人类身体所具有的物理特征,以及目前人类所具有的社会政治身份,以及目前个性这一概念所具有的、类似"花"在人类(语言、艺术、哲学、科学、伦理、实用)方面的符号性应用、表示某种"原因"的语言学特征。[2]

虽然肯尼斯·伯克主要关注的是西方宗教传统,但中国古代的神学词汇以差不多同样的方式呈现出其使用的类别。只需回忆一下商代对"上帝"的使用,他"令""诺""降""授"并"臣";而周的天"命/令""罚""显现""威""坚""陟降""保乂""闻",有"元子";等等。因此在商周时期的中国我们也能找到许多典型地来自社会政治和语言学领域的类比。[3]

---

[1] 肯尼斯·博克(1970,37)。

[2] 肯尼斯·博克(1970,15)。

[3] 谈到前苏格拉底时代的希腊人,艾瑞克·亥乌络克(Eric Havelock)(1987,43—44)的论述几乎相同:"不断地,在这些简短的宇宙图景中,一个运动和不断变化的世界简化为一个权威主导下的政治秩序……通过一个宇宙规划的实施,他们将人类思维融入宇宙秩序之中,就像黑格尔哲学所做的那样。只有巴门尼德(Parmenide),才明白思维存在于人类思想过程之中这一真理。"也可见迈克尔·科尔巴里斯(Corballis)(2011,137)。

世俗和永恒国度之间的区分,用类比性的语言,可比作"一个句子经由其各组成部分的修饰性所作的演变与这个句子基本的、没有修饰性要素或含义之间的区别"①。因此,正如产生于语言叙述性结构的含义能超越或以某种程度在逻辑上优先于词汇自身的排列组合,古代中国人以一种特殊的方式应用语言描绘上帝时无意识地"发现"了这一超自然国度的逻辑优先权。肯尼斯·伯克举出了另一个经典的例子:

> 当考虑语言的实际应用和语法句法理论著作之间的联系时我们能更清晰地了解这一点。一般情况下,人们在语法句法规则明显形成很久以前就在学习语言。这些规则在语言系统的发展中"发现"得相对较晚,有时根本就没有。然而有种感觉它们从一开始"就存在",暗含于既定的符号系统中。在这一意义上,为了"发现"它们而在开始要求有这些"形式"以前就去制定以前可能就知道的规则。②

类似地,据彼得·贝格尔(Peter Berger):

> 只要在社会中确定的法则获得了理所当然的性质,其意义与被认为是内在于宇宙中的基本意义之相互融合就会发生。法则与宇宙和谐似乎总是同时共存的。在古代社会中,法则作为微观世界的反映而出现,人的世界是内在于宇宙自

---

① 肯尼斯·博克(1970,3)。现在回忆一下坦拜雅(Stanley J. Tambiah)(1990,85)[引自列维-布留尔(Lévy-Bruhl)]的论述,"'未开化的人'不能区分与超自然相对的自然领域,比起信仰'超自然的存在','超感知的'力量或力能更好地描绘他对某种存在的观点"。

② 坦拜雅(1990,238)。可以差不多相同的方式来思考文字的发现。文字是一个有待发现的宇宙秘密。这解释了书写文字神圣或具有魔力的性质,即汪德迈(Léon Vandermeersch)对魔幻数字(chiffres magiques)的形容。见后文肯尼斯·博克对"语言创造(genius of the verbal)"的论述。

身的意义的表现。……无论在历史上采取什么形式,人造秩 224
序的倾向都是要投射进宇宙自身中。①

伯克说,语言的类比应用存在一个悖论,它来自于这一事实,
即一旦一个产生于日常经验的神学术语被用于表达有关超感知
的观点,这一顺序可被逆转而且同样的术语能被回借或"再次世
俗化"。但是在这一过程中,这些词汇不可避免地承载了额外的
来自于它们超感知内涵的含义:"因此它们以一种非常类似的方
式'在技术上优先于'柏拉图的观点,即'原型'已经存在于以理想
中的'完美'模糊地进行'回忆'的'记忆'中。"②

上文中我们见到许多嫁接到人类意识上、描述神圣活动的商
周用语,这种语言中有许多暗示性地将类似人类的动机赋予天或
上帝。这些用语可以轻易地增加类似"生气""德行""温和""愉
悦"等性质。当这种用法与个性理解相联系时,肯尼斯·伯克进
一步证明了它的后果:

> 个性,作为一种实证概念,由分布在三种经验性秩序(自
> 然词汇,社会政治词汇,语言学词汇)中的成分构成。而且个
> 性一词,通过这种源自经验的类比用法,延伸至神……在这
> 一阶段一个神学的逻辑论证在战略上逆转了它的方向。那
> 就是,在这里创造出个性,而现在到处都是这种类比性延伸
> 的创造……经验化的个性可被视为在精神上共享了超自然
> 的个性……[超自然]因此被视为在本质上"先于"其他三种

---

① 中文译文出自高师宁译,何光沪校对,彼得·贝格尔著:《神圣的帷幕——宗教社
　会学理论之要素》,上海:上海人民出版社,1991年,第32页。——译者注。彼得·
　贝格尔(Berger)(1990,24)。也可见盖伊·埃德温·斯旺森(Swanson)(1964,27)
　对超感知起源的讨论。
② 肯尼斯·博克(1970,238)。

秩序,并成为它们的"基础"……用于超自然的词汇,其自身来源于经验领域的类比,现在能回借并再次利用于——以类比类比的方式——经验领域,现在这里产生的人类个性在"源头"意义上来自于一个超验的超个性。[1]

在中国这一过程通过几个阶段进行发展,并在战国晚期人性本质上由上天"赋予"这一儒家观念中达到顶点,通过这一观念的形成,儒家已然证实了人性源自上天的个性。比如,《中庸》有著名的"天命之谓性"。在同样的意义上,彼得·贝格尔(Peter Berger)指出了中国的一种典型性转化,即先天的宏观/微观宇宙秩序将社会秩序合法化,这是古代社会典型的作法,而不仅仅是一种神话世界观:"例如在中国,甚至极富理性的、实际起着世俗化作用的'道'(指事物的"正常秩序"或"正确道路")的概念的非神话形式,也认可了把制度结构视为宇宙秩序反映的延续下来的概念。"[2]

在特别相关的早期阶段神最固定的活动之一是"令"或"命",这是明显来自于社会政治领域的最早和最重要的用法。[3] 因为这两个字形不易区分的字来自于统治权在人类社会政治领域的实践经验,所以自它们最早用于商甲骨文中起,便具有"统治者""阶级""权威"和"服从",甚而"制裁""契约"等含义。因此,在占

---

[1] 肯尼斯·博克(1970,36)。

[2] 中文译文出自高师宁译,何光沪校对,彼得·贝格尔著:《神圣的帷幕——宗教社会学理论之要素》,上海:上海人民出版社,1991年,第43页。——译者注。彼得·贝格尔(1990,35)。迈克尔·科尔巴里斯(Michael C. Corballis)(2011,137),引用罗宾·邓巴(Robin Dunbar),认为"通过心理学理论[即具有多种目的性秩序的循环心理]人们得以了解上帝本来的面目。有关上帝和蔼、监督我们、实施惩罚、如果我们有一定的德行允许我们进入天堂的观念,依赖于理解其他存在——即假设的超自然存在——具有像人类一样的思考和情感能力"。

[3] 史嘉柏(Schaberg)(2005,23—48)。

卜中,除了用于表示君主用语言向臣属发布的命令外,"令"还用于表示上帝与自然现象,以及上帝与他的"臣正"之间的类似关系。非常没有必要地的是周代观念中的天,据说发布非语言的"命"/"令",不仅仅是对自然事物还对人类——也就是说,对朝代的统治者——就像对夏和商的君主一样也在周的历史叙述中对君主发布命令。然而,与商一样,这种非语言"命令"的特殊媒介是通过自然界的特殊现象,无论是不可预测的还是常规的。① 这里值得提醒本章开头的警句:"天之命文王,非哼哼然有声音也……"②

因此,在商周,我们将反映君主统治和阶级秩序的社会政治模式投射到超感知领域。而且,如伯克指出,在战略上通过含义模糊不清,"秩序"一词得以在一般的自然领域和人类社会政治组织的专门领域中使用。通过这一过程,有关自然秩序的观念注入了对社会政治秩序的描述中,这一过程暗示着现象本质上在某种意义上是神的意愿的显现。事物不会没来由地发生。如肯尼 ²²⁶ 斯·伯克合情合理地指出:"虽然绝对'运动'的概念是非伦理的,但'动作'具有伦理性——人类的个性……'事物'能移动或被移动。'人'根据定义能'行动'。"③正是自然现象在某种程度上是神圣秩序的展现这种观点也使这种现象具有了伦理性。如葛兰言(Marcel Granet)敏锐地指出中国人对比喻和寓言的使用:

> 田园景象的运用并不仅仅是简单地表达观念,或使之更

---

① 很久以后,在公元前 4 世纪的"楚帛"中,出现了上帝直接训诫民众的例子,这是目前我所知道的唯一的这类实例。李零(1985,31ff.)。

②《尚书大传》4.5b。艾兰(2009)认为周的至高神"天"为天上的一种她没有确认的物理现象,这似乎混淆了代理人和代理的不同。

③ 伯克(1970,41,187)

能吸引人们的注意,其自身就具有道德价值。这在某些主题上极为明显。例如,鸟儿比翼双飞的景象,其本身就是对忠诚的告诫。那么,如果借助自然界的比喻("比")来表达情感的话,其原因与其说因为人们感知到自然之美,还不如说因为顺应自然是合乎道德的这一事实。①

葛瑞汉也以这种方式描绘了事实和价值在中国关联性思想中的综合:"旧式理解的宇宙也有一个后伽利略科学未曾诉求的优势;生活于其中的人们不仅知道什么是,而且还知道什么应该。"②

天　命

一旦类比经验性的神权阶级,将至高神视为"命令者",必须为这种神学的逻辑论证做好逆转方向的准备,并在这一方向上得出这种结论,即人类经验所知的、这个"命令者"在其中起重要作用的社会政治领域,事实上也受到神的眷顾。也就是说,这一"命令"模式及其所有的社会政治内容,像神在自然领域的展现诸如雨雷一类,或行星现象一样,几乎被视为神的意愿在经验领域的显现。而且,伯克说道:"从纯实证的观点来看,纯粹的自然秩序包含一个只属于社会政治秩序的语言元素或规则。在实证经验上,星象-物理运动的自然秩序不依赖于语言的规则性而存在。

---

① 葛兰言(1932,50)。中文译文出自赵丙祥、张宏明译:《古代中国的节庆与歌谣》,桂林:广西师范大学出版社,2005 年,第 38 页。——译者注
② 葛瑞汉(1989a,350)。中文译文出自张海晏译:《论道者:中国古代哲学论辩》,北京:中国社会科学出版社出版,2003 年,第 402 页。——译者注

但在神学上,它却依赖。"①世俗的商君主所发布的语言"命令"因此具有了一种隐秘的"神"的属性或认可,它们的合法性来自于它们"先天的"超感知力量。相反,通过构造出发布"命令"的上帝,古代中国人"偶然发现了一个如今充满语言和社会政治规则的自然秩序"②。

227

这一过程对理解天命概念的发展具有重要的作用。因为如果上帝果真在最早的商代记录中表现得相当超然,更不用说以世俗和超自然领域之间模糊不清的联系为基础的逻辑转化那时已经出现在商代的神学中。③ 就像早期的犹太基督教传统,商:

> 当以"现实"来谈论纯粹的自然物体或过程时,这一标准性的应用在语言性行为和非语言性动作的区分之间架起了桥梁。这里······我们能意识到将自然视为上帝行为的标志这一神学观点的痕迹——因此,通过另一条路线,我们看到将自然秩序的规则与社会政治秩序中语言契约或法令条款内在契约的规则进行融合的神学路径······如果,通过"秩序",我们想到了命令,那么对应这一词汇的明显就是"服从"。④

比起用异常的五星会聚与珪宫这些象征来标志合法统治权的授予,还有更好地表示这种不同秩序融合的方式吗? 因此,这类交流的历史记录,当转化成语言学领域诸如给朝代建立者以启示的

---

① 伯克(1970,185)。
② 伯克(1970,185)。
③ 随历史环境变化的合法化发展的延续性("解释和论证社会秩序、在社会中客观化的知识"),从前理论到理论化,见贝格尔(Berger)(1990,29,31—32)。
④ 伯克(1970,186)。

"书"或"图"时，像《尚书》中的"天象"，始于天文观测并非偶然。[1]

周早期仪式中的修辞实例：何尊，天亡簋以及天室

何尊[a]

何尊铸造于西周（公元前 1042—前 1021 年）第二位君主成王在位时期，是罕见的周代早期刻有铭文的青铜器皿之一。这件瑰丽的尊首先于 1965 年发掘于陕西的宝鸡附近地区，但是直到 1975 年这件器皿在进行清理和去腐时才发现它的重要铭文。不久后，中国最杰出的历史学家和古文字学家就出版了分析这件长达 122 个字的铭文并讨论它历史意义的研究。何尊纪念了在一次庄严的祭祀君主祖先的封祭祀之后举行的仪式性盛典。铭文记录了成王对器皿的制造者和出席盛典的王室宗亲成员何的训诫勉励的文告，号召他要像他的父亲一样坚定地支持君主。这位制造者何因此记录了成王在盛典中赏赐给他的贝三十朋，并用此作尊。

除了该器皿本身铸造工艺上的意义，何尊伟大的历史重要性在于铭文确证了像《尚书·召告》《逸周书·度邑解》等其他早期文献中有关公元前 1046 年推翻商朝后不久在洛河北岸建立洛都的叙述。首先，铭文包含了最早的一条有关朝代建立者文王（公元前 1099—前 1050 年）受天命的资料以及在"天室"举行的仪式。其次，何尊证实了在前商领地的中心建立行政中心是成王的父亲武王的明确意愿，后者在克商仅两年后死去。再次，它证实了成王在位第五年（1038 年）开始营造新都，从而第一次用"成周"纪年。

虽然由于腐蚀导致铭文模糊不清，从上下文和修辞以及物理检验中可以恢复铭文第二列中"受兹"之后有"大令"二字。成王五年建造洛都现在由何尊证实了，因此《尚书大传》中叙述的成王六年"制礼乐"和七年执政是完

---

[1] 我们从上文中看到，早期各朝代历史中的"天文志"明确地将《河图》视为记录天体相关昭示的文献。叙述以《河图》或《洛书》形式进行传播的隐秘知识，见《汉书》27.1315。上文我们引用了桓谭《新论》中的一个例子。讨论这些昭示"文献"在战国时期的军事应用，"模仿展示宇宙奥秘的天文"，见陆威仪（1990，尤其是 98ff. 与 137—163）。陆威仪提出这一宇宙的"文本化"产生于战国时代。基于目前已有的证据，陆威仪认为宇宙统治（其中君主统治的合法性来源于它"解读"天象的能力）的观念产生于战国不太可靠。

全可能的。因此,成王在位前几年的顺序与周公的摄政一致。成王对何以及其他支持他的宗亲年轻成员的训诫勉励,发生在镇压一次叛乱后不久,此时成王的势力已经占据优势,希望收回王权的全部权力,这一训诫与历史情境相符。除了下列论述,很难更好地证明命令所用的语言——服从,从上天到周代君主们再到他们的臣属: *229*

> 唯王初雝,宅于成周。复禀王礼福自天。在四月丙戌,王诰宗小子于京室,曰:昔在尔考公氏,克逑文王,肆文王受兹命。唯武王既克大邑商,则廷告于天,曰:'余其宅兹中国,自兹乂民。呜呼! 尔有虽小子无识,视于公氏,有勋于天,彻命。敬享哉! 唯王恭德裕天,训我不敏。王咸诰。何赐贝卅朋,用作庚公宝尊彝。唯王五祀。[b]

天亡簋[c]

天亡簋(即大丰簋)在道光年间(1821—1855 年)发现于岐山,即位于陕西的周故土。学者们一致认为这一器皿出自武王在位末期周克商(公元前 1046 年)后不久。对天亡簋及其著名的 77 字铭文进行了彻底的研究,现在它成为西周早期青铜器的"标准器型",除非常重要地叙述了一个举行三天的、最高规格的国家祭祀外,天亡簋铭文也最早系统地运用韵文、对创作和韵律展示出密切的关注。后面分开展示的原文①是为了突出文句中的韵律,而不是仅仅重复原文中的八列文字(末尾的韵脚用粗体显示)。部分语法句法有点不明晰,一个多世纪以后,一些字仍然不能解读。幸运的是,最重要的内容是可以理解的。这篇铭文关注了一系列由君主主持的大型国家典礼,首先是第一天在天室举行的大封祭祀(该祭祀也出现在何尊和作册麦方尊中)[d],随后第二天举行祭祀武王父亲文王以及上帝的衣祭。第三天君主主办享用祭祀肉和酒饮的盛大飨宴。与麦方尊中描绘更具体的丰祀进行比较,显示出天室与其辟雍、灵台一起,成为明堂礼仪建筑的一部分,灵台举行重要的上帝和祖先祭祀。这件器皿的制造 *230*

---

① 原文是英文翻译。——译者注

者天亡,在这些祭祀中居于领导地位,受赐丰厚,因此显然他一定是君主近旁的突出人物。很可能就是太公望(即吕尚),协助建立周朝的原商代高级封臣,在克商战役中为武王提供了许多重要的战略和政治建议,受赐于他原来的封地、山东境内的齐国。该论证得到了这一事实的支持,像此处提及的衣祀也出现在商代王室的祭祀中,当然是对上帝的祭祀。

[乙]亥王又(有)大丰(礼),王凡[汎]三[四?]方,王祀于天室,降。

天亡佑王衣[殷]祀于王丕显考文王,事喜[饎]上帝,文王监在上。

丕显王作省[德],丕肆王作庚。丕克乞衣[殷]王祀。

丁丑,王乡飨大宜,王降。

亡勋[嘉?]爵退囊。"唯朕有蔑,每敏扬王休于尊簋。"[e]

[a]《集成》4.6014;唐兰(1976);张政烺(1976);马承源(1976);伊藤道治(1978);白川静(1964-84,Vol.48,171-84);杨宽(1983);马承源(1989,20-2);许倬云和林嘉琳(1988,96-9);陈公柔(2005);朱凤瀚(2006);高思曼和毕鹗(2011,148)。

[b] 英文据授权翻译,周莹。

[c]《集成》3.4261:77-0-195;陈梦家(1955,137-75);孙作云(1958);唐兰(1958,69);黄盛璋(1960);于省吾(1960);殷涤非(1960);马承源(1989,23);许倬云和林嘉琳(1988,99-100);林沄(1986);郭沫若(1999,Vol.3,1a-2b);白川静(1962-84,Vol.1,1-38);孙稚雏(1980);唐兰(1986);白川静(2000,1-26);周锡镆(2002);高思曼和毕鹗(2011,146)。

[d]《集成》4.6014:164-196-67。

[e]英文据授权翻译,赵璐。

上帝在最早的甲骨文中被描绘成仍位于超自然阶层中的首脑位置,拥有如吉德炜所述的"建设或颠覆一个朝代"的权力。上帝在那时是一种古老的力量,仍然具有威严,明显只能通过祖先的中介才能接近神灵,以尊崇上帝和减少自然神灵为代价,随着朝代命运的起落,逝去祖先的地位迅速被提高。但是,作为神话

谱系中世系朝代及其社会政治组织的终极宇宙源泉，其优先权毫
无疑问原本源于上帝的力量和影响。① 我将上帝和天从本质上
描绘为天神，这与商没有至高神以及甲骨文中的帝泛指王室"祖
先"这些论断相矛盾。② 在我看来，商代晚期的甲骨文，鉴于它们
显著地集中于祭仪，不应该认为它们足以让我们了解商代宗教思
想的全部内容。③

　　从上面的讨论中，我们可以得出有关星占学的早期历史及它
与政治发展之联系的几个结论。如伊利亚德指出，天象被理解为
"天神不断显灵的标志性时刻"以及典型地涉及"统治""权力""规
则"这类概念之相关现象的神话的戏剧化。肯尼思·伯克对宗教
修辞的分析也显示出超感知领域通过与人类社会政治经验的类
比而被概念化，以及一旦这样被创造出来，它就被理解为有关那
类经验的真理的最终源泉。鉴于商代早期就有了上帝的概念，一
个高高在上的神灵从位于天空中心的住处控制自然、大气现象、
一个次级的超感知实体阶层（从而控制人类命运）运行的各种过
程，那么这个神也被认为对天体运动及其有关的现象负责任。

　　我的总体观点与彼得·贝格尔的观察一致：

　　　　也许，这种合理化的最古老的形式，是把制度秩序视为
　　直接反映或表现了宇宙的神圣结构，也就是把社会和宇宙之

---

① 奇怪的是，商代资料中没有任何向上帝祭祀的明显证据。最后一个商代君主帝辛
　二年的二祀邲其卣，是被引用的（如艾兰 2009，15）唯一一个向上帝祭献的例子，但
　这可能是一个误读。该青铜器记载了祭祀太乙的配偶妣丙的肜祭。除了"正月"
　外没有其他的日期。然而，"帝"一词在这一时期已普遍用于指称王室祖先。甲日
　先于对祖先太乙及祖妣丙进行祭祀的乙和丙日，因此更有可能这里的"上帝"是商
　甲（或祖先序列中大乙）的代称，对他的祭祀可能在甲或乙日举行。
② 伊若白（Eno）（1990，1—26）。
③ 对商代祖先祭祀扩张相关历史进程的讨论，见吉德炜（1982，294ff.）。

间的关系视为微观世界与宏观世界之间的关系这一概念。①

相关的联系在周代的例子上更清楚,周代明显地将最高权威和优先权归于命。而且,他们更广泛的思想论述明晰地指向约一千多年前的夏代先例。与周一起,天活动的范围,像宇宙统治者自身一样,以类似其他地方"复活过去成为待职神的古代至高天神"②的宗教复原方式通过牺牲祖先祭祀进行扩展,但是上帝的个性观念明显基本上没有变化。比起商代专注于对王室祖先的祭祀,由于周强调上天权威的普遍性,周解决这一有意义问题的方式比商晚期思想中偶然、片段化的方式阐述得更普遍、更易理解。自然秩序下的过程和现象,从伟大的季节性节奏到偶然的不可预测性异常,从根本上都被视为上天意愿的体现。通过赋予上天拟人化的个性并积极地复兴自然现象是上天活动的索引这一概念,很可能属于不同文化的周,用一种伦理性重塑了自然。对这一伦理方面的碰触最强烈地指向了周早期的文献和铭文,但是它根本上早于周代。

234

上帝的行星臣属

现在似乎清楚,公元前 20 世纪的古代中国人已经从五星的常规运行,以及彗星、流星、极光这类偶发天象和更常见的大气现象中识别出异常现象。在恒星背景下各自运行的这五个明亮星

---

① 中文译文出自高师宁译,何光沪校对,彼得·贝格尔著:《神圣的帷幕——宗教社会学理论之要素》,上海:上海人民出版社,1991 年,第 42 页。——译者注。贝格尔(1990,34)。李约瑟(李约瑟和王铃 1959,171)将它称为"统一的感觉,甚至是宇宙的'一致伦理'"。
② 伊利亚德(1958,75)。

体,当它们沿着黄道在不同季节出现的星座间漫步时,一经发现一定引起了注意。偶尔它们短暂地三两聚集在一起,四星聚集更少,而五星会聚尤其罕见。鉴于与人类的社会政治经验进行类比而形成的超自然领域概念,一点儿也不奇怪其行为的相对自由会被比作君主代理人的自由,这些代理人被派遣到遥远的地区负责君主的事务,偶尔因某些政策被召集在一起。因此,因为时间和光强大的仲裁者——太阳和月亮在甲骨文中被认为值得上帝特殊对待,而更次一级的风和雨听从上帝的直接命令,有可能上帝的"五臣正"专门指五星,其行为和功能赋予它们在超自然等级中位列高位。

陈梦家认为,甲骨文中隶属上帝的五臣正就是后来《左传》(昭公十七年)中的五公臣,是掌管天之时节的官员(掌天时者)。在其他地方(《左传》昭公二十九年),他们成为掌管五种有用物质即五行之前身的宇宙官员。[①]《天官书》中,司马迁明确了天之五臣的上天属性:"此五星者,天之五佐,为纬。"[②]汉代将五星与相应的神相联系的图像中,每一个星神都描绘成握有一种或某种建筑工具。从这一点梅杰得出结论,"这或许也暗示着当星神以多种多样的形式出现时,它们便是尘世中的建筑师"[③]。考虑到历史上对特殊的五星会聚的反应,似乎五星神的"特意聚集"被当作超自然领域最高层干预人间事务的标志性重大变革。在当时的星占学中,与特定世俗政权相联系的特定天区(如大火对应商,朱雀对应周)中这些有意行为的发生,应赋予超凡的力量给那些指令,它们是上帝发出的。特别是在周克商的例子中,这一解释的

235

---

① 陈梦家(1956,572)。

② 《史记》,27.1350。

③ 梅杰(1993,27;1978,12)。

准确性被周领导者在公元前 1046 年初决定性的牧野之战发生前
十三年这一短暂的时期中作出的军事和政治行动分析所加强。
这进一步被周初君主频繁进行《尚书》中记载的"顾天畏"所强调。

尚不清楚是否全部五星在这一早期已经与周晚期成熟系统
中所有的五行、五色以及其他对应物联系起来。但是公元前第二
千纪中这三次五星会聚依次显著地与一定颜色、五行精确地对应
起来,有可能认识到这也是一种天命预兆的开始。迄今为止,因
果关系的代理人仍然是至高神,而不是公元前 3 世纪邹衍发展出
的五德循环论中一个假设的宇宙命令。但是像社会政治秩序的
基本原则和天命概念自身,邹衍历史进程理论的基础似乎是实证
性的,而后世的五行理论其说服力在很大程度上来源于与可追溯
至青铜器时代早期的大众信仰和社会秩序的宗教合法性的一致。

商周对比

特别是除了有关上帝的语言学新词汇出现在周早期(天,天
命,天微,天畏,等等)外,有关上帝与人类之间关系的看法明确地
在一个确定一致的政治理念意义上形成。周早期的历史在于研
究前例、检验有关过去的世系、宇宙巫术和事实性知识混杂在一
起的复杂混合物,期望从中能学到教训:"厥监惟不远,在彼夏
王。"①大量的考古和天文考古学资料要求我们用新的视角去检
验三代历史的"镜鉴",特别是那些周早期思想家提出的观念的历
史。从周代创立者越过商代的建立直接回溯至夏代早期以寻求
先例,以及对这一种历史叙述的确认中已经收获了一个未曾期待

236

---

① 出自周文王对其追随者的训诫,《尚书·泰誓》。涂经怡(Tu,Ching-i)(2000,168)。

的方向——天空中实际发生的天象——现在已明确历史变化与上天昭示相联系这一关联性想法在本质上应该有一个至少是很长的历史，即使以这些观点为基础的理论构建在很久以后才第一次出现。

相信上天干预的存在随着每一次五星会聚现象的发生有力地加强了我所指出的内容。当然，从周的角度来看，预示天命授予以及成功颠覆商代的五星会聚征兆的第三次历史性出现，为他们在最早的宣言中提出的天命学说的最终成型提供了绰绰有余的证据。[1] 哲学和心理学支持这一解释。例如，克劳斯·穆勒（Klaus E. Müller）写道：

> 如果几个事件在序列上具有联系，形成一种关系链，其每一次关联不断地巩固其他关联；这种影响产生于一个连续的、用规则控制的系列中，具有"明显的连续性"。这一序列越久远，其联系越紧密，其主要关联的位置越巩固——未间断的连续性具有合法功效。这一功效随着第一次关联的作用增强，这第一次关联奠定了这一序列的基础，同时给予该序列合法性得以建立的"因果助力"。神圣的祖先，宗谱中的重要人物，重要机构的创立英雄，传说中的城市建造者，宗教创始人和"先驱"都代表着这一序列。[2]

周被认为是最迫切于发展出综合的合法系统以解释历史发

---

① 8个世纪以后，汉代出现的第四次五星会聚作为天命授予的标志已经成为一种必要条件。见下文第九章。

② 穆勒（Müller）（2002，46）。大卫·休谟（David Hume）将这一序列称为"概念结合的普遍规则"。弗雷泽爵士（Sir James George Frazer）第一个"指出此处涉及巫术的两个基本原则——他指出——'相似性法则'和'接触法则'。专门研究接触法则、从而能给出其实验有效性最明确证据的心理学家，将其描述为'一个重要的并具有深刻基础的思想特征'，其产生了'明显的依赖'"（同上，45）。

237 展,因为由于颠覆商代政权,他们也破坏了他们早先宣誓效忠、存在已久的宇宙政治秩序的基础。事实上,他们甚至延续了商代的某些仪式。如果战国和汉代对周公一类周朝建国者的描绘存在时代错误,那就是把他们描绘成自觉地关注意识的不同。另一方面,将天命概念阐述为政治宗教合法化的形式,符合历史语境。如彼得·贝格尔指出,宗教的根源在于日常生活的实际事务中,这意味着:

> 如果把宗教合理化论证设想为理论家的成果,它们是在事后被用于特定的各种活动的,那么,宗教合理化论证,或者至少是大多数宗教合理化论证就丧失了意义。对合理化的需求是在活动过程中出现的。更主要的是,这种需求在理论家的意识出现之前,就已经存在于活动者的意识中了……简言之,在历史上,大多数人都感到了对宗教合理化的需要——但只有极少数人关心宗教"观念"的发展。①

商代占卜所具有的基本精神命题与天命学说集中体现的早期意识形态之间特殊性和偶然性路径的对比非常突出。即便存在许多宇宙-政治连续体,对周早期资料的研究表明在某种层面上已经跨越了一个重要的概念分水岭。随着周代宗教改革和统一政权的出现,随着时间的流逝已经出现了明显的进展,几个世纪以后这一进程仍在进行,当无处不在、睿智而且默默承受的天神以一种形而上的形式焕然一新,同时这位神成为自然秩序和道德法则的显圣……神圣的"人"便让位于"观念";宗教体验……便

---

① 中文译文出自高师宁译,何光沪校对,彼得·贝格尔著:《神圣的帷幕——宗教社会学理论之要素》,上海:上海人民出版社,1991年,第50、51页。——译者注。贝格尔(1990,41)。

让位于理论或哲学。①

我对商末和周初宗教倾向之间突出对比的描述附和了克利福德·格尔兹(Clifford Geertz)(与马克斯·韦伯一致)对"传统的"和"理性化的"宗教的不同的详细分析,后者形成了"轴心时代"中更完整的表达:

> 传统宗教包括一大批非常具体地定义的,仅仅是松散地组织起来的宗教实体,零乱地汇集了一些烦琐的仪式及泛灵论的生动形象,它们使自己能够以独立的、部分的和即时的方式卷入任何一种实际事件中去。这种体系……满足了长期的宗教关注,就是韦伯所说的"意义问题"——邪恶、受苦、沮丧、迷惘等等零碎的东西。它们在意义问题出现时——每次死亡、每次歉收、每次自然与社会的不幸事件——从神话与巫术的武器库中选择的这一种或那一种武器,依据适当的象征,寻找机会解决它们……正如传统宗教对基本精神命题所采用的处理办法是各自分离、没有规律的,它们的特征形式也是分离的、没有规律的。另一方面,理性化的宗教就更为抽象,在逻辑上更为紧凑,在词语上更具普遍性。在传统宗教中表述得含糊而又零碎的意义问题,在这里得到了包容性的表述并唤起人们统摄性的态度。它们在概念上变为已经具有关于人类生存的普遍的、内在的品质,而不是被视为这样的或是那样的特殊事件的不可分离的方面……当然狭义的、具体的问题仍然存在;但是它们被归入更广泛的问题中,因而它们带来了更让人不安的暗示。而且,随着在严格与普遍形式中的广泛的问题提出来,就需要以同样彻底、普

238

---

① 伊利亚德(1958,110)。

遍及结论性的方式来回答它们。①

汉代的追溯性解释

西汉,董仲舒(公元前约 179—前约 104 年)在邹衍之后,将商周更替描述为一个从对"质"的关注转向对"文"的强调的二元循环。与董仲舒一致,司马迁明显认识到商代的一个精神衰退,即"敬畏"天和自然的传统态度逐渐消失,转向对祖先神灵的信仰。对于巩固王权的神圣认可,其关键性的转变在于不再强调以亲疏性法则——即王室成员资格——为基础的合法性,而是转为强调以模仿秩序与和谐之典范"天"为前提的合法性,一种有关超自然和世俗领域之间和谐一致的原始、比喻性观念所激发的精神气质。结构主义可能将这种转变视为意识形态从"联系性转喻轴向"向"相似性隐喻轴向"的回归。② 选择用"文"来表示天命概念体现的宇宙论范式,以及它必须"强烈地重申至高神超凡的权力"非常合适。当然,含蓄地,这一范式同样适用于周明确地将自身归属于夏的时代思潮中。③

239

----

① 中文译文出自韩莉译:《文化的解释》(江苏:译林出版社,1999 年),第 207,208 页。——译者注。英文原文为克利福德·格尔兹(Geertz)(1973,172)。我发现对这一区别的描述特别适合商周宗教的对比案例中,然而这并不应该视作对韦伯的中国宗教阐释毫无保留的支持,尤其是它潜在的欧洲中心主义。约翰·霍布森(Hobson)(2008,14—19)。

② 用结构主义分析中国古代各种相互联系思想的深刻见解,见葛瑞汉(Graham)(1989a,315)。葛瑞汉的解释承袭弗雷泽(Frazer)、陶克尔德·雅克布森(Jacobson)和列维·斯特劳斯(Lévi-Strauss)的传统。

③ 史华慈(Schwartz)(1985,38)。尤其注意史华慈在上文中选择应用了"重申"一词。也可见他关于周兴起后再次强调正确举行仪式的评论(同上,48ff.),特别是"《礼记》显著地认识到……商民族将神灵放在首位,其次才是仪式,而周民族将仪式放在首位其次才是神灵"。

　　与之形成对比,甲骨文所提供的进入商代世界的窗口明显偏离商晚期占卜体系的关注点。非常显著的是,商朝最后几十年绝大部分专注于祖先祭祀常规礼仪的巫术-宗教实践中,宇宙学和星占学只占少量地位,而自然力量最终无立足之地。对于司马迁所说的在"敬畏"向"迷信"退化之前、成汤建立商朝后的两个世纪,我们只有少量的信息,但是在朝代建立的兴盛年代很久以后、从占卜的制度化和常规化过程中可知,对整个超感知领域的关注越来越少,似乎它们越来越不重要。吉德炜描述了商代通过将这一方式常规化而改变了信仰:"我认为,这些后世的甲骨文记录了魔力和愿望的耳语,这是一个持续不断的官方行为,它们形成了一个对商朝最后两位君主的日常生活进行祈祷的日常背景,这两位君主当时也许更多地与他们自己而不是与超人类的力量进行对话。"①当然,对上帝的崇拜(不是指季节性的历法)似乎被最后一个世纪以及商代大部分时间的王室祖先祭祀所冲淡。②

　　这里呈现出整个古代的宇宙-政治概念有一个基本连续性,这一观点暗示着,无论与后世的传统还有其他哪些共同的联系——对祖先的敬畏以及对至高神的祭祀——商晚期可能代表了在某些重要方面的一次具有重大意义的分离,这不仅仅是因为甲骨文集中记载了祭祀,而且明显是由于"王权的过分强调"。我想到周初不断重申要平衡各类信仰领域,没有在仪式或宗教体系中将祖先信仰置于至高神之上。芮沃寿用如下方式简洁地表达了这一世界观:

　　　　这一切的基础是一种原始的有机主义:它相信神灵和人

---

① 吉德炜(1988,382)。
② 见吉德炜(1998,811),他对商代仪礼周期的注释如此有条理以至于可代替世俗记载中的历法。

类的世界是相互联系的,要求人类必须尊重神灵掌管的自然

力量和自然物……祖先,尤其是伟大世系的那些祖先,在后

代担任至高神代理人的各种事务中继续发挥重要作用。因

此,神灵、人类和自然,生和死——所有可见的一切在一个无

缝的网络中相互影响。①

(在各民族中)周民族在文化上与商存在重要方面的区别,这
不仅体现在他们崇拜一个不同的至高神"天"而商崇拜"帝",而且
由于他们的祖先后姬奇迹般的出生的不同神话,更在于四个方位
不同的次序。② 毫不奇怪,他们没有继承商君主对其王室祖先权
力的乐观和信心。周君主将夏代君主与他们的"德"统一起来,无
论其政体的结构形式如何(名义上也与"有德行的"商开国君主成
汤一致)。他们孜孜不倦地宣称代表天并非仅是一种虔诚的姿
态,他们的辩解也不是一种掩饰性的装模作样。他们把自身视为
恢复天的声望的使者,因此对将天命传给后代的急切关注充斥在
周初铭文和传世文献的修辞中:据称"天命不易,天难谌"③。

吉德炜认为商末"警惕对自信的平衡、消极疑虑对积极行动
需求的平衡、宗教反馈对世俗活动的平衡、新石器时代的悲观情
绪对青铜器时代积极主义的平衡……向积极主义、自信和人类的
控制进行转变"④。如果的确如此,周代建国者为回应僭越统治
权的社会、精神和文化压力而进行的宗教和思想改革可能被视为
他们的创造是对新石器时代悲观主义的回归。然而他们全面、总
结性的宇宙-政治规划标志着与商代占卜式宗教对重要问题采取

① 芮沃寿(Wright)(1977,41)。
② 黄铭崇(1996,172,478)。
③ 陈荣捷(1963,7)。
④ 吉德炜(1988,388)。

的投机、碎片化的路径的重大分离。为竭力效仿囊括全世界并为各种现象提供节奏性基调的天,周不断重申普遍性和包容性的重要,以突出对比前代君主对统治专权的独揽,而后者自身是商代强调王室祖先祭祀的自然产物。

这并不是说宇宙化宗教代替了祖先崇拜——当然不是这样,只是周较少关注他们的谱系传统或者说对其祖先没有那么虔诚。这便是青铜器时代宗教信仰两大支柱即尊崇超感知力量和祖先崇拜之间的不平衡,由于商君主将逝去祖先(以及甚至活着的君主)提升至帝的地位所导致,因此需要进行纠正。划时代的商周朝代更替,从而使有关天命的中国古代政治思想的核心与在中国早期政治生活中不断出现的合法性继承的本质之间产生的一个基本张力浮出水面。更重要的是,鉴于周晚期的宇宙论概念和公元前第二千纪先例之间的基本连续性,周所宣称的,已经重新建立了从上天和自然秩序中获得启示的古代传统的延续性似乎成立。①

241

---

① "西周持续了300多年。期间,天命概念从文王时期特定的、支撑周合法性申明的天文事件中发展出,最后发展成一个不断变化的天命观念,并与朝代更替理论紧密相连。由于上帝统治着天,因而他在天上发出命令,展现他的意图。由于命展现在天上,它也可以被称为'天命'。随着时间的流逝,这一概念逐渐被抽象化进一个'天命'在其中成为一个愈加抽象观念的宇宙理论。而且,它被解释成一个不断循环系统的一部分。这就是不断变化的天命观念的起源。"艾兰如此写(2007,43),重述了班大为的结论(1995)。

第八章　宇宙论与历法

数日、历月、计岁，以当日月之行。①

在一项开创性的研究中，马克·卡林诺斯基(Marc Kalinowski)谈到宇宙创生和秩序化的古代记载：

> 遵循相似的叙述模型……所有这些都赋予历法和季节更替在世界形成的过程中具有决定性的作用。这一功能似乎是中国最古老的宇宙演化论述的一个显著特征，并提供了一个与后世宇宙论文献内容的有趣对比。②

这种思维模式暗含的目标是获得一种宇宙秩序，即自然和人类节奏之间的完美一致，因为这种理想的范式存在于天上。天体运行的持久性和规律性以及天象的季节性出现一开始便提供了永久和时间性模型，以对比不断引发自然的不规则性和变化莫测的更世俗事件的频繁变迁。③ 我一开始便提出，理解天体运行以及保持它们的常规变化与人类活动相互一致的能力——即"象天"必需的洞察力——是王权的基本条件。类似地，据彼得·贝

---

① 这一教化陈述被归于黄帝，马王堆帛书《十六经》;《马王堆汉墓帛书》整理小组(1980,61),1.78b-79a。

② 同上,122。

③ 李约瑟(1969,336);格里·乌尔顿[(Urton)1978,157]。

格尔：

> 哪里盛行用微观/宏观宇宙来理解社会和宇宙之间的相
> 互关系,这两个领域之间的对应通常就延伸至各种具体的角
> 色。它们因此被理解为模仿性重复它们理应代表的宇宙现
> 实。所有的社会角色都是客观化内涵的大一级组合体的
> 代表。[1]

243

通过比较,大卫·卡拉斯科(David Carrasco)以如下方式描
述了古代"宇宙-巫术"的思想模式:

> 有关位置的这种观点,在美索不达米亚和埃及的传统社
> 会中已被认识到,其中每一事物当处于其位置时都有价值甚
> 至神圣性,它是一种世界霸权式的观点,用以确保对国王和
> 都城进行社会和象征性的控制。这一观点产生于一个在近
> 东世界控制人类社会超过 2000 年的宇宙论,它由五个方面
> 组成,包括(1) 存在一个遍布现实每一层面的宇宙秩序;
> (2) 这一宇宙秩序即是众神的神圣社会;(3) 这个社会的结
> 构和动力能从天体的运动和会合中认识到;(4) 人类社会应
> 是这个神圣社会的缩影;以及(5) 祭师和国王的主要职责是
> 使人类秩序与这一神圣秩序协调一致。[2]

这一主题经常在早期文献中重现。例如,《尚书·尧典》中有

---

[1] 贝格尔(Berger)(1990,38)。我们在前一章看到这一过程如何在语言学上起着中
介的作用。
[2] 卡拉斯科(Carrasco)(1989,49)。卡拉斯科在这一位置观点上的权威"确保了在各
种关联和一致性结构中的含义和价值"乔纳森·史密斯(Smith)(1978)。鲍罗·
惠特利(Paul Wheatley)(1971,414—416)表达了一个有关古代中国的相似观点。
对于微观/宏观宇宙神话作为宗教合法化最古老形式的社会学分析,见贝格尔
(Berger)(1990,24 以及尤其是 34ff.);也可见贝拉(Bellah)(2011,266)。中

前面引用过的这样一个著名的段落,传说中的尧将这些重要的天象观测职责分配给羲和这一组官员。[1]

接下来是一系列研究得非常多的季节性中星,通过对它们进行观测以确定分至这些具有重大实践和宗教意义从而被广泛观测的重要节点的到来。而且,《舜典》中,尧的继位者在接任时据说运用了"璇玑"——即大熊座——"在璇玑玉衡,以齐七政"。[2] 这里我们也想起了前王朝时代高辛(帝喾)任命阏伯和实沈分别负责天空两端两个最重要的季节性星座天蝎座和猎户座的神话。这一则寓言的核心前提是两个不睦兄弟的互不相容以及他们最终被驱逐到大地的两端——揭示了神话的诠释学功能。通过与家庭的类比,它解释了(在肯尼斯·伯克看来)这两个兄弟式的星座截然相反的位置关系,它们不可能同时出现在天空中。[3] 对天象的敬畏也归因于夏商两代的"伟大先王"。阏伯和实沈,以及优秀的奚仲、阿衡,傅说、豕韦、造父、王良(后两者都是王室车夫),娥訾(即常仪或常羲,服用长生不老药而奔月,传说中帝喾的伴侣),以及令人尊崇的颛顼帝、大禹及父鲧,都是通过给特殊的星座或纪年命名而得以

244

---

[1] 英文译文出自高本汉(1950a,3)。《尧典》这一段包含的神话和星象知识,见刘起釪(2004);卡林诺斯基(Kalinowski)(2004)。

[2] 将这一叙述与司马迁《天官书》中的版本进行比较:"斗为帝车,运于中央,临制四乡。分阴阳,建四时,均五行,移节度,定诸纪,皆系于斗。"《史记》27.1293。

[3] 芭柏(Barber)和巴伯(Barber)(2004)。艾瑞克·亥乌络克(EricHavelock)(1983,14)在他的经典研究中指出"所有文化在他们的语言中保留了各自的特征,不仅仅是随意口说时,而且尤其是它被保存时,它提供了一个可以重新利用的文化信息宝库。这一点在有文字的文化中很容易理解……但是这些信息如何在口语文化中保存?它只能存在于个别人的记忆中,为达到这一点所运用的语言——我可以称之为储藏语言——应该满足两个基本要求,两者都是有助于记忆的。它应该具有节奏性,使词语的节奏能帮助记忆;而且它应该讲故事而不是叙述事实:它应该偏爱神话甚于标语"。

不朽。①《尚书·酒诰》中,有一个商早期君主虔诚的公正和他们不负责任的继承者之间突出的对比:"我闻惟曰:在昔殷先哲王迪畏天显小民,经德秉哲。"②这些人一定知道密切关注天上发生现象的重要性。这一密切观测天象的基本原理在战国时期形成的《尚书·洪范》中表达得最为简洁:

> 王省惟岁,卿士惟月,师尹惟日。岁月日时无易,百谷用成,乂用明,俊民用章,家用平康。

这些文献中反映出的观测和历法专业水平让人回想起被中国天文学史家称之为"观象授时"(引述《尧典》)的历史阶段。③ 对于第一批星座的功能,我们在历史上已经有了详细的信息,《尧典》中提到的四仲中星——昴(昴星团),鸟(长蛇座 α),火(天蝎座 α)和虚(水瓶座 β)——应在公元前第二千纪的大部分时间中履行着赋予它们的职责,虽然它们或许可以追溯至更早时期。④ 用它们以及北斗斗柄和龙星宿来识别季节,证明了新石器时代晚期经历了发展过程中的一个变迁,从一个主要以来自植物、动物和气候等领域的物候为基础的历法向一个以天文为基础的历法进行转变。更早期历法的遗迹仍然保留在诸如《夏小正》《逸周书· 时训》,以及《国语》如下的段落中:

①　裴碧兰(1993)。举一个例子,傅说星临近龙星宿的尾巴,在《楚辞·哀岁》中突出地用作作者在天上旅行时的一个停靠站。奚仲、傅说、造父、王良和其他著名的优秀人物星名,见江晓原(1992,43—48)。

②　英文译文出自高本汉(1950a,作者对译文有所修改)。"天显",几乎是"天微"的同义词,如愈加不可预测的天微。在《尚书·金縢》(辑于战国时期)中,"天微"明确指灾难性的气象,《金縢》详述了文王和武王如何知晓天微并用它来消灭敌人。

③　"授时"还是中国国家授时中心的名字,它相当于位于华盛顿的美国海军天文台和巴黎的经度管理局。

④　对《尧典》天文部分的定年进行的分析,见黎昌颢(1981,8—12);刘起釪(2004)。

夫辰角见而雨毕，天根见而水涸，本见而草木节解，驷见而陨霜，火见而清风戒寒，故先王之教曰："雨毕而除道，水涸而成梁，草木节解而备藏，陨霜而冬裘具，清风至而修城郭宫室。"故《夏令》曰："九月除道，十月成梁。"其时儆曰："收而场功，待而畚梮，营室之中，土功其始.火之初见，期于司里。"此先王所以不用财贿，而广施德于天下者也。今陈国火朝觌矣，而道路若塞，野场若弃，泽不陂障，川无舟梁，是废先王之教也。[①]

即使现代用语"星移斗转"现在只是一个描述时间流逝的惯用语，然而它让人想起过去北极附近的星便是每个人的时间之钟的时代。[②]

从远古时期起天上的纹路和节奏就像其他的自然环境和社会存在一样具有规范性和重要意义。它们之间没有明显的区分。宇宙化过程，使制度性秩序被视作直接反映了宇宙的神圣结构，也使统治阶层即上述《国语》引文认可的"先王"垄断了宇宙学知识。公元前4世纪的楚帛书用十分明确的言词写道，民人弗知岁，"物以祭神"[③]。

最终这导致了调节个人与神之间关系的通道被缩窄，而这一调节过程被包含在神话和第一部分所讨论的其他信息系统中。

---

① 《国语》2.9a。《夏小正》中的例子，可见郑文光（1979，44）。注意这里引述的《国语》段落只依次列举了前五个星宿来展示秋季物候。季节与物候类似的关系当然也适用于其他23个星宿。

② 陈久金、卢央和刘尧汉（1984，71）指出古代用北斗斗柄来指示季节的实践起源于狄-羌民族，它是商周民族长期的敌人，同时也被认为是现今中国西南地区少数民族彝族的祖先。然而商周没有这类实践的遗迹。作者也讨论了《鹖冠子》中非常重要的星象历法内容，并证明了它与《夏小正》的紧密联系。

③ 见卡林诺斯基（2004，115）。对记载时神的楚帛书与《尧典》中更官僚化的"授时"段落之间承袭关系的研究，见邢文（1998）。

默林·唐纳德说道：

> 早期历法的形成总是隐含着一些理论上的发展，在这一意义上那些隐含的模式由天文现象形成。现代科学的许多元素已经在原始天文学中出现：系统化和选择性的观测，以及对数据的采集、编码和最终的可视化储存；对储存数据进行分析以寻求规律和内在的结构；在这些规律基础上进行预测。所有早期的农业社会，出于需要，都具备以天文科学为基础的历法。因此，从程序上来说，科学观察和预测的基础已经在5000—10000年前形成，不一定以文字符号但也可能是以一种不同的、表示类似知识系统的可视化产物。[1]

绝天地通

引用最频繁、表现中国古代宗教与中央集权政权的权力扩张之间相互关系的一种传统文献出自《国语·楚语》。[2] 这个段落非常重要，因为它包含对"巫""觋"的最早应用，而且因为它是传说中分派重、黎负责天地事务的帝王颛顼"绝天地通"神话的来源：

247

> 古者民神不杂。民之精爽不携贰者，而又能齐肃衷正，其智能上下比义，其圣能光远宣朗，其明能光照之，其聪能听彻之，如是则明神降之，在男曰觋，在女曰巫。是使制神之处位次主，而为之牲器时服，而后使先圣之后之有光烈，而能知山川之号、高祖之主、宗庙之事、昭穆之世、齐敬之勤、礼节之

---

[1]　唐纳德(1991,339)
[2]　《国语》,18.1aff。

宜、威仪之则、容貌之崇、忠信之质、禋洁之服而敬恭明神者,以为之祝。使名姓之后,能知四时之生、牺牲之物、玉帛之类、采服之仪、彝器之量、次主之度、屏摄之位、坛场之所、上下之神、氏姓之出,而心率旧典者为之宗。于是乎有天地神民类物之官,是谓五官,各司其序,不相乱也。民是以能有忠信,神是以能有明德,民神异业,敬而不渎,故神降之嘉生,民以物享,祸灾不至,求用不匮。①

对这一叙述,张光直写道:

这则神话是有关古代中国巫觋最重要的材料,它为我们认识巫觋文化在古代中国政治中的核心地位提供了关键的启示。天,是全部有关人事的知识汇聚之地……当然,取得这种知识的途径是牟取政治权威。古代,任何人都可借助巫的帮助与天相通。自天地交通交绝之后,只有控制着沟通手段的人,才握有统治的知识,即权力。于是,巫便成了每个宫廷中必不可少的成员。事实上,研究古代中国的学者都认为,帝王自己就是巫的首领。②

张光直的评论反映了他有关"国家"巫觋文化的核心地位与帝王为巫之首领的观点,这一观点可能导致他极少关注向天寻求的是何种知识,以及这些密切掌握的知识与习惯上和巫觋文化联系起来的知识是否存在必要的联系。③ 第二章中我们已看到,据

248

---

① 《国语·楚语下》。英文出自卜德(Bodde)(1961,390—391),引自张光直(1976,162)。
② 中文出自郭净译,《美术、神话与祭祀》,北京:生活·读书·新知三联书店,2013年,第33页。英文原文见张光直(1983,44)。——译者注。对这段话的有关评论,见罗泰(VonFalkenhausen)(2006,47)。
③ 最近在对中国青铜器时代巫觋文化的定年进行的最透彻分析中,吉德炜(1998,763—831)有力地反驳了商代宗教在某种意义层面上属于巫觋文化的观点。

蔡墨所说龙的"喂养"是这类"知识"中最关键的内容。

我认为《楚语》中的这一段落,与其说为巫觋文化在中国古代政治中的核心地位提供了一个线索,实际上解释了随着一种新的秘传和高度专业化的、与中央集权政权更匹配的上天知识的发展——这种知识与历法天文学联系在一起,其中像重、黎、巫咸、阏伯、实沈和蔡墨一类的世袭宫廷星占师兼历法专家官员的原型是这些知识的负责人——这种巫觋文化实践在统治阶层中的利用和后来的衰落。乐唯(Jean Levi)对这一段落进行了相关总结:"远非将官员和巫截然区分",这段文字"只意在将后者置于政府的控制之下"。①

这段文字在描绘了颛顼进行的改革,以及任命官员重黎负责《尧典》中天文学家羲和相同的工作以后,没有进一步提及巫。这种新知识,即重、黎所负责的,显然对政治权威的实施是如此关键,在这里与那种以前"每个人"都可以获得的与超感知力量直接沟通的知识明显不同。相反,这类知识为君主与负责收集和传授这类知识的世袭专业官员所专有。② 考虑到重、黎一类人物的天文职责范围,或许也有可能在这一叙述中见到天神在伊利亚德称之为"神圣向世俗下凡"这一后果的合理化,即一个常见的历史过程"天上的至高神不断被推向几乎被忽视的宗教生活的外围;而

---

① 乐唯(Levi)(1989,223);引自吉德炜(1998,823)。这一点得到巴西洛夫(V. N. Basilov)的响应(1989,33):"国家的出现,其自身具有社会管理的功能,在镇压巫术的过程中是一个决定性的阶段。"引自吉德炜(1998,826,n.165)。对于中国古代天文观测、星占学和政府之间的关系,见江晓原(2004,53—58,尤其是83ff.)。《史记》中记录的自有史以来观测天象的官员"昔之传天数者"更以年代顺序列举了上述所有的星占学家。其中,颛顼、重、黎显著地出现在传说中的楚王室世系中。"天官书",《史记》,27.1343;及"楚世家",《史记》,39.1689。也可见刘起釪(2004)。

② 这也是杨向奎的结论:"国王们断绝了天人的交通,垄断了交通上帝的大权。"引自张光直(1983,164),杨向奎(1962,Vol.1,164),也可见江晓原(2004,91)。

249 其他神圣力量,离人越近,越能进入人的日常生活,对人越有利,从而占据主要地位"①。随着天上的至高神被贬为一个诸如丰收、好天气的主宰者之类更专业的角色,这一主要地位经常被逝去祖先的祭祀所占据。在伊利亚德看来"人类只有当他们直接受到来自天的威胁时才想起天和至高神;其他时候,他们的虔诚被每天的日常需要所占据,他们的实践和奉献直接指向控制那些需要的力量"②。

现在来看一下司马迁的评判,他在追溯历法天文学的古代起源时讨论了政治和宗教相同的发展:

> 盖黄帝考定星历,建立五行,起消息,正闰馀,於是有天地神祇物类之官,是谓五官。各司其序,不相乱也。民是以能有信,神是以能有明德。民神异业,敬而不渎,故神降之嘉生,民以物享,灾祸不生,所求不匮。少昊氏之衰也,九黎乱德,民神杂扰,不可放物,祸蕃荐至,莫尽其气。颛顼受之,乃命南正重司天以属神,命火正黎司地以属民,使复旧常,无相侵渎。其後三苗服九黎之德,故二官咸废所职,而闰馀乖次,孟陬殄灭,摄提无纪③,历数失序。尧复遂重黎之後,不忘旧者,使复典之,而立羲和之官。明时正度,则阴阳调,风雨节,
250 茂气至,民无夭疫。年耆禅舜,申戒文祖,云"天之历数在尔

---

① 伊利亚德(1958,43)。

② 同上,50。

③ 这表明在经验上已经认识到岁差的作用,即便这里将岁差变化归因于玩忽职守。《汉书》21A.973也有类似的叙述。刘歆在《汉书》36.1964中将这个和其他的历法失序当作改朝换代的征兆。(感谢 Juri Kroll 指出了后一文献。)对于用大角星退行指示时节的意义,见李约瑟和王铃(1959,251—252)。对于《赫西奥德》(Hesiod)(公元前700年)中对公元前第二千纪的希腊用大角星指示季节以及大角星退行的阐释,见托马斯·沃森(Worthen)(1991,210)。

躬"。舜亦以命禹。由是观之，王者所重也。①

即使司马迁的论述受限于时代错误的西汉观念，即认为公元前第二千纪的政治秩序在本质上是统一的，他对夏商统治时期历法技术及其颁布在早期存在困难的总体描述却是正确的。不可避免地，这类状况总会遭遇挫折，因为不愿服从权威的被征服民族会进行反抗，这部分是由于政治上的敌意、衰落，或统治中心的混乱和竞争力不足；部分是未能很好地理解长期用于指示时节的星座因为岁差而导致的退行。②

司马迁的主要观点很明确——上述《国语》段落中提及的改革与国家特别关注的时间和天文知识的行政控制的出现更有关系，而与巫觋文化的功能没有多大关系。③ 即便考虑到司马迁对青铜器时代发展的描绘带有特殊的汉代追溯性的特征，统治精英在基本宇宙世界观和天命理论方面的优势，以及明显缺乏严格意义上巫觋文化实践的证据，表明星占学和巫术实践可能没有、事实上并没有在那个水平上同时存在。④ 这段话中描绘的可能是青铜器时代那些负责解释天象的人开始将人类发明的像历法一类的规则性表格制度化时出现的变迁，历法本身就是掌控天象这

---

① 《史记·历书》，26.1257。注意其与第二章中《左传》蔡墨叙述的突出相似性。

② 对标志宇宙演化的原始时代结束的宇宙冲突与后续灾难的不同描绘，见梅杰（1993，26，44ff.）。这里给出的描绘与《尚书·吕刑》中绝天地交通是传说中黄帝意志的体现对应："皇帝哀矜庶戮之不辜，报虐以威，遏绝苗民，无世在下。乃命重、黎，绝地天通，罔有降格。"除绝断的起因外，这两个描述之间的主要区别在于各自解决相应困境的方法不同，一个是半神秘或宗教式的，此处呈现的另一个基本上是宇宙-政治性或官僚性的。

③ 江晓原（2004，98）对上述论述也得出了类似的结论："古代的星占学家，正是由上古通天巫觋演变而来。"也可见黄铭崇（1996，510）。这一联系很容易让人想起蔡墨（以及左丘明）从事着与司马迁相同的职业。

④ 丹尼尔·奥基夫（O'Keefe）（1983）；非常感谢詹启华（Lionel Jensen）让我关注这项研究。

一冲动的具体表现。如吉·斯旺森（Guy Swanson）所指出的"我们开始在统治者和神之间的联系中看到一个将社会中独立的决策机构——通过这些机构选择目标并分派任务——与超自然联系在一起的直接的经验性联系"①。

历法以及写作、列表和记录等其他技术的引入，通过界定混乱和不可控的范围，大大加速了蚕食未知领域的过程。对操控这类知识的精英来说，虽然非实在的不幸可能闯入世俗领域是一个永远存在的威胁，但是通过不断地将这些事情掌握在自己手中，也就是说，一个根本上乐观的、以人类为中心的倾向开始发展，虽然它是反思性的、并背负着维持仪式定期进行的重担："时间从自然中提炼，并被打磨以适应宗教和行政的需要。"②如默林·唐纳德指出，这是打破思想的神话模式束缚和他所说的"神话应该被摧毁"的理论模型出现的结果。这一希望产生于人类发明的产物，像历法，可以代替早先用神话方式进行理解的模式：

> 随着技术和社会组织越来越依赖某种记录形式（即外部记忆工具），可视化符号工具出现得越来越多……人类心灵开始反思这些表现方式自身的内容，对它们进行调整和优化。③

这就是蔡墨在解释为什么龙不再出现时所谈论的内容。他将他的解释以社会学理论的形式呈现，即以前的一个理想国度的衰落，但是现实中这一变化是人类自信的不断增长导致理论上的

---

① 斯旺森（Swanson）（1964，190）。托马斯·沃森（Thomas Worthen）（1991，16）对这一发展的动机进行了拓展："文化寻求将自然引入其自身的领域，这一领域具有规则性并总是规范性的。举行仪式并不是为了模仿自然的规则而是为了引导自然去模仿一个在文化上有效的规则。"
② 安东尼·阿维尼（Aveni）（2002，85）。
③ 唐纳德（1991，333）。

自我意识出现的结果。这种认知觉醒,一旦获得,像识字不可能被剥夺一样——不可能发生逆转。(你不可能不默读你每次经过的同一块广告牌,无论如何它已在你这留下深刻印象。)类似地,你不可能不试图将新的信息融入现存的相关理论框架中。有人甚至可能会说,个人求道部分是为了尽力逆转自我意识的后果,寻求回归到那个神话性的意识中。

历法失序

我一开始便指出,有充分的理由相信在公元前第二千纪早期中国已经牢固形成了一个有意识地依赖定期观测天象以寻求启示的心态。各种各样的王室角色中也许这才是最关键的,因为所有其他的角色功能都依赖于它的充分胜任。前述引用的《洪范》段落就明显地体现了这一点:"日月岁时既易,百谷用不成,乂用昏不明,俊民用微,家用不宁。"换句话说,这种神权统治的预兆功能失灵后,不仅会造成严重的直接经济损失,而且这种失效会造成统治能力在所有层面一个更普遍的衰落:即蔡墨所说的"人实不知,非龙实知"。这一次序性在朝代更替的传统解释中简直是范本。

同样,为了回应父亲周灵王提出的问题,据说在一场公元前549年的对话中,太子晋以一个涉猎广泛的独白身份,对其谈到了过去失败的政权:

> 夫亡者岂繄无宠?皆黄、炎之后也。唯不帅天地之度,不顺四时之序,不度民神之义,不仪生物之则,以殄灭无胤,至于今不祀。(《周语上》)

虽然这一解释存在战国时期合理化阐释的嫌疑,但它可能呈现的更多的是控诉而不是一个表面化的解读。有意义的是,著名的《楚帛书》(约公元前 300 年)以相当长的篇幅叙述了历法和星占内容,用例子说明了对忽视历法从而造成冒犯神灵、招致灾难这些恶果的长期关注。这份文献中的一个主要部分简洁地概括了当时星占思想中的这部分内容。这一文献的第一部分论述了"敬天授时"这一主题。其中独特地描绘了上帝直接、明确地训诫民众,如果他们的祭祀不敬不常,违误天时,上天便会降以凶咎,致使四季失序,星辰乱行,草木无常,引发气象异常,山崩、洪水、雨土、兵灾,等等。天上的上帝被描绘成对人类行为施德降罚的命运仲裁者。[①] 良好世俗秩序的重要标志就是维持历法的正确性。

这一主题在周初也存在。《尚书·多士》中描绘了周公引用先例来斥责以前负责这一事务的商代官员对天意的违逆:

> 上帝引逸,有夏不适逸;则惟帝降格,向于时夏。弗克庸帝,大淫泆有辞。惟时天罔念闻,厥惟废元命,降致罚;乃命尔先祖成汤革夏,俊民甸四方。自成汤至于帝乙,罔不明德恤祀。亦惟天丕建,保乂有殷,殷王亦罔敢失帝,罔不配天其泽。在今后嗣王,诞罔显于天,矧曰其有听念于先王勤家?诞淫厥泆,罔顾于天显民祗,惟时上帝不保,降若兹大丧。[②]

这段话中尤其值得注意的是各朝代最后的君主夏桀和帝辛(商纣),他们被明确指出罔顾对天的祭祀,也罔顾"天显"。而且,他们没有护泽人民或考虑"民祗"。正如我们所见,对天的祭祀是

---

① 李零(1985,31)。也可见李学勤(1982,68—72);夏德安(1999,847)。
② 英文译文出自高本汉(1950a,55,5—10,作者对译文有所修改)。

与季节有关的仪式,意在加强君主的宇宙-巫师功能,以维持自然和人类领域之间的对应,即上文中提到的秩序的一致性。规范这些仪式的主要工具就是安排一年各个季节的历法。罔顾对天的祭祀似乎意味着不需要或至少未能记录这一维度的神圣时间。当然,早期阶段只有通过经常观测像龙一类天上的明显特征,这种纪时才有可能。看看其他例子。这里司马迁罗列了夏王的王室天文学家更多具体的玩忽职守:"帝中康时,羲、和湎淫,废时乱日。胤往征之,作《胤征》。"①因此不仅历法与季节失序,甚至日的周期性循环——历法中最基本的单位——也遭到灾难性地破坏。

我已指出,早期阶段对日、月、年的纪时,以及玛丽·巴纳德(Mary Barnard)称之为那些"文化的时间分支"的、悠久的历法习俗,提供了控制时间维度及其在大自然节奏中的现象性表现的优秀经验。历法以及通过日月星辰进行的历法校正,组成了将现在与过去连接起来的牢固的生命线,就像它为文化样版提供了一个人类发明的、能让模糊不明的未来融入其中的模式。② 换句话说,认为掌控自然世界、总是深不可测的超感知力量持有的时间是不可测量且不可区分的,这一想法会带来深刻的混乱,甚至是不可思议的。自然一开始被引入文化领域,就是通过观测现象的类型、规律和因果联系,而这些都是科学的开端。但是,托马斯·沃森(Thomas Worthen)提醒我们"仪式和科学规范事物,但是……[我]们的科学和我们的仪式以及宗教没有真正解答我们

---

① 《史记·夏本纪》,2.85。

② 这可能就是《尚书·皋陶谟》这段话中最具体的内涵:"无教逸欲,有邦兢兢业业,一日二日万几。无旷庶官,天工人其代之。"如葛瑞汉(1989a,18)指出,它非常重要,孔子没有用"天道"一词,可能是因为那时卜者和星象家已经用这个词来表示天体的运动。

对生活以及超自然神秘性的所有疑虑。潜伏在每一套规则背后
的未知和混乱仍造成压力"①。因此不能与天象保持一致引起的
时间失序在衰亡王朝的过失中就非常醒目,虽然如《墨子》中的传
统解释性论述所显示的,不是作为纯粹的预言,而是作为促成
因素。

255　　　米沙(Mischa Titiev)评论道:"遵从历法总是一种集体行为
或在社会中广泛流传。"他继续谈:

> 分析它们的目的揭示了它们原本用于加强将一个社
> 会的所有成员或其他方面凝聚在一起的纽带,以帮助社会组成
> 单位的个体相互适应并适应他们的外部环境……当一个社
> 会的权力减弱或失去其权力时历法典礼通常才会消失。②

这解释了为什么中国的朝代更替不可避免地要求历法改革。
可以理解,这一主题在公元前第一千纪大部分时期对衰亡王朝过
失的描绘中占据主导地位。

商代宗教的发展

甲骨文中明确显示出商代的巫术-宗教体系经历了一个重大
的变化,其中的一个重要方面就是时间的灵活性大大减弱。据吉
德炜:

> 关注时机是武丁占卜的一大特色,其统治时期祭祀的日
> 程安排仍处于形成之中,每个祭祀的日期可能仍需得到神灵
> 的首肯。到第五世时,时间的灵活性已经消失。仪式的日程

---

① 沃森(1991,74)。
② 米沙(Titiev)(1960,294—295,297)。

安排已经牢固确定,哪天祭祀哪位祖先已经固定;占卜不再关注吉时的选择,而只是宣称某一祭祀将如期举行。①

在商末期,当仪式的循环周期接近 360—370 天时,六十甲子周期开始与朔望月相联系,祭祀的日程安排通过它自己的时间维度取代了一个基于外部因素的时机,从而带来了连续性和稳定性——"不确定性已被类型和秩序所取代"②。同时,毫无疑问它也象征着宗教上的一个主要变化,即这一时期的商君主已经完全中断了对各种各样的自然能力进行祭祀的占卜,并为自己攫取了"帝"的称号,这一称谓以前专用于上帝、即各种现象的掌控者,当然也在天上主宰着时间、日月星辰。

256

在司马迁看来,商的衰落可以从根本上追溯至商王祖甲统治时期(即董作宾排定的第二世)产生的损害朝代命运的变化,这一时期对定期仪式新的日程安排开始不断生效。③ 值得注意的是,司马迁也指责商早期的"故殷人承之以敬"堕落到"敬之敝,小人以鬼"的境地。④ 总体来看,各种发展似乎表明商晚期对至高神和掌控自然秩序的神灵的敬畏不再那么虔诚,可能至少对历法以及相关仪式的遵从采取了一种敷衍了事的方式,以至于导致了占卜的程式化。这就是促使周公去谴责商王"鄙天之命,弗永寅念于祀"的原因。明显他没有提及对商王室祖先的祭祀。《尚书·微子》中,微子在他的控告中表现得甚至更明确:"今殷民乃攘窃神祇之牺牷牲用以容,将食无灾。"有人可能会像安东尼·阿维尼问玛雅一样问道:"哪个民族敢在这种神——以时间为工具去合

---

① 吉德炜(1984,18)。
② 同上,14。
③ 《史记》,2.104;《国语》,3.21a。
④ 《史记·高祖本纪》,8.393(作者原注标第 324 页,有误)。

法化和推崇其国家统治者的权威–的注视下写出他们的历史?"①

因此,不足为奇的是,《墨子》中上天表示对夏不满的天象——"天有酷命,日月不时,寒暑杂至,五谷焦死,鬼呼国,鹤鸣十夕余"。以及对商不满的"沓至乎商王纣天不序其德,祀用失时"②——说明历法周期性的失序,或者也许是商代例子中鲁莽的忽视,具有重要的政治意义。既然当时的行星观测记录已被证明是正确的,那么也许《墨子》中的陈述也反映了与历法密不可分的祭祀相关的情况。③ 因此可以想象商代最后一位君主帝辛所谓与祭祀有关的不虔诚在于相当于亵渎的恣意忽视。他的宗教态度似乎已被描述为对商晚期的祖先祭祀周期坚持得一丝不苟,而忽视了遵从天象、尊重自然神灵以及平民大众悠久的时节习俗和节日("民祇")。这似乎就是反复引征的商初"圣王"与最后一位君主的"堕落"之间对比的内涵。它也值得让人想起对商晚期君主武乙的亵渎和帝辛的蔑视进行的传统解释,武乙向所谓代表"天"的盛血皮囊射满箭,帝辛据称自恃有天命在身毫不在乎君位可能被废黜。④ 无论这一指控是否公正,历法的改进、"正"月的重新定义以及通过恢复季节性的祭祀从而"与天和睦相处"都在重要的象征意义上与周的建立以及之后每一次的朝代更替或新建具有一致性。

然而,这些改革似乎仅仅具有象征性的意义,《逸周书·周月

---

① 阿维尼(Aveni)(2002,187)。

②《墨子》第19篇,"非攻下"。

③ 这让我想起了吉德炜(2000,44)观察到的一个非常有力的可能性"年首涉及多种年。商代卜师可能将阴阳历的正月定为冬至后的第一个朔望月,而农民可能将他们的农历与星辰的观测联系在一起……前一个礼拜性的历法系统,而不是后一个农业性的……产生了甲骨卜文中记载的数字月"。

④《史记·殷本纪》,3.104。

解》中谈道：

> 越我周王，致伐于商，改正异械，以垂三统，至于敬授民时，巡狩祭享，犹自夏焉。①

因此，似乎在充分体现其政治象征意义的官方仪式性历法与更大众化的有关时节节日、交易日以及类似于《夏小正》中体现的内容——民间持续使用而不顾上层历法已经变化许多的——历法之间，长久以来便存在区别。这一区别在上述引用的相同《洪范》段落中也非常明显，人们的观测习惯与贵族们明显不同："庶民惟星，星有好风，星有好雨，日月之行，则有冬有夏，月之从星，则以风雨。"甚至晚至公元前 6 世纪，孔子著名地用谴责历法失序的间接方式来表达对权力的不满，在体现这种不满的经典"作品"中，星占历法官员是统治者的代理人：

> 季康子问于孔子曰："今周十二月，夏之十月，而犹有螽，何也？"孔子对曰："丘闻之，火伏而后蛰者毕，今火犹西流，司历过也。"季康子曰："所失者几月也？"孔子曰："于夏十月，火既没矣，今火见，再失闰也。"②（《孔子家语·辩物》）

258

《墨子》中描绘的历法失序表现如何我们不知道，虽然上述提及的夏代君主仲康的困难表明这是一个长期存在的问题，甚至晚至公元前 6 世纪时这一问题也非常普遍。③ 青铜器时代，这些历法失序理所当然会被权力的竞争对手用来揭露王室或世袭的"祭师"世系不能履行准确地安排仪式举行时间以及颁布历法这些神

---

① 《逸周书》，6.87。
② 《孔子家语·辩物》。可与《左传》襄公二十七年的内容进行比较。当然，它表示历法"快了"两个月。
③ 或者只有汉代才存在这一问题，见古克礼（Cullen）（2001，33）。

圣的职责。当然王朝威望的降低也存在其他政治性的原因,但是,尤其是在周克商的例子中,上述描绘的情景可以解释这些情况下篡位成功者公开表露的虔诚。时间管理上的失序,无论出于忽视还是岁差的累积效应,很可能在夏商末代统治时期君主的现实失败中非常突出。

第四部分
战国和汉代的星占学

第九章　星象预兆与城濮之战

从戏剧性和长远的历史意义来看,中国古代的历史中没有哪一段能与春秋早期(公元前 722—前 481 年)楚晋两大国之间的霸权竞争进行比较。除对主导地位的北方华夏文化传统构成了一个划时代的挑战外,公元前 633—前 632 年晋楚之间的军事冲突也是东方齐国衰落后产生的紧张霸权斗争的最后一次行动,著名的霸主齐桓公(公元前 685—前 643 年在位)死后一位后世的注释者对诸侯国的霸权竞争给出了成语,即"逐鹿中原"。公元前 7 世纪中期,争霸者悉知桓公往日的霸权地位即周王朝形式上的保护者,人人都可争夺。

即便这一情节未能提供充分的戏剧性,那么晋国的霸权不可分离地与即将成为晋文公(公元前 636—前 628 年在位)的公子重耳迷人的个人历史和著名的冒险经历联系在一起。由于晋宫廷的阴谋,重耳与他的母系亲族一起从晋国逃亡,流亡达 19 年——其中 12 年与其母系氏族即所谓的"戎狄"一起——同时在一小部分忠臣的陪伴下,以王室客人的身份不断在各诸侯国宫廷中寻求支持。对他个人身份和潜在利用价值的认识,使包括秦楚在内的晋国一些主要对手国的君主对他给予优待。最终,重耳 61 岁时(公元前 636 年),在秦国兵力的支持下回国,恢复了作为晋文公的权力。不久,晋国在晋

楚两国的军队发生冲突时就卷入与文公的死对头、楚国大将
子玉的军事对抗。

关键性的战役发生在公元前 632 年年初山东西部黄河附近
的城濮（地图 9.1）。楚在战略位置上占有优势，但是晋国将领
（有齐秦两国的军队支持）的优秀指挥使在山东西部劫掠的楚国
262 远征军大败。[①] 楚国军队并不强大，即便得到了夹在更具侵略性

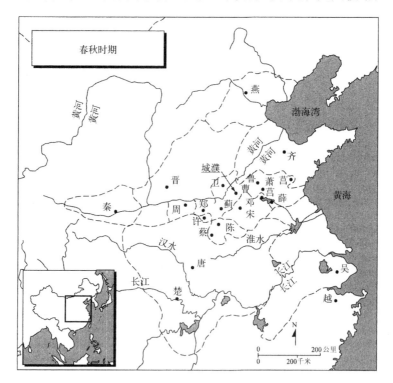

地图 9.1　春秋时期的中国。引自鲁惟一和夏含夷（1999,548,地图 8.1），©剑桥大学出版社，据授权复制

---

① 艾朗诺（Ronald Egan）（1977,332ff.,343）分析了《左传》中对晋文公和子玉的对比
　描绘，即楷模式的领导者对比鲁莽、自私的人物。对城濮之战的环境——战术、个
　性和外交的详细描绘，见弗兰克·基尔曼（Kierman）（1974,47—56）。埋葬着超过
　600 具年龄 20 至 25 岁年轻男性尸体的公共墓地在濮阳西水坡附近的遗址发现，
　有推测认为这便是这场冲突的死亡人数。罗泰（2006,413,414,图 98）。

的相邻大国之间的蔡、陈两个小国的支持。楚成王（公元前
671—前 626 年在位）并没有应其将领子玉的请求派遣足够的增
援。根据一些记载，楚成王对子玉怀恨前公子重耳而挑起战争不
满，同时也明显因为楚成王没有迫切的理由在争霸中现在就与晋
国来一场决定性的对抗，而且他也乐意得到强大秦国的支持。城
濮之战的确切时间以及在这一当口晋对战楚的原因不久将成为 *263*
讨论的焦点。然而，在这一事件中，所有的楚国军队都听从将军
子玉的指挥，却走向战败，而子玉本人、楚国最能干的军事将领之
一，在撤退回楚的途中因羞愧而自杀。①

晋文公霸业的历史叙述

即使在早期，重耳生活的事迹和这场史诗般的对抗在历史记
录中都记载得很好。虽然晚出的记载明显存在文献传抄，特别是
在司马迁的《史记》中，然而《左传》和《国语》中对战国的叙述仍具
有互补性，后者在许多重要方面都保留了仅有的记录。已经说
过，这些事件的《国语》版本无疑晚出于《左传》，后者中的相应段
落明显存在改编和一些贬低的痕迹。② 然而，对这两份文献进行
详细比较，特别是《国语》中的内容，会得出这一结论，即《国语》的
作者非常认同晋的历史、偏爱晋、很有可能来自晋的一个后续国
（即晋在公元前 376 年分裂以后的国家）。③ 这些事件在《春秋》
和《左传》注释中的版本是直接叙述了重耳一生中的高潮部分，在 *264*

---

① 有关这场战役的历史后果，请见童书业（1975，180）；一个不同视角的描绘，见弗兰
克·基尔曼（Kierman）（1974，56）。
② 沈长云（1987，139）。
③ 同上，137，138。

复位和城濮之战前后几个月的一系列日期精确的军事和政治活动中达到顶点。这些应最可信。① 其中的大部分叙述,只是在很小的细节上有所不同,都被《史记·晋世家》抄录。这些历史事件在重要方面都为最近发现的、刻在重耳舅父及近臣子犯铸造的一组编钟上的王室表彰所证实。除在重耳流放期间衷心服侍他以外,子犯也是杰出的战略家,帮助筹划了重耳的复位以及接下来的败楚之战。②

对我们来说,这些重大事件的确切日期、晋文公在位的第一年公元前636年和公元前632年春季将特别有用,因为它们展现了对时机的深思熟虑。特别引起关注的是《国语·晋语》中的版本,除了重述重耳的冒险故事以外,还从星占学上对这一时期的历史进行了改编,展示了一系列上天注定的事件。《国语》中唯一相似的段落是伶州鸠在《周语》中为四百年以前预示公元前1046年周克商的一系列事件进行的著名"律学"分析。其中文献给出了主要天体在周克商战役中的位置以及它们在星占"分野"系统中对应的内涵。早前,我们已知对这些位置的观测是多么确定,最重要的是木星位于周的星占学分野鹑火(最近的星是星宿一,长蛇座 α),这很精确而且有助于很好地解释这些重大事件发生的时间点以及周领导者们声称天命授予周的重要性。

为什么周克商和城濮之战这两件具有里程碑意义的事件在《国语》中受到特别的关注和进行星占学解释,随后这将很明显。目前,可以说伴随周克商的这些天文事件确立了重要的星占学先例,以后可根据这些先例对是否得到上天的认可进行检验。我想在这儿指出的是信息量充分的、与这些星占学先例有关的传

① 艾朗诺(Egan)(1977,323)。
② 冯时(1997);张光直(1995)。

统已为战国晚期《国语》的作者所知,同时也是重耳霸业和城濮之战的星占学背景。然而,在详细讨论这些问题之前,有必要简短地回顾一下周中期至晚期运用的分野星占学相关内容。

分野星占学理论

我们在前述章节已看到,对天地相互关联的关注出现在宇宙政治理论的系统化之前,此时它已确立了这些理论得以发展的概念性参数。除了有关上天影响地上事件的一般性概念外,日、月一类的天体直接与具体的气候、物理和政治现象相联系,如日月蚀、彗星、流星雨、行星会聚一类,它们大多数出现在自商(公元前1560—前1046年)以来的记录中。在战国时期的阴阳相生概念和五行关联性宇宙论出现后不久,还明确发现了日月对自然世界产生具体影响的资料。

如果天体有意志的行为能通过"气"这一媒介进行调节,并能为所有有生命和无生命的物质所感知,这就解释了超感知力量和人类社会之间的这种反射性行为如何被认为是起作用的。而且,如果认为天体能展现不同的性质,施加不同的影响,并与不同的机构、地上的不同区域、不同民众等周晚期星占学中的所有基本元素相互联系,那么根据一些天体固有的周期性,有关过去事件以及相关星占学环境的知识使得征兆解释者不仅能预测未来的天文事件,而且能详细预测可能由这些天象所导致的地上事件。① 因此,从诸如此类的概念中,产生了许多有关这些现象的

---

① 《孟子》(4B/26)的一个著名言论展示了这些思想在当时是如此之近:"天之高也,星辰之远也,苟求其故,千岁之日至,可坐而致也。"荀子(公元前3世纪)(转下页)

内涵以及最终能否获得事件预测知识的具体结论,而这两者都是形成诸如归之于邹衍(活跃于公元前 3 世纪)的历史理论①的预备知识。

据大卫·平格里(David Pingree),年代论在古代世界的最早期形式是一种自然宗教历史,"用理解力和/或意义从历史外部和人类生活于其中的世界外部寻找充足的理由"来阐述历史。平格里指出,作为一种自然宗教历史,星占学在逻辑上与以神为中心的观点相矛盾。因此,鉴于"五德"终始循环这一假定的永恒性,邹衍的相克理论只使其自身被纳入历史的进程。就我们目前所讨论的,他对历史解释没有作出什么突出的贡献。然而,历史上神圣目标的可理解性和表达之间的张力是潜藏在中国各朝代意识形态中的常见问题;也就是,中国古代宇宙-政治观点中的合法性问题是通过上天的认可(即通过天命的直接昭示)还是通过继承之间产生的张力。一旦周晚期知晓日月蚀实际上是周期性的现象,同样的星占学动机自然会产生新的动力以努力提高这些天文征兆事件的预测精度,这一努力在国家的支持下持续贯穿整个中国历史。

这些古老的偏好当然有助于有影响力的阴阳和黄老思想在战国晚期和汉代形成,该思想的主要理论是将自然世界的知识直接融入政治权力。我们在前一章节已看到,在梅杰(John S. Major)对《淮南子》宇宙论章节的讨论中,他展示了这个假设如何

(接上页)认为有必要对天文事件直接影响地上事务这一观念提出反对,这明显展示了这一思想在当时多有影响。尤其可见华兹生(Watson)(1967,81ff.)中荀子的《天论》。有关邹衍的内容,可见夏德安(1999,824);席文(1995a)。

① 年代论是将过去、现在和未来通过一些应能预测未来的程序纳入一个统一的范式;《大英百科全书》(*Encyclopaedia Britannica*),Vol. 2,s. v. "Astrology(星占学)",219ff. 。

奠定了这一世界观的基础"宇宙论、宇宙结构学、天文学、历法星占学和其他形式的宇宙论形成了一张密不透风的网，忽视其原则的君主便会有统治危机"①。类似地，陆威仪描绘了战国时期流行的神话，其中一个非英雄式的人物没有任何战斗技巧凭借拥有一份展现神性或魔力的军事文章就战胜了一位伟大的战士，这显示出"军事理论家将他们的学说视为展现宇宙神圣规则的奥秘"②。从最简单的角度来看，陆威仪用"战争的历法模式"表示的最基本原则认为杀伐只有在每年的适当季节举行，才与宇宙和谐一致。第五章中讨论的描绘诸如所谓《河图》《洛书》之类昭示 *267* 文献的其他叙述，也指出这些文献与朗朗上口的星占预言和政治霸权之间的联系。③

　　然而，说得更确切些，《淮南子》把星占学放在那些需要战略谋划的要素的第一位，用这种方式直接指出这一要素揭示了能应用于军事的宇宙秩序模式。《淮南子·兵略训》有"明于星辰日月之运，刑德奇赅之数，背乡左右之便，此战之助也"④。这些观点被韩非和荀子这类思想家所嘲笑。韩非尤其不留情面：

> 　　初时者，魏数年东乡攻尽陶、卫，数年西乡以失其国，此非丰隆、五行、太一、王相、摄提、六神、五括、天河、殷抢、岁星非数年在西也，又非天缺、弧逆、刑星、荧惑、奎台非数年在东也。故曰：龟筴鬼神不足举胜，左右背乡不足以专战。然而

---

① 梅杰（1993，14）也指出"黄老学派在汉初的声誉可能部分依赖于它以广泛流传的、追溯至中华文明形成时期的假设为基础的程度"。也可见《吕氏春秋》的前十二篇（《十二纪》），其中详细描绘了季节的"法令"。这绝不是近来的观点。

② 陆威仪（1990，98）。

③ 见班大为（2019）。

④ 《淮南子·兵略训》，15.5a。见刘殿爵（Lau）和安乐哲（Ames）（1996，153，155），其中认为星占学推算能确保十次战争中有六次胜利，并认为谁掌握了兵法就"上知天之道，下知地之理"。

恃之,愚莫大焉。①

然而,这些观念被《左传》和《国语》中将政治军事行动与天文事件——大多数显然是岁星运动——联系起来的早期文献记载所加强。这一方面,必须注意当在《国语》中读到"实沈之墟,晋人是居,所以兴也"②时,不应将这类陈述视为比喻,而应当作在概念上表示天地对应的功能性用法。同样地,如前所述,星占预兆学的一个基本公理是当天体穿过相应的天区时,它们与地上的对应区域共享着特殊的气,因此司马迁很自然地就会谈道:"岁星赢缩,以其舍命国。所在国不可伐,可以罚人。"③公元前 2 世纪至前 3 世纪的帝制早期,诸如此类发生在夏商周的五星会聚成为天命授予新朝的固定标志。

分野星占学的基本原则

总体来说,早期的"分野"概念是指为了占验地上区域的吉凶运势,以某种对应规则为基础的地上区域和它们相应的天区之间的相互关联。④ 在《周礼》(见表 9.1)中对其应用有所描绘的这一固定分野模式,产生于战国晚期。然而事实上,如表 6.1 所示,有许多证据表明这一系统的核心——四个天区与四方,以及两者与四季和四色这种初级的相互关联——已经在公元前第二千纪晚

---

① 《韩非子》"饰邪"篇,《新编诸子集成》卷五,第 88,89 页。后世相似的批评观点,见叶山(Yates)(2005,21)。

② 《国语》,10.1a。

③ 《史记》,27.1312。司马迁将这一公理归于战国星占家石申(活跃于公元前 4 世纪)。

④ 李勇(1992,22—31)对所有涉及分野星占学的历史资料进行了全面的调研。

期存在。[①]

巩固这一星占模式的一般性原则和动机在《周礼》对王室星占学家保章氏的职责描述中有简洁的陈述：

> 保章氏：掌天星，以志星辰日月之变动，以观天下之迁，辨其吉凶。以星土辨九州之地，所封封域皆有分星，以观妖祥。以十有二岁之相，观天下之妖祥。以五云之物辨吉凶、水旱降、丰荒之祲象。以十有二风，察天地之和、命乖别之妖祥。

上述这段话对星象与地域的分野对应是如何确立的含糊不清，这导致了许多不同的解释，所有这些解释都以其他周晚期与汉代文献中碎片式和无法定论的证据为基础。引用最多的操作性原则包括：(i) 将九州与北斗七星联系起来，(ii) 将五星及相应的地域与天区联系起来，(iii) 将二十八宿配诸地上各政体的常用体系，(iv) 根据分封时岁星所在天区定义古代封地的星占分野对应，(v) 各地区的对应天区与该地区的古代民众主要供奉的星宿一致。对于这些理论，郑樵（公元 1104—1162 年）只接受最后一种，因为它具备强有力的历史基础。[②]

269

270

表 9.1　星象-地域对应的分野系统[a]

岁次	纪年	国	州	宿	方位
星纪[b]	丑	吴越	扬	斗，牵牛（人马-摩羯）	北东北

[①] 在其撰写的中国天文学历史中，陈遵妫(1955，89)也认为星象地域分野的基本观念可追溯至"原始"时期，个别星象与地上一定区域的对应不会晚于春秋时期，也许可以追溯至西周时期（公元前 1046—前 771 年）。

[②]《古今图书集成》中引用了郑樵对各种理论的批评，57.1341。最近对该问题的研究，见李勇(1992，26—27)。

（续表）

岁次	纪年	国	州	宿	方位
玄枵	子	齐	青	女,虚(水瓶)	北
娵訾	亥	卫	并	危,室,壁(水瓶-飞马)	北西北
降娄	戌	鲁	徐	奎,娄(仙女-白羊)	西西北
大梁	酉	赵	冀	胃,昴(白羊-金牛)	西
实沈	申	魏(晋)	益	毕,觜,参(金牛-猎户)	西西南
鹑首	未	秦	雍	井,鬼(双子-巨蟹)	南西南
鹑火	午	周	三河c	柳,星,张(长蛇)	南
鹑尾	巳	楚	荆	翼,轸(南冕-乌鸦)	南东南
寿星	辰	郑	兖	角,亢(处女)	东东南
大火	卯	宋	豫	氐,房,心(天秤-天蝎)	东
析木	寅	燕	幽	尾,箕(天蝎-人马)	东东北

a 表9.1中的分野模式出自《周礼》郑玄(127—200年)注释,基本与归之于石申(活跃于公元前4世纪)《星经》中的对应一致,这一对应也被《晋书·天文志》所承袭,并在《史记》27.1346注释中列出。据郑玄,一个已佚的更早期的书籍详细阐述了九州对应的星象分野,但是在他的时代所有能恢复的都是在一个更为熟悉的分野系统中运用十二次的地域分野。《汉书·天文志》中给出的对应稍微有所不同,这是为与南斗保持一致、加入了依据"江湖"划分的十三个不规则区域的结果

b 战国时期越的星象分区明显是"析木",而不是汉及后世的"星纪"。陈久金(1978,62)

c 三河的加入反映了在这一模式中明显承认了秦汉政权向西的扩张以及所导致的与青海周边民族(首先是羌)的矛盾关系

表9.2 天之九野及其星象关联[a]

方位	九野	州	宿	国
中	钧天	兖	角,亢,氐	韩,郑
东	苍天	豫	房,心,尾	宋,燕→

（续表）

方位	九野	州	宿	国
东北	变天	扬	箕,斗,牵牛,	燕,吴,越→
北	玄天	青	女,虚,危,室	越,齐,卫→
西北	幽天	徐	壁,奎,娄	卫,鲁→
西	颢天	冀	胃,昴,毕	鲁,赵→
西南	朱天	梁	觜,参,井	晋,秦→
南	炎天	雍	鬼,柳,星	秦,周→
东南	阳天	荆	张,翼,轸	周,楚→

a《吕氏春秋》(13.1b.)再现了天之九野的对应。最右一栏中的箭头表示该分野模式中的星象分布导致一部分宿横跨不同的州。虽然这段话没有给出九州的名称,但是列出的天之九野给出了每个天对应的四方四维方位以及相应的星宿,因此对应的九州名称显而易见。对应的地域分野由高诱(168—212年)在注释中给出。它们与《淮南子》(3.2b)中的相应段落一致。梅杰(1993,69);李勇(1992,22,25)。这些州一半的通用名称在最近发现的、公元前4—前3世纪左右叙述大禹经历的楚帛书中有一些变化;见尤锐(Pines)(2010,512);魏德理(Dorofeeva-Lichtmann)(2010;2009,629ff.)。注意此时定(飞马座)已经分成营室和东壁

表9.1再现了十二次、二十八宿和地域的常见对应。第三章提到的《淮南子》中的相似对应稍微有些不同,一方面是缺少晋,并颠倒(有可能是错误导致)了魏赵两国对应的星宿,另一方面,将吴越两国分开、分别对应婺女(10,水瓶)和南斗/牛(8-9,人马/摩羯)。汉代这一奇怪的变动产生出十三个区域的划分,而不是常见的十二个区域。[①]

岁星在以分野系统为基础的星占学预言中的突出作用,在《淮南子》那段话之后的字里行间有明显体现[②],对此梅杰评论

---

① 梅杰(1993,128)推测这一个比较大的差别可能是《淮南子》中"以南方为基准进行定向"的反映。对于九州地理划分及相关资料的研究,见魏德理(Dorofeeva-Lichtmann)(2010;2009)。

② 《淮南子》3.15a-b。

道:"如给出的预言理论所示……这里所有对宿的描绘和分配都着眼于'阴阳兵家'学派的目的,以显示一些国家战争运势的好坏。"即便如此,不像这里以位于人马座的第一个岁次"星纪"为起始点的标准模式,《淮南子》中的对应列表以角宿(处女座α)为起始点,可能因为这是作者在这一段话之前采用了记录宿的角参数的顺序。我们从上述得知,历法星占学的军事意义在《淮南子》中更体现在军事内容上。

271

表9.1中体现的分配模式明显是一个系统化过程的产物,必然产生于公元前403年晋正式分裂为赵、韩、魏三国之后。以九州为基础的旧分野模式(表9.2)现在已被用于分析战国早期的政治军事政权。从过去的九州中分出另外三个"州"(并,三河,幽),其代替的政权(卫,周,燕)也相应地被重新分配。

星占学中的北斗

虽然有关北斗各星的星占学预言在后续的讨论中并不重要,而且汉以前的相关记载也非常少,但仍有必要在这里指出前面略有提及的北斗各星和九州的对应。司马迁认为,这一星占学对应系统的某些方面在历史上曾与更广为人知的分野系统一同使用过:"二十八宿主十二州,斗秉兼之,所从来久矣。"[a] 其中明确地提到斗柄,他认为北斗被用作一种天上的时钟,北斗各星与某些星宿将整个天空划分为四个天区(第十二章)。有证据表明用北斗指示季节可以追溯至新石器时代,如河南濮阳西水坡遗址发现的宇宙祭司墓地的排列所显示的那样。[b]

州	中文名称
雍州	枢
冀州	璇
青/兖州	玑
扬/徐州	权

（续表）

州	中文名称
荆州	衡
梁州	开阳
豫州	摇光

a《史记》,27. 1346
b 伊世同(1996,22—31)

这里九野中的每个分区对应三宿,除了玄天对应四宿外。可 272
能从第四列和第五列中的标点符号和箭头可以看出,这种分配方
式导致了通常只对应一个地域的一些宿跨越两个分区。比如,第
五列中的燕一般对应幽州——即尾宿(天蝎)和箕宿(人马)——
但是表格中这两宿各自分别对应豫州和扬州(第三列),而幽州根
本就没有出现。这明显表示这一种分区模式在逐渐扩展,首先从
四方到九州①,最后到十二国,以时间出现的先后来看,后一种分
野先产生,前一种分野后产生,最终二十八宿在十二岁次之间的
分布得以确定。为了将九州分野模式转化为十二州,在青、徐两
州间插入了并州,并将其对应于卫国;又将三河插入雍、荆两州之
间并分配给周国;最后在豫、扬两州之间加入幽州并分配给燕国。

此外,西-西南方位的州州名从梁改为益,以对应魏国,晋分裂
后的三国之一。九州分野系统中暗含的梁州与晋国的对应表明梁
所代表的地区与后世文献中的记载不同。在很有可能编纂于战国
时期的《尚书·禹贡》中,梁表示穿过甘肃和四川的陕西省最南方
地区,它仅以华山为边界,有一条无法辨认的称为黑河的汉河支

---

① 对于商周时期具体星官和地上政权之间星占学对应的早期历史和公元前第二千
纪晚期分野星占学初步发展的证据,见李勇(1992,27)引用的郭沫若和郑文光的
结论。

流。① 但是晋国和它的前身唐国毫无疑问都位于山西西部的汾河之东,在临近渭河流域的黄河突然向东转向这一地带的上方。梁山刚好位于汾河流域西部靠近黄河的地方,其中一个山峰位于传说中的夏朝建立者大禹划分的冀州与雍州的边界地区,成为其边界标志。② 有人可能会推测梁原本在商末周初时位于该地区,只是在春秋时期秦早早地灭掉梁以后这一名称才被赋予给西南地区,并将这一地区从陕西南部划出、穿过四川并入华夏文化圈。这样做也是为了填补西南地区的空白,因此形成了三乘三所谓"井田"系统的网格,这一图示化形态是战国晚期宇宙结构的中心。③

　　总体来说,九和十二这两种星象地域对应的分野系统基本上是一致的。很明显,另外三个的扩展并没有明显改变先前已经存在的星占学关系。相反,其目的毫无疑问是为了使旧的传统通过专门的称为"以地面为基础(on the ground)"的调整以适应新的政体改变。除了公元前 5 世纪晋的分裂外,需要适应的历史变化主要是公元前 771 年以后周王室的东迁和随后的衰落,以及秦在陕西渭河流域前周王室故土的崛起。总体来看,这些适应,至少着眼于将西周晚期或春秋早期(公元前 10—前 8 世纪)的九州系统纳入分野体系。④

---

① 倪豪士等(1994,27)。

② 同上,22。《尔雅》有幽州和荆州,但是没有青州和梁州。《周礼》有幽州、并州,而没有徐州和梁州。显然,战国晚期是否存在梁州是一个很大的问题,虽然《尚书·禹贡》具有一定的权威性。

③ 覃其骧(1982,Vol. 1,17—18)。即便东海岸沿线各州的确切位置和边界在名为《容成氏》的楚简中存在一些不确定性,西边的梁州仍然没有出现在这份文献中。尤锐(2010,512);魏德理(2009,625)。

④ 2002 年发现的、出处不明刻有铭文的青铜器豳公盨(约公元前 9 世纪)似乎证明了大禹在水利工程方面对宇宙结构的利用在周初很有名。见刘起釪(2004);饶宗颐(2003);刘雨(2003);李学勤(2005a);周凤五(2003);江林昌(2003);邢文(2003)。

273

相关星占学对应的起源

我们已知，分野星占学的先驱可以在公元前第二千纪已经流行的一些概念中发现。除了已经描绘的罕见的五行会聚现象，先秦著作中的一些段落保存了能确定公元前第二千纪某些天区和地上的政权或民众已经建立起一定联系的诠释学神话和传统残留。其中最著名的一个就是保存在《左传》（昭公元年）中的阏伯和实沈的神话：

> 昔高辛氏有二子，伯曰阏伯，季曰实沈，居于旷林，不相 [274]
> 能也。日寻干戈，以相征讨。后帝不臧，迁阏伯于商丘，主
> 辰。商人是因，故辰为商星。迁实沈于大夏，主参。唐人是
> 因，以服事夏、商。其季世曰唐叔虞，当武王邑姜、方震大叔，
> 梦帝谓己：余命而子曰虞，将与之唐，属诸参其蕃育其子孙，
> 及生，有文在其手曰：虞，遂以命之。及成王灭唐而封大叔
> 焉，故参为晋星。由是观之，则实沈，参神也。①

而且，（襄公十九年）也有：

> 古之火正，或食于心，或食于咮，以出内火。② 是故咮为
> 鹑火，心为大火。陶唐氏之火正阏伯，居商丘，祀大火，而火
> 纪时焉，相土因之，故商主大火，商人阏其祸败之衅，必始于
> 火，是以知其有天道也。③

---

① 《左传》"昭公元年"。英文出自洪业（1966，Vol. 1，344）；可与理雅各（Legge）
（1972，580）进行比较。

② 这应是在春秋季节。在"水"季冬天，用火有严格的规范以不扰乱事物的自然秩序。

③ 《左传》"襄公九年"。英文出自洪业（1966，Vol. 1，266）；可与理雅各（1972，439）
进行比较。最近出土了一份战国时期的记载这段话的楚简，它稍微有一些缺失但
基本一致。见曹锦炎（2011，5—6）。

这则传说在《国语·晋语》中那段同样著名的文字中有所提及："吾闻晋之始封也,岁在大火,阏伯之星也,实纪商人。"[1]

晋的星象知识显著地与这对不和的兄弟阏伯和实沈联系在一起,这充分回应了后世的文学传统,以一种八卦的风格将具有文化意义的元素编织在一起。实际上,这就是用这类前文字时期的诠释学神话解释并传播重要的星占历法知识的一个经典案例。[2] 从这个简洁的故事中我们可以认识到一个神化的、与春秋季节的主要星座天蝎和猎户相联系的神的人类起源的故事,这两个星座在天上完全相反或"相互矛盾",因此不可能同时出现在天空中。犹如不能容忍对方的存在,阏伯总是在实沈于东方升起前没入西方地平线以下。这些拟人化的星座因此与主要方位(东西方);并与古代把它们作为前兆的季节性活动(灶火的燃烧与熄灭标志着农耕季节的开始与结束)[3];还与远古时期的政体(夏商),它们后续的国家以及服务于这些政体和国家的星占历法专业人员的世系联系在一起。在这个以及其他的星象知识案例中,这些文献显著地将上述提及的朱雀的组成星官鸟注与周朝民众的命运联系在一起,有可能从中认识到先秦文献中保存的、巩固这些预言的、古老的星占学对应和操作性原则。从中我们能认识到星占学分野这一系统的历史核心,随着时间的进展,它逐渐扩展并标准化成如上表9.1和表9.2所示的配置。

由于猎户座和天蝎座与春秋分点古老的联系,将它们用于指示季节的显著性和适宜性经常被评论。然而,更显著地是,天蝎

---

① 《国语》,10.3a。

② 李约瑟(李约瑟和王铃 1959,248,282)及其他学者已经注意到青铜器时代早期用天蝎座(第五宿,心大星)和猎户座(参21)来标记春秋分点,表明这则不睦兄弟神话的古老性。

③ 相应地,超大星星宿一(长蛇座 α)和心大星(天蝎座 α)显著地从橘色变为淡红色。

座所在的天区和它古老的历法功能可能将这一星座与大禹及其父鲧的洪水神话和他们对宇宙结构的利用联系起来。[1] 然而，与此处有关的主要是天蝎座和猎户座同样与银河毗邻，虽然我们已经注意到，它们分别位于天的两端。如果我们分析一下表9.2天之分野中星座与它们的对应地域之间的关系，将注意到大火对应东方和徐州，即宋，商在河南中原东部的后续国，而参或猎户座对应西南、梁州和晋国，这刚好与实沈和阏伯的不和传说一致。

虽然商与东方的联系已经确立，但我们应如何解释晋位于西南地区？或者，就这件事而言，这种显著的地理学悖论，像周在西方、齐在东海岸的山东半岛，如何分别与南方和北方联系起来？为回答这一问题，我们应在一张华北平原的地图上排列这些州和它们的对应天象。以这种方式这一矛盾开始呈现出一种典型的特征，这一特征源于与天上而非地上的地势的显著联系。如今这一分野模式可能被认为从核心上保存了随时间逐渐模糊的原始宇宙学组织原则的明显遗迹。

276

以银河为界限的宇宙学图景

银河跨越从东北的人马座（天空中北方和东方象限的交合处）到西南的双子座（南方和西方象限的交合处）的整个穹形天空，而天蝎座和猎户座战略性地位于相反的两极。我们设想一下，中国古代的星占学家，在黄河践行着他们的艺术，把银河作为这一伟大河流在天上的对应，这便解释了随后呈现出的星占学对应上的明显矛盾。将黄河从西南到东北的大致走向（地图9.2）

---

[1] 裴碧兰(1996)。

与银河从西南到东北的方位(地图 9.3)进行比较,春秋时期九州的对应便一目了然。"北方"的"分野"齐(青州)和"南方"的秦/周(雍州)决定了南北这一主轴的大致方位,而黄河之上的区域如今成了"西",之下的区域成为"东"。晋(梁州)在星占学上的方位

277 "西南"如今可看出在这一典范性的天区框架中很合理,楚(荆州)的方位"东南"亦然。对这些特征的进一步检验证实了这一分野模式忠实于天象位置的真实而不是地域方位的真实,这一点源自

278 黄河和银河在星占学意义上功能一致的古老观念。①

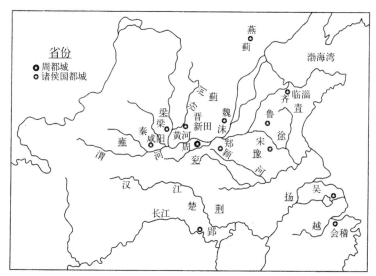

地图 9.2　以黄河为界的九州。各州的标准方位出自以银河为界的各对应星象的标准坐标

---

① 一个类似的观点可能产生于古埃及:"要将银河视为一条河,天空必须为古埃及人呈现不同的方向。我们知道,与他们自己的尼罗河进行比较,埃及人认为幼发拉底河从南流向北。因此,他们有可能认为天上的河流是从东流向北的。"阿里尔·科兹洛夫(Kozloff)(1994,174)。

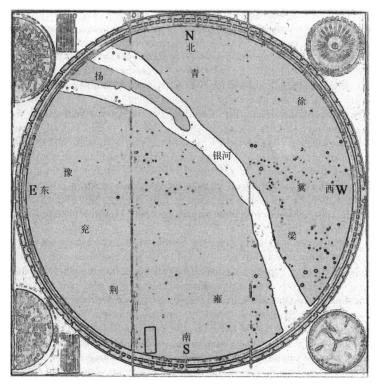

地图 9.3　宋代的平面天球图,每个星区都标记了九州的名称,显示了以银河为界的分布。引自《中国社会科学院考古研究所》(1980,101,图 97),据授权复制

　　因此,银河是首选。虽然发展成熟的天之九野模式与对这一系统起源的描绘有一些微小的差别,但是不难想象随着地理政治情势和相应的星占学分野之间的不断匹配开始产生矛盾,从而形成这些差别。有趣的是,虽然后来政治上的吴和越(扬州)与星占学上"东北"的对应出现得非常晚,但是它仍然与原始的观念一致。其中一个主要的卫、鲁与北、东北对应的矛盾,在地理学和星占学上都没有造成影响。一个可能的解释是黄河河道的变化。公元前 602 年黄河向山东南部改道,以往它从未越过淮河河道向南延伸至那么远。这样一个河道将导致卫和鲁在星占学意义位

于参照对象黄河的"西北"。① 此时表 9.1 中描绘的晚期系统已经得到充分地发展,而原始的宇宙学观念可能有点被这些新生事物模糊。

虽然由此以往黄河和银河的类比不断在阴阳和五行理论中反复出现,但战国的星占学文献中却很少见到银河是黄河在天上的对应这样明确的论断,因为那时这要么是很明显的要么太隐秘。② 一个值得注意的例外是杰出的唐代(608—907 年)天文学家僧一行(活跃于 725 年)将这一星象地域对应视为基本模式。自将中国南方纳入中国主流文化以来,至一行的时代华夏文明已经扩展很久了,因此中国的两大河流系统如今都被纳入考虑范围,从而模糊了古代原本将黄河与银河进行的一一对应。然而,从他的解释中仍可以认识到这一基本观点。据宋朝的百科全书编纂者郑樵(1104—1162 年):

> 善乎唐一行之言十二次也。惟以云汉始终言之,云汉,江河之气也。认山河脉络于两戒,识云汉升沉于四维。下参以古汉郡国,其于区处分野之所在如指诸掌。盖星犹气耳,云汉也,北斗也,五星也,无非是气也。一行之学其深矣乎!③

279

----

① 刘乐贤(2004,21,图 2.1)。

② 像大多数他的同时代人,著名的汉代天文学家和博学家张衡(78—139 年)认可这一常见的观点"水精为天汉"。张衡《灵宪》,《太平御览》1:8.10a。类似地,汉纬书《河图括地象》直接谈及这一星象地域对应:"河精,上为天汉。"《太平御览》1:8.11a。

③ 郑樵用赞同式的评论总结了他的讨论"分野辨",《古今图书集成》,第 57 册,"星辰部:总论",1341。有关一行对地理详情的分析模式,见《新唐书・天文志》,21.817。明清时期,这一基本的启发式方法明显已经消失或被忽视,以至于学者们提出要对这些过时的分野系统进行修正。方以智(1611—1171 年)甚至提出虽然"扬州实当中国之半,而分星所属止斗牛女三宿"。出自方以智《通雅》卷 11,英文出自约翰・汉德森(Henderson)(1984,223)。对于中国河流的划分,见同上,221,图 8.15。

岁星在分野星占学中的实际运用:以《左传》为例

为了阐释分野星占学在实际运用中特别是在战国和汉代时期的主要特征,需要在分析《国语》中的例子之前对《左传》中涉及岁星的典型段落进行分析。本质上来说,其他天体和天象都运用同样的规则,然而由于岁星在军事和政治性预测中占据主导作用,因此这一讨论只集中于该行星。这里再次提到的是《左传》中八个与各诸侯国的星占学分野发生关联的岁星位置中的三个案例。① 这些文献展现了用分野系统进行预测的两个基本特征:(i)对事件的预测以一个或多个岁星十二次周期中的位置为基础;(ii)岁星所在的星占学分区对应的国家具有军事上的优势。

1.《春秋》中记载了昭公八年(公元前 533 年)楚灭陈。《左传》中详细记述道:

> 晋侯问于史赵,曰:陈其遂亡乎? 对曰:未也。公曰:何故? 对曰:陈,颛顼之族也。岁在鹑火,是以卒灭,陈将如之。今在析木之津,犹将复由。且陈氏得政于齐而后陈卒亡。②

楚复兴陈是在公元前 529 年,陈被楚灭亡是在公元前 479 年。一个珍贵的历史世系传统被引述为基础,以预测彼时陈的灭亡还没有到来。这一预测在《左传》后一年的注释中进行了解释,如:

280

① 这八个例子出现在襄公三年;襄公二十八年(三例);昭公八年;昭公九年;昭公十年;昭公十一年;昭公三十二年。

②《左传》昭公八年,英文出自洪业(1966,Vol.1,623)。

2.《春秋》记载了昭公九年(公元前 532 年)陈都发生的一场大火。《左传》进一步阐释,

> 夏,四月,陈灾,郑裨灶曰:五年,陈将复封。封五十二年而遂亡。子产问其故,对曰:陈,水属也,火,水妃也,而楚所相也。今火出而火陈,逐楚而建陈也。妃以五成,故曰五年。岁五及鹑火,而后陈卒亡,楚克有之,天之道也,故曰五十二年。[①]

这里,五行的关联模式被用于解释陈与楚之间的敌对关系,这种解释以他们与水星和火星以及相应天区的古老星占学联系为基础。春天出现的大火星,即心大星,据说是陈发生这场大火的缘由。

3.《春秋》简单记述了昭公三十二年(公元前 510 年)"夏,吴伐越",《左传》扩充道:

> 夏,吴伐越,始用师于越也。史墨曰:不及四十年,越其有吴乎! 越得岁而吴伐之,必受其凶。[②]

它预测了公元前 478 年越将打败吴,而吴在后一年将灭国。这里吴行动轻率,而不顾及岁星所在之国不可伐之的星占格言。

《国语》对晋文公复国的阐释

《国语·晋语》中有两段文字叙述了重耳流放和后来恢复其晋国君主地位时的环境。第一段叙述了一个著名的、据称发生于公元前 644 年的事件,当时重耳正在穿越魏国的领土,处于极端

---

① 《左传》昭公九年,英文出自洪业(1966,Vol. 1,370)。
② 《左传》昭公三十二年,英文出自洪业(1966,Vol. 1,370)。

困境之中：

> ［文公］乃行，过五鹿，乞食于野人。野人举块以与之，公 ²⁸¹
> 子怒，将鞭之。子犯曰：天赐也。民以土服，又何求焉！天事
> 必象，十有二年，必获此土。二三子志之。岁在寿星及鹑尾，
> 其有此土乎！天以命矣，复于寿星，必获诸侯。天之道也。①

**第二段更长的文字叙述了公元前 636 年 8 年以后围绕重耳
复位的一系列事件：**

> 董因迎公于河，公问焉，曰：吾其济乎？对曰：岁在大梁，
> 将集天行。元年始受，实沈之星也。实沈之墟，晋人是居，所
> 以兴也。今君当之，无不济矣。君之行也，岁在大火。大火，
> 阏伯之星也，是谓大辰。辰以成善，后稷是相，唐叔以封。瞽
> 史记曰：嗣续其祖，如穀之滋，必有晋国。臣筮之，得泰之八。
> 曰：是谓天地配亨，小往大来。今及之矣，何不济之有？且以
> 辰出而以参入，皆晋祥也，而天之大纪也。济且秉成，必霸诸
> 侯。子孙赖之，君无惧矣。

> 公子济河，召令狐、白衰、桑泉，皆降。晋人惧，怀公奔高
> 梁。吕甥、冀芮帅师，甲午，军于庐柳。秦伯使公子絷如师，
> 师退，次于郇。辛丑，狐偃及秦、晋大夫盟于郇。壬寅，公入
> 于晋师。甲辰，秦伯还。丙午，入于曲沃。丁未，入绛，即位
> 于武宫。戊申，刺怀公于高梁。②

---

① 《国语》，10.1b；《左传》僖公二十三年。
② 《国语》，10.11a－12a；《左传》僖公二十四年。

282

表 9.3　子犯(狐偃)和董因的一系列星占学事件

日期	事件—岁星位置
公元前 655	重耳逃离晋;岁在大火(天蝎)
公元前 644 年	祈食于五鹿;岁在寿星(处女)
公元前 637 年	董因迎于黄河;岁在大梁(昴星团)
公元前 636 年	晋文公元年;岁在实沈(猎户)
公元前 635 年	岁在鹑首(双子-巨蟹)
公元前 634 年	岁在鹑火(狮子[长蛇])
公元前 633 年	鹑尾(摩羯)
公元前 632 年	城濮之战;岁在寿星(猎户)
公元前 631 年	岁在析木之津(天蝎)

　　这两段文字有许多历史和文学价值,但是这里我们将主要关注这些预言和它们的含义。首先,要注意这两段文字都运用了前面确认过的分野星占学的主要操作原则,即岁星所在天区对应的国家具有战略上的优势,以及这些预言以岁星的十二年岁次周期为基础。从晋的角度看,岁星的十二年周期开始结束于实沈,即晋对应的星区。史学家董因在解释他的预言时应用了前面我们在叙述分野对应的起源时已有所描绘的实沈和大火在晋历史中的意义这一珍贵传统。删减至基本元素,这些星占学预言(事实上为公元前 4 世纪的事后建构)可列表为表 9.3。

　　根据记载狐偃(子犯)预言的第一段,由于五鹿的征兆发生在岁星位于寿星之次,上天昭示当岁星再次回到相同岁次位置时重耳将从魏手中获得五鹿,那时他将获得各诸侯的效忠并确立霸权。叙述更详细星占学内容的第二段,再次以精通星占学的史学家提供卓越意见的形式,叙述了与第一段一致的内容,并应用了大火和实沈在晋历史中扮演的传奇性角色。岁星位于晋的星区实沈,在重耳要夺取权位时被强调为非常吉。历史和世系的类比以及《易经》中一个提及晋怀公在重耳到来时逃走的适应情势的断辞被用于游说重耳,不仅罗列的这些事件与星占学前例一致,而且此刻的吉兆会确保这场复位的成功。事实上,不像建议的那样行动,被描绘为重耳的子辈对其祖先及其后代的不负责任。 ²⁸³

在大败楚国那场胜仗之后,周襄王大大奖赏了子犯在文王复位并重新确立王室在中原诸侯国中的权威中所起的作用。周王对子犯的嘉赏记载在最新发现的《子犯和钟》铭文上:

> 唯王五月初吉丁未,子犯佑晋公左右,来复其邦。诸楚荆不听命于王所,子犯及晋公率西之六师,搏伐楚荆,孔休。大攻楚荆,丧厥师,灭厥禹(渠)。子犯佑晋公左右,燮诸侯得朝王。克奠王位。王赐子犯辂车四……。

由于丁未日也是重耳在公元前 636 年即四年前即位晋文公时选中的吉日,而且由于这一叙述以该事件为开端,冯时提出这一日期指的是这一场合。[a] 然而,李学勤提出有力的证据指出这一日期指铸造和赐钟的日期,在晋公召集诸侯一段时间以后,可能是三年以后。无论哪种情况这里引用的部分铭文无疑记录了周王嘉赏的实际措辞。[b]

a 冯时(1997,63)。

b 李学勤(1999c)。天干丁至少在商代一定是非常吉的。

除了子犯和董因对未来的准确预测外,这些预言以及它们在事后重构的虚构性本质充分体现在岁星位置存在一个四年的误差。表 9.4 以这些年代岁星真经度的分析为基础,显示了以当时的观测者来看岁星应该处于的位置。显然,文公元年岁星不是处于所声称的晋的星区实沈,岁星最有可能在公元前 644 年以及 12 年以后的公元前 632 年再次位于实沈,当时正值城濮之战之际。

表 9.4 岁星在公元前 655—前 631 年之间的实际位置

公元前	事件	岁星位置
655 年	重耳逃离晋	鹑首(双子-巨蟹)
644 年	乞食于五鹿	实沈(猎户)
637 年	董因迎于河	星纪(人马-摩羯)
636 年	文公元年	玄枵(水瓶)
635 年		娵訾(飞马)
634 年		降娄(仙女)
633 年		大梁(昴星团)
632 年	城濮之战	实沈(猎户)
631 年		鹑首(双子-巨蟹)

某些情况下,可能不清楚当时的观测者会用什么表示一个给定的基于岁星位置的年,因为存在一个岁星的会合周期与一个太阳年(398.88 与 365.24 天)之间的不可通约性产生的"超辰(游动)"现象。岁星在一年七周的不可见时期持续的运动导致该行星每次重新出现在离一个既定位置几度远的地方。在约七次十二年周期循环之后这些累计的漂移将接近一年的行度约 30°,如果岁星的位置依然简单地以年为基础依次进行计算,而不是以日常观测为基础,某一时刻对再次出现的岁星进行实际观测,将显示该行星已经出乎意料地跳过了一个岁次,这一现象被称为"失次"(该现象以图形的形式展现在第六章的图 6.1 中)。[1]

特别是实沈年份,存在一个确证的问题,因为这一岁次的经度刚好少于 15°,或只有岁星每年行度的约一半,因此在任

---

[1] 这精确地描绘了《左传》(襄公二十八年)的情形,岁星预计将在星纪重现,但是它却"越界"出现在玄枵。

何给定的实沈年，岁星实际上有一半时间都在实沈的边界范围之外。由于这一状况，哪一年将是实沈年极其重要地依赖于前几年应该位于哪些岁次。在目前这个例子中，这一困难被该周期中岁星行经实沈的许多行程发生在岁星位于公元前633年五月和六月的不可见时期这一事实所加重。依据标记星宿边界的距星的"古度"系统进行计算，岁星或约于公元前633年6月21日再次出现，此时它已经越过了实沈东边边界 ²⁸⁵ 的范围。①

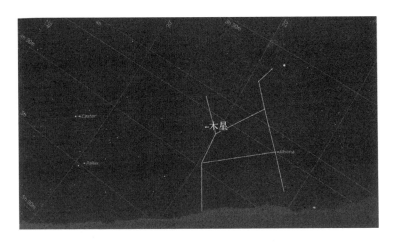

图9.1 公元前633年岁星位于标记实沈岁次东界的井宿三（赤经4小时31分钟）东边几分度处（根据 Starry Night Pro 6.4.3 天文实时模拟软件模拟）

为了有把握地得出岁星可见的某十二个月（任何月都可以看见）被正确地描绘为这个或那个岁星年这一结论，我们需要给定时刻岁星的实际位置与运行位置的记录之间的差距基准以显示可接受的变化范围。幸运的是，在目前这个例子中存在这种基准。可以将岁星公元前632年的实际运行位置与公元

① 公元前2世纪以前相关星所使用的"古度"系统，见王健民和刘金沂（1989,59—68）及图6.1。

前 242 年和公元前 206 年的情况（图 9.2 和 9.3）进行比较，后两者与出土马王堆帛书《五星占》（公元前 2 世纪）记载的位置一致。① 这些图形象地展示了岁星可在三个周期前后的公元前 242 年和公元前 206 年黎明时分重现时于实沈岁次见到。注意在后一种情况中，即公元前 206 年，岁星位置与图 9.1 中展示的公元前 633 年的位置一致。在缺乏有关公元前 7 世纪如何确定岁星位置的详细知识的条件下，这个三世纪晚期的记录证明了岁星在公元前 633—前 632 年的可见时期位于实沈至少与晚期的实际情况一致。②

286

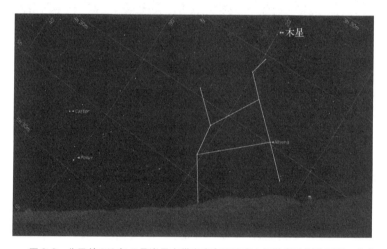

图 9.2　公元前 242 年 7 月岁星在猎户座和双子座之间的实沈岁次重现。井宿三（赤经 4 小时 31 分钟）标记了实沈岁次的东界（根据 Starry Night Pro 6.4.3 天文实时模拟软件模拟）。

① 席泽宗（1989b，55）。

② 最近发现的同时期青铜器铭文根据岁星周期来确定日期，这一点确认了这一系统在公元前 6 世纪还在运用。王长丰和郝本性（2009，69—75）。

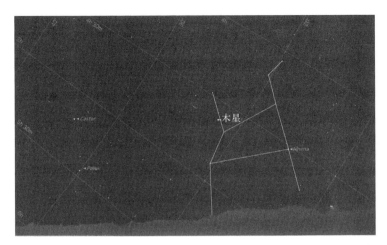

图 9.3 公元前 206 年 7 月岁星恰好在猎户座和双子座之间标记实沈岁次东界的井宿三(赤经 4 小时 31 分钟)东边重现(根据 Starry Night Pro 6.4.3 天文实时模拟软件模拟)

从天文学推测《国语》的年代

如果我们假设对这些天象的描绘是准确的,那么《国语》的编纂日期便将成为问题的关键。晋文公的年代在战国时期是已知的。《国语》中对岁星位置的任何错误记载都产生于文献编纂时期的年代回推。战国晚期的作者必定假设了岁星有一个十二年周期,这一周期在公元前 2 世纪早期的《五星占》中就已给出。因为岁星的实际会合周期是 11.86 年,与回推的十二年周期存在每一个周期 0.14 年(约 51 天)的误差,这一误差经过 28 至 29 个周期以后(336—348 年)累积误差达四年。这样将可以将文献编纂的最接近年代定为公元前 4 世纪末或公元前 3 世纪初(即公元前 300—前 288 年)。这一结果与学者们在分析语法、用词、概念框架和历史典故的基础上得出的有关《国语》编纂年代的观点一致。[a]

a 白牧之(E. Bruce Brooks)(1994,50)提出文献的编纂年代为公元前307—前 305 年。洪业(William Hung)(1996, Vol. 1, lxxxiv)在对《左传》中的证据进行计算的基础上,认为利用岁星周期进行回推计算的起始年代约为公元前 364 年。

如我们在第六章中看到的,《周语》中对克商之年岁星位于周的星区分野鹑火的叙述是正确的。岁星在当时的星占学功能在新近发现的清华简《耆夜》中也有所体现。对公元前 1046 年年初牧野之战黎明时分岁星的观察在周克商同时期的著名的利簋铭文中已明显提及。[①] 然而,战国晚期已经不了解周克商的精确日期,即使当时还没有利用岁星的十二年周期进行的回推式计算,也可能将岁星正确地置于鹑火岁次,以至于那少量的星象知识不得不以传世文献为基础。因此,假设《国语》的作者也利用了与晋文公复位和城濮之战有关的星占学预言并非是无理由的,这些事件离作者自身所处的时代超过四个世纪之久,但是更近于与周克商时期的间隔。例如,传世文献可能会写道"晋称霸时,岁星在实沈"或类似模糊不清的语句,编纂董因和子犯星占学训诫的作者将以他的其他资料和回推计算为基础,对这一叙述进行阐释和润色。至少,《国语》作者明显没有用一种说辞来包装它的星占学解释。

岁星位于实沈恰好发生于晋文公元年这一点被文献所强调,但多半是发生在城濮之战时,这表明分野星占学在春秋战国早期的军事战略中起到了比以前所认识到的更突出的作用。这一讨论的最后将进一步分析年代可确是事件的时机以及它们与显著天文现象的巧合,以努力探寻是否存在星占学因素影响决策的可能性。

政治军事行动与天象的关联

这一章的附录列出了从重耳复位到晋国军队在城濮大败楚国的关键性战役之后胜利回师一系列事件的详细时间表。各类

---

① 见周克商时期的星占学事件年表,见相关的附录内容。

不同资料中给出的日期以及它们在天文学上的精确性都运用天文学软件和复原的先秦历法进行了调整和核查,特别是春秋时期(公元前722—前481年)新月[1]和闰月的表格。[2] 另一个在一系列事件中暗示需引起注意的天象是满月和非常重要的就任典礼之间的关联,首先是公元前636年5月(5月10日)重耳回到晋国旧都曲沃并成为晋文公时;随后是公元前632年5月晋文公在周王和众诸侯面前举行的隆重就任和盟约订立仪式从而确立霸权地位时。[3] 此外,其他许多年代已确定的事件恰好发生在新月或满月这一事实表明许多军事和仪式活动需要这一时机,其原因我们现在只能进行推测。例如,公元前632年6月,晋国军队胜利回师时在满月渡过黄河,这是为了利用夜晚的月光,而接下来凯旋进入晋国首都,也发生在新月。城濮之战就发生在一个新月的第二天,此时可能仍看不见月亮。这些关联可能不是纯粹的巧合,因为足足有1/3的、日期已确定的事件发生在新月或满月,而其他事件发生在朔望(日月会合)精确时刻的一天以内。[4]

　　然而,与这种月亮的关联同样有趣的可能是从一个战略或仪式的立场来看,与那些和城濮之战及随后的仪式相互关联的行星现象进行比较,它们平凡无奇。我们知道公元前633—前632年是

①　后文将会提及,此处的新月是指一个月的第一天,即朔日。——译者注

②　张培瑜(1987)。

③　再分析一下《左传》中齐桓公在公元前679年首开先河的就任仪式的有关内容,当年8月举行的著名"葵丘"会盟显示它也可能被安排在满月;见下文。

④　这一联系中值得注意的是前引出自孙膑《兵法》"月战"章中有关在战争中利用星占学推算的言论。历史记载相似的内容在古希腊非常重要。当雅典人为在马拉松击退波斯军队向斯巴达寻求帮助时(公元前490年),"斯巴达人说他们愿意帮助雅典人,但是他们不能立即行动,因为他们不能违背他们的宗教禁忌。因为当时是朔望月前十天的第九日,他们说军队不能在第九月亮还没有圆的时候出征。因此他们必须等到满月"。希罗多德《历史》(The Histories)第6册,106章。普拉塔亚战役(the Battle of Plataia)(公元前479年)中也有相关的内容。

如何成为晋文公即位后岁星位于晋所属星区分野实沈（猎户-双子）的第一次契机。在星占学意义上，这意味着是晋采取军事行动的理想时机，因为岁星所在星区对应的国家具备有力的优势。而且，这一时机仅在 12 年之后才会重现，同时，仅随着岁星赋予晋以星占学优势后，这一优势首先给了秦，继而是楚。因此，如《国语》强力地显示那样，在一定程度上星占学考量在战略规划中非常突出，鉴于当时的政治军事环境，晋文公及其谋士们不可能会放过这一机会。

但是公元前 632 年春和夏初出现了一个甚至更著名的天上与地上事件之间的巧合，因为随着几个月的时间流逝，敏锐的观测者一定知道即将发生具有某种重要意义的行星会聚。图 9.4 显示了在 3 月的城濮之战之际岁星恰好显著地在夜空中位于双子座。从 3 月到 5 月有另外三颗行星在接近岁星的位置，最后太白、辰星、岁星和荧惑于五月末在巨蟹座引人瞩目地会聚在一起（图 9.5），此时刚好是在周王面前举行就任仪式并订立盟约、正式确定晋文公霸权地位的时刻。

这次行星会聚既不完整，也不如公元前 1059 年标志天命授予文王的那次会聚紧凑，但是这类现象一定会引起关注，而且可能还会说它"适合举行仪式"，因为作为霸主的晋文公配不上五星全部会聚的级别。这次的四星会聚发生在约四个世纪以前标志周受命的五星会聚发生的同一地点（图 9.6），明显这对掌握周代天命先例知识的公元前 632 年的观测者来说更加突出。更突出的是汉代历史学家记载为标志上天支持刘邦建立汉朝的著名的公元前 205 年 5 月发生的五星会聚，也集中在天空这同一片区域（比较图 9.5 -图 9.7）。①

---

① 对于这次行星会聚事件最早的记录，见《史记》27.1348。也可见刘云友（席泽宗）（1974,35）的论述。

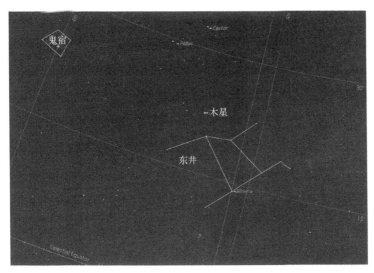

图 9.4　公元前 632 年 3 月城濮之战时期岁星恰好位于井宿三的东边（根据 Starry Night Pro 6.4.3 天文实时模拟软件模拟）

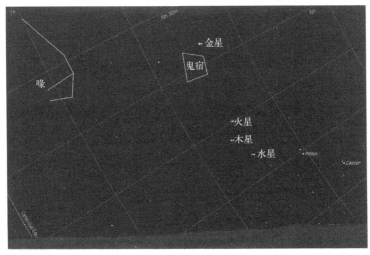

图 9.5　公元前 632 年 5 月末在朱雀"喙"前发生的四星会聚正值确立晋文王霸权的就任仪式（根据 Starry Night Pro 6.4.3 天文实时模拟软件模拟）

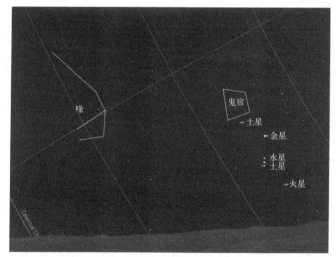

图9.6　公元前1059年5月末在朱雀"喙"前发生的昭示周受命的五星会聚(根据 Starry Night Pro 6.4.3 天文实时模拟软件模拟)

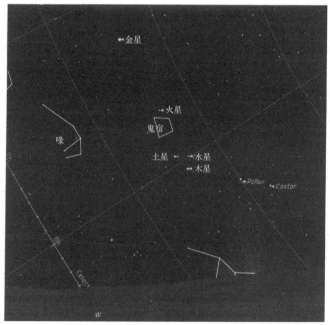

292　　　　图9.7　公元前205年5月末发生的昭示上天支持刘邦建立汉朝的五星会聚,同样发生在朱雀"喙"前(天文实时模拟软件 Starry Night Pro 6.4.3)

《国语》中两则记述的星占学比较

现在来看一下分野星占学中常用的操作性规则岁星十二年周期或"大年"，将有助于比较周受命这一先例与晋文王相关的预言。在后例中，我们看到这一预言如何以岁星在一个十二年周期后回归到既定位置为基础。在《晋语》这段话中，作者以寿星为首尾重建了这一循环周期，以使文王元年时岁星巧好位于实沈。而事实上，当时的观测者可能看到岁星位于实沈时巧好是五鹿预言（公元前 644 年）和城濮之战（公元前 632 年）之际。在这一基础上我们可以得出结论虽然这一时期暗示岁星和实沈代表吉兆的星占学论述也许很模糊，但《国语》的作者进行了精细的处理，留给叙述者以想象力去重建精准的细节。

再看一下更早的公元前 11 世纪中期周受命的先例，虽然经典文献中很少提及，《周语》中详细叙述的周克商时期的星占学环境自战国时期起应广为人知。东汉时期，班固（32—92 年）的《幽通赋》中有这样一句"东邻虐而歼仁兮，王合位乎三五。"应劭（140—206 年）的解释保存在颜师古（581—645 年）对这首诗的注释中，其中再次引用了《国语》中的这段星占学内容，"三五"即《国语》岁、日、月、星、辰之所在也。[①] 因此，这里我重建了预示周克商的一系列事件[②]：

1059 年，5 月 28 日紧凑的五星会聚发生鹑首（巨蟹-双子）发生，靠近朱雀"喙"。

---

① 译者注：应劭的解释为"欲合五位三所，即《国语》岁、日、月、星、辰之所在也"。
② 班大为（1981—1982；1995）。对于周克商事件的日期，以及对月相的讨论，见本书附录部分。

1058年，3月　岁星位于鹑火鸟星，文王改年号"受命元年"。

1048年，8月　岁星向鹑火顺行，突然留，然后逆行；周军队在黄河孟津停止行进，即便诸侯们劝说武王。武王说道："不知天命，未可。"

1046年，3月　几周内岁星行度仍在鹑火鸟星三度以内；1046年3月20日牧野之战（周"受命十三年"二月甲子日）。

从1058年鹑火到1046年鹑火是一个完整的岁星周期或"大年"。

从这一编年表可以看出公元前632年春天的星占学环境在细节上囊括了公元前11世纪中期周受命先例的突出特征：

（1）岁星位于星占学上对应之国具备军事优势的岁次；

（2）事件（或预言）发生的时机与岁星在一个周期中的运行阶段发生关联；

（3）岁星处于自西向东的顺行阶段，并/或者在决定性战役发生之际即将恢复顺行；

294

（4）一次令人印象深刻的行星会聚发生在朱雀喙部附近，标志着对已经发生（或武王案例中即将发生）的事情的认可。

结　论

公元前1059年行星会聚与周克商之战时期岁星位于鹑火的记录保存在汉代和周代文献中。悠久的、与公元前1046年天命授受有关的"赤乌"（凤凰）出现的传统表明，周预言中岁星实际位置位于朱鸟的相关知识已为战国及更早的时代所知。如我们在前述第六章中所见，这一系列典范式的星占学事件在公元3世纪汉代末帝献帝退位之际仍得到很好的理解。现在只有重建天命

授受和周克商之战的实际天象才能证实岁星运行从鹑火到鹑火
（即分野星占学中分配给周的星区）的十二年周期与周克商时期
的标志性事件之间的精确联系。

　　这些预兆性的行星现象几乎重现在与晋文公大败楚国及其
称霸过程相联系的同样位置上，必然给那些见证了公元前 632 年
事件的知情人带来深刻的印象。当然，在一定程度上包含这些星
占学论断的分野星占学在战略和战术谋划中非常重要。事实上，
公元前 632 年岁星位于晋的星占分区有助于解释晋与楚进行大
战的迫切性，而且，反之，也可能解释楚成王明显缺乏与晋进行对
抗的积极性。无论如何，似乎有可能晋文公的称霸仪式、并且很
有可能城濮之战都被故意安排成与当时的天象同时发生。[①] 由
于周朝建立时那些首开先例的事件非常传奇、声名远播，又鉴
于《国语》中只有这两例划时代事件的星占学环境详细阐述到这
种程度，似乎可以得出结论，作者在编纂相关章节时一定将这两
者的星占学内容进行了对应。

　　因此，我们可以得出这一结论，在春秋时期分野星占学在军 [295]
事谋划中非常重要，周早期克商战役之际这些首开先河的事件确
立了这类背景中星占学预言的基本指标。对于这些星占学实践
和原则，尤其是岁星的作用及其十二年周期，诸如《左传》《国语》
和《三国志》等战国和后世的历史叙述进行了仿效，这证明了星
区-地域的分野对应在春秋战国时期（公元前 8 世纪晚期至公元

---

① 公元前 1046 年的牧野之战和公元前 632 年的城濮之战实际上甚至更为相似，因
　为两者发生时岁星要么位于顺行阶段的留，要么在经历该年的留阶段之后恰好恢
　复顺行。玛雅行星星占学中具有高度相似的内容；例如见约翰·贾斯特森
　（Justeson）（1989，104），他讨论了岁星和镇星的留阶段如何被用于将人类事务安
　排成"贵族的决策从表面上看乃是神圣的命令所为"。更多的例子，可见苏珊·米
　尔布拉斯（Milbrath）（2003，301—330）。

前3世纪)的思想中非常重要。最后,令人印象深刻的行星会聚适时在三次重要的时刻——公元前1059年、公元前632年、公元前205年——出现在具有高度象征性的相同天区,一定加强了目睹这些事件的人们心中已经非常强烈的信念,即上天展示了对华夏文明命运的特殊关怀。

晋文公复位和城濮之战(公元前632年3月12日)相关事件的时间表

公元前637—前636年(《春秋》中鲁僖公二十三至二十四年)

《国语》包含以分野星占学和岁星十二年周期为基础的星占学预言;《史记》[①](与《左传》一致)记载:

＊晋文公元年(636年),春,重耳"至河",然后:

—二月,甲午(31年)"军于庐柳"[只有《左传》中记有日期]。

辛酉(38年)"秦晋大夫盟于郇"。

壬寅(39年)"重耳入于晋师"。

—三月,己丑(26年)晦"晦;欲杀文公"[只有《左传》给出了月相][②]。

—[四月],丙午(43)"重耳入于曲沃"[③]。

丁未(44年),"重耳朝于武宫,即位为晋君"。

---

① 《史记》,39.1661。

② 这里《左传》(鲁)给出的日期与张培瑜复原的这段时期的历法之间存在一个月的误差,这很可能源于鲁僖公二十四年初插入了一个闰正月。见张培瑜(1987, 137)。其他以《子犯和钟》铭文上记载的日期为基础对这一历法误差进行的解释,见冯时(1997,63—64)。

③ 前一晚5月9日的月相是朔望月第15.9日,5月9日这天是99%的满月。

戊申(45 年),"文公使人杀怀公"。

公元前 634—前 632 年《春秋》和《左传》记载: 296

＊僖公 26 年;公元前 634 年——鲁与卫、莒结盟;齐不悦,入侵鲁;鲁如楚乞师以伐齐。

—僖公 26 年宋叛楚即晋,楚师开始伐宋,围缗邑。

—僖公 26 年鲁率楚师伐齐,取谷邑(自濮逆流而上),并与楚师成之。

＊僖公 27 冬;楚成王亲帅郑、陈、蔡和许国军队围宋;鲁会诸侯,盟于宋。

—宋向晋求助;曹、卫新近于楚交好(卫与楚新近建立姻亲关系)。

—晋的战略是刺激楚加入对抗:先伐曹、卫,因此楚将被迫放弃围攻宋,阻止楚入侵齐。

＊僖公 28 年,公元前 632 年——晋先作三军;使军侵曹攻卫,从卫手中夺得五鹿(靠近濮阳;可与《国语》十二年之前的预言进行对比)。

＊僖公 28 年,二月——晋齐盟于敛盂。(卫国领土靠近濮阳)。

—卫成公请盟,晋人弗许;卫国人逐其君至南方的襄牛以取悦于晋。

—鲁派军戍卫,楚军救卫不克;鲁惧于晋,杀楚将公子丛以安抚晋,并欺骗楚这是因为他戍卫不坚定。

＊僖公 28 年,三月,丙午(43 年)(632 年,2 月 17 日)——晋军入曹;楚围宋告急;宋再次向晋求助解围。

—晋文公犹豫是否要公开与楚决战,因为齐、秦尚不愿意全面合作。

—文公的谋士先轸劝说他采用这一计谋：使宋舍晋而赂齐、秦，藉之告楚保持和平；晋执曹君而分曹、卫之田以赐宋人。楚爱曹、卫，必不许也。喜赂怒顽，能无战乎？

—晋如计划行事，执曹伯，分曹、卫之田以畀宋人（曹以前是宋的封地）。

—楚成王撤退，入居于申；使楚军离开齐城谷邑，使子玉去宋；成王不愿意与晋对抗，从战场上撤军。

—子玉拒绝按照命令行事，使人向楚成王请战，子玉自私的傲慢激怒了楚成王，只给子玉留了少量的军队，让他自行其是。

297 —子玉使使者告于晋师，请复卫侯而封曹，随后他亦释宋之围。

—先轸建议晋文公：私许复曹、卫，使曹、卫告绝于楚，再拘楚使者以挑衅楚。

—这一策略奏效：曹、卫告绝于楚；子玉如预期所料，攻击晋师。

—晋文公曾被楚成王奉为客人，他尊重以前的誓约，撤退三舍以避免与楚军发生正面冲突；楚军众将不愿继续追击，子玉任性自负，坚持要伐晋。

*僖公 28 年：

—四月戊辰（5 年）（3 月 11 日），晋、宋、齐、秦军占领城濮；楚军处于战略优势地位，背酅而舍。[《左传》中的日期，四月开始于丁卯（4 年），即 3 月 10 日。]

—四月，己巳（6 年）（3 月 12 日，月相 1.6 日）——晋楚宣战。城濮之战。晋的战术获胜；子玉中途收兵撤退，故不败；晋师缴获楚物资，庆贺三日。[《春秋》《左传》《史记》都记录了日期。]

—甲午（31 年）（4 月 6 日；月相 26.8 日位于双鱼座）——晋

军撤退至衡雍（10 日—30 日）；晋文公作"王宫"于践土并邀请周王；郑如楚致其师，为楚师既败而惧，使人与晋求和。〔只有《左传》交代了日期。〕

——五月，丙午（43 年）〔4 月 18 日，本月起始于丁酉（34 年）〕——晋及郑盟于衡雍。〔只有《左传》交代了日期。〕

——丁未（44 年）（4 月 19 日）——周王至，晋献楚俘于王；郑伯傅王主持典礼；周王嘉奖并册封。〔只有《左传》交代了日期。〕

——五月，癸丑（50 年）（4 月 25 日；月相 15.9 日 20:00 时，在天蝎座 98％满月）——晋王子虎与诸侯结盟；这是自齐桓公葵丘之盟后的第一个诸侯大盟①；晋、齐、鲁、宋、卫、郑、蔡、莒，皆来结盟；陈侯如会；晋文公三辞以后，从周襄王命，受策以出，出入三觐。②〔《春秋》给出的日期为癸丑（50 年）；《左传》和《史记》都为癸亥（60 年）；满月为前一天壬子（49 年）的当地时间 18:19 时；岁星此时显著地位于巨蟹座，辰星、太白、荧惑将在几天内与岁星会聚。〕

〔六月〕壬午（19 年）（5 月 24 日；月相为 15.8 日当地时间 20:00，在人马座 100％满月）——晋军回师途中渡黄河。

——秋，七月，丙申（33 年）（7 月 7 日；新月）——振旅，恺以入于晋。5 月 23 日，四星在巨蟹座紧密会聚，在夜空中显著可见。〔只有《左传》给出了日期。〕

---

① 《左传》中记载葵丘之盟的日期为鲁僖公九年九月戊辰（5），表明公元前 651 年 9 月的新月为丙辰（53 年）或 8 月 6 日。因此戊辰（5 年）为 8 月 18 日。那一夜上弦月在当地时间 20:00 时处于 98％的满月，月相为 13.6 日阶段。完全的满月为庚午（7 年），8 月 20 日当地时间 6:21 时，即 34 小时以后。

② 司马迁在引用《尚书》中的一个段落时漏掉了"文侯之命"，即周平王（公元前 770—前 720 年）任命当时的晋文侯（公元前 780—前 746 年）的话。司马迁从公元前 632 年一个多世纪以后的一些事件中看出了一个与重耳即位类似的现象。《史记》39.1666。

（页边标注：298）

第十章　新的星占学模式

在前面的章节中我们已经探索了在公元前第一千纪中形成的星区-地域对应这一分野系统的起源和发展状况。该系统值得注意的一个特征是它毫不掩饰的中心主义观念及其应用。中国构成了已知的世界，而非中国地区在这一框架中无立足之地。然而，西汉时期（公元前206—8年），这一系统已经向新的政治现实做了些许的让步。这些预测没有为非中国民族留下空间是一个过时的偏见，即星占学将无法适应帝制时期的现实。这里我们将讨论司马迁《史记·天官书》中首次出现的、对这一分野框架进行革新后的版本。通过创造性地将当时流行的阴阳宇宙论应用于更古老的星象-地域分野模式，星占学发展的最新阶段试图用反映当时政权关系的"我们与他们"这种两元化的视角，将以前多元化的中国进行改造以适应帝国早期的环境。除描绘将这一古老的分野模式装进新的概念之瓶的努力外，我们将分析一个具体的汉宣帝（公元前74—49年在位）将其应用于军事战略的实例。

虽然分野星占学在西汉的哲学著作中很少提及，但是像《左传》《国语》《吕氏春秋》和《淮南子》一类公元前4世纪至前2世纪的著述和汉代从占卜用的式到马王堆帛书等许多考古学制品中对此大量涉及，这都显示出星象-地域分野理论和天地感应观念是汉初宇宙思想的基础。① 与古希腊星占学不一样,中国星占学没有强调用托勒密(Ptolemy)著名的格言"上之所行,下行效之(as above,so here below)"所表示的单向影响,其正如异常天象和昭示上天不悦的其他预兆是世俗统治不当的一个体现这一信仰中所反映的相反的"下之所行,上行效之(as here below,so above)"。因此,自帝制早期、很可能是更早时期起,星占学便直接指向国家安全从而紧密地约束着各种活动。这是太史一职世袭甚至是秘传这一特征的原因之一。

如我们所见,这些天象记录并不是客观观测的结果。原始的记录,从日常(日出日落,冬夏至,星辰和行星个体)到异常(日月蚀,彗星,太阳黑子,超新星,等等)的常规天文学观测的原始记录早在商甲骨文中就已存在,但是许多年以来的传统观点认为在战国晚期以前星占学在中国的思想史中不起重要作用。② 然而,如我们从第六章所见,宇宙化的过程在商晚期已经出现。商代甲骨已经就日月食等天文现象进行了占卜,《逸周书》和《春秋》精确记载了许多次日食(还有三次彗星)以及它们所引起的灾难,这些事实应足以打破这一传统观点,但是至今星象-地域分野对应在最早期的作用还未得到充分地研究。

西汉时期,国家授权进行星占学预测的人是太史公,其职责是明了历史先例,记录天体运动,给君主提供天象昭示的咨询,尤其是未知变化或异常。司马迁的《天官书》提供了一个对其部门保存和实际应用的宇宙学和天文学知识的全面勘察。这包括描绘与星辰和行星有关的位置、运动和变化,以及在当时已经确立

---

① 对于前帝制时期和汉代星占学和宇宙学这些以及其他方面的大致分析,见夏德安(1999,831ff.)。

② 席文(1995b,5—37)。

的分野系统的基础上解释它们出现的意义。

　　星占学预言典型地指向君主、贵族和国家的主要官员。如司马迁所说"凡天变，过度乃占……太上修德，其次修政，其次修救，其次修禳，正下无之"①。由于行星会聚的出现极其罕见，特别是五颗行星（辰星、太白、荧惑、岁星、镇星）密集的会聚，在所有天象中最具预兆性并因此预示着改朝换代。如我们所见，这一显著性基于行星会聚与划时代的朝代更替的历史关联，这一关联在最近的公元前205年会聚事件中达到顶点，此次会聚刚好发生在之前讨论过的周代行星会聚先例发生的双子-天蝎座同样位置。最近的这次公元前205年天象被官方认可，后来被当作标志汉代兴起的星占预兆记录在《史记》中。② 从司马迁对这次行星会聚意义的阐述来看，上天以五星会聚的形式认可天命将移交给一个新的朝代，明显在汉代初期的观念中这已经成为一种必需品。

　　在一个类似星象预言的保守"科学"中，其前提假设不成立，而且朝夕之间也不会被广泛接受，其背后必须有悠久传统的支持。显然从汉朝的建立可以看出这一联系非常明显。司马迁在《天官书》中对当时的星占学知识作出的结论式摘要同时展示了古代的观念基础以及汉代在流行的阴阳五行宇宙观基础上对

301

①《史记》，27.1351。译者注：作者标记页码有误。

②"汉之兴，五星聚于东井"；《史记》27.1348。也可见《汉书》26.1301："汉元年十月，五星聚于东井，以历推之，从岁星也。此高皇帝受命之符也。故客谓张耳曰：'东井秦地，汉王入秦，五星从岁星聚，当以义取天下。'秦王子婴降于枳道，汉王以属吏，宝器妇女亡所取，闭宫封门，还军次于霸上，以候诸侯。与秦民约法三章，民亡不归心者，可谓能行义矣，天之所予也。五年遂定天下，即帝位。此明岁星之崇义，东井为秦之地明效也。"《汉书》中描绘该事件的公元前206年"十月"这一日期明显是以秦王赢在秦首都襄阳向刘邦投降的日期为基础形成的历法。这次行星会聚实际上发生在后一年公元前205年5月。司马迁更慎重，只说道"汉之兴"。对于这次五星会聚以岁星为首预示着一个"正义"的朝代建立者的兴起的理论阐释，见《史记》27.1312。

理论的重新塑造：

> 太史公曰：自初生民以来，世主曷尝不历日月星辰？及至五家①、三代，绍而明之，内冠带，外夷狄，分中国为十有二州，仰则观象于天，俯则法类于地。② 天则有日月，地则有阴阳。天有五星，地有五行。天则有列宿，地则有州域。三光者，阴阳之精，气本在地，而圣人统理之。③

因此，司马迁说道：

> 五星合，是为易行，有德，受庆，改立大人，掩有四方，子孙蕃昌；无德，受殃若亡。④

从前述地图 9.3 中我们了解到战国时期的早期分野系统在思想上呈现出一种排外的中心主义。所有相关的地域都在中国，因此将银河比作黄河为天上图景与地上各州地域之间的对应格局提供了基本的范式。在天上夷族没有安身之所。⑤ 因此，随着

---

① 五个前王朝时期的君主：黄帝、高阳、高辛（帝喾）、汤虞（尧一舜）。

② 司马迁引用了《易经·系辞》中的内容。

③ 《史记》，27.1342。

④ 《史记》，27.1321。司马迁的话是传统观念这一点已被沈约（441—513 年）在《宋书》（"天文志"，25.735）中对这一原则的重述所确认，此处他引用了《史记》并扩展了司马迁的最后一句话："五星合，是谓易行。有德受庆，改立王者，奄有四方；无德受罚，离其国家，灭其宗庙。"沈还说道："今案遗文所存，五星聚者有三：周汉以王齐以霸，周将伐殷，五星聚房。齐桓将霸，五星聚箕。汉高入秦，五星聚东井。齐则永终侯伯，卒无更纪之事。是则五星聚有不易行者矣。"沈约明显是在讲公元前 662—前 661 年岁星和镇星在箕宿相隔约 20 年的会合，但是其他行星离得很远。齐桓公在公元前 656 年称霸。对于魏、吴、蜀-汉的情况，见后文。然而，沈约指出了对这类事件的一些记忆或它之所以存在的必要性。同样地，提出朝代变更可能已为四星会聚所预兆。沈约后来指出天命在公元 220 年从汉转移到魏的记录："汉献帝初平元年，四星聚心，又聚箕、尾。心，豫州分。后有董卓、李催暴乱，黄巾、黑山炽扰，而魏武迎帝都许，遂以兖、豫定，是其应也……二十五年而魏文受禅，此为四星三聚而易行矣。"《宋书》，25.736。

⑤ 狄宇宙（Di Cosmo）（2002，305—311）。

天象预兆上匈奴等周边好战的夷族对统一汉帝国不断增加的威胁，司马迁在《天官书》中指出在宏观星占学意义上，好战的游牧民族为阴，中国为阳。因此，他们对应天空的西北地区，而中国对应东南。通过这种理论上的支持，司马迁以中国历史上边疆稳固强健的晋和秦国为例指出中国的政体"混杂"，其军事倾向明显反映了与之世代有紧密接触的夷族的影响：

303

> 及秦并吞三晋、燕、代，自河山以南者中国。中国于四海内则在东南，为阳；阳则日、岁星、荧惑、填星①：占于街南，毕主之。其西北则胡、貉、月氏诸衣旃裘引弓之民，为阴；阴则月、太白、辰星；占于街北，昴主之。故中国山川东北流，其维，首在陇、蜀，尾没于勃、碣。是以秦、晋好用兵，复占太白，太白主中国；而胡、貉数侵掠，独占辰星，辰星出入躁疾，常主夷狄：其大经也。此更为客主人。荧惑为孛，外则理兵，内则理政。故曰"虽有明天子，必视荧惑所在"②。

这种新的二元化星占学预言明显在许多重要方面与早期的星占预言文本不同。这一新的模式反映了汉武帝时期中国和周边民族之间愈演愈烈的对抗。基本上，天区属"阴"、以银河为界限的西北地区（即，10 - 18，从扬州至梁州，或从摩羯座至金牛座）对应周边夷族活动的历史区域。相反，天区属"阳"、以银河为界的东南地区（即 19 - 15，从雍州至徐州，或从金牛座至天蝎座）。这个二元化的模式在解释重要的行星现象时再次出现，如我们

---

① 汉初马王堆帛书《五星占》中，阴阳普遍分别用于表示"北和西"以及"南和东"方位，但是只涉及战国各国的相对位置。例如，在讨论太白位于特殊星区的星占含义时，《五星占》说"越、齐、韩、赵、魏者，荆、秦之阳也；齐者，燕、赵、魏之阳也；魏者，韩、赵之阳也；韩者，秦、赵之阳也；秦者，翟之阳也，以南北进退占之"。见刘乐贤（2004，86）。司马迁此处将阴阳用于帝国版图中是一个创新。

② 《史记》，27.1347。

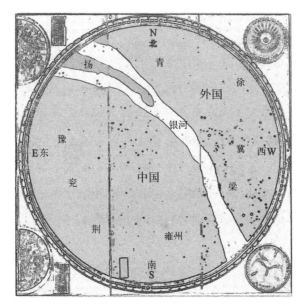

图 10.1 以银河为界的九天/州。此处展示了在这种新的星占学规则中九天/州的相对位置和阴阳二元化的划分。出自中国社会科学院考古研究所(1980,101,图 97),授权复制

在《天官书》中所见,"五星分天之中,积于东方,中国利;积于西方,外国用兵者利"①。显著地,即便星占学不会轻易改变,即使 ³⁰⁴ 是为了向他们尊崇的先辈致敬,司马迁的论述足以证明当时的星占学理论和实践历经了一次重要的改革,从以前一个多重化的中心主义世界调整为反映当时权力关系的"我们与他们"视角的汉帝国环境。再看一下天上的版图(图 10.1),明显可以看出这一广阔的一般化过程仍然应用了天空与前帝制和汉代早期中原北部地理政体之间的对应。值得注意的是甚至是在这个修正后的模式中,司马迁关注的地理区域仍然是华北和黄河流域。他们极

① 《史记》,27.1328。由于这是论述星占学的一般规则,我不认为将《天官书》中的中国翻译成"China"会有什么问题。

305 不重视长江流域和南方地区,即便目睹了汉武帝已侵略扩张至今天的越南北部地区。

这种新的二元化星占学预言明显在许多重要方面与早期的星占预言文本不同。仅举一例为证,将东南沿海的势力范围所在吴国与南方星座朱鸟联系在一起代表了对早期模式的根本性突破,以前吴越被视为南方边界,原本与冬季或北方的南斗和牵牛联系在一起。这一变化也产生了激烈的后果,通过解除周朝与巨大的朱鸟星座(巨蟹—摩羯)之间的联系,抛弃了统治时期最长和文化上最具有影响力的前帝制时期朝代周朝。

案例分析:赵充国将军和公元前61年战役

用谥号"武"表示的整个汉武帝统治时期(公元前141—前87年),针对边疆地区及其游牧民族的帝国政策极具扩张性和侵略性。西北地区尤其如此,这里长期上演着针对匈奴的、代价巨大的战役,最初是为了应对愈加严峻的边境骚乱和入侵,而后逐渐演变为常态。① 许多人力和财富都消耗在抗击匈奴上,或胁迫或贿赂各种敌对势力与汉朝合作以控制匈奴(或相互控制),与不稳定的边界沿线各敌对势力之间的不稳定合作导致了各种或好或坏的后果。到公元前1世纪初,国库的亏空长期以来已经成为一个严峻的问题,他不仅玷污了武帝的遗产,而且导致中国仅在兼并北朝鲜30年之后,就于公元前82年从北朝鲜部分撤退。但是定期派军队到非常远的西北地区执行相对小型的任务,一直持续到公元前65年,这时一个政策开始发生变化。

---

① 对汉初军事政策和边境事务的详细研究,见鲁惟一(1974)。

汉廷仍然面临着安抚边境的严峻挑战,一方面要在边境居民和可能引起骚乱的部落民族之间建立缓冲地带,另一方面需给长期在边境担任防务的中国驻戍部队给予供给。供给边境地区的中国军队尤其困难,因为这一供给线非常长,而且担任运输的动物和骑行部队的马需要上好的喂养饲料。[①] 为了以较少的代价得以永久的解决这一问题,帝国政策从扩张转向对边境地区进行逐步殖民的和平策略。在公元前 61 年晚期,赵充国,一个辗转中亚地区抗击匈奴多年的老将提议通过在边界沿线屯田来巩固中国的影响。一个出自公元前 49—前 48 年车迟这类要塞的行政记录样本已经经过分析,这些材料以及其他从尼雅和楼兰的定居点发掘的考古材料为考察帝国早期边境的生活提供了不可思议的细节。[②]

然而,这里特别值得注意的是延续公元前 61 年整年的一场中国针对西北地区的战役。该年四至五月,为了抚平边境骚乱,后将军赵充国将军在 76 岁高龄之际,率领 6 万部卒去平息经常与匈奴联盟对抗汉朝的西羌民族的一场叛乱。[③] 汉武帝将这两个民族分开防止他们联合,于公元前 104 年在敦煌、酒泉和张掖建立了边界方镇。羌在中国文献中是古代的敌人,是商代(公元前 1560—前 1046 年)甲骨文中提到的羌的同一种族。在各类俘虏中喜欢将他们区分成经常用血祭祭祀商代王室祖先的民族。然而,与匈奴不同,羌族从未与任何一个部落结盟,他们声称宁可两败俱伤这一点已经被赵充国在一份公元前 63 年写给汉宣王

---

① 分量上的要求在赵充国的一份备忘录上记得很清楚,鲁惟一对其进行了分析(1974,97)。

② 艾骛德(Atwood)(1991,161—199)。艾骛德研究了斯坦因爵士在 1906—1931 年发现的公元 236—321 年的尼雅佉卢文文书,也可见鲁惟一(1967)。

③ 德效骞(Dubs)(1938—1955,Vol. 2,241)。

（公元前 74—49 年）的备忘录中指出："羌人所以易制者，以其种自有豪，数相攻击，势不一也。"①作为传统的游牧民族，公元前 2 世纪西羌活动的地域范围非常广，从敦煌以东的昆仑山延伸至西边的帕米尔高原。公元前一世纪中期一些部落转向农业聚居，许多人在边境地区与中国居民杂居在一起。据当时的权威资料，贪婪的中国边境官员虐待西羌民众是导致他们经常反叛的主要原因。②

307　　公元前 61 年秋，考虑到冬季即将来临以及战役的装备开销，汉宣帝的谋臣们对赵充国的战事没有明显的进展很不耐烦。皇帝写了一封信责骂他的领军将领行动迟缓，催促他尽最大的可能迅速攻敌。赵，一个久经边疆战事的沙场老手，没有为这封信所胁迫。回信中他用雄辩的语言对军事策略和边界事务进行了探讨，以为其战术辩护，特别是要等这个特别的敌人出局，其中他引用了孙子《兵法》以作权威："善战者致人，不致于人。"③最后，赵将军尽心谋划的战略取得成功。然而，这一特殊较量尤其有趣的是，汉宣帝着力强调的那个因素，却被赵将军在回信中忽视了。在总结这封信的内容时，汉宣帝强调了当时的星占预兆有利于迅速采取行动攻击敌人：

> 今五星出东方，中国大利，蛮夷大败。太白出高，用兵深入敢战者吉，弗敢战者凶。将军急装，因天时，诛不义，万下必全，勿复有疑。④

---

① 《汉书》，69.2972。
② 余英时（1986，Vol. 1，424—425）。
③ 《汉书》，69.2981。
④ 同上。

汉宣帝明显最大限度地运用了半个世纪以前司马迁的话。① 此时,公元前 61 年,五星中的太白和辰星彼此之间离得特别近,于 11 月 21 日黎明前分别在氐宿(3)和房宿(4)升起。汉宣帝强调了太白的位置。②

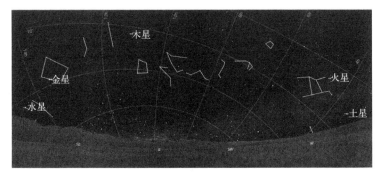

图 10.2　"五星见阳天区(春-夏)利中国",公元前 61 年 11 月 24 日(天文实时模拟软件 Starry Night Pro 6.4.3)

因此这里我们看到了一个帝制早期历史上应用星占学理论进行战术决策的明显例子。事实上,公元前 61 年整个夏天,当汉宣帝观察天象时,几颗行星被太阳掩蚀,根本就不可能看见。在汉宣帝的预兆中,这些行星位于"我们这一边",明显是以司马迁对古代分野模式的阴阳二元化修正为基础。鉴于这些行星分散在经度超过 160°的地区,几乎是从一边的地平线到另一边的地平线,不可能被视为集中在一舍(即不超过 15°的区域)的会聚,因此它没有被视为改朝换代的象征。显然,这里我们面对的不是那类预示政权更替的最壮丽、最罕见的行星会聚现象,而是一个更平凡的赋予行星"境内"角色的预言,它提供

308

①《史记》,27.1328。
② 对这一时代及以前中国与外族势力之间政治和文化上敌对关系的讨论,见狄宇宙(2002)。

了更有利的解释。

实际上直到公元前 61 年 11 月中旬,五星才同时可见,在黎明前排成一行跨越整个天空(图 10.2)。之前太白在 9 月中旬到达远离太阳的西大距,但是在位于 35°西大距时仍然作为晨星灿烂地闪耀在东南天空。因此汉宣帝特别提到太白"出高"是正确的,他对这有利于中国大胆出兵的解释也出自司马迁《天官书》,其中太白被称为"主中国",主理西北边境的相关预言。因此汉宣帝认为夏天五星位于东方以及太白同时"出高"的论述过分夸张,因为五星并不像他声称的全部位于东方天空。

前汉时,这一先例已经牢固确定,即五星会聚是朝代变迁的必需标志。至汉末,"五星出东方利中国"在后汉已经如此深入人心,它甚至以一条标语的形式被织入远离塔里木盆地绿洲的东汉织锦中。[①]困惑经常源于司马迁《天官书》中的"五星出东方"原本的含义是什么。

当司马迁在《天官书》中展示他改革的二元化星占学的细节内容时,他清楚地表明他谈论的是天空的东方分区,而不仅仅是地理上的东方。为了进行预测,他将东方和南方分区作为阳对应中国,将西方和北方分区作为阴对应外国。他明确地用金牛座的星官"毕"和"天街"来标记南方和东方的分界线,发生在这些区域的重要事件在星占学上对应中国。如果他的"出东方"仅意味着"日出前出东方地平线",那么毋庸置疑他会这样

---

① 见第十章,"新的星占学模式",该部分内容。于志勇,《楼兰—尼雅地区出土汉晋文字织锦初探》,《中国历史文物》6(2003),38—48。Lillian Lan-ying Tseng(曾蓝莹),"Decoration, astrology and empire: inscribed silk from Niya in the Taklamakan Desert," in *Silk: Trade and Exchange along the Silk Roads between Rome and China in Antiquity* (Oxford & Philadelphia: Oxbow Books, 2017), 132–151.

说,但是有时这显然成了一个粗糙但现成的门外汉的解释。

在解释征兆时,政治上的意图经常凌驾于星占学准则,比如在谈及公元前61年松散的五星会聚时,宣帝(公元前74—前49年在位)的某些过于活跃的谋臣劝说他"今五星出东方利中国",用的正是《天官书》中的字句。[1] 实际上,除土星外,行星(包括木星,它离开其他行星位于太阳的另一侧)分散在86°、几乎跨越整个南方分区的天空。在那个夏季的大部分时间,最重要的木星只在日落后"出"西方,根本不在东方。通常,这一排列会被称为"并出",或"如连珠"。

这提出了宣帝声称的"五星出东方"存在的另一个问题。在这些语境中,"出"通常意味着直接的视觉化观测,然而,这一次,那个夏季无论何时也看不到所有的五星同时出现在黎明前或夜晚的天空中。[2] 如果记载的日期正确,而且皇帝和将军之间的信件内容也指向同一个夏季日期,那么这里我们就有了一个不是出于全然的伪造、却是一个统治者忽视技术细节而且有可能"改造"一个星象的发生条件以适应其修辞性目的的早期例证。

至少自战国时期起,星占学已经成为军事策略的婢女,因此星象预测师们一般伴随军事将领左右。事实上,司马迁《天官书》

---

[1] 据班固(32—92年),司马迁的著作开始流传时,正是宣帝在位时期;见《汉书》,62.2737。"迁既死后,其书稍出。宣帝时,迁外孙平通侯杨恽祖述其书,遂宣布焉。"

[2] 当我开始关注这一事件时,我指出如果日期存在错误11月末应为观测的时间,因为只有在11月所有的五星才能在天空可见。曾蓝莹(前面已有引用)指出,一个11月的观测与宣帝给他战场上的将军赵充国的公函的8月7日的日期不一致,虽然她承认在那个时间的观测是"不清晰的"。事实上,观测是不可能的,因为有几颗行星在太阳的耀眼光芒下不可能看见。这次特殊的五星"征兆"无论在《汉书》"天文志"还是"五行志"中都没有提及,而且也没有被刘金沂,《历史上的五星连珠》,《自然杂志》5.7 1982:505—510引用。

中的绝大多数行星预测都涉及军事事务。赵充国将军可能知道，这些行星分散在半天空中，而且一部分无法观测到，其星占学意义难以确认。这可能解释了为什么在他从战场的信件回应中，他不在乎皇帝对这个星象的重视，却为他基于战术的不迅速攻击进行辩护。这里我们关注的公元 220 年给曹丕的进谏中提到的五星会聚事件更加可靠。

另一个体现星象预言作用的是这场较量中主要人物对行星预兆的态度。汉宣王，安居在远离战事现场的皇宫中，比起其战地上久经沙场的将领赵充国，更易于从理论上去衡量星占学上的优劣态势。皇帝的这封信给人这样一种印象，即他认为这次特殊的行星天象预兆已足够使将军迅速展开攻击而不至于失去这难得的优势。这封信的最后提及行星天象预兆，意在强调汉宣王要求迅速采取行动的警告。赵充国的反应是用一种外交手腕来回应这个星占预言。作为一位边界事务专家和在中亚地区久经沙场的老手，从赵的语调中可以看出他非常重视有耐心的外交斡旋，认为谨慎谋划的军事策略重于行星星占学。这一点也不奇怪，虽然也许一个比赵能力逊色的将军可能更不容易使皇帝放手让他处理。无论如何，我们现在有明显的文献证据证明一位皇帝利用了一个预兆，而且行星星占学在帝国早期被给予了最高层次的最慎重考虑，即便是现在这种情况，天象预兆也不能高于战争现场的最高战术和指挥权。

310

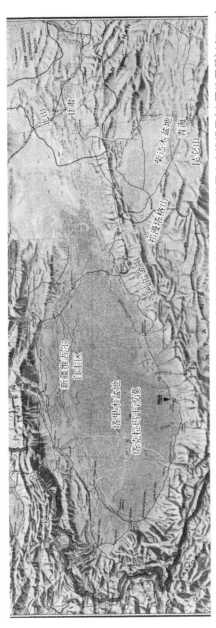

地图 10.1 展示尼雅位于南丝绸之路沿线塔里木盆地南部边缘的新疆地图。细节出自美国中央情报局《中国地图册》(Atlas of China),1967 年 10 月

考古学论证

1995 年,近年最惊奇的考古发现之一再次将目光指向古代塔克拉玛干沙漠地区的古代绿洲定居地尼雅(地图 10.1)。位于昆仑山背面的丝绸之路南路上,约自四世纪末期起就被流沙所掩埋,尼雅是罗布泊北滨小小的沙漠之国楼兰最西边的定居点。尼雅在斯坦因爵士出版其 1901 年新疆探险报告后开始出名(随后出版了 1906 年、1913 年、1931 年探险报告)。[①] 与他同时代的瑞典探险家斯文·赫定(Sven Hedin)一样,斯坦因报告了在中亚这些位于匈奴、贵霜和汉帝国交界处的遥远地区所发现的各种文化——佛教、中国、希腊和伊朗的汇集。报告中长期掩埋的沙漠佛教王国的遗迹引起了轰动。随后的探险发现了藏有大量写在木牍上的文件的储藏地,主要是佉卢文,当然还有斯坦因和伯希和从敦煌千佛洞其中一个洞窟发现的数以千计的中世纪文书。

在探险经历了长时期的中断后,对楼兰车迟附近及其他遗址上汉代农业-文化驻防区遗藏进一步的发现、包括早至公元前49—前 48 年记录在木牍上的汉代行政资料揭示了许多中国驻防机构和驻扎该区域士兵的生活。[②] 尽管工作条件极具挑战性,中日联合考古探险队在 20 世纪 80 年代重新组建并持续了几个季

[①] 斯坦因(Stein)(1980;1981;1990)。斯坦因发现的中国文献后来由马伯乐(Henri Maspero)(1953,169—252)、沙畹(Edouard Chavannes)(1913a,721—950)和魏泓(Whitfield)(2004)进行了研究和出版。

[②] 余英时(1986,420)。斯坦因和斯文·赫定发掘的中国资料,虽然在时间上有一点晚,也直接记载了驻扎在楼兰的中国军队的活动,展现出一幅社团自给自足的图景,偶尔在有需要时会雇佣当地居民。布腊夫(Brough)(1965,582—612,尤其是605)。

度。这些工作在 1995 年发掘尼雅埋葬地时达到高潮,这一发掘再一次证明了古代多种文化在塔里木盆地独特的混合,以及埋葬在沙土中的手工制品得以保护的显著程度。① 发掘者在一对装扮亮丽的欧罗巴人夫妇的合葬墓里,发现了一件东方汉代织锦, *312* 其突出的彩色图案和罕见的保存状况使其成为 1995 年最重要的考古发现之一(图 10.3)。这件独特的织锦残品不仅颜色仍然鲜艳亮丽,而且编织成装饰性图案,现在认为它是一个弓箭手的护臂,其上还有显著的文字"五星出东方利中国"。②

图 10.3 塔克拉玛干沙漠地区的古代绿洲定居地尼雅的一个墓葬里发现的东汉织锦——弓箭手的护臂,上有标语"五星出东方利中国"。可见非常特别的动物形象,虎、麒麟和鹑以奇特的南—北—西的顺序排列,没有龙。见班大为(2000),据授权复制

① 对尼雅地区探险历史的考察,见王炳华(1997)和王樾(1997)。对五星出东方这件织锦所体现的构思和突出的编制技巧的详细分析,可参考于志勇(1998,187—188,194)。中国专家一致认为尼雅发现的这件以及其他类似的丝织品可能是中原北部统治者送出的礼物。杨伯达以及苏州丝绸博物馆的专家认为这件丝织残品是源自四川的护臂。

② 然而,值得注意的是弓箭手护臂上的文字实际上有所删节。意外发现的第二件完整的相同织锦显示这一标语原本是"五星出东方利中国讨南羌"。

鉴于历史记录和尼雅"五星织锦"之间的显著巧合,让人不免会推测尼雅护臂和赵将军战役在汉代中国人为生存空间与西羌和匈奴一类边疆民族进行战斗的这一区域可能发生的联系。公元前61年发生冲突的地区包括敦煌,汉政权为这场战役向居住在这一广阔区域的包括小月氏和像婼羌一类的其他羌族部落征募了几千名雇佣兵。① 我们对尼雅出土的,与五星织锦、弓和箭埋葬在一起的高高的金发弓箭手的种族一无所知,除了他明显是一个欧罗巴人种以外。居住在楼兰附近的一千个居民的名字所提供的语言学证据显示他们是吐火罗人(即印欧语系)。这位弓箭手是否真正理解他护臂上这句标语的意义,也许是值得怀疑的,虽然无论是谁可能缩减了这句标语。尼雅墓葬中发现的各式各样的丝绸制品肯定不是定制的,但由当地的纺织物剩余或贸易商品制成。考古学家目前形成的一致意见是尼雅发现的彩色丝绸样品是典型的东汉制品,也就是说它们是在赵充国战役很久以后才制成。而且,尼雅织锦与西羌无关,而与南羌有关,它是东汉一个强大的敌人。因此在缺乏这一墓葬更精确定年的前提下,我们可能得到的结论是,尼雅织锦护臂和赵充国战役之间唯一的关联是那句星占学预言和讨伐的对象。②

---

① 中国人认为这些民族来自鄯善国,称其为小月氏,与西边他们称为大月氏的贵霜民族有关。对于婼羌与汉联盟共同抗击其他羌族部落的战役,见崔瑞德(Twitchett)和鲁惟一(1986,425)。那时婼羌定居在车迟河的东南即今天的婼羌地区,约在敦煌和尼雅的中间。覃其骧(1982,Vol. 2,37—38)。对于该地区出土的早至公元前2000年的大量木乃伊,见詹姆斯·帕特里克·马洛里(Mallory)和梅维恒(Mair)(2000)。

② 托马斯·布娄(Burrow)(1935)。虽然这些资料时间上为两个世纪以后,但考虑到墓葬习俗和坟墓中出现的安葬品的一致性,很有可能汉代这一地区居住的民众也是一样的。

结　论

我们在对权威性资料和特定历史环境中的实际运用进行理论性讨论的帮助下,追溯了行星星占学的发展。汉代行星星占学发展的最后一个阶段反映出对早期战国星占学理论的改造,将以前多重化的中心主义世界调整为反映当时权力关系的"我们与他们"视角的汉帝国环境。与此同时,通过与周初和战国时期的情形进行比较,星占学思想似乎也倾向于"裁员"。从尼雅织锦上星占学标语的出现来看,以一种秘传的、甚至是奥秘的科学姿态开 *314* 始的星象预言在公元 2—3 世纪时已经具有如此广泛的流传性以至它的一句核心标语甚至成为奢侈物品制造商用于装饰的一个基本元素。因此,很难再向帝国早期星占学观念的无处不在要求更有力的证据。

第五部分

与天空在一起

第十一章　宇宙化的都城

第二部分我们分析了天文学定向在塑造建筑环境中的作用，展示了在公元前 221 年帝国建立许多世纪以前中国人已经发展出了能确定主要方位的天文学实践知识。目前总结出的一般性原则在风水理论和实践中具有广泛的应用。如史蒂芬·班尼特（Steven Bennett）所说：

> 依据天文地理轴向构建的现实不仅对星占学和天文学来说是有意义的，而且用作选址的样板。《青囊经》卷中有段话明显是对上述内容的改编。这一修订版成为解释地形的宇宙本质的标准版本："天有五星，地有五行，天分星宿，地列山川，气行于地，形丽于天。因形察气，以立人纪。"如果选址专家能找到一组对应天体形状和大小的地形，那么这一状态真正地体现了理想的天文秩序。既然相似的事物能相互影响，那有什么能比一个与天上的结构和谐一致的地点更伟大的存在？为履行其任务，选址专家必须知道一定的天文形态。因此，不奇怪的是，很多文献都以此为主题。[1]

---

① 班尼特（Bennett）（1978，16）。

秦朝(公元前221—前206年)的宇宙化都城——咸阳

318 公元前221年,秦始皇成功兼并了最后一个战国,建立了一个"天下"之国。除了霸占一个类似神的称号"帝",秦始皇还竭尽全力通过重新建立古代传统和仪式,包括王室历史、大禹和周朝建立者的传奇经历来巩固他代表上帝的形象。[①] 他的最杰出事业中有一项宏伟的建筑项目,除了建设一个广阔的道路网、防御性长城和数百计的皇家宫殿外,还包括在秦首都重建被征服国家的宫殿并在那里重新安置他们富裕的贵族。

这里我们尤其感兴趣的是秦都城咸阳的总体规划。司马迁《史记·秦始皇本纪》描述了帝国中心的布局:

> 二十七年(公元前220年)……作信宫渭南,已更命信宫为极庙,象天极。自极庙道通郦山,作甘泉前殿。筑甬道,自咸阳属之。[②]

然而,随后

> 三十五年(公元前212年)……于是始皇以为咸阳人多,先王之宫廷小,吾闻周文王都丰,武王都镐,丰镐之间,帝王之都也。乃营作朝宫渭南上林苑中,先作前殿阿房,东西五百步,南北五十丈,上可以坐万人,下可以建五丈旗。周驰为阁道,自殿下直抵南山。表南山之颠以为阙。为复道,自阿房渡

---

① 第一位皇帝自称为帝,实际上这是前所未有的。他的太祖父,昭襄王(公元前306—前251年在位)以前在公元前288年自称为西帝。《史记》5.212。

② 《史记》卷6,第241页。薛爱华(Schafer)(1977,260)。信宫原本是始皇主持政务和举行国家典礼的地方。它改为极庙以后被用于祭祀,特别是祭天仪式。石兴邦(1993,111);徐卫民(2000,137)。

渭,属之咸阳,以象天极阁道绝汉抵营室也(图 11.1a – b)。①

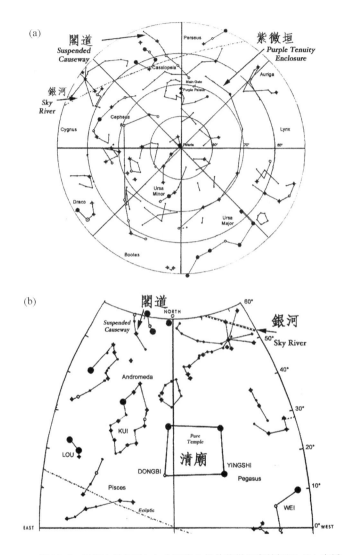

图 11.1　星图中的阁道(a) 从围绕北极的紫微垣穿越银河,(b) 直抵
天庙(飞马座的定)。据何丙郁(1966)重绘

① 《史记》卷 6,256 页。徐卫民(2000,138,翻译有所修改)。上林苑指巨大的有 14
平方千米的园林,包含 19 个秦朝宫殿。后来在司马迁的时代被汉武帝(公元前
141—前 87 年在位)扩建放置外族物品。石兴邦(1993,111)证实了阁道的存在。　*319*

阁道连接渭河两岸,皇帝可秘密地经由此道从咸阳宫到达阿房宫。阿房宫是有史以来最大的宫殿群。始建于公元前 212 年,这一巨大建筑群只有阿房前殿在始皇死前真正完成。汉代司马迁给出的面积为 693 丈长 116.5 步宽。① 对地基遗址的现代研究显示其夯土台实际上东西有 1320 米,南北 420 米,高 8 米,非常接近司马迁的数值。②

从上面的叙述中我们看见了在帝国都城的布局中始皇改将渭河作为银河在地面上的类比对象,就像以前战国时期的星象-地域对应分野模式中黄河是银河的地上类比对象一样。非常狂妄自大,始皇丝毫不觉得将他当时的宇宙化帝国都城咸阳比作天极有何不妥,在术语上沿用并模仿天极与紫微垣通过阁道的连接。巨大的阿房宫,在规划上非常庞大,被比作包括飞马座大四边形的著名星官营室(即定)。③ 这一宇宙化的对应,使得帝国权力与天极关联起来,成为中华帝国王朝观念的基础。

《三辅黄图》(三世纪,有一些后世的篡改内容),一部流传广泛、汇辑汉代资料,直至宋代(960—1279 年)都被频繁引用的文献,证实了这一星象-地域对应分野在那时已被广泛接受。例如,张守节(约活跃于 725 年)引自《三辅黄图》:

> 《三辅黄图·咸阳故城》《太平御览·地部二十七》:始皇兼天下,都咸阳,渭水贯都,以象天汉……《太平御览·

---

① 西汉的步约为 1.38 米,长为 2.3 米。

② 徐卫民(2000,134);夏南悉(Steinhardt)(1990,50—53)。对秦朝建造这种巨型建筑心理方面的研究,见巫鸿(1997,108ff.)。

③ 营室一般指整个飞马座四边形(定),而不仅仅指后来通常用飞马座 β 和 α 界定的四边形的西边。

天部八》都咸阳,营殿:端门四达,以则紫宫;渭水贯都,以
象天汉;横桥南渡,以法牵牛①

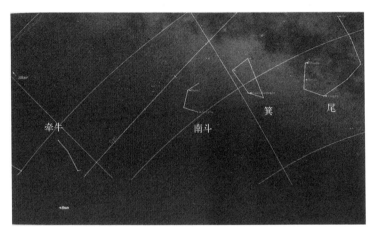

图 11.2 牵牛的位置标记着黄道、赤道以及日月五星进入冬季天空中的银河
时相聚形成的交点(天文实时模拟软件 Starry Night Pro 6.4.3)

《元和郡县图志》更详细地描绘了横桥:

> 中渭桥,在(咸阳)县东南二十二里。本名横桥,驾渭水
> 上。始皇都咸阳,渭水贯都,以象天汉。横桥南渡,以法牵
> 牛。渭水南有长乐宫,渭水北有咸阳宫,欲通二宫之间,故造
> 此桥。②

从北极看,摩羯座牵牛各星分布于银河两岸,位于日月五星
进入银河的地方(图 11.2)。被称为阁道的走廊,是同名的仙后
座阁道星官的类比物,因此它体现的不只是这些阁道穿过渭河。
从宇宙结构学的观点来看,牵牛和营室都有所体现,这很有意义。
到达几乎位于天空两端尽头的两者之一,必须从不同的桥上穿过 *322*

---

① 《三辅黄图》(引自张守节《史记正义》,《史记》)。注意这一明显的表述——"紫宫
  象帝宫"。
② 引自曲英杰(1991,200)。

银河。

《太平御览》引用《三辅黄图》，说端门四达，以则紫宫（紫微宫）。[1] 因此，鉴于前述我们已经用最权威的资料证明了将帝国的咸阳比作天极是始皇及其建筑师的想法。[2] 同样，始皇开创的许多先河，他的大一统帝国及其庞大的表现载体，以及他用以前称呼上帝的帝来自称，煞费苦心经营的与宇宙的对应明显不仅仅只是一种修饰。从渭河北岸的北山到南边的南山，从东边的横桥，经过中间的渭桥到达西边的阁道，他创造了一个上天的模拟物，就像他被认为在为自己所造的巨大陵葬中所做的那样。坦拜雅（Stanley Tambiah）对国家结构的"星系式政体（galactic polity）"模型评论道"这种宇宙化模型最主要的意义之一是其中心在意识形态上代表了总体并体现了全体的效能"[3]。

在西周和秦帝国建立之间，这一图景自身多少有点混乱并让人产生混淆。自鲍罗·惠特利（Paul Wheatley）1971 对中国古代城市化的开创性研究问世以来，出现了许多新的考古资料，但是基本方位以及基本方位地区多样性方面的数据还未得到系统的整理和分析。[4] 早期的宫殿和都城只有零星个别被确认，但是确实存在方位精确定向的显著实例，如东周（公元前 8—前 7 世纪）的皇城王城。需要重申的是，如我们在第三章中所见，基本方位的显著变化有力地反映了重大政治或文化的变迁。所以当西方

---

[1] 《太平御览》，73.3b；孙小淳和基斯特梅柯（Kistemaker）（1997，70）。可与石兴邦（1993，111）进行比较，他对紫宫和阁道的确认不完全正确。阁道包含四星，而不是一星，从紫宫的大门穿过银河（图 11.1a）。徐卫民（2000）与石兴邦对星象-地域分野对应的讨论一致，然而，却是正确的。

[2] 对西汉武帝相似野心的描述，见陆威仪（2006，178；2007，94），他描绘了汉武帝如何将宇宙化的中心从都城自身转移到上林苑。

[3] 坦拜雅（1985，266）。

[4] 鲍罗·惠特利（1971）。

的守护者在公元前 8 世纪中期从西周转为新兴的秦国时,这很明

显。如罗泰所说:

> 秦墓与周文化圈中其他的东周时期墓在两个方面有所
> 不同:它们一致性的呈东西方向而不是南北方向,而且它们
> 是曲尺型墓而不是伸展型墓。① 这些特征被视为秦民族这
> 一不同种族身份的标志。事实上,可以非常明显地看出陕西
> 中部墓地中绝大多数墓葬的方位,从西周到东周在秦接替周
> 王室控制这块区域时,突然出现了 90°的变化。②

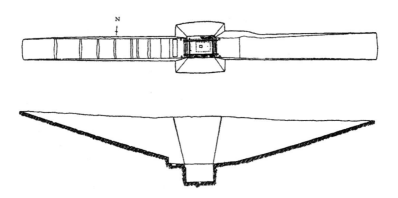

图 11.3　早期巨大的秦公墓 M2(公元前 8—前 7 世纪)呈东西方向,最近在大堡
子山发掘(箭头指向磁北)。据戴春阳(2000,75,图 2)重绘

　　这一传统应非常古老,因为同样的习俗可以在早至西周早期
的秦大堡子山墓葬中发现。目前就我所了解到的,还没有任何研
究涉及这里发现的非常壮观的秦公墓精确方位的意义,只有一个
已经发表的图示(图 11.3)清晰展示了其东西轴向的方位。③ 另

---

① 罗泰(2006,172)。

② 同上,215。

③ 同上,75,图 2。戴春阳(2000,79)。也可见 http://longnan. cncn. com/jingdian/
dabaozishan/profile. html。

一方面,秦旧都呈现出明显的朝向西北的方位偏好。雍城用作秦国的都城达 294 年之久,从公元前 677—前 383 年,随后是公元前 383—前 350 年的栎阳。对位于陕西凤翔县的雍城遗留城墙的发掘显示,它的大门朝西,其主轴位于北偏西方向上。这一方位也可在栎阳看到。两者都呈北偏西 13°左右。①

324
咸阳之名的天文对应——一个推测

秦都名称咸阳的起源很模糊。一个传统的注释认为这一名称起源于这一事实,该城位于九峻山之南,渭河北岸(咸有"皆"的含义)。② 然而,事实上,九峻山(唐陵墓所在地)位于咸阳西北至少 5 万米处,对咸阳来说似乎太远而不能称为位于其朝南的阳面。具备如此多的传统词源,这可能是晚期的一种理性化,或许是从唐朝这座山在风水中具有更重要的作用时形成的,而这一作用已被该地成为昭陵皇家墓地和其他的所在地所证明。最初,咸阳一定位于渭河的北岸,因此可以合理地推测它可能保留了渭阳以前的名字。

从前述中我们看到"自极庙道通郦山,作甘泉前殿"。这条路或阁道应有 40 千米左右长。郦山是著名的华清池所在地,其富含矿物质的水,据说自周幽王(死于公元前 771 年)于 2800 年前在此建立郦宫起,就抚慰了疲惫君主们的身躯。这也是唐玄宗第一次见到美丽的杨贵妃的地方,并赐予了该温泉现在这个名字。除了表示"皆,全部"的含义,当然咸池也有"咸味的"意思。相反,甘表示"甜"而不是"咸",但是这一表面的矛盾很容易解决。传统

---

① 曲英杰(1991,194)。
② 同上,195。

上,有经验的农民会尝一下土壤或水来估算一下它的酸碱度;如果尝或闻起来有甜味,它就是带碱性的。因此这种语境中的甘实际上指带碱性。秦时的甘泉宫很可能就暗示了郦山各处产生的丰富温泉的碱性,以及都城咸阳名字的可能来源。[1] 我们能进一步证实它吗?

我们已经见到了始皇偏爱模仿上天以及将古代的秦等同于起源地甘肃西部的证据。也许咸阳这一名字还有宇宙学的因素。在《天官书》中,司马迁谈到"故紫宫、房心、权衡、咸池、虚危列宿部星,此天之五官坐位也"[2]。也就是说,天赤道上的这五个地点标记了天上各宫的位置,而咸池表示西方。《天官书》进一步论述有"西宫咸池,曰天五潢"[3]。我们认为,御夫座的咸池位于猎户座和双子座之间的银河上,即黄道与银河相交的地方(图 11.4)。在《淮南子·天文》以及更古老的楚辞《离骚》(约公元前 4 世纪末)中,西方的咸池是日神在巡游天界后沐浴的地方。[4]

第九章中我们看见了黄河如何在旧的分野模式(地图 9.2 和地图 9.3)中成为银河的类比物。[5] 在将咸阳重新设计成他的"宇宙化都城"时,始皇明显用渭河代替黄河改变了已有的战国设计。当然,他效仿周成王在西周早期于洛建立新的都城成周,"宅兹中国,自兹乂民"阐释了当时的何尊铭文的内涵。显著的是,秦始皇不仅用渭河代替黄河作为银河的原始对应物,他还通过重新规划

---

[1] 对于甘泉宫的位置正与咸阳宫相对,见徐卫民(2000,127ff.)。

[2] 《史记》,27.1350。

[3] 《史记》,27.1304。咸池由御夫座 λ, μ, ρ 标记。西宫咸池,曰天五潢。五潢,五帝车舍。孙小淳和基斯特梅柯(1997,179)及晚出的资料确认了咸池为御夫座中的三星。见唐初诗人沈佺期(约 650—729 年)所作诗歌《龙池篇》中的诗句,下文第十三章中有引用(也可见图 13.7)。

[4] 梅杰(1993,81,94,102)。

[5] 班大为(1998a;2005)。

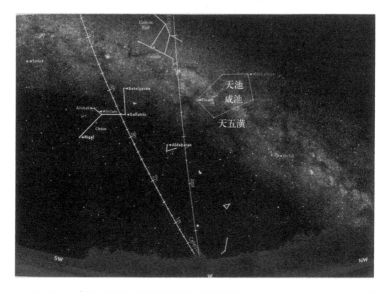

图 11.4　咸池(即天池)在银河中的位置(根据天文软件 Starry Night Pro 6.4.3)

从关东到关中的地区重新定义了"中"或世界之轴的概念!

当然,秦国本来位于华夏世界的西部边界,刚好在黄河流域的西部和函谷关的西边。如今,天上咸池的咸与咸阳的咸相同,能表示"富含矿物质"的含义。① 很有可能天上的咸池根本不是"咸"的,而是碱性的,因此更应当读为 Jianchi。君主们世代沐浴的郦山华清池因此成为神话中日神在一天结束之后放松其疲惫身体的天上西方咸池的地上对应。咸阳之名,因此可能原本读作Jianyang,指同时还形成咸池的郦山之水。

327　　在商鞅(公元前 395—前 338 年)一类知识渊博的臣僚心中,

---

① 咸 Xián,音＊ɦɤɛm,这里为 Jiǎn,音＊kɤɛm,碱;硷。众所周知渭河流域咸阳周边的土壤呈碱性,这导致了长 125 米郑国渠(约公元前 245 年)的建造,它使咸阳北部平原物产丰富起来,极大促进了秦的快速发展。《史记·河渠书》各种形式的碱(如硼砂)被广泛地用于洗涤和肥皂制造。当肥皂首次引进中国时,它通俗地被称为"洋碱"。当然,这解释了为什么杨贵妃喜欢沐浴,尤其是洗她的头发,在华清池。

咸阳之名所具备的天地一致性毫无疑问应使人想起它的同名物，天上的咸池。① 这一观念应出自秦孝公时期（公元前381—前338年），他在商鞅（又称为晋的后继强国魏的商君）的建议下于公元前350年将都城迁至咸阳。咸阳建于一统天下一个多世纪以前，因此如果这一推论正确，它表明秦廷的这一星占学和宇宙学关联发生得更早，早于咸阳的建立，并明显体现在秦早期都城和墓葬的布局中。② 将帝国的咸阳当作宇宙化的中心始于公元前221年秦帝国的建立。

　　由于22个世纪中渭河向北方迁移了数百米，对秦时咸阳实际布局的重建很复杂。③ 我们见到以前的秦都雍城、栎阳的纵向轴都呈北稍偏西方位。曲英杰推测咸阳可能也是这种方位，至少最初也许是这样。但是考虑到前述模仿北极的证据（长安也有所体现），始皇营建的帝国都城更可能呈现出精确的北-南方位，而且这一点已明显在考古研究中体现出来（图11.5）。④ 在今天的西安，南北线上的子午大道以及旧咸阳宫，仍然位于城外正南方，朝向秦陵山。⑤

　　始皇对战国时期政治版图的改造以及他傲慢地对帝国中心进行的宇宙政治重新定位，必然要舍弃业已存在的将黄河对应于银河的星占学模式，转而应用将渭河等同于银河的对应模式。这一新的方位进一步被天下一统后包括秦始皇陵墓在内的秦墓地

① 咸阳地区这一"矿物的～碱性的"名称很古老，已被发现刻于都城建立以前的陶瓷碎片上。
② 石兴邦（1993，110—111）解释道，秦都城在战国时代晚期已经开始扩张至渭河南岸。
③ 见徐卫民（2000，111，图14）。
④ 曲英杰（1991，201）；徐卫民（2000，113，135）。
⑤ 这也解释了为什么直道必须是直的，且不论地形上有何阻碍，因为它是贯穿咸阳的南北大道的延续。

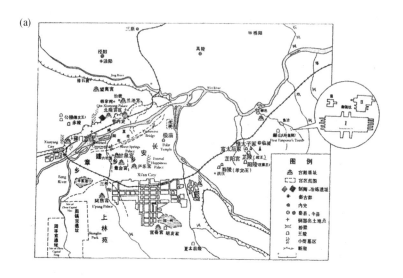

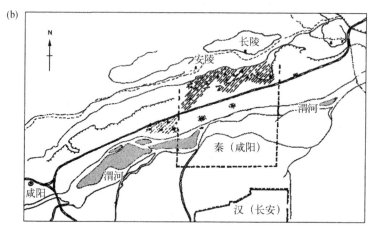

328　　　图 11.5　(a) 秦咸阳城内及周边的主要遗址。秦和西汉时期渭河流域位于该河
现今的河道以南两千多米的地方。据王学理(1999,101)重绘。(b) 西汉长安城的位
置。据夏南悉(Steinhardt)(1999,53,图 47)重绘

的北-南轴向所强调。① 事实上,有可能秦始皇在咸阳重建他打
败的敌人的都城复制品也反映了他想创造一个以整个帝国位于

---

① 田亚歧(2003,300)。

宇宙中心的幻像。也许这个新的帝国都城的象征符号唯一令人惊奇的特征是对原始名称咸阳的保留，这一可能在星占学上了暗示了一个位于咸池旁边、西方边缘位置的名字似乎与新的宇宙学秩序不相称。但是可能借此始皇想忠于他著名的、一度被称为西帝的曾祖父昭襄王（公元前 306—前 251 年）的遗产。不奇怪的是，埋葬在昭襄王巨大陵墓旁边的兵马俑也朝西。

时空的宇宙一致性

但是，更甚的是，在秦始皇时期的十一月末①，可以看见银河闪亮的银带从西南至东北跨越天空，就像它地上的对应物渭河一样。想象你自己在新年第一天的晚上站在咸阳宫的栏杆旁，越过渭河看向南方，朝着远处的南山。在你脚下渭河幽幽地从西南流向东北。看看东北和西南，银河和渭河似乎在地平线上相遇，看起来像是一条连续的河流从众星中升起跨越整个天空。放低你的视线，你可以看见横桥、中间的渭桥和阁道通渭河至甘泉、长乐和阿房诸宫。阁道和阿房宫的位置完美地对应于天上的星象，阁道（仙后座）连接你身后的北极直至正南方天空中的清庙（飞马座大四边形）。清庙（定），刚刚上中天并与地平线垂直，只有在这时它才能履行其仪式性功能，使地上的建筑与天极方向保持一致，正如许多先秦文献中记载的那样（第四章）。②

在这里，我认为我们对秦朝选择以该月为年首进行了解释。这是一年中唯一的、具有高度象征性的时刻，此时天上和地下在天空的两端通过地上的渭河和天上的银河连接起来，为上天和地

① 从后文的图注以及目前的研究来看，应为十月末。——译者注
② 班大为（2008）；班大为（2011）。

上的大一统帝国提供了直接的物理交通(图11.6)。①

图11.6　在深秋时节(十月)的秦新年之际,从都城咸阳往南看的夜空景象。银河从西南流向东北,对应于渭河(根据天文软件 Starry Night Pro 6.4.3)

汉代的宇宙化都城

随着秦朝仅在十五年后就被颠覆,就轮到汉朝的建立者高祖皇帝(约公元前 250—前 195 年在位)及其继任者惠帝(公元前 195—前 188 年)必须面对确立天命赋予汉代的合法性。三个世纪以后,东汉学者张衡(公元 78—前 139 年)在他的《西京赋》中使汉朝建立者崇高的志向永垂不朽:

> 自我高祖之始入也,五纬相汁以旅于东井。娄敬委辂,
> 斡非其议,天启其心,人慕之谋,及帝图时,意亦有虑乎神祇,

330

------

① 一丁等(1996,172—175);薛爱华(1974,404—405;1977,257—269)。

宜其可定以为天邑。①

如巫鸿(1997,147)所指出,汉朝建立者高祖的象征性行为意在与八个世纪以前的周朝保持一致。虽然高祖开启的新都营建工程始于公元前202年未央宫的建造,这座都城实际上没有城墙,直至十年以后,公元前194—前190年惠帝才建造了城墙。过去几十年的考古研究发现了长安城如何在它的第一世纪中成 ³³¹ 为汉代都城。② 这些研究中的一些顺便提及了这座城墙特殊的形状源于星象这一传统,但是没有提及相关的考古或其他证据。四十年前鲍罗·惠特利出版了他对这一传统的解释,并说明了尚未得到考古证据的支持。③ 惠特利的解释,无论多么具有试探性,都被其明确地假设汉代的中国人认识到北极附近的星座与西方一致、为两个相对的北斗、小的倒扣进大北斗这一立论所破坏。事实上,只有大熊星座北斗被中国人看作像一个勺子或一驾马车,而对小熊星座众星的表示却非常不同。④

史蒂芬(Stephen Hotaling)基于考古缩略图的详细研究,表明该城北城墙的轮廓确实为北斗形状,而南城墙为南斗(人马座π)星宿,即黄道与银河相交的地方。⑤ 随后的研究证实了史蒂芬

---

① 东井是当时的分野星占学中秦国的对应星象。如巫鸿(1997,147)指出,汉代建立者的象征性行为意在与一千年前的周朝保持一致。

② 一个完整的论述可见巫鸿(1997,143 - 87);也可见熊存瑞(2000,8—11);陆威仪(2007,75—101)。

③ 鲍罗·惠特利(1971,图26)。

④ 似乎惠特利(Wheatley)将传统文献中的南斗误认为小熊星座,而它是第八宿南斗(人马座φ)。惠特利的错误在他作品的每一次重印中都被保留,而且他的观念不加批判性地被引用。如见巫鸿(1997,158);夏南悉(1999,66);戴维·凯利(Kelley)和尤金·米洛(Milone)(2011,324,326)。

⑤ 史蒂芬(Hotaling)(1978,39,图22)。

对长安城城墙结构复原的准确性。① 在他的研究中,史蒂芬引用了前述引用的相同文献《三辅黄图》中的一段话:"城南为南斗形,北为北斗形,至今人呼汉京城为斗城是也。"②

与之对比,该城东墙精确地对准真北极,而城内的皇宫,如著名的未央宫却是直线方位,依东西南北基本方向建造。③ 王仲殊描述了这座城墙惊人的规模:

332

> 考古工作者在长安城遗址勘察时,大部分城墙犹高出地面,虽然有不少断缺之处,但仍有墙基遗留于地下。经 1957年和 1962 年两次实测……四面城墙总长约 25700 米……城墙全部用黄土夯筑而成。其高度在 12 米以上,下部宽度为12—16 米……在城墙的外侧,有壕沟围绕。经勘探、发掘,壕沟宽约 8 米,深约 3 米。④

图 11.7 左上方是史蒂芬绘制的大熊座小插图,显示出北斗

333 "斗杓"的天枢和天璇指向北方的北极星,即北极当时的位置。史蒂芬认为长安北城墙的轮廓模拟了北斗的这一朝向。但是这一

---

① 巫鸿(1997,150);王仲殊(1984a;1984b)。也可见刘庆柱(2007,115),李小波、陈喜波(2001)。

② 史蒂芬(1978,6);《三辅黄图》,1.7a‐b。可与芮沃寿(1977,44)进行比较,他认为在"长安城随意的建造"中没有对星象的象征。他对《三辅黄图》中的"斗城"传统没有进行解释。夏南悉(1999,65—66)推测长安城墙未经过规划,其不规则形状源于该处所周围的河流,即使最古老的地图显示有一条巨大的人工河直接穿过该城(同上,62—63)。这个称为都江堰的针对岷江的巨大河流改道工程由李冰组织建造于秦昭王统治时期(公元前 324—前 250 年),刚好位于咸阳北部的东西向郑国渠灌溉系统(建于约公元前 246 年)长 125 千米。王学理(1999,65)。明显,当时并不缺乏将沿长安北边的河流应需要进行改造的必要水利工程技术——因此必须考虑其他的作用因素。

③ 刘庆柱(2007,116)。

④ 王仲殊:《汉代考古学概说》,北京:中华书局,1984 年,第 4,5 页。原英文引自巫鸿(1997,156)。

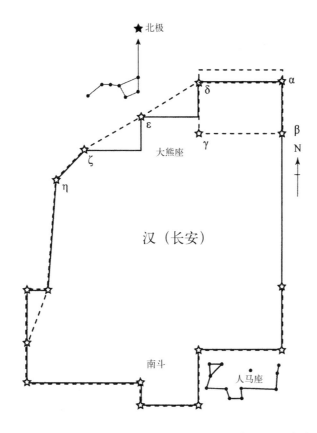

图 11.7　史蒂芬(Stephen Hotaling)的长安城墙复原图。据史蒂芬(1978,39,图 22)重绘,授权复制

解释存在的问题也不亚于惠特利(Wheatley)的。第一个是勾陈一直到明代才成为北极星;事实上,依据岁差一直处于进动中的北极在汉代离开勾陈一仍有几度左右的距离,虽然粗略来看大致上与北斗位于同一方向。更严重的问题是人马座的南斗(人马座 $\pi, \lambda, \mu, \sigma, \tau, \zeta$),它的形状被认为应用于长安南城墙,它不应该直接位于北斗背面的正南方,应位于北偏西南,即史蒂芬的复原图中长安北城墙"斗柄"部分的方向上。问题最严重的是,如果长安北城墙的设计果真如史蒂芬认为的那样,那么符合这一构造的北

极必须位于长安城外北方很远处,几乎到了汉代北极附近最亮的星帝星(小熊座β)的位置。但是将北极和世界之轴置于帝国都城城墙之外完全违背了这一构造的象征目的,也明显与上帝处所和始皇秦都咸阳之间形成的开创性类比这一明确的证据相互抵牾。

史蒂芬提出的结构图源自于仰望北极、将北斗放在某个东西上面,然后将这一图示呈现为俯视图以展示星象的结果。但是经过这样一处理,却颠倒了北斗的方向,但是如果仅仅是为了画一个结构图,这一颠倒并不会有什么影响。但如果是为了在地面上精确地复制星象,必须将北斗朝下,就像北极附近的星在轻轻地飘向地面一样或用一面镜子。只有进行这类操作,才能在地面上精确地模仿北斗的结构,才会在帝国都城城墙和北极处的北斗之间形成精确的对应。因此史蒂芬的观点在关键点上存在一个概念性错误。然而这矛盾很容易解决,只要想象北斗倒注入长安而不是包住长安,也就是说,其结构与这一时期的式盘(图11.8)和著名的武梁祠等画像石信仰(图3.3)中对北斗的表现一致。这里提出的修改只要使"斗杓"的天权和天玑与天枢和天璇这两对星所处的南北位置对调,必须与北极和所有的小熊座"帝"星如帝星一样,位于长安城墙内(图11.9)。诚然,北斗斗柄最后一星瑶光(大熊座η)会很尴尬地位于西北角,但是只有这样对这段城墙进行精确的复原才能使这些最大的问题得以解决,使史蒂芬对这部分的描述成为"试验性的"。

值得注意的是,对史蒂芬复原图的这一修正也解决了将长安南城墙视为南斗可能存在的问题,因为现在在南斗的位置面对着北墙的北斗,正好与它在天空中的真实位置一致。(图11.9所示的

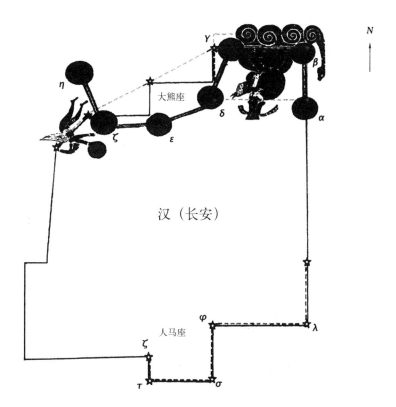

图 11.8　汉都长安北城墙上武梁祠中的上帝斗车图像(公元 2 世纪中期)

汉代式盘上,南斗这一宿位于圆形斗盘 7 点和 8 点方向位置之
间。)①我们提出的结构图解释了这一曾混淆了史蒂芬的奇怪事 ³³⁵
实,即长安南城墙沿线的壕沟据说进入南斗的"勺子"部分,在这
里它从城墙伸出,并有一个南北大道穿越的大门。考虑到秦始皇 ³³⁶
建立的都城先例,他利用了渭河的河道,实际上将他咸阳宫殿的
都城南面一分为二,考虑到南斗实际上位于银河内的人马座,长
安南城墙这一奇怪的特征如今也符合这一天象,与之相联的人工

---

① 对于中国古代将各星宿对应于北斗各星的实践,在这一例子中将南斗的距星(人
　马座 φ)对应于玉衡(大熊座 ε),见李约瑟和王铃(1959,233);冯时(2007,276)。北
　斗和南斗相对在一座高句丽墓中也非常突出。金一权(2005,26)。

壕沟也是如此。

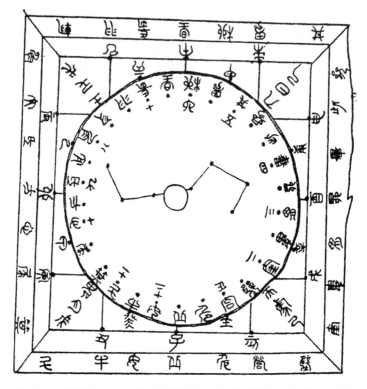

图11.9 汝阴侯墓中出土的汉代早期式盘,北斗位于圆盘中央以驱动天盘旋转。引自鲁惟一和夏含夷(1999,840,图12.5)©剑桥大学出版社授权,据授权复制

　　用一个镜像图表示我们常在天空中看到的北斗,这一基本原理是什么?是否制作式盘等星占学工具的占卜师或建造长安城墙的工程师会想像他们自己从一个无形之国中的有利点往下看北极;那就是,想像他们自己站在宇宙之外的虚空中从上帝的"肩膀上往下看"①。这一视角直至很久以后天球观念(球体投影图)

---

① 有关式盘使用的一个有趣的汉代叙述,见德效骞(Dubs)(1938—1955,Vol.3, 463—464)。有趣的是,相反的北斗例子也出现在朝鲜的高句丽墓葬中,如公元前408年德兴里墓葬中的例子。金一权(2005,26)。

出现时才产生,唐(618—907 年)宋(960—1279 年)时期的星图都不以这种方式来描绘北斗。① 一定有其他的某种原理在起作用。这一原理似乎是如《尚书大传》所述,古人"仰则观象于天",同时精心地直接将它们用于地上。那就是,长安的建筑师没有以现代的方式模拟北极附近的天空,而是创造了一个天极幻像以使大一统帝国的都城能如魔法般地体现宇宙中心神圣的力量。②

新石器时代的一个先例?

337

在前述的第一部分我提到了近来中国一个最著名的考古发现:1987 年河南省濮阳西水坡(北纬 35.7°,东经 115°)出土的公元前第四千纪晚期仰韶文化墓葬中的"宇宙图景"。[a] 一位埋葬在异常巨大的、呈南北基本方向的 M45 墓中的贵族,被认为是一个部落首领或宇宙祭司,他被摆成脚朝北头朝南的形状,旁边有三具年轻的殉葬者遗体。然而,使这一发现轰动的,是墓主四周精心摆设的蚌塑——他的东边是龙,西边是虎,北方脚边位置的第三个图像包含一个蚌塑三角形和两根人体胫骨(图 11.10)。[b]

类似地,没有如此精心的布置,蚌塑图像在正南方几米处有关联的墓葬中也有发现,其中一个包含一具人体的骨骼,他的小腿不见了,据推测就是主墓葬中的那两根胫骨。另一个墓葬在龙和虎的旁边添加了蚌塑鹿和蜘蛛。[c] 还有一个描绘了一个跨坐在龙上的人物形象。由于这些在墓主旁相伴的"熟悉"动物所展现的宇宙学关联,这些仰韶墓葬激起了极大的兴趣。因为与龙和虎相联系的主要方位与 3000 年左右

① 孙小淳和基斯特梅柯(1997,28,91)。在其他同时期的文献中,北斗被准确地描绘成它在天空中的实际模样。例如,公元前 168 年马王堆帛书《天文气象杂占》中描绘的"北斗云"。齐思敏(Csikszentmihalyi)(2006,174);夏德安(1999,844)。
② 约翰·亨德森(John B. Henderson)的章节"中国的宇宙结构思想:高智慧的传统"没有谈及史蒂芬的研究。相反,亨德森引用了芮沃寿:"宇宙观念显然至少在汉代结束以前对中国城市的总体构造没有影响。据芮沃寿[1977,42—44],中国早期的城市似乎在形式上并不规则和对称。这在中国历史上第一个伟大的帝国都城西汉(公元前 206—8 年)的长安确实如此。"亨德森(Henderson)(1995,210)。他们的看法明显是错的。

以后汉朝关联性宇宙学中的方位完全一致,苍龙对应东方(处女座-天蝎座),白虎对应西方(对应仙女座-猎户座)。当时龙与春季、虎与秋季联系在一起,虽然现今它们的出现时间晚了一个季节。北方第三个小一点的蚌塑图像被认为表示北斗,此时北斗比过去任何时候都靠近北极。尽管时间上非常早,一些学者将 M45 墓中的图景视为一个实际的星图,其他学者认为它是一种宇宙观的形象化表现,也有学者认为它仅仅是一种"萨满式的"墓葬。

这里我们仅仅将分析墓中的一些方位及其宇宙化联系方面的显著事实。无可否认,龙虎图形头对头、尾对尾的摆设,它们的动物特征,以及所有这三个图像的方位布局都与文献中充分记载的公元前第一千纪晚期传统的宇宙学关联一致。龙虎都作为祭祀的对象出现在商甲骨文中,两者都很可能被视为星座;[d] 而且龙虎星座(天蝎座和猎户座)的相对性在诠释学神话中具有高度的象征性。这些星座加上北斗确实在经典文献中作为三大辰而被强调,在新石器晚期或许更早以前被视为非常重要的季节标志。[e]

许多学者已经指出猎户座标记着约 7000 年以前的春分点,天蝎座的心大星是距今约 5000 年以前的秋分点,这两个时期囊括了濮阳墓葬的年代。有趣的是,从前面讨论的模拟北极的视角来看,置于墓主脚边的北斗状物体被精确地描绘成与汉代北斗城墙的方向一致;那就是,北斗在天空中的镜像。不仅墓中北斗的方向与其他两个蚌塑图像龙虎不一致,而且它表现的主题明显与它们不一致,它或许是一幅地图。

如果我们认为这一幅天上图景不是描绘某一既定时刻的实际天象,而是将接连出现在头顶上的星象组合起来的想象图景,那么考虑到其日期非常的早,似乎难以相信濮阳墓葬能被设计成某种像现代意义上的天象图。[f]相反,我们能从这座墓中得到的是这一图像象征着最主要的星座、太阳和月亮在纪时功能中的重要性,并指出它们的管理由与统治密切相关的有权势的个体们所垄断。尤其是北斗,最能象征天之中心的神秘力量,祭司一生对这种力量充满了敬意,也许还希望在死后与其结合在一起。它的镜像描绘

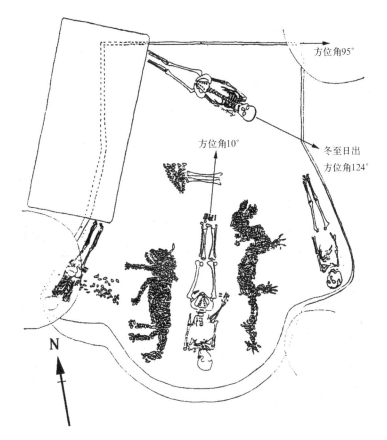

方位角95°

方位角10°

冬至日出
方位角124°

N

图 11.10 约公元前第四千纪濮阳宇宙祭司坟墓。北箭头表示磁北极(存在
−3.5°稍偏东的偏差)。据孙小淳和基斯特梅柯(1997,116,图6.2)重绘,授权复制

实际上可能产生于这种联系,因为这种倒置在一些神秘主义的情境中很常见。就像三千年以后汉代长安的天地对应,北斗崇高的力量通过这个新石器时代祭司墓中的模仿而得以被召唤。

还要认识到,虽然与龙虎蚌塑结合、作为一个整体来看,尽管随着时间流逝所导致的不可避免的破坏,祭司骨骼的纵向轴仍约为真北偏西10°,但是墓地的直线形北界更精确,只有东偏南5°。而且,骨骼摆放成一个倾斜的角度,靠近墓地的北界,精心地布置成头朝东南方位角124°处,即冬至日出的方向。这与当时日出的实际方位角120°只有4°的差距,因此是非常精确的。然而,甚至更突出的是,将该墓葬作为一个独立的单位,墓地东西方向的北界和骨骼朝向冬至点的轴线之间形成的角度是 119°,即方位角 119°。这一精确的方位只能是刻意为之,而且通过全年密切关注太阳在地平线上的日出方位才能根据经验确定。既然这一墓葬所在地不可能是太阳观测和祭祀的常用地点,这便引出了这一问题,是否其安葬被安排在冬至进行,或者是否 119°左右的方位角作为某种惯例被保存从而可以在不同的情境中重复。墓葬中的这些方位具有内在的自觉性,这似乎表明是后一种情况。显著的是,这一墓葬可能比第一章讨论的陶寺太阳观测台早一千多年,陶寺的一些墓葬(如 TG5M23, TG4M24)具有同样的朝向冬至日出点的方位。

a 陈久金(1993,53);冯时(1996,159—162;2007,278,285)。伊世同(1996,31)给荷兰一个实验室提供的碳十四测年样本得出了距今 6465 ± 45 年的未校准日期,这一日期证实了北京实验室的结果,但是荷兰实验室告知他根据他们的经验,经校验后海里的贝壳通常要晚 1000—1500 年。

b 从天文考古学角度对该墓葬进行的最彻底研究是冯时(2007,374—409),虽然必须说冯声称该墓葬体现出的复杂几何关系没有说服力。

c 冯时(1996,161,图 38,39;2007,406-7,图 6-21,6-22)。

d 饶宗颐(1998,33,36,39)。

e 李约瑟和王铃(1959,248,282);伊世同(1996,27—29)将中国天文学的开端追溯至至少 6000 年以前。

f 可与伊世同(1996,28)进行比较。

现在将唐长安城(图 11.11)奇怪的布局和汉长安城(图 11.8)进行比较,两者明显具有惊人的相似性。[①] 北部的唐大明宫增建于 660 年代,不在原始规划之列,据芮沃寿,他对该都城的宇宙象征性进行了评论:"皇帝,作为整个宇宙的枢纽,主导着这些自然力量[例如,阴阳、风、季节,等等]的和谐运行,他从

---

① 也可以参见东汉都城洛阳的总体布局及其同样特殊的北城墙。陆威仪(1999,99,图 9)。

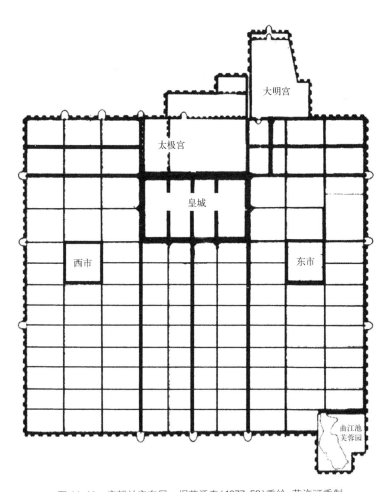

图 11.11　唐朝长安布局。据芮沃寿(1977,58)重绘,获许可重制

称为太极殿的主宫殿发号这些施令,该宫殿的名称象征着天象上的宇宙秩序中心。"①当然,太极宫意为"天极之殿堂",并让人想起始皇的"极庙"。大明宫奇怪的形状和位置使它过去被视为一个附加在城墙的整洁直线布局上的临时累赘,现在更多地被视为像汉长安城特殊的北城墙一样履行着同样的象征功能。

———————————

① 芮沃寿(1977,56)。

341 考虑到汉代都城"斗城墙"的先例存在,似乎有可能大明宫及其相邻的建筑是刻意模仿一个面朝内的北斗形状而建造的。这一对应似乎没有问题,也证实了前述有关北斗的方向应该是面朝下的分析。而且,南城墙上看起来似乎多余的突出部分及其环绕的水道再一次让人想起浸入银河的南斗。这一传统得以延续的进一步证据可以在隋朝找到。隋(569—618 年)大业元

342 年,隋炀帝迁都洛阳。因为洛河穿过整个城市,他在河上建造了一座浮桥,模仿跨越银河的天津称其为"天津桥"。① 约 3 个世纪以后,对这座著名的桥的记忆再次在唐代被白居易(772—846 年)的诗《和友人洛中春感》唤起。这一样式的具象化没有那么严格,也许比精确的模仿更具有象征性,但是所有的构造都具有同样的宇宙化象征意义,即将天极(极宫)置于都城城墙内、与北斗相关的合适位置。唐以后这一特征再也没有出现在帝国的都城中。

天庙原型——明堂

整个西周,重大的王室任命和授职仪式都在一个称为天室或太庙的建筑中进行。我们从西汉以前丰富的参考文献中得知这种庙可能在洛阳南面的"中岳"嵩山中也有一座,用于对上帝和其他有力量的神灵进行最繁复的祭祀,同时还经常伴随着对周王室

---

① 同名的东口岸大城市天津,直到明代永乐皇帝时期(1402—24 年在位)的 1404 年才建立,表面上是为了庆祝他在该地点成功渡河,但是这一名称可能也具有星象上的来源。《史记》27.1309。

祖先的祭祀。① 最早的天室记载出自青铜器皿天亡簋（前述第三部分已有讨论），为推翻商朝的武王统治时期（约公元前 1049—前 1045 或 1044 年在位）所制。铭文记载了克商不久以后王室举行的第一次封祭祀，以及武王向王朝建立者文王（约公元前 1099—前 1050 年）和上帝进行的复杂祭祀：

> [乙]亥王有大豐。王汎三（四?）方。王祀于天室，降。天亡佑王衣殷祀于王丕显考文王。

出自其他铭文和早期文献的证据显示天室就是明堂，②就是 太庙或与太庙有关，被称为辟雍的壕沟或围城湖所环绕。③ 事实上，周克商半个世纪以后的麦尊铭文明确地叙述有"在辟雍，王乘于舟为大豐"，因此天亡簋上相应的铭文是无误的。在他对明堂的历史、神圣功能和宇宙化象征的详细文献研究中，黄铭崇分析了麦尊的铭文并得出结论，大封祭祀、箭术比赛、舟游等叙述都表明丰京或镐京是位于宗周郊区某地的大型仪式用综合建筑，宗周即为祭天专门建造的仪式性都城。④ 从麦尊铭文和其他类似的

---

① 林沄认为天室就是嵩山，对此他举出了文献上的证据。然而，也有有力的证据表明天庙的位置非常靠近周王祖先庙，这似乎比一个离洛阳 70 千米的山顶上的卓越祭祀空间更实际。由于有强有力的传统显示周期性的封祭祀必须在一个祭祀山顶上举行，有可能在高度象征性的中岳上有一个天室祠，用于那些间或性的观测。林沄(1998)。

② 明堂的英文"the Luminous Hall"虽然通常被翻译成"Hall of Light"，这个有点缺乏想象力的翻译不能体现出"明"的神圣性。鉴于这一处所的神圣功能，此处的"明"应与表示墓葬中工艺制品和用具的"神明"和"明器"中的"明"含义一致。它与群星闪耀的天空的联系也显示出这里用"明 Luminous"（如果不是"神圣的"）更合适。

③ 对明堂物理布局的一个描绘出现在《大戴礼记》同名的《明堂》篇章中。陆威仪详细讨论了明堂的时空内涵(2006a, 260—273)；也可见芮沃寿(1977, 49—51)；巫鸿(1997, 176—187)；曾蓝莹(2011)。傅熹年(1981, 38, 图 5)展示了陕西扶风一个西周大型的类似庙堂建筑的复原图，为四方形建筑，顶上有一个圆形小塔，与明堂的描述相符。

④ 黄铭崇(1996, 220, 236—237)。

铭文与文献记载中,可以看出这一综合建筑包含一个围城壕沟或湖、精心布局的具有象征性的"宫"建筑、一个储备野生动物的公园似的兽苑,该综合建筑所有与众不同的特征都指向早期文献中记载的明堂。

明　堂

随着前述公元前 1036 年左右周朝新都在洛阳的建立,《尚书·康诰》记载了一次开创先河的、周公召集领土内所有首领的集会。战国和汉代文献一致认为这次集会的地点是周代的明堂,

即都城镐京内武王在公元前 1046 年春克商牧野之战后的凯旋途中展示战利品的同一神圣处所。明堂也是后几任君王举行各种仪式典礼的地方,它不断出现在前面引用的西周早期的青铜器铭文中。这里不是要全面研究明堂在传统和实践中的宇宙象征性,尤其是这一主题已被广泛地研究。① 但是这里有必要简扼地分析一下作为太庙的明堂与天象的关联。

据《康诰》,随着公元前 11 世纪中期周朝新都在洛阳的建立,新国度中所有的诸侯首开先河地被召唤聚集在一起。经典文献一致认为这次聚会的地点是在王朝神圣的称为明堂的处所。早期对明堂的设计和功能最具权威的讨论是著名东汉学者蔡邕《明堂月令论》中的论述。②

---

① 巫鸿(1997,176—187);约翰·亨德森(1995,212—213);曾蓝莹(2011)。对于汉武帝在公元前 109(或 106)年建立明堂作为他恢复宇宙化祭祀系统的一部分,见柯马丁(Kern)(2000,22)引用的参考文献。

② 《明堂月令论》3.6a-b。蔡邕认为古代这一建筑有许多称谓。几个世纪以来知识分子和学者们对明堂建筑的设计和布局进行了很多争论,但是没有涉及它的象征性。https://zh.wikisource.org/wiki/明堂月令论/卷十。

陆威仪这样总结到：

> ［明堂］是一个宇宙和国家在其中得以完全展现的微观
> 世界。它是一个将各种仪式用于祖先和宇宙神祭祀的复合
> 性仪式用建筑；一个官员聚集和政策发布的行政中心；一个
> 呈现各种真理教义的教育机构。它也对前朝历代的仪式性
> 建筑进行了综合。作为一幅宇宙、秩序源泉、历史总结的图
> 景，它完美地展现了权力。①

模拟上天的明堂

有必要对直接称为天庙的明堂的更多细节进行分析。固定
地体现在设计和布局中的明堂的政治和宗教意义表明，除了前面
叙述的那些功能外，历法天文学中必要的太阳和月亮观测也在这
些场所中进行。图 11.12a 和图 11.12b 展示了天庙这幢建筑的
设计，它的圆顶象征着天，四方形的地基代表着地，四边形的每边
都对应着东西南北方位。展示的这两个例子分别出自汉代和春
秋中期，但是曾经在周故土周原发现的大型建筑中有一个西周中
期（约公元前 9 世纪）的建筑与这两者非常相似。② 从图 11.13
明显可以看出构成明堂这一建筑的各种象征性特征有非常悠久
的历史，很可能至少可以追溯至西周初的祭祀仪式时期。

---

① 陆威仪（2006a，271，303）。
② 傅熹年（1981，38，图 5）。

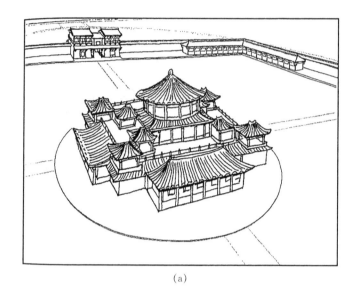

（a）

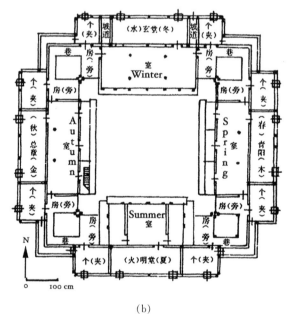

（b）

图 11.12 （a）王莽新朝（9—23 年）的明堂；据考古发掘复原；（b）王莽明堂的规划布局。引自巫鸿（1997，179，3.16）

(a)

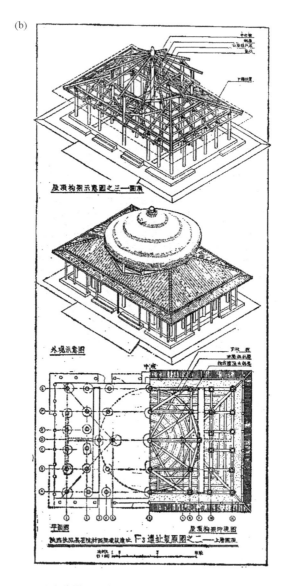

图 11.13　(a)山东临淄出土的公元前 5 世纪战国墓中的漆箱盖,呈现了一个有十二个房间的亚字形建筑的二维平面图,与明堂的设计一致。引自王世襄(1987,图3)。(b)曾在周故土周原发现的大型建筑中一个西周中期(约公元前 9 世纪)建筑的复原图。注意它与图 11.12 中明堂的相似性。引自傅熹年(1981,38,图 5)

蔡邕引用了《明堂月令纪》中的内容，它描绘了经由明堂这一宇宙模型、与天上北斗的联系是多么直接。[1]

在此它明确地指出明堂和上天之间的对应不仅仅是一种宇宙结构上的类比，这一神圣空间事实上是一个地上的君主与天上北极处的统治者进行交流沟通的宇宙之轴。另一份汉代文献《明堂阴阳录》详细描绘了地上和天上这种一致性的细节：

> 明堂之制，周圜行水，左旋以象天，内有太室以象紫宫。《礼记明堂阴阳录》曰：明堂阴阳，王者之所以应天也。明堂之制，周旋以水，水行左旋以象天。内有太室，象紫宫。南出明堂，象太微。西出总章，象五潢。北出玄堂，象营室。东出青阳，象天市。上帝四时各治其宫。王者承天统物，亦于其方以听国事。（《太平御览礼·仪部十二·明堂》）[2]

如果这听起来未免太理想化，可以看一下地理学家郦道元（死于 527 年）在其《水经注》中对 6 世纪早期北魏都城平城（今大同）中明堂设计的突出描绘：

> 明堂上圆下方，四周十二户九堂，而不为重隅也。室外柱内，绮井之下，施机轮，饰缥，仰象天状，画北道之宿焉，盖天也。每月随斗所建之辰，转应天道，此之异古也。加灵台于其上，下则引水为辟雍，水侧结石为塘，事准古制，是太和中之所经建也。[3]

---

[1] 《月令记》，3.6a – b。

[2] 《明堂阴阳录》，出自《隋书·牛弘传》，49.1304；也可见《太平御览》533.2b。这里与"室"有关的各种名称和方位与公元前 4 世纪晚期《管子·玄宫》中一致，"玄宫"可能是明堂一个组成部分的名称。与楚帛书相关内容的讨论和比较，见李零（1985，37）。

[3] 《水经注集释订讹》，13.10b。

结 论

　　明显古代中国人自帝制初期起就对北极附近区域保持着浓厚的兴趣,尤其是北极。对建筑环境形成过程中天文学定向作用的研究表明,中国人已经能将天文学知识应用于几何的实践中,以使帝国中心具有高度象征性的北极的方位,这极大地体现出北极和世俗权力中心之间的一致性。这一持久的目的性——古老的对北极附近天空的关注——在哲学中的体现与天文学中的应用一样广泛。

　　经典的中国文献中有不计其数的内容论述着必须与宇宙规范保持一致的必要性。已经证实,对北极附近天区以及统治中心和北极这一类比的关注兴起于公元前 3 世纪后期大一统帝国建立之后。但是在这里论述的核心观点和实践在帝国的思想体系中占据重要位置很久以前,考古记录显示,相似的偏好在始于公元前第二千纪的文化形成时期已经存在。一个遵从上天意愿的古代规则有必要发展出实用的方法以实现这一目的。占卜实践是证明存在这一冲动的一种方式。历日的发明是另外一种。神圣空间的设计及其宇宙化象征也是一种方式。因此,我们现在将转而论述统治隐喻中预设的宇宙的概念化过程。

第十二章　时间性和时空建构

光阴似箭，日月穿梭。

多年以前李约瑟发表了一篇著名文章《中西方的时间和知识》，其中他研究了中国有关时间和时间性的观念。李约瑟几乎不留余地地遍及中国哲学和自然哲学中对时间的探讨——时间、年表和编史学；时间测量；时间中的生物变化；社会进步和退化的概念；随着时间发生的技术发展；科学和知识之间的互相促进和累计；等等。这一主题范围广泛，尤其从李约瑟论述中的历史范围视角来看，这一范围涵盖中国远古时期直至现代社会。事实上，他探讨的每个主题都值得进行专题研究。这里我将关注一些有关线性不可逆时间和循环周期的更普遍性的问题，然后集中探讨中国独特的有关时间性、因果关系和他们的统治隐喻的观念。

对于中国文明，李约瑟写道"广泛来讲，即便前面已有所谈及，一切……为线性"：[1]

几乎救世主式的启示，常常还有进化和（就其自身来说）进步，当然还有线性的时间，这些元素，自商代以来就自发并独立地发展着，即便中国发现了或想象出各种天文或地上的

---

[1] 李约瑟(1981,133)。

周期，仍然是这些元素主宰着儒家学者和道教小农的思想。对于那些仍然以"永恒的东方"将整个中国更多地视为一种伊朗—犹太—基督类型而不是印度-希腊式文化的人来说，这似乎很奇怪。①

对李约瑟来说，蕴含在此处理性的引文中、居主导地位的时间，使他坚信中国有一个比其他任何文明发展程度更高的历史文化，这也呼应了葛兰言（Marcel Granet）的观点。② 文中李约瑟将中国文明的全部内容泛化为一个整体。如果他将讨论限制在古代——即公元初汉代结束之时——他将不可能得出中国的时间观念为线性这一结论。因为，当李约瑟讨论历史性的因果关系时也集中在帝制早期：

宇宙及其组成分子皆有循环交替的性质，此种信念紧紧地统摄着中国的思想，以至于他们总是将承上启下的观念，附属于相互依赖的观念。如此，回溯的解释法便不难理解了。例如某位君主生前无法取得霸权，因为他死后有人为他牺牲生命。简单地来说，这两事实皆系同一个无时间性的结构的一部。③

明显，这里蕴含的绝不是一个常见的因果关系，更不用说任

---

① 同上，135。但参见杰克·古迪（Jack Goody）（2006,18），他警告道李约瑟的描述"过于宽泛，错误地将不同文化及其可能性以一种绝对的、类型化的，甚至实在论的方式进行对比"。

② 李约瑟（1969,289）。在对葛兰言观点的批判性讨论中，保罗·利科（Paul Ricoeur）（1985,26）引用了时间观念中对线性和循环以及循环和节奏概念的重要区分。对葛兰言观点的不同看法，见苏源熙（Saussy）（2000,20）。

③ 中文译文引自李约瑟著，陈立夫等译《中国古代科学思想史》，南昌：江西人民出版社，2000;362—363。——译者注。李约瑟（1969,289）。这一段谈及秦穆公（死于公元前629年）。倪豪士等（1994,102）。

何意义上的"历史观",如李约瑟很快注意到的那样。荣格（Carl
G. Jung）也认识到在这一观念中"一个因果性事件可能在时间上
不会完全先于它的后果,而是以一种完全同时的频率导致后者的
产生"或"共时性",如他所说：

> 它不是原因和后果的问题,而是在时间上同时发生,一
> 种同时性。由于这种同时性,我用"共时性"一词表示一种在
> 序列上等同于因果关系的假设因素,以用作解释的基本原
> 则……我将共时性定义为心理学上受制于时空环境的相对
> 性。莱因①的实验显示一旦与心理相联系,时空便是"弹性
> 的",能明显地收缩成一个几乎看不见的点,就好像它们产生
> 于心理环境,自身并不存在,而只是意识的一个"假设"。

> 共时性不会比物理上的非线性更加难以理解或神秘。
> 只是根深蒂固的、对占统治地位的因果关系的信念造成了认
> 识上的困难,使得没有因果性的事件可以存在或曾经发生这
> 一想法看起来不可思议。

> 共时性事件作为非因果关系的例外……证实了空间和
> 时间的相对独立性；它们使空间和时间具有相对性到这种程
> 度,以至于空间大体无碍地行经其过程,而时间上的一系列
> 事件则相反,因此看起来就像一个还未发生的事件产生了当
> 前的一个后果。但是如果空间和时间具有相对性,那么因果
> 关系也就失去其效力,因为原因和后果要么是相对的要么其
> 相互关系不存在。②

① 指 J. B. Rhine。——译者注
② 荣格（Carl G. Jung）"共时性：一种非因果性联系的原则（Synchronicity：An
Acausal Connecting Principle）",引自罗伯特·奥恩斯坦（Ornstein）(1973, 450, 456,
457)。在提到"物理上的非线性"时荣格可能想到的是"量子纠缠（quantum　（转下页）353

在中国,一个显著的因素是在公元前的两个世纪中帝国制度已经巩固,尤其是它与儒家的结合。后者的支配地位,及其对等级制度的深度保障,对祖先的敬畏,对社会与政治和谐的维护,确保了古代道家和博物主义者更精致的类型和现象学联系概念被贬低至专业领域的应用,与此同时对时间的永恒性保持着密切的关注,"循环"成为道的运动方式,尤其是"因果性观念明显区别于印度或西方的原子论图景,前者认为一件事物的先前性是导致另一件事物运动的原因"①。也就是说,博物主义者和道家直觉式的、与宇宙的永恒性进行协调这一相互关联的宇宙观的跌落,意味着他们将因果性和时间性概念综合起来,严格来讲,这些概念既不是循环的也不是线性的,都经不起彻底的推敲。无论如何,中国的历史学家和哲学家对目的论的理论化都非常陌生。② 我们随后将转而讨论因果性和永恒性的概念。

(接上页)entanglement)",即爱因斯坦不能接受的"鬼魅般的超距作用",或者可能是尼尔斯·玻尔(Niels Bohr)的互补性原理。据劳伦斯·费奇(Lawrence Fagg)(1985,168),"广义的互补性原理可以在中国的阴阳原理中找到有趣且美丽的比喻……因此,互补这一概念在东方是天生的而且根深蒂固,一点儿也不新奇……以时间的比喻来说,阴显然与直觉的(主观的)或宗教性的精神时间相联系,而阳与理性的(客观的)或物理时间相联"。这一原理认为"波和粒子模型相互排斥又相互补充,在完整描绘一个微观物理现象时两者缺一不可"。

① 李约瑟(1981,97)。

② 余英时(2002,168)指出"中国历史学家缺乏对整个历史过程进行探究的冲动使得我们很难去判断中国的历史思想是线性的还是循环的"。余英时忽视了《礼记·礼运》中记载的儒家进化思想的早期萌芽。虽然这一标题暗示着循环性变化,随后对三代的讨论——混乱,近平,太平——明显暗示着进化过程。这一非正统的历史理论在后汉何修(129—82年)《公羊传》注释中得到进一步发展,但从未得以广泛流传。对中国古代文化中时间和空间观念、中国历史观以及线性时间和循环时间的进一步探索,见黄进兴和许理和(Zürcher)(1995),及鲁惟一(Loewe)(1995,305—328)。

中国古代时间和类型观念的特征

众所周知即便没有哪个文明曾从一个线性时间概念发展到一个循环时间概念,要弄清这一转变如何或甚至何时发生绝非易事。事实上,将时间一分为二成"线性"与"循环",这一现代倾向本身就值得怀疑。如保罗·利科(Paul Ricoeur)指出:

> 循环与非循环模式,当两者从与现代线性时间的对比中解放出来……呈现出多种多样的形式,以及,更有趣地,大量的重复和混合形式——这些形式看起来只是与用线性编年史这一基本尺度去描绘、分析和解释神话时间的个人不一致。①

《春秋》的叙述体注释《左传》中的一个著名段落描绘了公元前四世纪的一种时间概念:

> 二月癸未,晋悼夫人食舆人之城杞者。绛县人或年长矣,无子,而往与于食。有与疑年,使之年。曰:"臣小人也,不知纪年。臣生之岁,正月甲子朔,四百有四十五甲子矣,其季于今三之一也。"吏走问诸朝,师旷曰:"鲁叔仲惠伯会郤成子于承匡之岁也。是岁也,狄伐鲁。叔孙庄叔于是乎败狄于咸,获长狄侨如及虺也豹也,而皆以名其子。七十三年矣。"史赵曰:"亥有二首六身,下二如身,是其日数也。"士文伯曰:

---

① 保罗·利科(Ricoeur)(1985,27)。见杰克·古迪(Jack Goody)(2006,18)对"循环式东方"和"线性西方"这些描述的批判:"任何认为必须从线性模式而非循环模式中得出唯一结论的观点都是错误的,它反映了我们将西方视作发展的、有前瞻性的和东方静态的、保守的认知。"

"然则二万六千六百有六旬也。"①

这段话中有几个要素值得注意。首先,对自由平民来说,很难见到比六十周期甲子更复杂的纪时方法,有可能参加宴会的其他非专业人员机会仅略多一点。年长者提到纪年,意为"记录日期",这一显著的应用我们后文将会讨论。其次,宫廷中负责记录同时也掌管音乐的专业人士,一开始将年长者的出生与历史事件联系起来,就像引用编年记录一样,然后,在进行运算以后,他得以给该事件定年。② 这则故事非常具有代表性,并很好地指出与日常生活时间感知不同的方式的价值。它也强调了一个时间意识核心的中心问题,对此《易经》似乎给予了一种解决方式,如我们将所见;那就是,如何系统地将主观意识或对世界的看法与一个事件正在发生、经常与描绘相矛盾的客观世界联系起来。③

这一时代开始以前的最后几个世纪中,有关所有事物相互联系的旧学说和新思潮正在逐步系统化并被详细阐述,尤其是被那些激发黄老之道统治术的阴阳学家和道家们,他们认为深入地理解现象至关重要。这些观点吸收了各种占卜方法的古代基础,它们源自微观宏观类比、数术、五行——木、金、火、水、土相互循环的宇宙政治理论,五行被认为极易在自然中发现各种对应现象的存在。历史概念,像以往一样呈现出对时间的强烈偏好,历史事

---

① 《左传》:襄公三十年,公元前 543 年;英文翻译出自理雅各(Legge)(1972,Ⅸ.556,翻译有所修改)。也可见古克礼(Cullen)(2001)。

② 当然,这与我们自己的主观时间经历一致。安东尼·阿维尼(Anthony Aveni)(2002,2)指出"称之为历史的绝对年代学是强加给我的……它与我对过去的自然思考方式相冲突——纯粹是一系列按照一定次序发生的事件,像长绳上的结一样从我的出生到现在。谁会在意这根长绳有多长或结与结之间相距多少英尺?"。

③ 例如,可见哲学家麦克塔伽(J. E. McTaggert)在保罗·戴维斯(Davies)(2002,42)中对时间非现实性的观点。

件并不被认为是人类行为和动机自身的历史实例,而是在其永恒
的象征性方面,被视为动机值得赞扬或鄙视,或者坚守约定及传
统礼仪方面的例证。编年史的这一性质,其开端可追溯至一千年 356
以前的商周时期,可归于对占卜以及向祖先汇报政绩的祭祀仪式
进行历史记录这些源头。① 帝制早期,从过去的卜师发展而来的
太史这一官职,负责从占卜到预测(包括天象解读与异常事件和
奇观的解释)、历法制定、审视历史先例以及当前时事的所有事
物。统治之术要求掌握各类事件和动机的复杂状况,包括人世和
自然的,以获得与随着时间刚开始、处于不断发展中的天地万物
的和谐一致。以公元前二世纪早期哲学家贾谊(公元前201—前
169年)对这项事业的描述为例:

> "前事之不忘,后事之师也。"是以君子为国,观之上古,
> 验之当世,参以人事,察盛衰之理,审权势之宜,去就有序,变
> 化有时,故旷日长久而社稷安矣。②

这里在治国之道中再次提到了对历史的运用,在这个治国之
道的范例中,暗示了宇宙和阴阳五行的循环。在这种世界观中,
时空或人类事务这一纺织品中任何点上的混乱或不和谐会对整
件纺织品产生影响,引起不可预测的后果;这种混乱或不和谐不
仅仅是可预测的,也许甚至是可追溯的,如我们从上文中看到的
那样。这类关系早期运用的一个流行比喻是一面镜子,有志向的
人类统治者乐于从前代统治和民众生活这面镜子反映其行为和 357
动机的图象中寻求指导。

---

① 吉德炜(2004,3—64)对这一现象进行了非人格化和"扁平"的描述(2002年3月5
日的电子邮件交流)。
② 《史记》,6.278;倪豪士等(1994,165)。

为了理解这种世界观,我们需要抛开因果关系这一传统观点。甚至像上文中提到的"产生影响"或"传播"容易让人联想起作用与反作用的传统观点,带入了一种现代主义的视角。然而,这里表示的是一种"非因果关系的秩序",其中如李约瑟所说"相互关联的观念具有很重要的意义,它取代了因果的观念,因为万物不是有因果关系,而是相互关联"①。或者,以李约瑟独特的表述"在这系统内,因果关系是呈有层次的变化性的(hierarchically fluctuating),而不是'质点式'和单向的"②。在解释法国汉学家葛兰言(Marcel Granet)的阐述时,李约瑟谈到"如果两件事态使他们看起来有所关联,那么这种关联不是由于因果关系,而是由于成对的关系;此一成对的关系,就好象事物的正面与反面,或者我们用《易经》里的隐喻,它就好象回声与声音,或黑暗与光亮"③:

> 葛兰言的本意是事物同时出现在一个庞大的力"场",至于其动力构造究竟为何,我们现今尚不了解。……在它们有机的关系中,不论是生物的或宇宙的,其各部分可借相互和谐的意志,充分解释所观察的现象。④

将此与安东尼·阿维尼(Anthony Aveni)对另一种文化的观察进行比较:

---

① 中文译文引自李约瑟著,陈立夫等译《中国古代科学思想史》,南昌:江西人民出版社,2000:361。——译者注。李约瑟(1969,289),引自维托尔德·雅布翁斯基(1939);梅杰(1978,13)。
② 中文译文引自李约瑟著,陈立夫等译《中国古代科学思想史》,南昌:江西人民出版社,2000:362。——译者注。李约瑟(1969,289)。
③ 中文译文引自李约瑟著,陈立夫等译《中国古代科学思想史》,南昌:江西人民出版社,2000:364。——译者注。李约瑟(1969,290)。引用的这些例子必须被视为同时发生。
④ 中文译文引自李约瑟著,陈立夫等译《中国古代科学思想史》,南昌:江西人民出版社,2000:364 注释,379。——译者注。李约瑟(1969,302,n. b.)。这里立刻会想起"量子纠缠"。

思考的这种关联式方式，如我所说，很容易让人回想起宇宙中以前发生的种种，这种方式能将形态和事件置入一种涵盖所有可能发生的相互影响的模式或系统中。如果我给一个个体在一系列轮流更替的状态或性质中指定一个特殊的位置，那么这个个体自动就与这种性质建立关系；而无需寻找因果联系。①

数字也在这一观念中起关键性作用：

在中国数字被用作展现秩序的数量工具。据葛兰言，中国人并不将数字用于数数，而是用作各种象征或符号，以表示一连串事实及其内在的分层化秩序的性质。数字，在他们看来，具有描述作用，因此用于排列"似乎仅通过在时空中确定其位置便得以确认的具体事物"。在中国思想中事物的本质等同于其在时空中的位置。②

数字的这种理想化功能在上文提及的《易经》的精致体系中 ³⁵⁸ 体现得最为极致，64卦为具有数字关系的符号化、描绘性力量提供了图示，与此同时在动力学关系上体现了宇宙无限的变化性和创造潜力。③ 如劳伦斯·费奇（Lawrence Fagg）所说：

---

① 安东尼·阿维尼（2002，92）。

② 李约瑟（1969，229）。

③ 据荣格（1969，§870），"数字……与其说是一种概念，不如说是一种原始的心理因素。从心理学上我们可以以数字定义为一种发展成意识的秩序的原始意象……无意识经常像有意识一样将数字用作一种序列号。因此数字序列，像所有其他的原始意象结构，能先于意识而存在，从而决定了状态而不是被状态所决定。数字形式是我们通常称之为意识和物质之间的一种理想的第三者标准，因为可列举的数量是物质现象与藏在我们的数学推论背后不可简化要点的特征。这不可简化的要点是以自然数字为基础形成的布局，从而是'毋庸置疑'的。因此一方面数字是我们思维过程的一个基本元素，另一方面，它像物体的客观'数量'一样似乎独立地存在于我们的意识之外"。同时必须注意到李约瑟将中国人满足于《易》中数字明显的解释能力的倾向视为妨碍哲学进一步发展的主要障碍。

《易经》告诉我们每一瞬间都能用表现这一瞬间性质的一个数字进行表示。因此,在一个真实意义上当一个价值被赋予中国线性时间的某些瞬间,其意图并不明显或不受影响。因此,这个时间也可能难与物理世界的历史之箭保持一致。①

本章开篇格言中出现的"时间如飞逝的箭"这一形象,让人想起时间的转瞬即逝这一本质,而并不像在西方那样隐含着线性或目的论的内涵。在这方面也要注意自商代起便连续使用的六十甲子循环中的某些干支日期比其他日期更吉,有时这是因为同音字的重叠具有幸运的意义。而且,这组吉凶符号从青铜器时代早期起直至汉代,在很大程度上维持着不变。在讨论公元前第二千纪晚期商甲骨文占卜中日期的这一方面时,吉德炜号召大家关注克利福德·格尔兹(Clifford Geertz)生动的评价,即巴厘岛人"没有告诉你时间是什么,他们告诉你它是哪种时间"②。

《易经》中的共时性

我来展示《易经》中一个集永恒性和动力于一体的实例,它展示了中国对变化和时间性如此早的思考中形成的这种精华如何能给我们理解时间性和因果性,以及中国古代思想中的一些其他预示性比喻带来启示。《易经》中,一瞬间的性质是一种称为"势"——"内在的时空优势"的功能,每一个作用(或反作用)的时

359

---

① 劳伦斯·费奇(Fagg)(1985,155)。
② 引自吉德炜(2000,33,n.55)。

间性极其显著并被反复强调。① 这是希腊语中的"凯洛
(kairos)",意为"好时机"。柏拉图将"凯洛"(即"机遇")与偶然
进行了对比:

> "偶然"发生的事件据说人类的理解力无法掌握;偶然是
> 所有我们能理解或决定的、能在"任意时间"发生的事件聚集
> 在一起。机遇则相反,指向一个在不同的条件下有可能没法
> 进行的合适时间。②

然而,不足为奇的是,对挫败雄心、未能遇到合适时间或遭遇
不利条件的关注应在战国晚期和汉代的中国思想家心中放大,尤
其是孔子在其时代未能获得认可这个负面先例的存在。在著名
的《士不遇赋》中,西汉最有影响力的儒家学者董仲舒(约公元前
179—前104年),深受《易经》的影响。

董的焦点在"同人"和"大有",这是传世本《易经》中的第十三
和十四卦。对于董来说,它们在《易经》注释中地位的重要性仅次
于乾坤两卦,因为它们被视为儒家社会政治格局中手段(人道主
义与自我修养)和目的(政治一体与社会和谐)的象征。它们的构 *360*
造,有人认为是为了在这两卦体现的中心思想和图示中形成一种
内在的动力关系,这一关系已经以图像的方式展现在它们的构造
中。这是两个非常罕见的将一对阴阳爻置于两个中间的、互相作
用而且极端重要位置——第二和第五爻的卦象。传统上,第二爻

---

① 可见林丽真(1995,98)。《易》中,"对一段时间或变化的量的计量是为了寻求适宜
采取行动的合适时间……带着这样一种目的性,'势'无法与空间环境完全区分
开。世界是一个相互联系的变化微粒形成的时空阵列。"詹姆斯·塞尔曼
(Sellman)(2002,193)。"时",内在的时空优势,与表示"时间,季节,时间性"的
"时"不同。

② 约翰·史密斯(Smith)(1986,13)。

表示"下属",第五爻表示"上级"或"君主"。然而在这两卦中,我们看到了一个理想化的代表,一个顺从或接受性的爻和一个决定性或创造性的爻发现它的另一半正处于合适的位置。因此这两卦象征着一个伟大的君主与一个圣贤的辅佐这一理想关系,但是处于两种不同的状况中。

然而,这并不是全部,因为以"综"字来看,这两卦也互为镜像(见图12.1)。从图示的构造技法来看,综原本指将纵向的经纱线绑(或系)在以高低不同的次序依次排列和组合经纱线以形成织布各种图案的综框上。而同人和大有这两个卦象图的含义是此存在于彼之中,此同时也是彼。通过这两卦独特的构造关系和爻的易变性,"同人"的第二爻阴爻在"大有"中上升至主要位置。因此,就《易经》中来说,"大有"实际上内在于"同人"中。虽然必须以线型图示进行描绘,继而进行推演,然而实际上一个图示中的各种元素和数字符号同时也是它们自己的镜像。

在《士不遇赋》中董仲舒从字面上展现了这种构造上的关联,通过连词"而"将这两卦联结起来,从而在语法上将这两个卦象的构造性关联变成偶然发生的动态过程。用这种方式董氏得以从句法上表达固有性和互补性。也就是说,"同人"理想中隐含着实现"大有"这一理想,当然这里指的是从君子修身之术到治国之术的发展。作为臣下的君子品德柔顺,凭借其将志同道合者从少数扩展至多数的能力发展至占据中心的统治位置。注释中说道:"同人于野,亨。利涉大川,利君子贞。象传:同人,柔得位得中,而应乎乾,曰同人……唯君子为能通天下之志。"

如前所论,这两卦之间的镜像联系"综",像中国古代与时间和秩序有关的哲学中许多最重要的隐喻一样,源自绳索和编织技法。至今为止,源自织工技法的最重要词汇是经和纬。经是一片织布的经线,引申为制定好的、秩序性的准则,经典以及我们今天的经度线。相反,纬是一片织布的纬线,在天空中来往穿梭连续经过子午线的五纬;对儒家经典进行疑托、非正统注解的纬书;以及现代的纬度。① 在这一语境中,综因此能再现一件相互连结起来的纺织品的内涵,包括经和纬,从而在编织过程中既是线性的也是循环反复的(像八卦自身以及过去用来推八卦的数字推演),但是它的整体构造、质地和数量只能从它们的综合状态和结构中全盘进行把握。相互联系的纺织品和哲学观念使人想起一种互补性原理和类型——部分代表着整体(纺织品的任意一段都能代表整块织布)。因此,这两个八卦不是由因果关系连结起来的,或者一个产生了另一个。而是一个与另一个同时发生,像一块织锦的正面和背面一样。

西汉董仲舒说道:

> 臣闻天之所大奉使之王者,必有非人力所能致而自至者,此受命之符也。天下之人同心归之,若归父母,故天瑞应

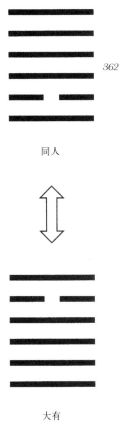

362

同人

大有

图 12.1　"同人"和"大有"两卦的"镜像"综关系

361

---

① 《淮南子》像许多经典文献一样,明显运用了这一隐喻:"凡地形,东西为纬,南北为经。"梅杰(1993,167)。在《天官书》中,司马迁明确地将这一术语运用于天空,显示出在他看来,经为紫宫与天极交汇的纵向部分,日月运行以及其他行星的梭形运动横穿其中,形成一种网状的"编织"格。《史记》,27.1350。

诚而至。①

这里董仲舒抓住了问题所在,运用比喻来表示一种神秘的非因果性关系,但最终将其归于流行的感应观念。现在来看一个半世纪以后突破传统的东汉学者王充(27—97年)对王朝兴衰的解释:"盖天命当兴,圣王当出,前后气验,照察明著。"即使在王充的时代,此处涉及的与兆命有关的因果性原理也可以简单化地通过 363 "仅仅是预言"的因果关系进行理解,王认为,变复家之误不在承认灾祥之出现,而在误认政治得失与之有因果关系。②

王充以为:

> 贤君之立,偶在当治之世,德自明于上,民自善于下,世平民安,瑞佑并至,世则谓之贤君所致。无道之君,偶生于当乱之时,世扰俗乱,灾害不绝,遂以破国亡身灭嗣,世皆谓之为恶所致。若此,明于善恶之外形,不见祸福之内实也。祸福不在善恶,善恶之证不在祸福。(《论衡·治期》)③

因此,在他看来,个人或一项即将兴盛的事业的所有举动将随着时空的行进同时发生。以出圣王为例:"人徒不召而至,瑞物不招而来。黯然皆合,若或使之。"④

这就是葛兰言在谈到"事物同时出现在一个庞大的力场"时,也是荣格在强调中国人的世界观涉及一种与伽利略—牛顿科学的世界观非常不同的因果性原理时所指的内容,即荣格所指的"共时性"。据吕西安·列维-布留尔(LucienLévy-Bruhl),"原始

---

① 《汉书·董仲舒传》,56,2500。
② 中文原文出自萧公权:《中国政治思想史》,辽宁教育出版社,1998年(2001年2次印刷):330。——译者注;英文出自萧公权(1979,594)。
③ 同上,也可见马克(2011,194)。
④ 同上;英文出自萧公权(1979,595)。

的观念","不像我们自己的因果性观念,与'第二性'的原因(或干预性的机械主义)无关;原因和后果之间的联系是瞬间发生的,根本意识不到两者之间的中介连接"①。他说到"原始人不探究科学模型中的因果性联系,不是因为他们个体的智力结构不足,而是因为这种探究已被他们的社会准则或他们的知识系统标准所排除"②。

古代中国人对时间的观念不强,因此对时间的标识有点不固定,一般根据上下文用一些时间标志和明确的时间用语来指示时间。总体来看,当谈到时间指示和排定先后的重要性时,这些因素似乎相对降低了时间的精确性。这种状态,犹如宴会中老者的那段叙述和克利福德·格尔兹对巴厘岛有关"它是哪种时间"的评论,让人想起人类学上另一个具有类似意义的故事,雅各·马林诺斯基(Jacob Malinowski)首次记载了特罗布里恩(Trobriand)群岛居民们不那么在意时间的飞逝流去。看看这段对特罗布里恩群岛时间和时间性观念的描述:

> 特罗布里恩群岛居民的过去与现在之间没有分界线;他可以说一个动作已结束,但这并不意味着这个动作是过去的;它可能已结束并是现在的或永远的。在我们谈论"许多年以前"并运用过去时态时,特罗布里恩群岛居民会说"在我父亲的小时候",并用一个没有时态的动词;他将这一事件与

---

① 坦拜雅(1990,86)。

② 引自坦拜雅(1990,88)。这里让人想起理查德·尼斯贝特(Richard E. Nisbett)《思维版图》(*The Geography of Thought*)(2003,xvii)"演绎推理和道(The Syllogism and the Tao)"和"思想的社会起源(The Social Origins of Mind)"章节中的一个:"亚洲社会的集体性或相互依赖性,与亚洲人广泛的相互联系的世界观和相信事件是高度复杂的、并由许多因素决定相一致。西方社会的个人主义或独立性,似乎与西方专注于将特殊物体从其环境中分离出来,以及他们相信他们能知晓统治事物的规律因此能控制事物的行为相一致。"

情境联系在一起,而不是与时间。过去,现在和未来从语言上看是一样的,在他看来都是现在,并与他所称之为过去的以及神话一样,对特罗布里恩群岛居民来说都具有意义。①

也许,对这种不那么注重时间的文化的描绘在叙述结构上会偏向于各种联系和活动,我们也能从中发现一个迹象,是什么激发了中国人运用编织工艺这一比喻。古代的中国人将时间和空间的互补关系合成为一个包括一切的非因果性、具有一定图案的纺织品,而不是一个前帝制时期的比喻性发明,像《易经》中的许多其他图像一样很大程度上缘于一个源自遥远过去中国的概念。如史嘉柏对《左传》和《国语》从编史学角度进行的评述"历史的进程与其说是一条线,倒不如说是一件织物"②。

绳索,编织和时空的结构性比喻

从上文的论述和那些显著的术语的独特性可以看出,能想起来的中国早期表示时间和空间的基本比喻来自于绳,编织和带图案的纺织品。③ 如前述第二部分讨论的文字发明的例子中,这一来源丰富,使古人形成时间和空间概念的结构性比喻有一个悠久的历史。

《易经·系辞》(公元前 3 世纪)有:"上古结绳而治,后世圣人易之以书契。"图 5.2 是印加奇普的一个例子,展示了它的基本结

---

① 多萝西·李(Lee)(1973,139)。

② 史嘉柏(2001,275)。

③ 这里我排除了建筑用语"宇宙",它出现的比较晚而且仅出现在战国时期和汉代专门讨论宇宙和形而上学内容的某些论述中。至少,对于公元 1 世纪的张衡来说,它指的是可观察物理世界之外的东西(见后文)。

构。由于中国没有这种人工制品留存于世,我们不能确认他们的
古代记录工具是不是一样的;然而,媒介工具的本质和它所具备的
结构的局限性确保了史前时期中国运用的各种工具应是相似
的。[1] 这也可以从我们即将探讨的术语和符号的应用中看出。随
后的讨论将展示一个记录信息的模拟工具向一个抽象符号——概
括时空的"心灵工具"完美且格外成功的转化。如安东尼·阿维尼
(Anthony Aveni)所示,一个像奇普一样的用绳记数工具的结构"产
生了表示空间和时间的辐射性和层级式方式"[2]。"纲纪(gangji)"
这一图像,可能表示了中国最早的天的图像化概念,远远早于战
国和汉代的"盖天"论。如默林·唐纳德所说:

> 在视觉图像化符号的历史早期,模拟工具被发明出来用
> 以计量和预测时间。最终这些工具使人们得以记录天象事
> 件、编造精确的历法以及进行日常纪时……空间也体现在视
> 觉图像化符号的早期。一些最早的符号化模拟工具主要是
> 几何的,反映了对空间关系的一种抽象理解。[3]

第一个时空模型

到目前为止,这方面最重要的修辞语是"纲纪"。[4] 由纲"网
或织布的线镶边;引申为维持秩序、治理"和纪组成。纪的含义产
生于丝生产的过程。从煮沸的蚕茧上抽丝的一个关键步骤是首

---

① 东亚琉球群岛的情况,或许能提供一个和古代中国类似的例子,见图 5.2c 和埃德
　　蒙·西蒙(Simon)(1924)。
② 阿维尼(Aveni)(2002,252)。
③ 唐纳德(Donald)(1991,335,336)。
④ 可与现代中文中的"纲领"一词进行比较。

先是找到丝的线头。一旦找到线头，就能轻松顺利地从变软的蚕茧上抽取并卷起丝线。类似地，一个个经线（纪）在纺织开始以前必须单独被系到织布机上。因此，纪"线头"具有了在先秦文献中应用最普遍的"理清，排列"的引申含义。后来，它还具有"纪时、纪年、年纪、纪录"等含义，这些含义都源自"线性、连续、相继、串联"这一基本观念。[①] 在哲学文献中，纲纪这一词语用作"与自然和人类社会关系网中其他事物之间的位置和关系；内在的结构组织"的比喻。

我们来看宴会上绛县老者的故事中将"纪"用作动词的例子。《吕氏春秋》叙述一年每个月季节和相应的标志性内容的 12个部分的标题称为"纪"，集合了授令、时间顺序、天上的事物等几层含义。《诗经》中有"纲纪四方"，其中"纲"被解释为"设置"而"纪"为"治理"。《墨子·尚同》说道"故古者之置正长也，将以治民也，譬之若丝缕之有纪，而罔罟之有纲也"。《墨子·天志中》："且吾所以知天之爱民之厚者有矣，曰以磨为日月星辰，以昭道之；制为四时春秋冬夏，以纪纲之。"在《荀子·尧问》中，荀子的追随者这样描述大师"其知至明，循道正行，足以为纪纲"。《礼记·礼器》中有"是故君子之行礼也，不可不慎也；众之纪也，纪散而众乱"。

在中国帝制早期的字书秦丞相李斯的《仓颉篇》中，从一系列有关气象的字中你可以看到以下这些："云，雨；露，霜；朔，时；日，

---

① 李约瑟（1969，555）。鲁惟一用"纪"在汉代时间概念中的应用来定义它时，强调了它的线性内涵："纪或线，表示一系列前后相继的事件或部分……形成的序列。"然而，纪在涉及共振周期或常数时具有专门的含义，如历法推算中的行星周期，尤其是木星周期。其中它的循环性非常重要。

月；星，辰；纪，纲；冬，寒，夏，暑。"①除非知道天与"编织线绳"之间的联系，否则这一组词语中出现"纪纲"将会使人困惑。然而，在词典编纂者的心目中，这种联系显然是非常紧密的。陆贾（公元前约228—约前140年）在《新语》中以论述宇宙图景、道术以及相关的宇宙论进行开篇：

> 张日月，列星辰，序四时，调阴阳……位之以众星，制之以斗衡，苞之以六合，罗之以纪纲。（《新语·道基》）

陆贾这里指的是上天对事物的秩序规范。上述所有段落都将纪纲（或纲纪）视为一个与宇宙观有深入联系的形象，这一形象在从周到汉代的文献中普遍被承认。

确立网的形状并使它适当展开的主线或头线是纲，而从纲上悬垂下来的线是纪。网中有网眼"目"（例如纲目），而在类似奇普的记录工具中纪是独立的绳子，信息通过系在各种点上的结进行记录。古代源自编织的这对相似的词——经和纬（可以肯定这两个字也是在新石器时代晚期命名）含义相同，并把这一比喻引申至社会道德秩序的维护。② 后来这些为个人修养和国家统治提供指导的伦理和社会准则被圣人写在永恒的"经"中，那些"非正统的"注释是纬，纬书自汉中期起非常有影响力。经线的起起落落是通过操纵综（在论述《易经》的技术内容时已经谈及）的踏板来完成的。随着相互交替的综片起起落落而依次产生出的纺织品的纹，与表示受过良好教育的文化中的"文/纹"从根本上来讲

---

① 最近出土的保存在北京大学的竹简《仓颉篇》第3228简。也可参见《老子》中"道纪"的应用。
② 如史嘉柏（2001，298）对《左传》的评论："在史官们看来，经和经纬表示的不是后世中著作经典的含义，而是一套固有的规范……这些规范指导社会关系，对所有阶层并不是完全可见的。它们规范秩序，而不一定需要监管和考验。"

是同一个字,后者是一个良好秩序社会的标志。

像比喻人类活动创造出的秩序一样,编织的过程与人类社会的"编织"也非常相像,是一个具有高度启发性的比喻。事实上,英语也用了同样的比喻。再来回顾一下特罗布里恩群岛,比较多萝西·李(Dorothy Lee)用编织比喻表示时间意识的形成所表达的内容非常具有启发性:

> 他们的行为具有组织性或者更可以说一致性,因为特罗布里恩群岛的活动是一种有模式的活动,这个模式中的一个行为产生一系列预期行为。也许有人可以从我们的毛衣制作文化中找到对应。当我开始编织一件毛衣时,下摆的针纹不能织出领口、袖子或袖孔;它不是一个固定系列行为的一部分。然而它是一个囊括所有其他行为的有模式活动的不可缺少的部分。①

显然,特罗布里恩群岛不是中国,但是也难免受到这位人类学家家常的编织类比的打击。也许这段在文化上低估了所述时间结构的评价更青睐有模式的关系和活动,但我们也能得到一个是什么激发了中国早期应用编织艺术这一比喻的暗示。

《易》关注时空位置的"势",且最关注"及时性",即深入探究时间的性质以知晓何时以及如何行动(或在某些情况下不行动)。如我们在前述董仲舒的赋中所见,在最后的分析中,一个时空位置的潜力是由各种元素和影响的复杂组合预先设置的,这些元素和影响组成了时空连续体这件织品的结构和纹理,同时这个时空位置的潜力也自发地将自己编织进气的产物中。从而就有《士不遇赋》的悲剧存在,其中他改变时空环境的能力严重受限。

---

① 多萝西·李(1973,135)。

相关天文学结构的比喻

对于子午线及其相似物/人类编织出一张网,用这张网/网住上天,现在这些天就是他的了。

——约翰·多恩(1611 年) [369]

中国传统词典在解释宇宙(以及起源于宇宙的世界政治社会秩序)的基本特征时,语言中充满了线、织物、编织、绳和网的形象。语言学者很少关注这一主题。[①]

天文学中的这些比喻词最早的含义是什么? 中国结绳和编织技术的古老性,已在考古学上被公元前 4300 年的河姆渡文化所证实,这些知识可能也预示了古代的中国人早在新石器时代如何对宇宙和时间进行概念化?[②]

"光阴似箭,日月穿梭"这句谚语把日月在天空中的运行路径比作织机上穿着纱线来回运动的梭子。梭子通过已经设置好的一团团纱线的交替上下运动来回穿梭。(实际上,诗人在这里进行了自由的想象,因为日月的运动不是来回式的,而是循环式的,而且日月实际上不会反方向运动,五星也是。)将五星称为五纬明显会让人想起赤极系统的经纬网格,这种网格在战国晚期开始运用。[③] 伟大的一世纪天文学家张衡简洁地陈述了这一事实:

实始纪纲而经纬之。八极之维,径二亿三万二千三百

[①] 薛爱华(Schafer)(1977,262)。

[②] 迪特·库恩(Kuhn)(1995,92)。

[③] 段玉裁(1735—1815 年)在《说文解字注》中解释"经"时,引用了《大戴礼记》:"南北所谓经,东西谓纬。"

里,南北则短减千里,东西则广增千里。①

　　但是,用天象这种方式对宇宙结构和时间进程进行概念化的历史更加古老。上文中我们已看到诗人如何运用周初一个非常熟悉的《诗经》比喻:"纲纪四方"②,以及"滔滔江汉,南国之纪"③。后来,类似地直接指天上的事物,《尚书·胤征》有"惟时羲和颠覆厥德,沈乱于酒。畔官离次,俶扰天纪"。失职的史官从表面上来看是"失时",但是文中用了"天纪"这一比喻。④　当这些绳线比喻词在春秋战国时期已经司空见惯时,它们指向天这一点已经牢固确定。

　　汉代,社会关系中对这些统治比喻词的应用到达顶点,如《白虎通》(1世纪)用一整章讨论"三纲六纪"关系。其中"纪纲"和相反的"纲纪"在用于社会关系时,被视为含义相同。三纲即君臣、父子和夫妻之间的关系。六纪即与父辈叔伯、母辈诸舅、族人和朋友之间的关系。

　　然而,与我们现在的讨论更相关的,是网及其绳线比喻的天文学源头的成型及使用。六纪和六合之间的相互关系随后将予以澄清。

---

① 出自张衡《灵宪》。显然,在张衡看来,宇宙代表无形世界。李约瑟在此比喻性地将"纪纲"解释为"nexus of connections in Nature(自然中的相互关系)",这一解释可能适合哲学语境中的"纪纲"一词,如我们前文所见。然而,这段文字中随后的天文学专业内容(这里省略了)显示"celestial guides and threads(上天指导和规范)"会更合适。

② 《大雅·棫朴》(毛诗第238首)。

③ 《四月》(毛诗第204首)。

④ 第二句话是对《史记·夏本纪》中原文"废时乱日"的解释,但是它展示了汉代是如何理解"天纪"的。

天之纲纪

在阐明"天纲"的含义之前，我们需要先回顾一下北斗的纪时功能。要认识到北斗经常被称为斗纲。在图12.3所示奇普结构图上添上北斗以进行比较，这暗示了北斗承担着控制、稳定中心和指导者的作用。我们在第二部分已经了解到从远古时期起利用北斗进行定向的主要功能，这无疑涉及绳的伸展，就像在埃及一样。斗纲这一形象扩展至其他经验领域——像后来的形而上学推论一样对社会和统治秩序进行理论化。在评述安第斯山脉的奇普时，威廉·康克林（WilliamJ. Conklin）展示了一个早期的卧式织机并谈道：

> 奇普的结构形式显示它与古代秘鲁人织机的构造有一定关系，因为奇普的主绳与头线非常相似，垂绳在概念上与经纱相似。奇普中，信息是加诸在垂绳上的；而纺织中，图案是织在经纱上的。①

图示展示了北斗各星与几个重要的季节性星宿的联系。据 ³⁷²
李约瑟和王铃（1959，233，图88）重绘，©剑桥大学出版社授权，据许可重绘。

---

① 康克林（Conklin）（1982，265与图3）。有关奇普的环太平洋分布与这一技术可能传播至波利尼西亚的船员中，见第五章。

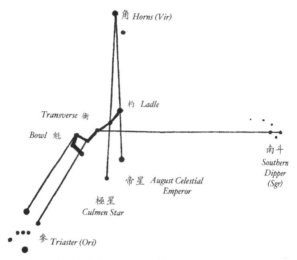

图 12.2 展示了当三个非常重要的季节性星宿偶尔在空中不可见时,北斗承担着指示它们位置的枢纽中心的作用。《汉书·律历志上》有:"玉衡杓建,天之纲也;日月初躔,星之纪也。"《史记·天官书》解释图 12.2 和 12.4 中展示的内容有:"杓携龙角,衡殷南斗,魁枕参首。"①

图 12.3 作为斗纲的北斗。古代织机类似地将所有纱线以一个松散的结系在一根头绳或纱木上,以使织工拉紧纱线。(照片已授权)

————————————————

① 《史记》27. 1291。在汉代及后世的天文学体系中,对绳索术语的应用甚至扩展至循环周期。行星循环周期被称为"积目",日月循环周期被称为"统目"(统是丝绸编织中称呼丝线结头或线头的术语);见李约瑟和王铃(1959,406)。"青龙所躔"上文第一部分已经论及,后面第十三章还会出现。

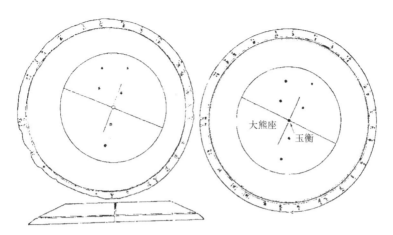

图 12.4　汉代汝阴侯(公元前 2 世纪)墓出土的漆式盘上出现的星辰连线。据　*374*
中国社会科学院考古研究所(1980,115)重绘,已授权许可

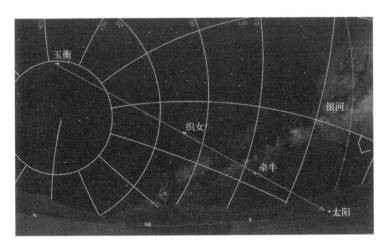

图 12.5　图示公元前第一千纪中期冬至左右北斗斗柄的玉衡与织女和牵牛以
及太阳的连线(天文模拟软件 Starry Night Pro 6.4.3)

　　因此处于天之顶端的位置,北斗被比作网中的头绳,从北斗
辐射出去的线是纪。① 星纪尤其指玉衡和南斗与日月五星在渡

———————

① 注意,就具体实践来说,确立这些星辰连线必须应用第二部分描绘的这些对准技
术。也许,这里的内容也解释了长安"北斗城墙"北斗和南斗的宇宙图景。

过银河开始新一轮周期时的连线(图 12.5)。《汉书·律历志》解
释了这一联系:

375

> 故传不曰冬至,而曰日南至。极于牵牛之初,日中之时
> 景最长,以此知其南至也。斗纲之端连贯营室,织女之纪指
> 牵牛之初,以纪日月,故曰星纪。五星起其初,日月起其中,
> 凡十二次。日至其初为节,至其中斗建下为十二辰。视其建
> 而知其次。①

376

在谈论织女↔南斗(《汉书》)和织女↔牵牛(《史记》)连线时,
这两份文献似乎相互矛盾。然而它们并不矛盾,因为星纪实际上
是包含南斗(8)和牵牛(9)两宿的岁次的名称。② 文献里的这两
个星纪因此包含建星所在天区。这个星官位于银河边上天空东
北角日月五星"渡"过银河以后出现的地方。这就是《汉书》中所
谓星纪的"初"和"中",因为这里的星纪表示的是建星。③

考虑到绳和编织这些内容在宇宙论中的流行,显然将明亮的
织女星而不是别的星命名为织女并非偶然,因为这个星在标记这
根十分重要的连线时起着关键的作用——织女之纪。有关织女
星约会的神话源自这个重要的星象历法功能。诗歌《大东》(毛诗
第 203 首)用星辰意象来证明名实之间的不符:"或以其酒、不以
其浆。鞙鞙佩璲、不以其长。维天有汉、监亦有光。跂彼织女、终

---

① 《汉书·律历志》,21.984。斗纲之端指斗柄的第一星,北斗一或大熊座 α,或被称
为天枢。一条线从这颗星贯穿天极直接伸至太阳在初春位于定(我们的飞马座)
的位置,该四方形多层次的功能我们上文已讨论过。汝阴侯墓(公元前 2 世纪中
期)出土的天文器具(图 12.4)上内嵌的十字垂直相交于北斗斗柄玉衡(大熊座 ε),
显示出天纪位于将天区分为四块的节点中间。中国社会科学院考古研究所
(1980,115);殷滌非(1978,342);石云里,方林和韩朝(2012)。

② 当然,这个特殊的"星纪",也标记着东北"维",它将天地连接起来。

③ 位于角落"钩"里的这四维也出现在马王堆出土的帛书图式《刑德》中。

日七襄。虽则七襄、不成报章。睆彼牵牛、不以服箱。"①这一陈述太模糊而无法确认将织女和牵牛并称是否指一次约会。② 事实上,要使这一意象起作用这里的牵牛必须是公牛而不是后世传说中的牧童。从织女穿过银河直达牵牛及至黄道的这条线(桥或渡口)(图 12.5,图 12.6),标记着公元前第一千纪中期这首著名的诗歌形成之时冬至的位置。而且,织女恰好在冬至前于黎明前升起时,这可能使织女担负着预示这个十分重要的转折点到来的重任,同时可能解释了为什么它在《史记·天官书》中被称为"天女"③。

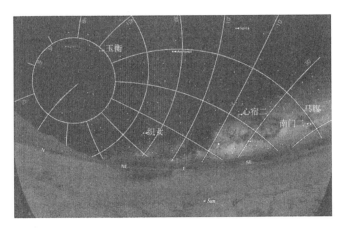

图 12.6　图示在《诗经·大东》所处时代,公元前 1799 年 1 月 1 日(儒略历)黎明前织女星恰好在冬至的太阳头顶上在升起(根据天文软件 Starry Night Pro 6.4.3)

---

① 英文翻译出自高本汉(1950b,155,翻译有所修改)。陈邦怀(1959b,6)认为商甲骨文中一个在北方"下沉"的女性星是婺女(水瓶座第 10 宿),但是在这一早期更有可能它所指的是像织女这样的单颗亮星。

② 这一传说流行于战国时期,已为古代诗歌《九思》中诗人想象自己在天上旅行时与织女结婚所证实。

③ 为证明这一点,织女和牵牛星明显地在四川、贵州和云南的少数民族彝族天文学中被称为"时首"或"时尾"。在彝族天文学中,整个北方区域都与织女和牵牛有关,这可以从代替它们的婺女和牵牛两宿中找到回应。陈久金、卢央和刘尧汉(1984,102,106—107)。在司马迁的时代,武帝上林苑中著名的"凿湖立像代表织女和牵牛星,以仿制银河"。

黎明时分织女的这一形象被谢偃(7世纪)在《明河赋》中不朽化,称她"霞妆星靥,知婺女之不如"。这个以及半年后她在夏夜与牵牛幽会的故事原本囊括这个重要的星象历法知识,就像《左传》中更古老的有关阏伯和实沈这对被奉为神明的不和兄弟的诠释学神话(第九章中已论述)让人想起他们与位于天蝎和猎户座的春秋分点的古老联系一样。[1] 随后由于岁差的缘故织女—牵牛连线消失,这解释了为什么对牵牛星的关注最后被转移

图12.7 公元前800年7月夜晚天津四、织女和牵牛星组成的"夏季大三角"。注意,由于它们各自的位置,从织女穿过银河至牵牛的连线总是斜的,这可能解释了那句含义模糊的诗句"跂彼织女"(根据天文软件 Starry Night Pro 6.4.3)

---

① 李约瑟和王铃(1959,248,282);伊世同(1996,29)。席文(1989,59)认识到"神话可能包含了对古代天文学口述传统的最早暗示"。类似地,埃里克·哈弗洛克(Erik Havelock)(1983,14)认为"只要长时期中传播方式一直是口述的,环境就会被描述或解释成故事的形式,将其表现为代理人即神的作品"。

至摩羯座 β 牵牛宿中的冬至点所在位置。①

周早期,织女第一次在晚上出现应发生在五月初的日落后,即牵牛星出现一个月以后。然后,七月底八月初,这两颗星非常明亮,当它们缓慢地横穿北部夜空时在银河两岸倾斜地注视对方。《夏小正》中,织女三星的方位接近顶点,是七月的一个主要标志(图 12.7)。② 由于这个原因,七月初七传统上才被称为"乞 ³⁷⁸ 巧节",这天年轻女孩向织女祈祷赋予她们高超的针线和编织才能。受困的家蜘蛛在夜间的纺织习惯为预测这类幸运天赋的授予提供了一个基础。传统上为此时的这一主题所写的内容,不亚于柳宗元(773—819 年)所描绘的形象:

> 窃闻天孙,专巧于天,寥廓璇玑,经纬星辰,能成文章,黼 ³⁷⁹ 黻帝躬,以临下民。③

柳宗元是在应和几个世纪以前王逸(89—158 年)的《机妇赋》。这里,如迪特·库恩(Dieter Kuhn)所说:"织机的操作经常让人想起天文学中的一些形象。而这首赋将三光日、月、星与织女星联系起来。"④《机妇赋》中有"胜复回转,克像乾形,大匡淡泊,拟则三平,光为日月,盖取昭明,三轴列布,上法台星"⑤。薛爱华在翻译柳宗元的诗歌时评论道:"这就是天上的纺织……织出一件有纹路的织品……其图案就是神圣的星官。实际上,织女

---

① 牵牛星和织女星的这种混乱源于岁差,见李约瑟和王铃(1959,251)。

② 两千年前一年中的此时织女和牵牛星像定(飞马座)一样,应准确地对向天极。《夏小正》中的织女,见胡铁珠(2000)。

③ 《全唐文》,583,1b。

④ 库恩(Kuhn)(1995,99)。

⑤ 同上,英文翻译出自康达维(Knechtges)(1987,263—277)。三台由北斗下方的大熊座 ι、κ、λ、μ、ν、ξ 六颗星组成。这里我们再次发现北极附近区域的星非常重要,在织机构造这一例子中,柳宗元把它的寥比作北斗。

编织着对人类和国家的命运产生巨大影响的天文。"(图 12.8)①

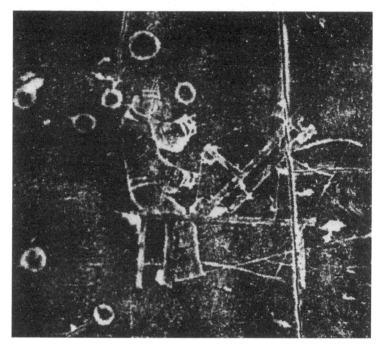

图 12.8 织女位于她的织机旁;局部细节出自东汉画像石。位于她头顶上的大星是织女星;出自中国社会科学院考古研究所(1980,51,图 49),据许可复制

结　论

在他们将奇普视为一种"图像化语言"的奠基性研究中,M.阿谢尔(M. Ascher)和 R. 阿谢尔(R. Ascher)将这个举世闻名的高度象征化物体以一种非常特别的口吻称为"特别的":

---

① 薛爱华(1977,147)。这个比喻一直在激发灵感,黛安·艾克曼(Diane Acker-man)(2011,5)在最近的一个评论中谈道:"每个社会都被天空这架巨大的披着星辰的织机所诱惑。"

396

  每种文化中,都有一些特别的物体扩展至它们原本想达到的特定目标之外的领域。这些物体概括了许多可能没有对应词汇的内涵。他们通常是普遍和可替代的,但是他们并不总是便宜的……有时候对于局外人来说它们是这种文化的核心;对于局内人,尤其是处于学习阶段的孩童,它们是不可或缺的线索。它们也许像中世纪的大教堂一样是固定的甚至是永恒的,或者它们并非永恒而且无迹可寻,像圆顶建筑一样。我们认为奇普就是这种特别的物体。①

一个"特别的物体"的基本要求是能够给主流文化观念提供能引起共鸣的象征体。从上文的讨论中可以看出中国的结绳"纲纪"类似奇普,而且编织技法也一并满足这一文化功能。这两类技术的图像和比喻术语如此纠缠地应用在一起,以至于很难在宇宙结构学和天文学中区分出两者的差异。早期中国将时间和空间以一个包括一切的非因果性编织物进行综合,其一定的规则性起源于最古老的日常结绳和编织工艺(编织在古代为女性的专门工作)。② 作为他们宇宙观基石的这些比喻,天上这些星象的形成,以及地上人世的社会化结构——都源自这个最古老的、最重要的手工业。③ 382

  如果现在我们再回到开始的主题,中国古代的时间和时间性观念,而不是以循环或线性时间进行思考,似乎这一观念在孕育时就是循环的。循环是各种元素(或步骤)以相似的方式不断重复的过程。类似的例子是当两面镜子面对面放置时,其内嵌的图

---

① 阿谢尔(Ascher)和阿谢尔(Ascher)(1975,355)。
② "神农之世,男耕而食,妇织而衣。"《商君书》"画策"4.9b。
③ 见 D. W. Pankenier, "Weaving Metaphors and Cosmo-political Thought in Early China," *T'oung Pao* 101 - 1 - 3 (2015),1 - 34。

像便会形成一种无限循环。当然,循环是编织技法固有的属性,而且某种程度上从诸如《易经》的二元或十进制的基本力量中产生宇宙的这一观念也是循环的。① 然而,另一个循环的例子,尤其适用于中国,是有关祖先的循环定义:"父母是我们的祖先(基础)。祖先的父母也是我们的祖先(循环阶段)……。"也许,从这里我们找到了一条审视中国思想中占主导地位的回溯视角的线索,从这一视角来看理想的社会模型全都由祖先在过去制定。因此后代的任务不是去改革创新而是忠实地延续这些悠久的模型,并以这种方式来促进文明的永久持续。

---

① 循环在实践中也不是如此简单。如常见资料所说"即便精确定义,一个循环过程也不容易实施,因为它需要将新过程与旧(部分执行的)过程区分开;这要求同步展开的步骤进行一些程度不同的变化。因此循环的概念在日常生活中非常少见"。见 http://en. wikipedia. org/wiki/Recursion。

第十三章　银河与宇宙结构学

伏羲、女娲和银河

作为夜空中最显著的大尺度物理结构，就像有人可能希望银河在全世界的星象知识中留下深刻印记一样，它在过去以及现在仍被许多人视为一条流动的河流，连接着地上的海洋和天空；用作死者灵魂升入天空的道路或途径；作为希腊语中的 Γαλαξίας（拉丁语中的 *via lactea*），当赫拉给赫拉克勒斯哺乳时一股奶水偶然从赫拉的胸中溢出；作为古埃及的天空女神，努特（Nut）每天生出太阳，[①]或者埃及-希腊的咬尾蛇神（Ourobouros）；作为一个怪兽，古代美索不达米亚像蛇一样的提亚玛特（Tiamat）的尾巴变成了银河；[②]作为玛雅文化中天上的鳄鱼或古代墨西哥的"云蛇（Mixocatl）"，[③]均代表着原始的宇宙力量。这一主题在世

[①] 阿里尔·科兹洛夫（Kozloff）和贝茨·布莱恩（Bryan）（1992）。

[②] 陶克尔德·雅克布森（Jacobsen）（1968）。希腊的"蛇夫"星座及它可能的前辈，奇怪的身体巨大的阴暗恶魔"蓝胡子"（显著地描述在雅典卫城一座公元前 6 世纪的山形墙上，现藏于卫城博物馆），可能都源自于巴比伦星座中位于同样位置的半人蛇神，"坐着和站着的神（Sitting and Standing Gods）"。加文·怀特（White）（2008,187）；杰弗里·赫尔维（Hurwit）（2000,108—109）。

[③] 苏珊·米尔布拉思（Milbrath）（1999）。

界各地的变化形式似乎无穷无尽,但是它们具有许多共同的属性——银河典型地与水或云或雨联系在一起,经常与半人的爬虫类动物有关,是升入天空进入另一个世界的途径,具有不可思议力量的自然力,等等。(图 13.1)①

图 13.1　希腊神话中的创世神话。这里显示宙斯正用雷电杀死堤福俄斯(Typhoeus);哈尔基斯人(Chalcidian)的黑绘水壶(约公元前 550 年):宙斯和堤丰(Typhon)(Inv. 596)(复制品),慕尼黑国家古代雕塑展览馆,授权复制。在巴比伦史诗《埃努玛·埃利什》(Enuma Elish)马尔杜克杀害提亚玛特的神话中,堤福俄斯也被杀死从而形成天与地

　　从前文第二章中我们看到中国最早谈及银河的文献出自《诗经》,其中它以天上的"银河"②的形式出现。古代历书《夏小正》中预示季节到来的星象应在整个青铜器时期都很准确,这本书最早将银河作为一种季节性物候:"七月汉案户,汉也者,河也。案户也者,直户也,言正南北也。初昏织女正东乡,时有霖雨……斗柄县在下则旦。"③随后,如我们所见,银河以一种关键性的原型角色再次出现,它界定了天地对应的星占学分野系统和秦帝国都城布局的基本结构。随后在汉代,银河成为司马迁《天官书》中出

384

---

① 埃德温·克虏伯(Krupp)(1991);纳尔逊·吴(Wu)(1963,25);迈克尔·威策尔(Witzel)(2013,125)。
② 银色的河。——译者注
③ 胡铁珠认为《夏小正》应用于周,但可能源自青铜器时期早期。最能指示各月的据称是黄昏时上中天的星,这一点非常一致。对于银河,见胡铁珠(2000,234)。吠陀文学中的银河,见迈克尔·威策尔(Witzel)(1984)。

现的重新概括的二元宏观星占学的基本内容。

　　当前与关联性宇宙论中牢牢地与天上各宫的季节性相联系的五行一起，阴阳分别以银河为界的天之南地之东和天之北地之西再次出现在新的星占系统中。这似乎与传统上用阳表示河之北岸相矛盾。其原因很显然。像第九章勾画的分野格局中各天区的相应重要性一样，这些星象决定了什么是阳什么是阴。简单来讲，太阳一年中经过的天上的南宫和东宫为阳，经过的北宫和西宫为阴。再一次，天上的版图高于地理的分区。

　　宇宙巨神与中国神话中伏羲和女娲（男性与女性）之间一些特征的相似之处很明显。宇宙生成论中的伏羲和女娲，表示阴和阳的结合，在具有代表性的墓葬艺术中非常突出，他们穿着当代的服装，拿着工具规（女娲）和矩（伏羲）。[1] 腰部以上他们被描绘成"人"，腰部以下被描绘成龙或蛇状，他们的尾巴经常紧密地缠绕在一起。除了他们手持的工具显示出明显的宇宙生成功能以外，他们名下的文献都是叙述带来文明的各种革新方式，包括结绳记事的观念。也许不足为奇的是，在我们第二部分的讨论中，早期记载中伏羲的主要发明是创造历法和用结绳记事。但是他们的神话故事也包括创造人类。为了不至于太过离题，这里我们的讨论将集中在他们的宇宙特征上。

　　伏羲和女娲的宇宙生成形象，首次出现在战国和汉代，很可能是南方文化影响日益发展的结果（图 13.2）。[2]《淮南子》中，这一对人物分别被称为太昊（即伏羲）和句芒："何谓五星？东方，

---

[1] 陆威仪（1999，197-209）描绘了伏羲和女娲的事迹。对于公元前4世纪帛书中描绘的宇宙产生时的伏羲和女娲，尤其可见卡林诺斯基（Kalinowski）（2004，92，106，109）。以及闻一多（1982，Vol.1，3—68）；刘惠萍（2003）。

[2] 卡林诺斯基（2004，92，n.16）提供了相关的参考文献。

木也,其帝太昊,其佐句芒,执规而治春;其神为岁星,其兽苍龙。"①两个世纪以前,《左传》(昭公十七年)记载"大皞氏以龙纪,故为龙师而龙名"。这与上文讨论的《易经·系辞》将结绳记事的发明归于伏羲(疱羲)一致。

(a)

(b)

---

① 《淮南子·天文训》,§4:"五星。"注意这里是句芒而不是女娲拿着规。对于楚帛书中这对宇宙创生者与《尧典》和郭店简《太一生水》中相似内容的比较,见卡林诺斯基(2004)。有些论述中,女娲被当作大禹的妻子。陆威仪(1999,203)。

(c)

图 13.2　(a) 山东东汉武梁祠画像石(公元 151)中的伏羲和女娲(由于损坏女娲的规已遗失),左边的题辞提到伏羲"初造王业,画卦结绳,以理海内"。出自冯云鹏和冯云鹓(1821,3.7);见刘惠萍(2008,297,图 5)。(b) 四川合江 4 号汉墓石棺上刻的女娲和伏羲手持规和矩。出自刘惠萍(2008,296,图 1)。(c) 武梁祠另一块画像石上的伏羲和女娲;这里两人出现在波浪中。出自沙畹(1913b,Vol.2,图版 60)

　　一些图像略微提及这对人物的创生作用,而另一些将他们展示在西王母的永生乐土中,与西王母放在一起。[1] 几乎涵盖他们所有特征、最有趣的记述出现在对他们进行全方位描绘的抄于 950 年的敦煌文献《天地开辟已来帝王纪》中。[2] 用方言抄写的早期版本很可能出自隋(589—618 年)以前,因为《天地开辟已来帝王纪》中提到的最后一个朝代是晋(265—420 年)。

　　伏羲和女娲的创世形象,甚至在最早期的表现中被日月、规矩明确标识。将他们描绘成杂交之神象征着天上与地上的结合,从而他们能产生天与地。他们蜿蜒爬行、地上的那一面确定了他们能带来丰饶和生育的象征形象。早期文献中常见对伏羲和女娲创造天地和文明的经典描述。由来已久的有关伏羲和女娲是

386

387

---

① 汪悦进(Eugene Y. Wang)(2011,58)。

② 这里的叙述有两个版本,即现藏于法国国家图书馆伯希和所获卷子中的二卷,P. 2652 和 P. 4016。斯坦因获得的其他卷子中也有(S. 5505 和 S. 5785)。见数字化图书馆 http://idp.bl.uk。作者的翻译主要以苏芃(2009)校订和研究的版本为基础。

兄妹还是夫妻的争论也在《天地开辟已来帝王纪》中被巧妙地处理,并借用了非正统的方式将人类的遗存归功于这对兄妹不伦的结合。这段禁忌被处理成上帝创造规范和礼仪(其他地方结婚习俗被归功于这对夫妇)以及穿衣和装饰的起因。

自汉至唐,对伏羲和女娲的表现越来越多,以至于最终有一大批出土的早期墓葬,包括远至西边的吐鲁番,将伏羲和女娲绘在墓室的各种位置或墓室穹顶的壁画上。对伏羲和女娲的表现可以分为两个主要的历史时期。其不同的风格形式可以概括如下①:

(1)如图13.2所示画像石和石棺上的早期阶段,广泛分布于汉代和三国时期墓葬(公元前206—前280年)。其中伏羲和女娲的尾巴松散地交缠在一起,或者极少数地,交缠的蛇出现在他们腿部之间的胯处,显示出他们的生育功能。经常与其他的爬虫类神灵在一起,他们通常持规矩以及日月,并且区分性别,即阴=女性~月~规,阳=男性~日~距。

(2)图13.3所示中期,3—8世纪绘于丝帛或墓葬壁画上,其中这对形象方向垂直,瘦长,伴有日月、规矩,而且尾巴交缠在一起。他们被一系列星辰围绕,有时是随意地连在一起的白点,有时可以清楚地识别出二十八宿。这些表现内容在这一时期的新疆出土墓葬中尤其盛行。

(3)第三种是晚唐时期对第二种风格的变种,显著的例子是图13.4所示阿斯塔纳墓葬中的形象。这些墓顶壁画中,所有的伏羲和女娲遗迹现在已经消失,仅存的神话内容只有长久以来与日月相联系的动物——三足乌,蛤蟆和兔子。或多或少给人留下深刻印象的星辰被精确描绘的二十八宿和银河所代替,暗示着这

① 刘惠萍(2008,293—310)研究了风格形式、分布情况和历史时期,并提供了丰富的相关考古报告。

些具体天文知识的流传之广泛。

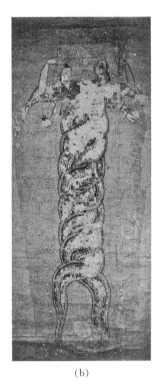

(a)　　　　　　　　(b)

图 13.3　(a) 伏羲和女娲。出自刘惠萍(2008,296,图 1)。(b) 高昌(吐鲁番)墓葬出土丝帛上的伏羲和女娲,约公元前 500 年。引自中国社会科学院考古研究所(1980,58,图 56),授权复制

墓葬习俗中这一主题的这些风格变化非常重要,因为墓葬文化充斥着各种规范礼仪、禁忌、象征和忌讳,以保佑生者并保证死 ³⁹¹者来生有一个美好的未来。带穹顶的墓室明显投入了大量的精力和财物以复制出一个天空的模拟物。[1]

在一些中期的实例中,如图 13.3a 所示例子,不通晓天文知

----

[1] 刘惠萍(2008,299)。将这一描绘与朝鲜平安南道南浦城高句丽时代(408 年)德兴里古墓墓顶更精致、更详细的星进行比较。发现的这种绘星的穹顶超过 24 个,一些穹顶中显示的星座明显区别于中国。银河和明显带高句丽风格的伏羲和女娲也出现在许多墓葬中。金一权(Kim Il-gwon)(2005,25—32)。

识的画家过分地强调日月星辰，以至于二十八宿完全不能识别。① 不是展示一个个单独的星座，他用一整个类似于今天一条装饰灯的东西进行环绕。相比之下，图13.3b中，我们再次遇到了前面讨论过的飞马座的星官定，描绘定的这位画家具备卓越的知识，即便不是有关这些星的天文知识，至少也是有关二十八宿的常见表现方式，这些宿的描绘非常如实。

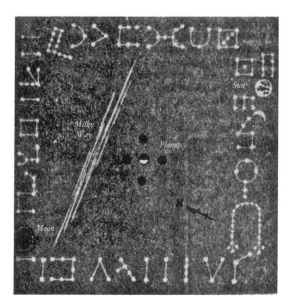

图13.4　阿斯塔纳(65TAM38)出土的墓顶壁画展示了日、月、二十八宿、五星，以及用划过东北至西南方向的白色线条表示的银河。引自中国社会科学院考古研究所(1980,66,图69)，授权复制

　　然而，印象最深刻的是遥远的新疆阿斯塔纳墓出土的室顶壁画，对此我们在讨论《河图》的相关内容时已经提及。这里银河代替了伏羲和女娲。显著的是指示北方的箭头，以及精心地对绘星

_____

① 其他例子和相关考古报告中的资料，见刘惠萍(2008,296—297)。也可见 www. nhu. edu. tw/～NHDH/pdf/dunhung/27/27‑1‑20. pdf。

的墓顶进行准确定向以使它与天上的真北方向一致。设计这座墓顶的画家兼星占师明显精通天文知识和风水。这类绘星墓顶提供了有关当时如何认识天空以及天文知识的发展程度如何的宝贵信息。这一表现,虽然呈风格化,在另一方面却很重要。如果我们将图 13.3 和图 13.4 进行比较,我们将发现非常具有启发性的东西。已经注意到,不同于将伏羲和女娲位于众星之中,图 13.4 中的墓顶是一个四方形布局的夜空,让人想起著名的《河图》,银河正确地从西南至东北进行布局并平分二十八宿环带。这幅壁画在精确性和细节方面非常突出。①

在描绘天空的绘画和壁画中,代表阳的伏羲("像龙一样")经常偏向南方和东方宿所在的一边,而代表阴的女娲在北面和西面。他们的蛇尾缠在二十八宿环带的东北位置,这里恰好是位于天蝎座的龙星宿的尾巴从银河中出现的位置。月亮,属阴,经常描绘于墓顶天图中日月星辰冬天出现在天空时穿越银河的渡口(或桥)。伏羲和女娲的上半身及工具,代表着他们创生宇宙的一面,他们与太阳一起,典型地位于日月五星在夏季夜空再次穿越银河的路途上经过金牛座的交点附近。②

---

① 中国社会科学院考古研究所(1980),图 69。刘惠萍(2008,303,305)讨论了这一幅及另外一幅绘星的墓顶壁画。尤其值得注意的是,因为阿斯塔纳墓葬壁画中的日月在右上方和左下方,中间的五个圆盘一定代表五星。中间半亮的球体可能描绘的是金星的相位。如此确实如此,这应是历史上这类图象描绘最早的实例。我们知道古代中国人凭借裸眼已经观察到木星的卫星,而观察金星的不同相位需要同样敏锐程度的视觉。艾伦・麦克罗伯特(MacRobert)(2005,116);克莱德・豪斯泰德(Hostetter)(1990)。也可见刘惠萍(2008,305,图 14);薛爱华(Schafer)(1977,79);罗伊・安德鲁・米勒(Miller)(1988,10,图 3,图片放颠倒了)。

② 在这一方面,这对人物可能会让人想起另一对与银河联系密切的"非正常"情人,牛郎和织女,后者对天文的编织可能是女娲创生宇宙的一个反映。然而,这会引起人们推测是否牛郎和织女反映的是伏羲和女娲这对形象,虽然他们明显地颠倒了银河两边与阴阳的关联。

394   (a)

395   (b)

图 13.5　(a) 西汉画像砖上的中国龙，据刘次沅等(2005, 254, 图 1)重绘。
(b) 德累斯顿手抄本第 14 页将天龙画成天空的边带，鳄鱼头而不是蛇头，鹿脚，身
上穿着表示金星、日、天空和黑暗的天文符号。一股水从龙的口中喷出，流过这里用
神 L 表示的金星，同时其他的水流从日月的符号倾注到年迈的月神上(中间位置)。
墨西哥金塔纳罗奥州玛雅切图马尔文化博物馆(照片已授权)

可资比较的银河居民

除了东北位置上龙尾巴与蛇尾的交缠外,银河明显地从天鹅座北十字星座分叉至天蝎座,像这两位造物主尾巴的两端一样。他们的蛇尾显示出银河的蜿蜒历程,好似它被像岛一样的星际尘埃形成的黑色区域在一些地方隔开。银河在天空中经过一夜和四季的回旋路径让人想起蛇的盘旋。①

对银河惊人相似的认识,出现在中美洲天蛇或羽毛蛇的图像中(图 13.5②)。危地马拉佩腾的桑巴托罗镇发现了壁画中对这 *396* 个形象进行描绘的最早实例(约公元前 100 年),它用这种方式描绘了这一流传广泛的主题:

> 在桑巴托罗壁画中,羽毛蛇作为地平面支撑着人类形象,构成了广泛发现于中美洲以及西南美洲古代和当代普韦

---

① 苏珊·米尔布拉斯(Susan Milbrath)(1999,288—289)从中美洲视角描绘了这种"盘旋"。也可见约翰·卡尔森(Carlson)(1982);大卫·弗里德尔(Freidel)等(2001,85—91);琳达·哈里斯(Harris)(2011);比莉·简·伊斯贝尔(Isbell)(1982,362);巴普雷(Parpola)(2012,9);威策尔(Witzel)(1984);纳尔逊·吴(1963,25)。在巴比伦创世史诗《埃努玛·埃利什》(*Enūma Elish*)中,在杀死巨大的、像蛇一样的海女神提亚玛特之后,马尔杜克(木星)把她的身体一分为二,分别形成天和地:"他将她的尾巴向上翻向天空,以形成银河,用她的胯部来支撑天空。"陶克尔德·雅克布森(Jacobsen)(1968;1976,179)。这一描述立即让人想起埃及女天神努特的姿势,她拱起的身体支撑着天。每天她吞掉落日太阳神拉,黎明时拉又从她的子宫中重生。将努特视为银河,见科兹洛夫(Kozloff)和贝茨·布莱恩(Bryan)(1992),尤其是图 11.8,展示了银河在天鹅座位置的分叉,它被确认为努特身边亲密的动物——鹅。埃及的阿佩普(阿波斐斯),蛇神(后来的龙)也与银河联系起来,是努特的邪恶化身和拉神的死对头。

② 法国国家图书馆原图的彩照,见克劳德·博代(Baudez)和司德妮·毕加索(Picasso)(1992,105)。也可见大卫·弗里德尔(Freidel)等(2001,106)和苏珊·米尔布拉斯(1999,276,图 7.4d,283)。约翰·卡尔森(Carlson)(1982,153,图 10)提供了一个详细的线描图。

布洛艺术中的这一主题目前已知的最早实例。然而,羽毛蛇不仅仅是一个支撑或平台,它是进行超自然旅行的道路或工具……个人象征性地沿着形成道路的蛇背上上下下……蜿蜒的典型象征,一个用特奥蒂瓦坎风格雕刻的早期经典海螺,描绘了一对骑在绘有星辰标记的羽毛蛇背上的形象。这一雕刻中向上转动的头让人想起桑巴托罗一个更早的形象……出现在桑巴托罗蛇上的一组脚印,标志着它是一个超自然的通道……特奥蒂瓦坎第 5－A 区的一幅壁画描绘了一个带星和脚印标记的羽毛蛇身躯,马上就让人想起桑巴托罗羽毛蛇。①

玛雅天蛇是双头蛇,非常像商甲骨文"虹"的字形🐌。② 同样的双头蛇形象出现在中国东北新石器红山文化早期的璜中。③ 奇怪的是先秦没有一个词或字被用来表示那个显著的跨

---

① 威廉·萨图尔诺(Saturno),卡尔·陶布(Taube)和大卫·斯图尔特(Stuart)(2005,24—25),尤其见第 24 页,图 18,以及第 8,9 页。银河与蛇相似的这一方面在星带的玛雅名字 *tamacaz* 上也非常明显,它也是玛雅遗址出产、被称为矛头蛇的致命的"带胡子"响尾蛇的名字。米尔布拉斯(Milbrath)(1999,282)。洛阳卜千秋墓(公元前 1 世纪)出土的长壁画描绘了一个人骑在蛇上向西天仙境的王母飞去。巫鸿(1989,113,图 43)。

② 将银河视为彩虹广泛流传于南美洲神话中,由此列维·斯特劳斯(Lévi-Strauss)提出了结构上的关联彩虹:银河:死:生命。它们像蛇的特征也得到很好地体现。列维·斯特劳斯(1969,246—247)。

③ 图 3.10a 中我们看到天神天一右手握着一个双头彩虹,左手握着龙,同时跨站在另一只龙上。约翰·卡尔森(1982,145,图 6 和各处)给出了许多出自东亚和东南亚的双头龙图像,以及出自美洲的非常相似的物品。卡尔森得出结论"这一初步调查研究了环太平洋各类文化中的双头蛇样式……流传广泛的亚洲传统样式被认为随着那些其后奇现在定居于新大陆的游牧民族传播到西半球。原始的神话体系随后根据不同的生态环境得以调整并适应每类文化的需求"(同前,160)。考虑到巴比伦提亚玛特、埃及堤福俄斯和皮同,伏羲-女娲,和玛雅天兽(以及美洲其他类似形象)这些宇宙创生形象的相似性,很可能存在一个始于全新世美洲人定居前的泛欧亚神话综合体;可与李约瑟和鲁桂珍(1985)进行比较;张光直(1983,74—75);弗雷泽(Fraser)(1968)。

过夜空的银河。我们熟悉的所有称呼——天汉、云河、银河——听起来像某个现象的诗歌化比喻，一定从远古时代起就给中国的观天象者留下了深刻的印象并用一个象形进行表示。我认为商 *397* 代的甲骨文字"虹"可能具有双重含义。它可能被用以表示白天的彩虹的拱以及夜晚的银河，就像这两者是同一类现象。如薛爱华（Edward H. Schafer）所说：

> 古代尚未印度化的龙……如语言学证据所示，已经习惯于将其自身表现为彩虹的拱……[一系列有关的]词……是一个囊括"蛇"和"拱"含义的古老词语家族的成员……我们中国人的龙，弯曲的像一张弓，也像天穹顶的外形，盘旋在空中。彩虹形状的龙广泛表现于亚洲南部和东部的早期艺术中。印度的摩伽罗，像汉代装饰艺术中的中国龙一样，非常像一个有着巨大脑袋的彩虹。①

同样，吉德炜也说道：

> 似乎虹和龙之间同时具有语义和声音上的相似性，而且这两个字都源自一个更早的词，这个词经复原可能类似于 *kliung*，基本含义为"拱形的"……商甲骨文中不是用龙的象形来表示龙，他们用表示这一象形的词来表示龙。②

《天地开辟以来帝王纪》中有一段话有力地显示了伏羲-女娲与银河的相关性，他们六十个孝顺忠诚的儿子化身成云汉（或者说银河的组成星辰及其特征）。在公元前4世纪的楚帛书中他们

---

① 薛爱华(1973b,15)；引自卡尔森(1982,139)。
② 吉德炜(1996,86)。

的儿子为四个,意味着这对宇宙创生形象产生了四季神和四方。[1] 因此用银河定义季节的功能早在战国晚期就有所谈及。考虑到银河作为原型在古老的星占学和公元前 2 世纪晚期司马迁提出的新二元宏观星占学中的突出位置,如果这个将夜空分为阴阳两半、非常突出的银河并没有在出现在任何图示中,这是非常让人吃惊的。汉代,作为阴阳之神,女娲和伏羲象征着宇宙生成过程中对阴阳(黑暗和光明)的区分以及后来阴阳的系统化和周期化结合,先是宇宙产生然后生成万物。在这一功能中,虽然被描绘成半人形,他们最多只是威廉·布雷克(William Blake)版画中的乌里森(Urizen),从云端上弯下身来,伸长的手指形成一个规,用它来创造宇宙(图 13.6)。

＊399

伏羲-女娲没有继续以"镇墓兽"的身份承担死后世界秩序的守护者。然而,早期描绘中他们原始的创造宇宙、平息洪水和生育的功能已经完成,像其他无用的神和神话中的帝王一样他们退居幕后,后来主要成为守护成仙之路的死后世界之神。在概念上有所联系的生育和成仙这两个程序经由他们得以发展。[2] 这里对他们出现在墓葬中进行了解释。不是仅仅作为"能力有限"的神灵或单一的守墓神,在他们"像龙"涉水的方面他们将通向不朽的超凡世界的宇宙通道拟人化。这通过诸如马王堆出土的早期墓葬画像上缠绕的龙解释了地上和天上之间的动态联系。如伏羲和女娲逃离灾难性的洪水时那样,龙是从地上进入天门的交通工具。

他们像蛇一样的尾巴(有时变种为两个躯干共享一条尾巴的"双身"主题)所显示出的他们神秘一面的永久性,让人想起他们

---

[1] 卡林诺斯基(2004,106,109—110)将其解释为由于宗谱的谱系构成相似而被借用至宇宙学领域。

[2] 汪悦进(2011,58,84,n. 108)。

图 13.6　作为几何学家的乌里森，威廉·布雷克，1794。国会图书馆授权，莱辛·罗森沃尔德(Lessing J. Rosenwald)收藏品(编号 acc. no. 2003rosen1806)

雌雄同体的"二位一体"。[①] 用银河代替伏羲-女娲证实了这对宇宙形象与银河的一致性，因此在更专业的知识中，有可能用天上更实际的物理特征来代替他们。伏羲-女娲和银河在二十八宿带中位置和方向的精确一致性显示出，无论它们可能具备其他何种

---

① (公元前一世纪)卜千秋墓出土的长壁画将伏羲(阳)和太阳画在右端，将女娲(阴)和月亮画在左端，丰富地展现了他们的特质。巫鸿(1989,113,图43)。

天文属性，他们都能代表银河。①

400 　　看一下汉墓壁画中对宇宙万物的详细描绘。举个例子，鬼头山汉墓，图像上有一个题名，包含"天门，伏羲和女娲这两位宇宙之神，代表四个方位的动物，日月，以及西王母等许多神仙"。另一个出自河南南阳的画像石描绘了一个向上举着月亮的蛇身女人……相当于四川棺椁上的女娲……对应的是位于一堆星辰之间的龙。② 无法忽视这一图像的基本天文性质，它是动态的，并让人想起这位神灵展开的与肉体分离的灵魂之旅，如马王堆辛追墓出土的丝绸上描绘的一样。其内涵不是坟墓意味着终结，而表示着对一个宁静的、永恒的休息场所进行优雅地装饰。这样的解释会给通往不朽之境的强烈欲望与坟墓作为死者身后住所这一观念之间的张力带来矛盾。

　　来国龙指出：

　　　　坟墓作为地下住处的观念最多是中国早期墓葬观念的不完整图景……反而，坟墓部分定义了来世之旅的性质：无论是被当作驿站还是起点，当它开启旅程时，它的多轮马车和其他交通工具将在时间和空间上指引灵魂；墓镇文被当作旅行资料以为死者提供社会、政治和宇宙

---

① 如薛爱华（1973a，102）指出，"汉以后，女娲逐渐退化成一个神话故事形象，被上层人士和国家宗教所忽视"。玛雅和安第斯文化中形成天空边带的双头蛇，他们唤雨的属性以及与银河的对应，见卡尔森（1982，146 页以后）；迈克尔·格罗菲（Grofe）（2011，72，75）；马克·凡·斯通（van Stone）（2011，13—14）。来自安第斯山脉中盖丘亚部落的证据为这种天文上的联系提供了有力的支持："Machácuay 是位于银河 Mayu 的黑云'蛇'星座的克丘亚语名称。"（同前，152—153）卡尔森总结道："这些资料有力地显示出安第斯山脉中拱形的双头蛇形状是可能与蛇、彩虹、水、银河以及作物的年周期有关的天文标志。这些天文表征之间的相似性比他们之间的差异更突出。"（同前，159，149）

② 陆威仪（2006，129）。也可见罗泰（2006，312—318）。

秩序。①

坟墓是有可能成为恶鬼的死者魄的居所。要对魄进行安抚让其沉静在坟墓里。相反,这一景象,具有召唤伏羲和女娲这对指引神灵的魔力。像埃及的《死者之书》(*Book of the Dead*)一样,坟墓和墓葬壁画中描绘的形象是令魂可以感知的精心设置的可视化图像密码。② 为死者的魂提供指引,它们描绘的景象和标识与向西通往西王母神仙之国的宇宙之旅重合,灵魂最终在那里找到快乐。③ 这里我们只可能说有可能建立一个直接的联系,从这幅后世的墓葬图景,通过秦始皇陵墓和曾侯乙巨大棺木上精心刻画的星象装饰,径直追溯至濮阳新石器时代祭司墓的宇宙化蚌塑。以当时流行的方式去往那个超自然的上天之境的强烈愿望象征性地贯穿始终。主要区别在于现在这幅图景已经从抽象的宇宙化符号和标志转为拟人化的宇宙神,灵魂之旅的目标已经本土化为王母的西方天堂,一个以合适的神话形象和歌咏赞颂其美好的神仙之境。

这类灵魂之旅反映在唐代描绘诗人以及其他偶然走进银河的人的故事中。其中一个,一个到处漂流的渔夫神奇地漂浮到银

---

① 来国龙(2005,2,42以及各处)。在全世界的神话和传奇中,银河作为灵魂去向来世的通道的相关内容,见勒伯夫(Lebeuf)(1996)。

② 何四维(Hulsewé)(1965,87,89);来国龙(2005,31)。陆威仪(1999,195,199)对魂魄是否有区别存在质疑,然而他在将坟墓描绘为死者永久的"居所"时,认为它也承担着"神仙的天堂"的角色。也可见白瑞旭(K. E. Brashier)(1996),以及张光直(1990)。陆威仪(1999,196)认识到这一景象可能用作"天上旅行的地图",以及(同前,197)2世纪的文献证实了对祖先的祭祀产生了"凡间所有的人都有灵魂"的观念。对于埋葬的尸体作为"投胎转世"的转化之所,见汪悦进(2011,75)。据汪,"为进行转化,需要一个包含天与地的宇宙舞台……无论这一场景如何宇宙化,这一戏剧性的行为仍发生在身体这座剧院内部"。

③ 江晓原(1992,214—217)尤其有力地展示了"通天"这一目的如何将具有政治宗教功能的天文与最早期的天文区分开。

河上,并短暂地作为一个神秘的新星进行太空旅行,最终回到他以前的凡世,有些版本中甚至作为织女织机的组成部分。对于这一比喻,薛爱华谈到"这不仅仅是诗歌——它是用诗歌表达的所信奉的信仰"①。伏羲-女娲神话中的洪水主题源自于这一信仰,即倾泻的银河与地上的河流和地平线上环绕全世界的海相连,将两个世界形成连续的、有时会在地上引起河水泛滥的循环系统。如李白有"汉水元通星汉流"。② 很难有比唐初诗人沈佺期(650—729 年)《龙池篇》中的诗句对银河相关图景的描绘更能让人想起楚辞《九歌》:

> 龙池跃龙龙已飞,
> 龙德先天天不违,
> 池开天汉分黄道,
> 龙向天门入紫微。③

403　　　屈原的挽歌《离骚》(公元前 4 世纪)、《九歌》和《淮南子》中,神话中的咸池在西方,即日神经过一天在天空中的巡行后沐浴的地方。在《天官书》及后世的文献中,咸池位于银河的御夫座,是银河的来源之处(图 13.7a)。黄道即日月星在天空行经的路线,与银河相交于东北和西南处。位于银河另一端、与御夫座的咸池径直相对的是龙星宿,其尾巴还浸在银河中与天蝎座相交的地方,而龙的右角(处女座 α)恰好位于处女座的天门之上(图 13.7b)。诗人屈原描绘了龙从银河中的位置腾起、向北方经过天门到达北极附近的

---

① 薛爱华(1974,404)。
② 薛爱华(1974,405)
③ "直白地讲,龙代表银河和黄道的相交,然后通过'天门'(现在的处女座)去向天神最神圣的宫殿,紫微宫。"薛爱华(1974,405)。对于《九歌》,尤其可见诗歌《大司命》《哀岁》《危俊》。

上帝之所紫微宫的景象。有什么叫以怀疑这就是伏羲和女娲逃离银河倾泻导致的泛滥洪水时奔向上天所骑的那条龙？

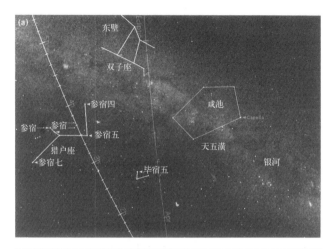

图 13.7　（a）银河和黄道在咸池的相交；（b）龙从银河中伸向天空
（天文实时模拟软件 Starry Night Pro 6.4.3）

402

417

第十四章　中国中世纪五星占在政治中扮演的角色，附内亚王国的星占术初探＊①

＊感谢 Erlangen-Nürnberg 大学国际人文研究联合会"命运、自由和预测"的 2019 年奖学金支持。这使作者有机会在 FAU 居住期间完成这项研究。还要感谢匿名审稿人，以及编辑 Charles Burnett 和 Michael Lüdke，感谢他们的有益评论和更正。这篇文章最初发表于"Parallel Planetary Astrologies in Medieval China and Inner Asia," *International Journal of Divination & Prognostication* 1（2019）157‑203。作者也感谢 Brill Publishers 给予在中国翻译和转载的许可。

五行错行星象与汉代末年的事实

在有关汉朝末代献帝退位的文件中，汉朝末年发生的值得注意的行星排列被明确地解释为商代（公元前 1560 前后—前 1046 年）和周朝（公元前 1046—前 256 年）的先例的再现。② 其中有几次令人瞩目的木星和土星会聚发生，每次都持续了几个月。在此

---

① 本章内容与英文原版区别较大。作者将原版第十四章中"Astra divination in the later empire"一节的内容几经扩展成章，而原版第十四章的内容成为中文版第十五章。

② 有关《竹书纪年》在重建夏、商、西周年代的作用，以及商朝灭夏时五星"错行"的记载，参见上文。

期间，移动速度较快的水星、金星、火星从太阳的东边到西边来回游行。例如公元 213 年 6 月，日落后西方的天空呈现出如同日出前土星、木星和金星在高空闪耀的奇观（图 14.1）。在日出之前，水星和火星将位于东方。到公元 214 年 7 月下旬和 217 年秋天，场景发生了变化（图 14.2）。火星和水星在日落后与土星和木星会聚，在西边闪耀，而金星则移动到太阳的另一侧，并在黎明前出现在东方，它交替出现在太阳两侧。

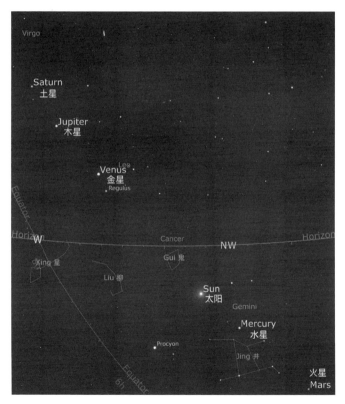

图 14.1　6 月 25 日日落后一小时的景象，从中国中北部看到的西部天空。土星、木星和金星在天空中闪耀着，而水星和火星则在太阳的对岸，在黎明前从东方地平线升起（Stellarium v. 0.20.1）

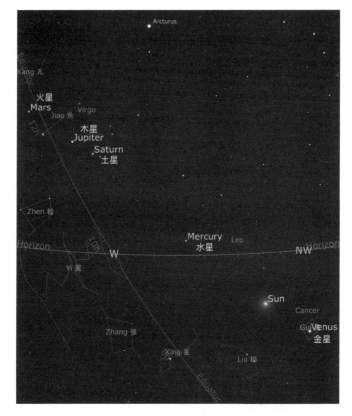

图 14.2　一年后，即 214 年 7 月 17 日，日落后 1 小时，西方天空的相同
景象。请注意，现在在西部发生了四颗行星的会聚，火星和金星交换了位
置，而金星现在在黎明前在太阳之前升起。随着太阳每天继续向东移动 1°，
几周后木星和土星将被太阳赶上并消失，不久就会重新出现为"晨星"
(Stellarium v. 0.20.1)

　　这种行星在黄昏和黎明之间分别由西向东来回穿梭的现象，
被称为"五星错行"。错行现象的表征取决于"昔"字(上古中文发
音为 * [s]Ak)的古形式的含义，在古汉语的意思即"以前、过去、
昨晚之前"。"昔"字与昔字和夕字(* s-GAk)是同源的词根。也
就是说，五星错行的意思是，行星从太阳的西边到东边，从黄昏到
黎明前轮番出现。3000 年前在商朝甲骨卜辞中昔字的刻字为象

形文字☐,代表太阳穿过虚拟的地下水域从西方的地平线游行到东方的地平线上。水星和金星的轨道位于地球和火星、木星、土星的轨道内部,因此它们可以"超越"三颗移动较慢的外行星,然后明显逆行并再次躲在太阳后面。只有在两颗行星非常接近时发生掩星或长时间静止的罕见情况下,才会在后来的预兆文本中注意到这种事件。在古代,对于所有五颗行星来说,交替进行这种从太阳一侧到另一侧的来回"舞蹈"是一个值得注意的事件。[①]

　　曹丕的侍从们引用商周先例作为上帝的预兆表明汉朝的末日即将到来。在他们的通信中特别值得注意的是重述了木星在先前创造历史的王朝过渡中的设定作用。以下是最后交流的摘录,曹丕最亲近的谋士说服他在已经三度拒绝后终于接受了献帝的退位。

　　　　辛酉[220 年 12 月 1 日]给事中博士苏林、董巴上表曰:天有十二次以为分野,王公之国,各有所属,周在鹑火,魏在大梁。岁星行历十二次国,天子受命诸侯以封。周文王始受命岁在鹑火,至武王伐纣十三年岁星复在鹑火。故《春秋传》[《国语》]曰:"武王伐纣岁在鹑火;岁之所在,即我有周之分野也。"昔光和七年[公元 184 年]岁在大梁,武王[曹操]始受命,为时将讨黄巾。是岁改年为中平元年。建安元年[公元196 年],岁复在大梁,始拜大将军。十三年[公元 208 年],复在大梁,始拜丞相。今二十五年[公元 220 年],岁复在大梁,陛下受命。此魏得岁与周文王受命相应。[……]《献帝传》曰:"辛未,魏王登坛受禅,公卿、列侯、诸将、匈奴单于、四

夷朝者数万人陪位,燎祭天地、五岳、四渎,曰:皇帝臣丕敢用玄牡昭告于皇皇后帝:汉历世二十有四,践年四百二十有六。[……]四海困穷,王纲不立,五纬错行,灵祥并见,推术数者,虑之古道,咸以为天之历数,运终兹世。凡诸嘉祥民神之意,比昭有汉数终之极,魏家受命之符。汉主以神器宜授于臣,宪章有虞,致位于丕。丕震畏天命,虽休勿休。群公庶尹六事之人,外及将士,洎于蛮夷君长。"佥曰:"天命不可以辞拒,神器不可以久旷,群臣不可以无主,万机不可以无统。夫得岁星者道始兴。昔武王伐殷岁在鹑火有周之分野也。高祖入秦五星聚东井有汉之分野也。今兹岁星在大梁有魏之分野也。而天之瑞应,并集来臻,四方归附,襁负而至,兆民欣戴,咸乐嘉庆。"

献帝迅速退位,并支持曹丕,据传是这样的。当然,当时他只不过是一个摆设。图 14.1 和图 14.2 清楚地表明曹丕的占星家在描述他们在 213 年和 217 年所看到的天空中发生的景象时是如何引用先例的。①

武王(曹操)是一位才华横溢的战术家和野心勃勃的元帅。他首先通过镇压 184 年爆发的黄巾叛乱而声名鹊起。那次战役和随后衰弱的汉朝对军队武将的过度依赖导致北部、西南和东南部越来越多的自治区域诸侯兴起。在 3 世纪初,中国陷入了数百

---

① 见《三国志》2.75。《献帝传》中还提到了一个鲜为人知的周代思想家容成氏的作为。他极力主张退位是唯一合法的替代君主的方法。这一主题在汉代谶纬中尤为突出。近日上海博物馆收藏的竹简中发现了"战国时代最激进主张让贤之文",原名《容成氏》。参见 Yuri Pines,"Political Mythology and Dynastic Legitimacy in the Rong Cheng Shi Manuscript," *Bulletin of the School of Oriental and African Studies* 73.3 (2010):524 - 25;Sarah Allan,Buried Ideas:Legends of Abdication and Ideal Government in Early Chinese Bamboo-Slip Manuscripts(Albany:State University of New York Press,2015)。

年的分裂时期:曹魏(公元前 220—前 265 年)、蜀汉(221—263 年)和吴(222—280 年)。曹操(卒于 220 年)被谥为魏武王,以纪念他在 220 年为儿子曹丕即位魏文帝铺平道路的作用。[1] 魏的前同名王国是晋国分裂之后的战国七雄之一魏国(公元前 403—前 225 年)。

* * * * *

岁次大梁[约白羊座至金牛座]是魏国的都城,与战国时期晋国分野同名。[2] 这解释了为什么在上述基于占星术的说服中,大梁岁次在黄巾之乱之后的 12—13 年的关键时期[即岁星的轨道周期]每次都与曹操的职业发展之一相吻合。[3] 鉴于周朝和汉朝的先例,木星的昭示天命授予魏的无可辩驳的证据,也是曹丕应该接受献帝禅让的充分理由。

当说服的高官按时间顺序说到 220 年岁星进入大梁岁次的时候时,他们回想起 25 年前,即 196 年,曹操升为宰相,将整个帝国政府置于他的控制之下那次,而不是最近 209 年那次。其原因不难发现。木星在 208 年即将返回魏国分野大梁,这促使曹操企图消灭他的主要对手吴和蜀,并夺取皇位。在 208 年末,荧惑(火星)逆行守南斗宿(射手座,距星为 φ Sagittarius)。这在曹操的星象预兆中也相当吉祥。火星居住在任何星宿中,总是预示着混乱或战争。

---

[1] 有关文件的政治背景,请参阅 Leban,"Managing Heaven's Mandate," 321 – 24。对于三个王国之间激烈的政治和军事竞争见 Rafe de Crespigny,"The Three Kingdoms and Western Jin: A History of China in the 3rd Century AD," *East Asian History* 1 (1991):1 – 36。

[2] 应该注意的是,木星岁次的近似西方等效值仅供参考。

[3] 有关基于木星位置和十二个名义恒星周期的政治预言的最早例子,请参阅上文对于分野星占术的讨论。当谈到木星时直观规则为:"义失者,罚出岁星。岁星赢缩,以其舍命国。所在国不可伐,可以罚人。"《史记·天官书》卷 27:1312 页。

在《史记·天官书》中，曾以火星守南斗为先例："越之亡，荧惑守南斗。"①南斗宿是对应长江下游和吴越的分野，所以火星的征兆对于曹操的对手来说显然是不吉利的。在208年末和209年初，曹操经过长达数月征战成功地进入湖北和长江下游。但是他的精锐部队最终在赤壁之战惨败。曹操的失败和随后狼狈的撤退显然是一个不方便提及的插曲。

事实上，在汉朝末年出现了三次木星和土星聚会的预兆，所有这些都被视为预示战事的爆发，是对王朝的直接威胁。沈约的《宋书·天文志》(487年)转载了《星传》中有关行星征兆的一段话，其中记载了历史先例及其后果：

> 《星传》曰："四星若合是谓太阳，其国兵丧并起，君子忧，小人流。五星若合，是谓易行。有德受庆，改立王者，奄有四方；无德受罚，离其国家，灭其宗庙。"今案遗文所存，五星聚者有三：周汉以王齐以霸，周将伐殷，五星聚房。齐桓将霸，五星聚箕。汉高入秦，五星聚东井。齐则永终侯伯，卒无更纪之事。是则五星聚有不易行者矣。四星聚者有九：汉光武、晋元帝并中兴，而魏、宋并更纪。是则四星聚有以易行者矣。昔汉平帝元始四年，四星聚柳、张各五日。汉献帝初平元年[190年]，四星聚心，又聚箕、尾。心，豫州分。后有董卓、李傕暴乱，黄巾、黑山炽扰，而魏武[曹操]迎帝都许，遂以兖、豫定，是其应也。一曰："心为天王，大兵升殿，天下大乱之兆也。"建安二十二年[217年]，四星又聚。二十五年[220年]而魏文受禅，此为四星三聚而易行矣。蜀臣亦引后聚为刘备[161—223年]之应。案太元十九年，义熙三年九月，四

---

① 见《史记》卷27:1349页。

星各一聚,而宋有入下,与魏同也。鱼豢云:五星聚冀方,而
魏有天下。①

这些都是有代表性的例子,说明在关键时刻,不太令人印象
深刻的行星排列也可能被视为预兆。214 年和 217 年的"星聚"
呈现了基本相同的场景,在上述说服中正式称其为五颗行星(不
仅仅是四颗)错行移动。②

与此同时,刘备的谋士们忙着劝说他 217 年行星的预兆应该
被解释为有利于蜀汉。于是刘备即位就绪:"又二十二年中,[217
年]数有气如旗,从西竟东,中天而行,[河]图、[洛]书曰:'必有天
子出其方。'加是年太白、荧惑、填星,常从岁星相追。近汉初兴,
五星从岁星谋;岁星主义,汉位在西,义之上方,故汉法常以岁星
候人主。当有圣主起于此州,以致中兴。时许帝尚存,故群下不
敢漏言。顷者荧惑复追岁星,见在胃昴毕;昴毕为天纲,《经》曰:
'帝星处之,众邪消亡。'圣讳豫覩,推癸期验,符合数至,若此非
一。臣闻圣王先天而天不违,后天而奉天时,故应际而生,与神合
契。愿大王应天顺民,速即洪业,以宁海内。"③

如上图所示,行星并非聚集在一个非常小的范围内,而是散
布在广阔的空间中,理想情况下是在一个宿中。而且,太阳再次
穿过每个排列,因此黄昏和黎明时的观测情况有变化。尽管如
此,显然重要的是,出于宣传的原因,必须明确预示王朝即将更替

---

① 见《宋书》卷 25 志第 15,天文三。《星传》中的"无德者……灭其宗庙",是司马迁释
　义的转述:"五星合,是为易行,有德受庆,改立大人,掩有四方,子孙蕃昌,无德,受
　殃若亡。"
② 在公元 216 年 10 月下旬,五星再次自角宿至尾宿排列成连珠,这可以解释为什么
　退位劝说提到"五星"错行移动。4 年内在大致相同的天空区域重复 3 次这样的聚
　会是不寻常的。
③ 《三国志·蜀书·先主传》,卷 2:887—888 页。

而不仅仅是大规模的内乱。

魏廷对星象专注的鼎盛时期发生在 234 年初。当时《明帝本纪》(曹睿 227—239 年在位)记载青龙二年期间,二月乙未(234 年 2 月 25 日)金星侵占火星。[①] 由于这个不祥的征兆,明帝下令停止对官员的体罚,据说这是因为体罚最近导致了无辜者的死亡。《三国志》接着记载了山阳公(即献帝)的逝世,随后宣布哀悼和大赦。完成汉代皇帝的葬礼后,山阳公被谥为"孝献帝",以表彰其圣人般的退位。

仅仅 3 年后,即 237 年正月,当井中发现了一条黄龙后,一个新的年号开始了,称为"光明开始"即景初。在一个新的年号被颁布了以后,必须变更所有的皇朝标帜、礼服等。[②] 但这个变更在曹魏朝代建立了以后将近 20 年才进行,因为明帝早先不愿采取这一具有高度象征意义的步骤。正式即位典礼显然要等到汉朝最后一位皇帝驾崩之后才能进行。从 234 年到 237 年的 3 年延迟也可以解释为需要进行必要的准备,尤其是颁布必要的新景初历。

特别令人好奇的是,火星(荧惑)被金星(太白)掩星的现象并不是在 234 年 3 月发生的最令人印象深刻的星象。看一眼图 14.3 就会发现,正是在这个时候,所有五星都聚集在大梁岁次旁边或者中间。大梁是魏国的分野,报告金星近掩火星的司天监不可能没有观测到这次五星的会聚。234 年那令人印象深刻的星聚在

---

① "二年春二月乙未,太白犯荧惑。癸酉,诏曰:'鞭作官刑,所以纠慢怠也,而顷多以无辜死。其减鞭杖之制,著于令。'"见《三国志·明帝纪》卷 3:101 页。太白"犯荧惑"实际上发生在二月初二 234 年 3 月 20 日(戊午日),正好在魏的分野。据《天官书》至于太白失行的征兆,太白"主杀。杀失者,罚出太白。太白失行,以其舍命国"。见《史记》卷 27;1322 页。

② 见《三国志》卷 3;99 页。

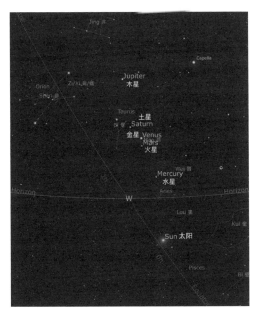

图 14.3　从洛阳看到的西方天空，在 234 年 3 月下旬到 4 月上旬，日落后 1 小时（显示：3 月 25 日），所有五颗行星都聚集在月球小屋胃宿（白羊座）和参修（猎户座）之间。3 月 20 日，火星已经几乎被金星掩藏(Stellarium v.0.20.1)

魏国和其他地方也一定会被观察到。另一方面，鉴于金星相对较快的运动，不吉利的金星掩火星预兆才持续了几天，而五星的集会则持续了相当长的时间。234 年的会聚比文帝 220 年即位之前占星家所引用的错行预兆更令人印象深刻。这次魏书没有记载是个谜，也许献帝葬礼的阴影还未退去就抢前庆祝明帝可能被认为过分失礼。

237 年，魏国景初年号刚开始，吴国主孙权（182—252 年）喜迎非常吉祥的赤乌征兆回到鹑火岁次中，此天象在公元前 1059 年就预示过周文王的受天命。《吴书》记载次年孙权颁布新的赤乌年号（238—251 年）以纪念吉兆。[1]　虽然《吴主传》中没有提到

————————————
[1]《三国志》卷 47：1142 页。

具体行星,但事实上在237年夏天四颗行星(木、土、金、水)确实聚集在朱雀星座内的鹑火岁次中。毫无疑问这是孙权为了自己的目的而想要纪念的事件。

当然,对于孙权来说,庆祝3年前234年的星象很尴尬,因为星聚发生在魏国的大梁岁次中,显然对魏国有利。但孙权并没有被吓倒。他只需要再等3年,木星慢慢地进入周人分野的时候,声明"间者赤乌集于殿前,朕所亲见,若神灵以为嘉祥者,改年宜以赤乌为元"[1]。

毫不奇怪,虽然没有提到任何预兆,不想被排除在外的蜀汉也在237年颁布了新的年号。[2] 基于对预兆的共同理解,3个王国分别解释相同的星体预兆以满足个别的政治需要。

安史之乱与750年的五星会聚

我们现在转向安禄山(703—757年)。他发动的叛乱(755—763年)对唐朝造成了无法弥补的损害。史实家喻户晓。安禄山的父亲是伊朗人(粟特人)。他的突厥母亲据说是萨满,因此在文化上安无疑熟悉历史上广为人知的占星家牧师,贤士(迦勒底人)的角色。[3] 在漫长的军旅生涯中,安禄山有充分的机会展示其领导能力。在他迅速晋升被召入朝廷后,费尽心机地讨玄宗(712—756年在位)的欢心。安将军被皇帝心爱的妃子杨贵妃(719—756年)所宠爱,这当然也有帮助。安禄山随后升为最高军阶,享

---

① 《三国志》卷32:887页。
② 《三国志》卷47:1142页;参见上文。
③ 安禄山本姓康,字轧荦山。"荦山"转录了伊朗语"光",即 rokhsh。这是亚历山大大帝粟特妻子罗克珊的名字。安和康两个姓源自撒马尔罕和布哈拉附近两个粟特王国的用的中文姓。

受着背后玄宗巨大的影响力。在某种程度上,他的快速晋升也是朝廷有意将边境治理责任下放给非汉人的政策的结果。这一政策是由长期任职的李林甫丞相(683—753 年)策动的。但李丞相后来对安的动机开始产生怀疑。

750 年安禄山奉命组织起自己强大的边防部队,主要由受他个人支持的契丹和突厥军官指挥。最终成为整个黄河下游以北地区的最高长官和军队总指挥。他在山西、河北和东北地区指挥了大约 18 万经验丰富的军队。其中有相当数量持各种信仰的非汉人,包括文化同化和同化程度较低的人群。

756 年,安禄山攻占洛阳,称帝"新燕朝"。[1] 在 750 年又发生了一次五星会聚,甚至比魏明帝 234 年的星象更令人印象深刻(图 14.4)。安禄山应该很清楚类似的预兆的意义。最近发现的一个墓碑上刻有当时著名的文人赵骅(卒于 783 年)的长篇悼词,清楚地证实了星象所扮演的政治角色。[2] 悼词的所有者是严复(卒于 756 年),河北唐朝官员。其长子是严庄,安禄山的长期汉族同谋和叛乱的主要宣传者。作为一名中国官员,严庄作为安禄山的密友的角色值得重视。[3]

这篇赵骅对严复的悼词一经发现便引起了极大的兴趣,因为它对叛乱事件,提供了详细目击记录,其中包括以下非凡的

---

[1] 燕是周朝建立的强大王国的名称。从公元前 11 世纪中叶到公元前 3 世纪晚期。燕国在今河北和辽宁省地区存在了 800 年。鼎盛时期,燕统治黄河以北至鸭绿江和朝鲜北部,这也是安禄山作为军事将领控制的区域。

[2] 赵骅因服务于安禄山短暂的燕王朝而受到牵连,但后来在保护者的努力下得到了平反。见仇鹿鸣,《五星会聚与安史起兵的政治宣传》,《五星会聚与安史起兵的政治宣传——新发现燕〈严复墓志〉考释》,《复旦学报(社会科学版)》2001(2),第 123 页。

[3] 见仇鹿鸣,《五星会聚与安史起兵的政治宣传》,《复旦学报(社会科学版)》2001(2),第 120 页。

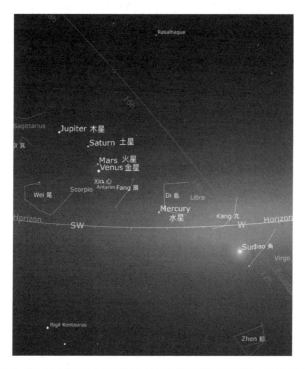

图 14.4 750年9月下旬到10月初,从长安能看到的日落后半小时的五星景象(显示:9月30日)。木星、土星、火星和金星相距仅几度,而水星相距一些距离。水星尽管距离太阳11°左右,但熟练的观测者会在黄昏时分短暂地看到或推算位置。这说明为什么司天监的报告提到五星会聚,而严复只提到四颗的原因(Stellarium v. 0. 20. 1)

声明:

> "天宝中,公见四星聚尾,乃阴诫其子今御史大夫、冯翊
> 郡王庄曰:此帝王易姓之符,汉祖入关之应,为燕分,其下必
> 有王者,'天事恒象'尔其志之。"《严复墓志》①

———————————————

① 参阅仇鹿鸣,《五星会聚与安史起兵的政治宣传》,115 页。提到汉高祖的征兆是公元
前205年五星聚:"汉元年十月,五星聚于东井,以历推之,从岁星也。此高皇帝受命
之符也。"故客谓张耳曰:"东井秦地,汉王入秦,五星从岁星聚,当以义取天下。"见《汉
书》卷26:1070 页。事实上五星会聚发生于东井的年代为前公元前205年5月。

　　"天事恒象"典故是《左传》昭公十七年中来的,与星占类似的文段。然而,更相关的典故出现在东汉占星家单扬(175 年)的著名预测中。[1] 当时单扬基于曹操、曹丕的出生地出现了一条吉祥的黄龙预测一个新朝代将接替汉朝:"其国后当有王者兴,不及五十年,亦当复见。天事恒象,此其应也。"赵骅在悼词的结尾写道:"昊穹有命,命燕革唐。公之令子,预识兴王。"[2]

　　在 750 年行星征兆出现之前严庄已经在为安禄山服务。严庄说服安禄山相信谶纬神秘学的迹象和星象的征兆对他有利,在 755 年煽动叛乱方面发挥了重要作用。756 年,安禄山攻占洛阳后,就命名新朝代为"燕"。悼词也记载同年严复、妻燕、燕弟希庄均被唐军处死。[3] 757 年严庄与安禄山的一个儿子勾结,策划了暗杀安禄山的计划。严庄在长达数年的叛乱中起主导作用,但最后向唐军投降。

　　除了赵骅提到的严复对儿子的占星告诫之外,还有几件事值得注意。首先,对汉高祖征兆的历史典故让人想起《天官书》和《汉书》中都遇到的在东井宿公元前 205 年的五星排列。此事件被认为是汉朝开国君主刘邦被上天授命的标志。所以严复所目睹的星象当然被视为标志着推翻唐朝的天赐制裁。[4] 司马迁

①　见《三国志》卷 2:58 页。

②　见《三国志·魏书二:文帝纪》。"燕"作为新王朝的名称表明曹操的事业和献帝让位魏国出现在安禄山的脑海中。见仇鹿鸣,《五星会聚与安史起兵的政治宣传》,《复旦学报(社会科学版)》,第 119 页。

③　严庄在《唐史》中没有传记。然而,他的兄弟严希庄的墓碑最近也被发现,提供了有关叛乱和事件年代的重要细节;见张忱石,《大燕严希庄墓志考释》,《中华文史论丛》2008 年第 3 期,第 393—406 页。

④　从图 4 可以清楚地看出,行星之间的距离超过 30 度,而水星最远。严复只观测到了四颗行星,由于水星总是靠近太阳,作为业余观察者的严复很可能没有发现它。《新唐书》以秋分编排紧凑,记载准确:"天宝九载八月,五星聚于尾、箕,荧惑先至而又先去。尾、箕,燕分也。占曰:'有德则庆,无德则殃。'"《新唐书》卷 33:865 页。

在《天官书》中的权威声明"五星聚,是为易行"后来被引用的时候显示了这条格言的确定性。

此外,悼词还提到汉朝刘邦进入关中时,曾引发了唐朝的激烈争论,即唐是否实际上是汉朝的真正继承者,以及短命的隋朝(581—618 年)和更短的武则天(684—705 年在位)的周朝应被视为"闰期",也就是说不规则的继承。汉朝的情况大致相同,当时短命的秦朝被认为不代表周朝正规的继承者。这是一个具有重要理论意义的问题,因为五行连续的顺序确定了本朝属于哪个行,决定了该政权的运势。赵骅在悼词中明确提到了这一点。意识形态上王朝的成功取决于与宇宙和上帝的意图是否同步。玄宗在位期间争论的焦点是唐朝属于金行还是土行,是否代表了汉代以后的正统的继承。①

在这方面值得一提的是唐朝创始人太宗(627—649 年在位)的意见。虽然太宗被认为是严肃的理性主义者,但唐朝高官魏郑的记录给出了建朝时对征兆的看法:

"太宗问侍臣曰:'帝王之兴,必有天命,非幸而得之也。'房玄龄对曰:'王者必有天命。'太宗曰:'此言是也。朕观古之帝王,有天命者,其势如神,不行而至;其无天命,终至灭亡。昔周文王,汉高祖,启洪祚,初受命,则赤雀来;始发迹则五星聚。此并上天垂示,征验不虚。非天所命,理难妄得。朕若仕隋朝,不过三卫,亦自惰慢,不为时须。'公对曰:'《易》云:潜龙勿用。言圣德潜藏之

---

① 关于唐朝的争论和 750 年星聚演的角色见仇鹿鸣,《五星会聚与安史起兵的政治宣传》116 页。关于宋代的类似关注,见韦兵,《五星聚奎天象与宋代文治之运》,《文史哲》2005 年第 4 期,第 27—34 页和韦兵,《异常天象与徽宗朝政治:权利博弈中的皇帝、权臣与占星数士》,《国学研究》2011 年第 2 期,第 105—142 页。

时,自不为凡庶所识,所以汉祖仕秦,不逾亭长。'"①

　　尽管严复的碑文中之没有特别提及,但这个唐初的先例与赵骅对安禄山"藏龙"形象的描述相呼应。虽然五星的移动很容观测到,但当时唐朝对非正式的星占议论是极为敏感的是毋庸置疑的。②

中亚政治当时的动荡

　　740 年代,中亚经历了深刻的政治动荡,各地的帝国都经历了叛乱,革命,或王朝覆灭。公元 742 年,粟特商人支持的维吾尔人策划了在中国边境突厥王朝的垮台。这是在中亚贸易中拥有控制权的粟特商人发起的几场政治革命中的第一场。③ 后来在747 年,阿拔斯('Abbāsids)开始反抗倭马亚(Umayyad)哈里发(Califate),最终建立了艾布·阿拔斯(Abūal-ʿAbbās)的新的哈

---

① 王方庆,《魏郑公谏录》,《四库全书》文渊阁版[公元 1782 年;台北商务印书馆,1983—86 复印],卷 4:13b 页。

② 正如 Richard J. Smith 和其他人所指出的那样,星体预言是"一个受到严密保护的帝国职责范围。公元 653 年颁布的朝代法典规定,除少数例外情况,任何私人家庭不得拥有与'玄象'有关的书籍、工具和其他物品。其成员也不得保存占星图和预言文本。某些私人制作的以七曜为基础的历书——(即太阳、月亮和五星)——被这一规定明确禁止";见 Richard J. Smith,"The Legacy of Daybooks in Late Imperial and Modern China," *Books of Fate and Popular Culture in Early China:The Daybook Manuscripts of Warring States, Qin, and Han*, Donald Harper 和 Marc Kalinowski 主编,*Handbuch der Orientalistik*(Leiden:Brill,2017),339 页。在 767 年 3 月,叛乱结束后,唐代宗(762—779 年在位)颁布诏令:"大历二年正月二十七日敕。艰难以来。畴人子弟流散。司天监官员多阙。其天下诸州官人百姓。有解天文元象者各委本道长吏。具名闻奏。送赴上都。"见《唐会要》卷 44:19a 页。

③ Christopher I. Beckwith,*Empires of the Silk Road:A History of Central Eurasia from the Bronze Age to the Present*(Princeton,Princeton University Press 2009),140 页.

里发(749 年)。742—750 年的政治事件导致艾布·阿拔斯革命（再次涉及粟特人），这在欧亚大陆中部的历史上具有重要的意义。这个时机尤其值得注意，因为在 751 年中国军队在塔拉斯河之战中被阿拉伯和突厥联合军队击败，标志着唐朝扩张的结束和中国从中亚撤军的开始。这个时期唐朝在中亚的权力辐射范围刚刚达到顶峰，而 740 年代接二连三的历史性事件则一直在长安此起彼伏。中国占星家所记录的五星壮观的会聚在西方资料中没有出现，但鉴于它们的持续时间之长和接近之紧密，这种行星现象应该被观察到了。

相比之下，在中国并没有任何迹象表明五星会聚与世界末日信仰存在关联，就像印度天文学的由加（yuga）那样。[①] 然而，占星学的千禧年主义是琐罗亚斯德教（Zoroastrianism）教义的特征。[②] 但至少从六世纪中叶开始，每一个萨珊国王统治的第一年是根据木星和土星二十年聚会的循环来计算的。在最近对占星学概念传播的全面调查中，格雷内特（Frantz Grenet）指出"从琐罗亚斯德教、伊朗国王和国家的宗教的观点来看，占星术的地位

---

① 然而，正如 Antonio Panaino 所解释的那样，在波斯"许斯劳一世（Xusraw I, 531—579 年在位）的统治正接近琐罗亚斯德 Zoroaster 出现的千禧年的最后一个世纪时，即将到来这样一个关键时期。即可能会出现各种星体征兆，这可能刺激了为伊朗帝国及其国王的利益而进行的天文和占星学主题的密集工作"。参见 *David Pingree*, Gerardo Gnoli and Antonio Panaino 主编, Serie Orientale Roma 102 (Rome：Istituto italiano per l'Africa e l'Oriente, 2009), 295 页。Antonio Panaino, "Sasanian Astronomy and Astrology in the Contribution of David Pingree," 在 *Kayd：Studies in History of Mathematics, Astronomy and Astrology in Memory of David Pingree*, Gerardo Gnoli and Antonio Panaino 主编, Serie Orientale Roma 102 (Rome：Istituto italiano per l'Africa e l'Oriente, 2009), 295。

② 见 D. N. MacKenzie, "Zoroastrian Astrology in the Bundahišn," *Bulletin of the School of Oriental and African Studies* 27(3)(1964)：511 - 529。

绝非简单"①。格雷内特列举了占星术在萨珊政治中的地位，并提出了一些保留意见。其中包括：（1）在巴列维（Palavi）文学中，行星被视为恶魔；（2）占星术从未出现在牧师的合法职责中；（3）星象符号不会出现在属于魔术师的私人印章上。然而尽管琐罗亚斯德教不赞成，宫廷中仍有大量证据清楚地表明占星师的作用。高峰是在许斯劳一世（Xusraw I，531—579 年在位）统治期间达到的："朝廷彻底重组了古代伊朗宗教和史诗传统，用以阐明他们帝国的所谓上帝赋予的政治和宇宙中心的地位。当国王们在带有圆形穹顶的宫廷大厅展示自己的辉煌时，这些圆顶或宝座反映了天体随着季节的变化而轮换或变化。"②萨珊政治占星

---

① 见 Frantz Grenet，"The Circulation of Astrological Lore and Its Political Use Between the Roma East，Iran，Central Asia，India and the Türks，"在 *Empires and Exchanges in Eurasian Late Antiquity：Rome，China，Iran，and the Steppe，ca. 250 - 750*。Nicola Di Cosmo and Michael Maas 主编（Cambridge：Cambridge University Press，2018），236 页。撒马尔罕博物馆展出的所谓"大使"壁画是天文历法问题上政治与机会主义融合的一个引人注目的例证。在这幅壁画中，撒马尔罕国王接待了来自亚洲各地的大使，包括中国和西藏。这幅肖像画包括中国宫女和端午节（农历五月初五）的场景"发生在 660 年和 663 年的活动在日历上是同步的：在那些年里，根据粟特历，诺鲁孜节（伊朗新年）的第六天、夏至和中国的龙舟节都在同一天"，见 Frantz Grenet，"The Circulation of Astrological Lore"，295 页以及 Antonio Panaino，"Cosmologies and Astrology，"在 *The Wiley Blackwell Companion to Zoroastrianism*，ed. Michael Strausberg and Yuhan Sohrab-Dinshaw Vevaina（Chichester：John Wiley and Sons，2015），235 页。

② 参阅 Matthew P. Canepa，"Iran and the Projection of Power in Late Antique Eurasia，"在 Di Cosmo 主编，*Empires and Exchanges in Eurasian Late Antiquity*，59，62 页。与 6 世纪北魏都平城明堂设计的相似之处是惊人的："明堂上圆下方，四周十二堂九室，而不为重隅也。室外柱内，绮井之下，施机轮，饰缥碧，仰象天状，画北道之宿焉，盖天也。每月随斗所建之辰，转应天道，此之异古也。加灵台于其上，下则引水为辟雍，水侧结石为塘，事准古制，是太和中（328—330 年）之所经建也"。《水经注》卷十三，"漯水"。

术被阿拉伯人采用,证明该理论被广泛传播和接受。①

公元 750 年 10 月中旬,当水星、金星和火星赶上位于尾宿的木星和土星时,应该认为在王朝中期所有五颗行星的联合出现是变化的标志。751 年,阿巴斯革命以及中国军队在塔拉斯溃败的消息传到中国,当时鉴于安禄山对萨珊王朝和中国占星学历史的意识,他对于这些异象应该得出什么样的结论? 尤其是因为他的属下深受了粟特和突厥文化的影响。②

萨珊占星术在意识形态上的实用性在 750 年代的阿巴斯王朝·哈里发身上也没有消失:“政治占星术或历史占星术的技术——木星、土星合聚理论——被用来作为论据来证明阿拔斯权力的出现是由上天的循环决定的。马沙阿拉的这一段话将从倭马亚王朝到阿拔斯的统治变化有关的冲突与木星、土星聚会联系起来。”③正如凯文·范·布拉德尔(Kevin van Bladel)谈到阿拔斯·哈里发时所说:“很明显,从新政权一开始,占星术就对新王朝特别有用。它通过为政权改变提供最佳时间段来产生政治上的吉祥感。实际上为新统治者制造了一种合法化形式”④

毫不奇怪,唐朝的合法性仍然是一个悬案,安禄山的谋士严庄会利用每一个神秘的迹象来宣传这样一个事实,即预兆都预示着

---

① 见 Pingree,*From Astral Omens to Astrology*,42,45,49 页。有关古代伊朗行星知识的详细讨论,请参阅 Antonio Panaino,"Planets," 在 *Encyclopædia Iranica* 网络版(最初发表并最后更新于 2016 年 9 月 20 日)http://www. iranica online. org/articles/planets/。

② Abramson, *Ethnic Identity*,179.

③ 见 Kevin Thomas van Bladel,"Eighth-Century Indian Astronomy in the Two Cities of Peace," *Islamic Cultures*, *Islamic Contexts*: *Essays in Honor of Professor Patricia Crone*, Behnam Sadeghi, Asad Q. Ahmed, Adam Silverstein, Robert Hoyland 编 (Leiden,2014),276.

④ 见 Van Bladel,"Eighth-Century Indian Astronomy",276。

唐朝的日子已经屈指可数了。即使其他猜测可能会被打消,唐朝也很难将一个中朝的五星预兆美化为吉祥事件,尤其是考虑到周、汉、魏的先例。[①] 对于安禄山来说,由于他的追随者主要由边疆的非汉族人组成,他必须说服中原地带的汉族人相信革命的努力是合法的,并且上天任命了一位胡人的领导承担此任务。当然,这个命题稍微容易一些,因为李氏皇族的根源和文化也来自内亚。[②]

与魏篡位的情况一样,谶纬文献中的命理、预兆和河图瑞应都被用于证明这一点。[③] 然后,还有一个惊人的巧合,即 750 年的五星会聚,无论是被认为涉四或五个行星,发生在天空中的位置与牵涉到曹魏取代汉朝的多个行星征兆位置完全相同。曹操和安禄山的政治生涯也惊人的相似,严庄等人也必定意识到了。当然,这并不是说这是促使野心勃勃的安禄山发起推翻唐朝的唯一因素,但如此明确的证据表明,这个五星征兆恰逢其时,在安禄山的规划中发挥了关键作用。现在我们有了确凿的事实证据,证实了安禄山首席谋士严庄的动机。

在西方,木星和土星的聚会在基于行星周期的预测传统中占有突出地位,而在中国的占星术中,传统上的重点是回推性解释。其原因并不难理解。基于木星恒星周期的分野占星术在公元前六世纪就已经很好地建立了。甚至很可能早在公元前 11 世纪周武王伐纣时就已经确立。在先秦记载的案例中,曾预言到木星未来超过五个十二年岁星周期的情况,甚至在《左传》中的那个独特例子中,运用计算出的插值回推。

---

① 仇鹿鸣特别强调这点;见"五星会聚",第 118 页。

② Abramson, *Ethnic Identity*, 158; Sanping Chen, "Succession Struggle and the Ethnic Identity of the Tang Imperial House," *Journal of the Royal Asiatic Society*, 3rd ser., 6, no. 3 (1996): 379–405.

③ 见仇鹿鸣,《五星会聚》,第 118—119 页。

在中国，五星会聚总是涉及洞见上天的旨意，因为它们在王朝过渡中的作用是上帝干预的象征。用司马迁的话来说，历史上占星术的目标即"上下各千岁，天人之际续备"①。所以，历代太史令不太愿意推测皇朝的寿命也可以理解。

与欧洲中世纪和文艺复兴时期的发展形成鲜明对比的是，虽然木星在中国的分野占星术中占有突出地位，但没有明显的关注木星和土星会聚的 20 年周期。从表面上看，尽管中世纪时期中国和内亚的帝国政治占星术有广泛的文化接触和某些相似之处，除了佛学的占星法术外，中世纪时期中国和内亚的帝国政治占星术仍然缺乏任何方向的渗透。但似乎仍然没有任何相互渗透。在中国，史书记载了几千年来积累的五星会聚在宫廷政治中发挥重要作用的历史先例，如 1007 年的宋朝和 1524 年明朝的星象。将来 2040 年 9 月的五星会聚将在政治上发挥什么作用，现在无法猜测。

运行速度最慢的木星和土星的 20 年会聚周期，为其他三颗行星提供了最佳参与时机。古代波斯、叙利亚和希腊文献对 234 年和 750 年五星会聚的沉默或许令人惊讶。然而，一个引人入胜的线索确实出现在中国中世纪的资料中，即《梁书》的《西北诸戎传》里有一段关于滑国的描述。② 描述告诉我们"其王坐金牀，随太岁而转"③。这种以示范方式跟随木星移动的奇特做法无疑受到

---

① 《史记》卷 130：3319 页。
② 滑国在伊朗东部，其领土北部与萨珊帝国接壤。他们的宫廷在一些重要方面模仿了波斯。赫普塔尔派在五六世纪崛起，并与萨珊王朝争夺霸权长达一个世纪。他们最早的使官于 456 年到达北魏，随后有许多代表团。520 年至 541 年间，四使到达武帝梁廷（《梁书》卷三，武帝本纪下）。滑国的最大范围一直延伸到塔里木盆地的吐鲁番。见 Yu Taishan，"Records Relevant to the Hephthalites in Ancient Chinese Historical Works，"《欧亚学刊》（新编）2015 年第 3 期，第 208 页。
③ 见《梁书》卷 54：812 页。

了萨珊大帝国的启发。①

　　中国长期以来的以中国为中心的分野占星术,尤其是黄河与银河对应的原则,使中国占星地理学在概念上与中亚的多极世界的对应物不相容。这可能是阻碍二者互相传播的主要因素。尽管木星在中国的分野占星术中占有突出地位,但没有明显关注木星和土星 20 年周期会聚的长期预测。尽管有着广泛的文化接触和某些相似之处,除了佛学的星占法术外,中世纪时期中国和内亚的帝国政治占星术仍然缺乏任何方向的渗透。

---

① 对于当代中国类似的设计,参阅郦道元(卒于 527 年)有关北魏首都平城明堂的描述:"明堂上圆下方,四周十二堂九室,而不为重隅也。室外柱内,绮井之下,施机轮,饰缥碧,仰象天状,画北道之宿焉,盖天也。每月随斗所建之辰,转应天道,此之异古也……是太和中[477—499 年]之所经建也。"见《水经注集释订讹》卷 13:10b 页。

第十五章　东西方的行星星占学

但是当行星

越出常轨,陷入极端的涠乱时,

多少可怕的瘟疫、凶兆、反叛,

多少狂暴的海啸和大地震、

肆虐的飓风、惊骇、变异和恐怖,

将要扰乱、摧垮、分裂并毁灭

邦国的统一和共同缔造的和平,

破坏安定!

——威廉·莎士比亚《特洛伊罗斯和克瑞西达》,

第一幕,第三场①

导　论

如我们所见,五星已引起几千年的关注。有些比最亮的恒星都亮,这一点以及它们独有的、以与恒星背景日常的稳定运转相反的方向独立"运行"的独特能力定义了其自身的行星分类。运行的

---

① 中文出自何其莘译本,商务印书馆,1995。——译者注

自由导致它们被赋予神圣的力量并具有影响人间事务的能力,尤其是当它们聚集在一起共同展示了一种超感知的力量。一些物理因素决定了这样一种聚集的影响有多深,包括与太阳的距离以及五星聚集得如何紧密。不像日月食,发生地点的天气状况是一个关键因素,五星会聚时天气只是一个次要因素,因为当五星聚集又散开时,会聚可能持续几天或几周。前面几章中我们已见到中国人如何见证并记录了公元前前两个千纪中三次最密集的五星会聚中的两个。[①]

对每次会聚进行详细的研究是衡量这些事件对处于不同时间 405 和地点的观察者所产生影响的唯一方法。从历史记录来看,地上人间的政治社会等状况在决定一次行星会聚是否在星占学上具有重要意义时起主要作用。有时候可能迫切需要这类事件;有时候由于社会混乱或观测失误可能会忽视这类事件的发生;还有时候不合适的星占预言可能会被"改造"得无害。

这些不同的动机出现在汉代早期,当公元前 205 年五月一个超过 30°的所谓五星连珠被用作上天认可汉代建立者刘邦(公元前 206—前 195 年在位)成为皇帝的象征时。相反,仅 20 年后,公元前 185 年,过去 4000 年来发生的一次仅四颗星在不超过 7°范围内的会聚却被忽视(或忽略),它发生在第一位统治帝国的女性吕后当政时期(公元前 187—前 180 年)——然而并不是帝制中国历史上

---

① 最近的一个研究推算了何时五星位于小于直径 25°的圆内。其中发生于公元前 2000 年至 1700 年之间的 18 次持续之久足够留下深刻的视觉印象。最后,四次范围在 5°—7°之间的聚集,只有一个拳头的面积,明显影响着地上的重大政治事件。其他几次会聚也被观测、用于预测,并在政治事件中起一定作用,但并不是重要事件。萨尔沃·迪梅斯(De Meis)和琼·米斯(Meeus)(1994)。这一词汇"会聚",严格来讲,指两个行星位于同一经度时,因此当用于多个行星的聚集时,会聚以更广泛意义上的"集合"进行使用。

值得纪念的一位先驱。①

行星、周期性和占卜

> 很可能最古老的合法化形式是直接反映或显示宇宙神圣结构的制度化秩序的概念，即，社会和宇宙之间类似于微观宇宙和宏观宇宙之间的相互联系概念。"天下"的一切事物在"天上"都有其对应。②

> 五星会聚论以不易察觉的方式、不知不觉地产生了宗教和政治制度中的变化性和多样性观念。如果变化由天上行星的运行以及与一些黄道星座的会合引起，那么历史上的重大事件在隐喻意义上只能是"天意如此"。③

在上面的引述中彼得·贝格尔（Peter Berger）和赞贝利（Paola Zambelli）隐约提到了西方和中国常用的行星星占学得以形成的基础观念。古代对"天下"的未来事件可以通过特别的方式进行预测的信仰暗示了一个假设，即未来在某种程度上是先天注定的。占卜和星占学是"解读"超自然力量部署的方式，就像它们是既有的事实或知识，因此从早期起征兆就具备揭示天意的性质。④ 与此同时，卡尔·洛维特还指出了行星运动的周期性本质，对这一事实的

---

① 更多的例子，可见薛爱华（1977，211—219）。

② 贝格尔（Berger）（1990，34）。贝格尔复述的这句格言被托勒密（90—168 年）普及化。它源自于《翠玉录》（*The Emerald Tablet of Hermes Trismegistus*）的炼金术传统："天下的事物对应于天上的事物，而且天上的事物对应于天下的事物，以实现以太的奇迹。"

③ 赞贝利（Zambelli）（1986，20）。

④ 对于中国星占学的理论基础及其对感应理论容纳程度的简短分析，见徐凤仙（1994）。对于帝制时期更普遍意义上中国天文学的历史分析，包括对大众星占学不断变化的态度，见汉德森（Henderson）（1984）。

认可使得星占学从不可预测和令人不安的领域逐渐被视为大体上可推算而且终究是无害的。

中国和西方对行星现象规律性的逐步接受并不是快速进行的。如何在星占学预测中运用行星循环的周期性分歧甚至更大。西方古典和中世纪的星占学理论沉迷于推测天体运动对人类未来是机械式的"决定论"还仅仅是"影响论"这件重要的问题。神的角色随之不断变化，从仅仅冷眼旁观到积极参与——要定期改变历史的进程。适当加以理解，从一种角度看，星占学对事件不可避免的进程提供观察视角，从另一种角度看，它暗示着神或人类意愿仍可能影响事件的倾向或方向。相反，在中国，皇室星占学家既没兴趣推测长时间段的未来倾向，也不在乎行星会聚的周期，甚至在长期接触印度和波斯星占学的大年[更不用说巨大的由加（yugas）周期]及有关的会聚理论后也是如此。① 这完全与史官历史悠久的记录员身份保持一致，他们"不着眼于系统化……进行历史上诸如对'终极原因'进行理论化或探寻'普遍规律'之类的努力"②。

研究中国科学的日本历史学家薮内清用这种方式描绘了帝制时期中国人对待天象的方式：

> 有两类天文现象。一类以简单的方式进行循环，它的规律性或周期性比较容易被发现；另一类人类无法预测，但只能观测。前者在历法科学的框架下已经系统化，而后者成为星占学解释的对象。由于它们互为补充，因此对于中国统治者来说它们同等重要……中国星历表内容的广泛性反映了中国

---

① 保罗·田立克（Paul Tillich）对中国人时间意识的这一方面进行了评论："过去比未来更重要。现在是过去的结果，但绝不是对未来的预测。中国文学中有许多对过去的美好记载然而对未来没有一点期待。"引自李约瑟（1981,235）。

② 余英时（2002,169）。

统治者时常慎重地去扩展天空显著的秩序,以减少异常和凶兆。统治者在政治领域的类似功能是显而易见的。①

中国的星占学,认为上天的意愿由星辰(以及其他天象)所展示,并牢固地持有一个类似于古代美索不达米亚星占学家的动机,他们汇集星占预言是为了使君主随时了解短期内可能发生的灾难或成功。汉代以后,中国官方的"星占学"仍然很保守并拒绝变化,尽管一直存在着对其抱怀疑态度的暗流。方法的一致性确保了在整个中国帝制时期,天象预兆是依据基本相同的古代原则和分野对应进行解读的,这一对应就是把整个天空对应于中国帝国。② 中国皇室仍然相信,如果采取适当的行为或改变政策来减少引发这些凶兆的治政失当,具有威胁性的预兆,至少在理论上,能被缓解或"平息"。

对于拉丁西方,克日什托夫·波米安(Krzysztof Pomian)将星占学实践的基本规则概括如下:

> 不同的天体具有不同的性质,产生不同的影响并与不同的人、民族和机构等等相联系。每个天文现象因此是一个独特的性质和影响的结合,由此可以理解一个被认为是由这个天文现象引起的地上事件的独特性质。因此,一个知晓未来何时会发生何种天象的星占学家,能够预测将随着天象的出现而发生的地上事件。也就是说,画出一个人、朝代、城市等的星占天宫图。同样地,有关过去地上事件发生时间的知识,可能揭示引起其发生的天文现象,从而有可能画出一幅有关

---

① 薮内清(Yabuuchi)(1973,93—94);也可见中山茂(Nakayama)(1966)。
② 帝制晚期的百科全书《古今图书集成》(1725)仍按步就班地将与战国晚期的分野星占学一样的星象-地域对应用于中国疆域。然而,此时这一对应已经遭到批判,尤其是它的中国中心主义。亨德森(Henderson)(1984,214—215)。

过去的星占天宫图。如简单地翻阅托勒密的《四书》或阿尔布
马扎（Albumasar）（阿布·马谢尔）的《伟大的会合》（De
magnis coniunctionibus），两本中世纪最常见的星占学文献，便
可确认，对天体性质、其产生的每种影响的范围、不同天象的
特别之处及其对地上事件可能产生影响的描绘是星占书中最
重要的内容。[①]

自开端起，西方星占学的欧洲中心主义就不亚于中国星占学
的中国中心主义，至少它是犹太-基督教的并以欧洲经验为中心， *408*
像历史上的哲学一样。星占学家以自己的方式奋力确立对历史的
认知原理，形成了一种称为"历史的自然主义神学"的星占学。与
此相反，中国在天空中寻找类似的构建伟大理论的证据。然而，像
其他形式的占卜一样，中国的星占学表现为机会主义性质。

中国和欧洲的行星星占学

1524 年 2 月底 3 月初发生了一次令人印象深刻的、紧凑
（小于 10.5°）的五星会聚，可以用肉眼看见五颗行星都聚集在
水瓶-双鱼（第 13 营室宿）座，这也是第一、二部分讨论的公元
前 1953 年 2 月那次五星会聚发生的地点。这次五星会聚是几
个世纪以来最紧密的一次。在中国和西方，这类行星现象长期
以来都在星占学中非常突出，因为它们被认为与最重要的人世
变故有关：帝国的兴衰，王朝更替，或（在西方）伟大先知的出
现。即便作为信仰和行为最好的指导，这些行星现象逐渐侵入
被敌对的思维习惯占据的心理领域，直接给那些称为隐秘知识

---

① 波米安（Pomian）(1986,33)。

的系统如星占学带来挑战。但是在 16 世纪早期的欧洲,科学革命还有几十年才会发生,虽然这仍是第一个建立太阳系日心理论、西方现代天文学之父哥白尼(1473—1543 年)所处的时代。中国,郭守敬(1231—1316 年)已经发明了高精度的工具用于天文学测量,并制定了《授时历》(1280 年),将一年的长度定为 365.2425 天,比格里高利历早 3 个世纪左右。[①] 但是尽管对宇宙的认识不断增长,天象也变得更加可预测,对星占学的信仰仍然很流行。在宗教和星占学中产生的悠久的千禧年末日观念风靡各地的欧洲,大众信仰尤其如此。[②]

1524 年中国和欧洲对这一次行星会聚产生的反应,反映了中国人和欧洲人对这类"千禧年"现象的不同观念。全面分析这一主题需要一个很长的专题,因为仅明代的中国和宗教改革时期的欧洲就是两个非常不同的地方。因此我只是简单粗略地描绘1524 年行星会聚现象在欧洲宗教改革早期和中国明代的思想背景和当时的影响。我将概略地对社会政治状况进行比较和对比,从中明显可以看出他们对此次行星会聚现象的关注焦点所在。欧洲对这一现象有长期地预测,也因此受到广泛迫切地期待,但是中国对所有的天象不是如此——有关天象的知识主要局限于皇室宫廷,它所预示的不祥征兆紧密地与宫廷政治联系在一起。

409

---

① 席文(Sivin)(2009)。

② 史葛·狄克逊(C. Scott Dixon)(1999,406—407)用这种方式描绘了这个时代的精神:"16 世纪是一个焦虑的时代。知识产生焦虑,不确定或分离感也产生焦虑,宗教改革世纪充满着各种新奇和不同的观念。然而中世纪的宇宙论给焦虑的思想者只能提供'完全束缚人们思想'的认知体系,现代早期的开端看见了这一秩序的瓦解。首先,代替它的,不是另一种宇宙论,而是焦虑地将该文化各种不同的内容堆砌在一起。"

西方的行星,周期和预言

在《蒂迈欧篇》(39D)中,柏拉图(公元前 427—前 348 年)提出"完美之年"始于所有行星的会聚。不久之后,巴比伦人贝罗苏斯(Berosus)(活跃于约公元前 300 年)引入了这一理论,即世界始于一次行星会聚,也将在另一次会聚中终结。[①] 中国的秦汉时期,在呼应公元前 1953 年那次古老的行星会聚时,战国时期(约公元前 4 世纪)的天文系统颛顼历起于日月五星合于营室(飞马座)。其对比具有指导意义,因为这同一天象让人想起西方的末世论,而且它纪念了一种管理时间的行政工具的开端。

在中国,实现大一统为帝国的建立提供了一个有力的理想推动力,完成统一以后,作为东亚最强盛的文明体,中国没有匹配的对手,宗教和政治多样化的观念可能很难出现,因此只能在朝代更替的背景中出现。这可能部分解释了为什么洛维特的五星会聚论很难成立,尽管战国晚期对这些问题进行了探索。用行星会合周期建立星占历史学模式的可能性被忽略了,尽管邹衍(公元前 3 世纪)的历史变革理论以五行交替为基础,这一理论很快转而关注王朝政治以外更无害的事物,如占卜和解释自然世界。部分原因可能在于晚至唐代时仍然相信无法确定行星周期的规律性,因为它具有偶然性而且由上天来决定。在地中海东部地区,这一情形截然不同。

鉴于许多古代文明都在争夺帝国霸权,在巴比伦、印度和波斯星占学的影响下,建立在行星会合周期基础上的星占历史学理

---

① 坎皮恩(Campion)(1994)。

论占据优势。印度星占学中的卡利由加（*Kaliyuga*）始于公元前3102年的行星会聚，开启了一个432000年的周期，最后这个世界将会结束并开始一个新世界。① 希腊和波斯星占学将这一源于天文学的时间进行引申，将它视为洪水灭世的时间。由此为星占历史学上相互竞争的两种理论的发展提供了舞台，一个是犹太-基督神秘主义和末世论导致的以上帝为中心的理论，另一个是自然主义的，涉及星占学的"自然科学"并致力于发现星占学运作的基本规则。这两种理论在逻辑上互不相容。

据克日什托夫·波米安：

> 直至16世纪，天体和政体、以及天象和人世之间的联系才被每个人视为理所当然。但是对于这种联系的本质尚未形成一致的意见。奥古斯丁主义者认为天象是人世的征兆。前者预示着后者的发生，因为上帝赋予它们这一种内涵。而且这一内涵只能被在神圣经典的引领下对天进行观测的人们真正地领会。对于这一态度……亚里斯多德主义者反对他们认为天象是人世的起因这一主张。为了理解它们的行为因此必须探究它们与自然科学原则相一致的力。位于这两种观点之间的整个中间范畴，是尽力调和或综合奥古斯丁和亚里士多德两派，即神学与物理和天文学，命定与偶然，预言与预测。②

无论对天象发生的偶然性持何种观点，古典和基督派对于预测未来有一个基本的差异："新旧《圣约》作者所理解的预言的实

---

① 肯尼迪（Kennedy）（1963）。
② 波米安（Pomian）（1986，32）。

现完全不同于检验对历史-自然事件的预测。"①然而,如长期被观察到的那样,这两者共同构成了西方历史上犹太-基督教派和欧洲中心主义派哲学的特征。

与行星会合周期尤其有关的是,托勒密②以后最有影响的星占学家是 9 世纪巴尔(Balkh)的波斯基督教星占学家阿布·马谢尔(Abū Ma'shar)(贾法尔·穆罕默德·奥马尔·艾尔·巴尔克·阿布·马谢尔,786—866 年),他是将亚里士多德有关自然的理论传播至拉丁西方的最重要的个人。③ 阿布·马谢尔(阿尔布马扎)的星占学在很大程度上并非原创,而是受到萨珊人(波斯人)传播的天文学的影响。星占历史学理论的构架、以行星会聚周期为基础对过去和未来历史的书写、希腊天宫图和索罗亚斯德教的千禧年论,都是典型的萨珊人的发明。对行星会聚周期进行了研究,特别是木星-土星会聚及它们对月下层的影响,在其著作《伟大的会聚和世界革命》(*On The Great Conjunctions and On Revolutions Of the World*)(*Kitāb al-qirānāt*)中,阿布·马谢尔提出了历史循环的一个周期,他改造了贝罗苏斯的理论并以印度 180000 年的由加周期为基础,提出世界产生于日月五星会

---

① 赞贝利(Zambelli)(1986,13,n.35)。

② 据约翰·诺思(John D. North)(1986,50,强调部分为原文所标)"托勒密属于亚里士多德-斯多葛气象学派。一种力(δύναμις)从以太中发出,引起了月亮层以下各元素和动植物的变化。太阳和月亮发出的物质——尤其是月亮,由于它更接近——影响了有生命和无生命的物体,同时行星和恒星也有它们的影响。如果一个人精确地了解天体的运动和性质(也许不是它们的基本性质但至少是它们潜在的属性),而且能科学地推导出综合这些因素而产生的性质,那么他为什么不能判断天气和人类性格呢?"。

③ 在拉丁西方,"毋庸置疑,最有影响力的伊斯兰教作者是阿布·马谢尔(786—866 年)。在各种星占学潮起潮落的过程中,他是自 12 世纪塞维尔的约翰(John of Seville)和卡林西亚的赫尔曼(Hermann of Carinthia)的翻译时代起至 17 世纪翻译运动衰落(或至少转向本土化)时经常被阅读和引用的对象"。诺思(North)(1986,52)。

聚在白羊座时(公元前183102年),而且这个世界将于这一会聚再次发生在双鱼座时(公元176889年)结束。[1]

另一个重要的贡献是由8世纪的犹太星占学家马沙阿拉(Māshāʾallāh)做出的,他同样传播了萨珊人认为历史是无数个20年周期的木星土星会合的结果这一理论。[2] 马沙阿拉描述历史的星占学著作《会聚、宗教和人类》(On Conjunctions, Religions, and Peoples)只保存了一些碎片。据马沙阿拉,政治和宗教的发展由行星在特定黄道星座的周期性会合所预示。春分这一天的天宫图预示着一个20年会合周期中一年内事件的日常进程。12次连续的会合在约240年后的下一次会聚前将在同样的"三方"位置内重复发生(图15.1)。[3] 从一个三方位置位移到下一个,显示出即将发生一个更高层次的变化,如一个新兴国家或朝代的崛起。所有这些位移中最具预言性的是每960年发生的、在所有的四类三方位置都循环一遍以后,它预示着出现一位伟大先知一类的划时代事件。[4] 在马沙阿拉用星占学描绘的历史中,16世纪的一天无疑最特别——3月19日的第571次位移预示着伊斯兰教的兴起。如果再加上960年,到下一个"千年的"位移,那就是第1531次,这预示着将出现一位伟大先知的变革。

412

413

---

[1] 平格里(Pingree)(1968);萨尔沃·迪梅斯(De Meis)和琼·米斯(Meeus)(1994,293—294)。

[2] 罗伊·罗森伯格(Roy A. Rosenberg)(1972,108)展示了在古代"土星和木星的会合标志着力量从一个行星的守护转移到另一个行星上",就像从克洛诺斯(土星)转移到宙斯(木星)上。

[3] 属于同一类元素的三个黄道星座组成一个三角形,每一个星座再分成120°。阿维尼(Aveni)(2002,115)。这四组三方为:火——狮子,白羊,射手;土——金牛,处女,摩羯;气——天秤,双子,水瓶;水——巨蟹,双鱼,天蝎。

[4] 肯尼迪(Kennedy)(1971);同上(1963,245)。

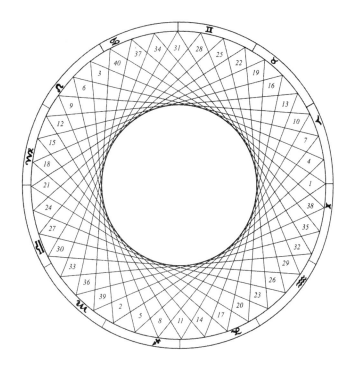

图 15.1 约翰内斯·开普勒（Johannes Kepler）的"大三方（Great Trigon）"，出自其《宇宙的奥秘》（*Mysterium Cosmographicum*）（1606），展示了木星-土星的会合。这一图表证明了行星如何每隔两次将在同一地点会合，以及 820 年以后的第 41 次会合如何回到起始点。这一图表略微展示了西方的几何概念与中国的有何不同

第三，也就是最后，西方星占历史学上我们需要简要谈论的是唐·伊萨克·阿布拉内尔（Don Isaac Abrabanel）（1437—1508年），政治家，哲学家，神学家和著名的圣经注释者，一个最显赫尊贵的伊比利亚-犹太家族的成员。阿布拉内尔为斐迪南和伊莎贝拉担任了八年的财政大臣直至 1492 年，当时由于宗教的原因，犹太人被西班牙驱逐。他与家族一起迁往意大利，最后在威尼斯定居，在那里他担任国家的一个大臣直至 1508 年去世。阿布拉内尔是一个多产的圣经诠释者，他对《但以理书》（*Book of Daniel*）中先知相关章节的注释在 16—17 世纪非常有影响，不仅仅是在

基督教神学家中。① 在他对但以理的注释《救赎源泉》(*The Wells of Salvation*)中，阿布拉内尔详细解释了在犹太星占学中木星-土星会合作为地上人世预兆的意义。在他的解释中，"水"星座双鱼作为 2860 年周期中"伟大会合"的地点非常重要，而且在他的星占学编年中，他将 1465 年的会合视为预示弥赛亚出现的征兆。②

在《救赎源泉》的第一章（或"入门"）中，阿布拉内尔展示了《但以理书》的预言段落中有 6 个涉及对弥赛亚预言的解释，而且这些预言显示昭示弥赛亚出现的那次会合发生在 16 世纪 30 年代，更精确地说是 1531 年（这一日期已经出现在上文马沙阿拉的理论中）。随后第二章，阿布拉内尔对马沙阿拉的星占历史论进行了精确化，他阐述了木星-土星会合以及次要的（240 年）和主要的（2860 年）变化周期与自然四大元素的影响一起，如何在最大范围内影响历史事件。以色列的命运尤其紧密地与双鱼座联系在一起："如果我们起源于以色列脱离埃及的第一次救赎，从而可以得出以色列下一次决定性的救赎和世界的下一次变革将

---

① 《但以理书》第二章叙述了但以理通过令人信服地解释了尼布甲尼撒二世（约公元前 605—前 562 年）不断重复的一个有巨大的、从头到脚依次镶以金、银、铜、铁和泥五层装饰的雕塑的梦，确立起他作为一个真正的先知的信用。在神圣力量的帮助下，但以理成功地解释了国王所有的预言家和咨询师都未能成功解释的梦，甚至是在他事先未被告知国王所作梦的内容的前提下。在他先知般的解释中，但以理解释道，这个梦象征着五个相继的直至遥远未来的世界性帝国。这些预言，以及奥古斯丁的教义，组成了克日什托夫·波米安(Krzysztof Pomian)(1986,30)称之为"以上帝为中心的神学历史"的标准教条。

② 阿布拉内尔(Abrabanel)(1960,12.2)；罗伊·罗森伯格(Rosenberg)(1972,105—107)。阿布拉内尔 2860 年的伟大会合周期是马沙阿拉(3×960＝)2880 周期的进一步精确化。如果用现代的数据 19.859 年计算这一会合周期(144×19.859＝2859.696)，阿布拉内尔的 2860 年几乎为 144 个木星-土星会合周期。

在 1534 年开启。"（图 14.1）①

　　因此东方的、伊斯兰教的、基督教的和犹太教的星占学理论都集中指向 16 世纪早期最轰动的历史事件，不用怀疑那 1 世纪之交便强烈地期待即将到来的这一划时代性事件。但是将多少带点神秘性质的星占学内容变为常识，以及这种大范围普遍性的关注是两位德国星占学家约翰尼斯·施特夫勒（Johannes Stöffler）和雅各·普弗劳姆（Jacob Pflaum）推算的星历表在 1499 年的出版所引起的，这份星历表显示五星的伟大会聚将于 1524 年 2 月发生在"水"双鱼座——双鱼座是圣经中大洪水发生的标志。在随后 16 世纪之交的几年中，随着教会内部政治压力和纠纷的升级，对第二次大洪水的预测引发了普遍性的集体恐惧以及星占学家、神学家、天主教和后来的路德教之间争论的加剧。1515 年，乔治·坦斯塔特（George Tanstätter）②，一位维也纳星占学家，进一步预测到民众与教会之间的分裂证实了宇宙大灾难即将到来。1519 年，在路德在其《九十五条论纲》中公开谴责教会陋习发起宗教改革后两年，这些积极的争论和深刻的思考同时在德国和意大利达到空前的范围和高度。③

————————————

① 史蒂芬·戈德曼（Stephen L. Goldman）教授在私下交流中告知，非常感谢戈德曼教授对相关希伯来语段落的英文概述。阿布拉内尔的《救赎源泉》包含犹太文献中对木星-土星会合最权威的阐述，并被约翰尼斯·开普勒（1571—1630 年）当作参照用以确定耶稣诞生的日期。开普勒自 1606 年开始出版了有关这一主题的几部著作并在其《耶诞之年》（De anno natali Christi）（1614）中达到高潮，这本书进一步发展了他木星、土星和火星在公元前 7 年双鱼座的三方会合是伯利恒之星（Star of Bethlehem）的成熟理论。罗森伯格（Rosenberg）（1972，105）；大卫·休斯（Hughes）（1979，96）；詹金斯（Jenkins）（2004）。

② 埃里克·格里奇（Gritsch）（1967，123）。

③ 史葛·狄克逊（C. Scott Dixon）（1999，405）叙述道："1499 年，两位德国占星家约翰尼斯·施特夫勒（Johannes Stöffler）和雅各·普弗劳姆（Jacob Pflaum）提醒 1524 年 2 月将在双鱼座发生一次行星会聚。虽然作者自己没有提及洪 （转下页）

传单、征兆和预言

从我预测了那些毁灭意大利的可怕战争起已经过去十年了。那些当时嘲笑我的人现在看到了上帝通过星辰产生的伟大事件。甚至是教皇的灭亡,法律的变更,弗朗兹皇帝的被捕,农民的战争,所有我预测的那些,而且不仅仅是这些,都以星占学理论为基础。[利巴尔德·皮尔克海默(W. Pirckheimer,约 1525 年)]①

谈及宗教改革早期这些"预兆"的文献非常多,显然比这里我仅能参考的文献多得多。我将仅仅关注德国导致改革运动激进化和 1525 年农民战争的天启式星占学预言。

许多有影响力的人物参与了这场末世预言的争论,引起了大众心理在 1524 年预言的洪水到来之前变得非常焦虑。一方是其

（接上页）水,但是星占学上很快便提到第二次大洪水清洗罪人这一观念。在这场争论结束前,共有 56 位作者——德国人、法国人、西班牙人、荷兰人和意大利人参与其中。总计出版了涉及 1524 则预言的 133 部著作。虽然一些作者,如西班牙人奥古斯丁诺·尼佛(Augustino Nifo)怀疑这一预言的真实性,但大多数作者都愿意承认可能会发生一次大洪水。甚至约翰·卡里(Johann Carion),菲利普·墨兰顿(Philip Melanchthon)在图宾根的同学以及后来勃兰登堡宫廷的星占学家,也非常承认这一点。但是,在一定程度上,星占学界对这一理论的接受完全是理论上的,因为到 1517 年这一预言已经传遍社会各阶层。作为其流行的见证,维尔茨堡主教秘书,洛仑兹·弗雷斯(Lorenz Freiss)谴责了恐怖的木板书扉页造成了这一恐慌。它引起的焦虑使得马丁·路德认为必须将这一预言放在他 1522 年维滕堡集会的广告传单中。"也可见恩佐·巴里拉(Barillà)(n. d.)。

① 德文原文引自赞贝利(Zambelli)(1986,9,n. 24),为"Es sind nun schon zehn Jahre, daß ich jene schreklichen Kriege, welchen Italien zerütten, vorhergesagt habe. Wer mir damals auslachte, siht nun doch welche grosse Ding Gott durch die Gestirne ausrichtet. Auch dem Ruin des Papstes, die Veränderung der Gesetz, die Gefangen-schaft des K. Franz, den Bauernkrieg habe ich vorausgesagt und zwar nichts aufs ohnegefähr, sondern auf astrologische Principien gestuzt".

预言逐渐传播广泛的星占学家,如皮尔克海默引述的 1515 条预言所显示。他们加强了这些事件即将到来的信念。星占学家逐渐开始承担起一种社会功能,用"分析"的方式去解释时间——可以说是,"以星占学理论为基础"——"激励科学去违背《圣经》"①。同时他们得到快速发展的印刷出版业的协助和支持,由此他们立即投入到扩大和宣传中去。

　　然而,更有影响力的,是已经提及的许多宣传册的作者和出版者,这些宣传册需求极大并广泛流传。对于许多,特别是不识字的农民来说,这些宣传册扉页上花哨的木版画比文本中星占学家的预言更能扰乱人心。然而,尽管这些图像很吓人,许多宣传册中传达的信息是正面的,怀着希望期待灾难过后有一个新的开始。图 15.2 所示是 1525 年一个著名的宣传册实例,描绘了五星在鱼形双鱼座内的会聚,自此一次洪水倾泻而下,淹没了下面的城镇。分立洪水两边的是左边好战的民众以及右边世俗和教会权威的代表。1525 年彗星也出现在图中。画家技艺之高超不言而喻。

　　也许奇怪的是,许多"预言家和占星家"自身都是神职人 417
员。② 有些人在布道中传递抚慰人心的信息;而斥责星占学是无根据的胡说八道的少数人并不反对《圣经》;还有为时代精神和对

---

① 海尔格·汉默斯坦(Hammerstein)(1986,140)。

② 对于星占学在基督教中的地位,史葛·狄克逊(C. Scott Dixon)(1999,408,411)评论道:"这一组合并不很奇怪,因为星占学一直以来对基督教信仰至关重要,尤其是在中世纪。当然,这两个哲学派别,亚里士多德和奥古斯丁派,对天上原因和地上后果之间的相互关系不能达成一致观点,但是大多数宗教思想家都认为上帝可用星辰展现人类的命运。路德也同意一些天象可能预示了上帝的审判,但是他力斥星占学实践。在他看来,它并不是一门预测性科学,而且他在神学基础上对其进行排斥:它限制了上帝的能力。"而且"虽然路德自己反对将星占学视作一门科学,但是他很愿意承认一些星象可以预示神圣的智慧。'因为不可思议的是',他说,'它们[行星]在运动而无需知道是否有人在转动它们。'"。

　图 15.2　1525 年纽伦堡作品。上面的标题为"这件作品描绘了行星之间主要的、广泛的影响,这一影响将在 1524 年出现而且无疑会带来许多奇妙的事物"。欧文·金格利希(Owen Gingerich)收藏,获许复制①

社会和宗教不满的新兴潮流所驱动的极少数人,努力抓住时代,甘愿作为上帝意志的工具,去引导革命的到来。这类激进的神职

---

① 见罗比(Laube),斯坦梅茨(Steinmetz)和沃格勒(Vogler)(1974,205)。艺术家维尔纳·蒂布克(Werner Tübke)在他位于巴德夫兰肯豪森的纪念 1525 年弗兰肯豪森战役的巨幅全景壁画《德国早期资本主义革命》(*Frühbürgerliche Revolution in Deutschland*)(1987)中用了这一木版画内容。

人员之一是托马斯·闵采尔（Thomas Müntzer）（1490—1525
年），路德的敌人，1525 年夏萨克森和图林根农民起义的精神领
袖，这场农民战争导致 5000 个农民被屠杀以及闵采尔自己被斩
首。闵采尔，据说：

> 通过引入激进改革这一观念将他自己与其他的"革命精
> 神导师"区别开⋯⋯这一观念以四个世界时期或政体的但以
> 理-圣哲罗姆（Danielic-Hieronymic）概念为基础——即第五
> 个历史时期，也就是基督直接统治圣徒的时期，已经开
> 始⋯⋯这一概念，发展成相信世界末日即将到来的强烈信念，
> 鼓舞了三大运动［重洗派（Anabaptism）、灵性主义派
> （Spiritualism）、和福音理性主义派（Evengelical Rationalism）]
> 的许多代表人物采取激进式改革，这些改革从总体上看代表
> 着一次"失败的制度性革命"。①

虽然不知道闵采尔是否接受星占学，但是他确实从所有的外
部媒介中"分离出'精神体验'"②，然而，作为一位著名的希伯来
学者，他肯定知道有影响力的伊萨克·阿布拉内尔对但以理预言
的星占学阐释。③ 重要的是，闵采尔的最后一次布道就是为了劝
说世俗权威支持他的改革运动，《对王子们讲道》(the Sermon to
the Princes)（1524)就用但以理的第二章作为主题。在这次关键 *418*

---

① 乔治·威廉姆（Williams）（1962,858,865）；也可见迈克尔·贝乐尔（Baylor）
　　（1993,30）和埃里克·格里奇（Gritsch）（1967,103）。
② 格里奇（1967,187）。
③ 闵采尔的名字出现在 1506 年莱比锡大学的登记册中。1512 年他进入奥得河畔的
　　法兰克福大学，在那里获得艺术硕士和神学学士学位。1519—1520 年他继续在位
　　于魏森费尔斯的贝迪兹（Beuditz）修道院学习文学。闵采尔是一位著名的古典和
　　人文主义文学学者，非常熟悉拉丁、希腊和希伯来文。这些机构无疑会有阿布拉
　　内尔重要的并备受重视的注释性著作。

性的布道中,闵采尔为革命理论奠定了源自圣经的基础,并将他
自己视为新的但以理,在他看来,新但以理被选中去领导颠覆现
有腐朽秩序的革命。即便闵采尔个人并不赞同一般的生辰星占
学,以千年为单位的星占历史论却是另外一回事。引起疑问的是
他是否对狂热的世纪末预言以及随着 1524 年 2 月大洪水预言日
期的临近民众中不断升级的武装斗争完全不感兴趣。他选中
1524 年 3 月开展激进改革中的军事行动,领导他的秘密团体选
民联盟(League of the Elect)攻击并向当地的教会权威标志纵火
可能是巧合——但是大众暴乱的爆发确实是在 1524 年至 1525
年,这在很大程度上归因于行星会聚的星占学预测所具有的启示
性。那些年代的精神也为 1525 年德国当时的谚语所捕获:

> 1523 年没死的人,
>
> 1524 年也不会溺死,
>
> 而 1525 年也没被打死的,
>
> 可以说生命中出现了奇迹。①

中　国

前面我们看到中国古代历史悠久的传统如何认为非常罕见
的五星会聚于同一宿预示着朝代变更。前王朝时期的那些五星
会聚先例以及与汉朝建立者高祖有关的那次会聚的星占学意义,
在《史记》和《汉书》中有非常明确的阐述。② 当时司马谈(死于公
元前 110 年)和他的儿子司马迁(死于公元前 86 年)正在编集《天

---

① 引自格里奇(1967,123。)
② 《史记》,27.1348 和 89.2581;《汉书》,26.1301 和 36.1964。

官书》中的天文星占知识概要，它们确保了帝国体系的形成。对不可预测的天象所昭示的"国家安全"意识的逐步增长，促进了与行星有关的星占学预言的再次形成——如果授予天命的征兆不能被预测，至少它们必须被驯化。

　　一方面：与第九章描绘的星象-地域对应的传统分野格局一起，我们也会在司马迁《天官书》中发现以前讨论过的新结论，即"五星分天之中，积于东方，中国利；积于西方，外国用兵者利"[①]。419 在这一新格局中，第一次考虑了非华夏民族，将其与天空的阴位进行对应，五星在天空的阳位排成一列仅仅使中国占据有利地位，而不是预示朝代变更之类的巨大变化。同时，与前帝制时期的状况进行比较，我们知道星占预言也在明显地"下凡"，以至于以神秘的科学面貌开始的星占学到公元 2—3 世纪时已经流传得相当广泛，"五星利东方"这句谚语甚至成为通向西边边境尼雅最遥远的哨所道路上发现的织锦上的标语。

　　虽然帝制早期已经知道行星会合周期的大致时间（即木星12 年，土木会合 20 年），除刘歆《三统历》之类全面的历法体系中的天文学计算外[②]，中国行星星占学不会关注会合周期。事实上，大众层面的星象占卜已经彻底数学化并与观测逐渐分离。虽然宿和次的古代名称继续使用，它们与六十干支、阴阳和五行在一个愈加复杂的命理结构中的算术结合意味着任何有意义的与实际天体运动的联系自很久以前起就被抛弃了。[③]

　　常规的天文观测很大程度上是为了事后对政治进程进行解释。其中，对先例的汇编具有重要作用，产生了一类以"占经"命

---

① 《史记》，27.1328。

② 席泽宗（1989，46—58）；古克礼（2001）。

③ 卡林诺斯基（1996，55—81）。

名的文献。以熟知的类比原则为基础,源于这些著作的星占学预言频繁被引证:

> 孝昭始元中,汉宦者梁成恢及燕王候星者吴莫如见蓬星出西方天市东门,行过河鼓,入营室中。恢曰:"蓬星出六十日,不出三年,下有乱臣戮死于市。"①

420 　　而普通的金星穿过天苑(约为狮子座)的含义仅在公元前 80 年发现刺杀摄政大臣霍光(死于公元前 68 年)的阴谋后才出现,导致一位王、二位将军和长公主被公开执以死刑。因此,后面的预言说道:

> 太微者,天廷也,太白行其中,宫门当闭,大将被甲兵,邪臣伏诛。②

421 　　自东汉(23—230 年)起,行星会合周期就不是负责天象观测官员们的关注目标,他们继续用历史上运用的回溯性方式来阐述星象征兆。即使自公元前 4 世纪编纂《左传》的年代起,木星的 12 年周期才被用于回溯性地推算很久以前的历史事件发生时的星占学背景。从刘歆在其《汉书·世经》中对周克商(公元前 1122 年)的论述来看,明显通过他的方式他也未能推算出这一划时代事件的日期。③历法官员不以长时间段的行星会合周期为基础进行预测似乎很奇怪,因为在构建宏伟的、诸如刘歆《三统历》历法系统的过程中已经应用了最小限度的会合。虽然一些人已经吸收了邹衍对历史变化进行的现象学解释,其中周期性"无意识地产生政治领域的变化性",星占师即使有,也很少对大尺度循

---

① 《汉书》,26. 1306。
② 《汉书》,26. 1306—1307。
③ 《汉书》,21B. 1011‑24;古克礼(2001,27—60)。

环周期的预测潜力表现出兴趣。为探寻过去事件背后运行的星占学规律以解释当前,他们忽视了遥远的未来。这有点儿奇怪,因为战国时期孟子(公元前 372—前 289 年)的论述指向 500 年"王朝"循环周期这一早期推断的流行,他的灵感可以追溯至第二部分描绘的与三代建立相关的难忘的行星会聚。大约在柏拉图谈论始于一次五星会聚的"完美之年"的同时,孟子暗示性地提及了天文周期的预测功能:

> 天下之言性也,则故而已矣。故者以利为本。所恶于智者,为其凿也。如智者若禹之行水也,则无恶于智矣。禹之行水也,行其所无事也。如智者亦行其所无事,则智亦大矣。[422] 天之高也,星辰之远也,苟求其故,千岁之日至,可坐而致也。(《孟子·离娄下》)[①]

孟子是想谈论道德秩序在历史上的先例,但是即使星占学家也没有认识到他这一源自历法的启发性类比中的预测意义。这部分是因为星占学家也是史官和历史学家,如余英时所说:

> 中国的历史学家……认识到过去存在着某些"历史倾向"或"变化类型"。然而,当他们试图归纳时,这些归纳总是限定在一定的时间和领域内。他们从未曾意识到要去建立"普遍性的历史规律"或"对人类历史的整个进程进行理论化"。[②]

当然,另一方面的原因是《易经》的深刻影响。如第二和十二章所示,《易经》确定了用以解释一定时空背景下可能发生事件的参数。当《易经》在汉代被奉为展示古人智慧的经典著作时,这便

---

① 《孟子》,第四章下(26);李约瑟和王铃(1959,196);席文(2000,128)。
② 余英时(2002,167)。余英时忽视了司马迁对历史作出的星占学理论阐释,详情请看前文第十章。

使得占卜今后将主要集中于当前时期,或者最多是短期的发展倾向。司马迁史无前例的研究长时间段的努力——"究天人之际,通古今之变,成一家之言"——是这一规则的一个例外。

1524 年明代发生的事件

随着蒙古征服造成的朝代变动,不足为奇的是,宋代有关星占学的不可知论的相关文献越来越少。元代皇室更能接受异端和神秘的教条,星占学就是其中的一种,至明代征兆星占学仍然受到皇室的欢迎。[1] 事实上,甚至在 16 世纪晚期,朱国桢(1558—1632 年;1579 年进士)实事求是地说到"国朝最重天文"[2]。

无疑明朝第十一位(嘉靖)皇帝,世宗朱厚熜,一位残酷的君主,除了他的残暴外,也因热衷道教仪式、用秘术和炼金术来寻求长生不老,以及对各种征兆的关注而出名。朱厚熜登基时只是一个 14 岁的少年,他坚定地拒绝按照礼仪、以直系的身份继承皇位,这便形成了历史上所谓的"大礼议",在 1524 年达到高潮。[3] 在位的前几年,面对以专横的大学士杨廷和(1459—1529 年;1478 年

427

---

[1] 有证据显示明太祖洪武时期(1368—1398 年)曾经报告过五星的"同时出现";见下文。

[2] 见朱国桢(1998,15.329)。据约翰·亨德森(John B. Henderson)(1984,132)"宇宙怀疑论在明代早中期并不流行。相反,各种各样的占卜和魔术,在根本上以天人感应的宇宙论为基础,有明一代在国家和知识分子阶层都得到了几乎前所未有的支持"。对于星象和其他征兆,见牟复礼(Mote)和崔瑞德(Twitchett)(1988,136,326,479)。星占学著作《天元玉历祥异赋》有力地证实了明代对星象征兆的关注,这本书由仁宗(1425—1426 年)分发给他的高级官员。它包含许多手绘的彩色星象和气候征兆图,同时附有署名朱熹(朱文公)的预测。如今很少见到这本书,它被列入 18 世纪最后十年编纂的四库全书的禁书之列。朱国桢无疑很熟悉这本书。

[3] 对这场有关继承权的争论,见费克光(Fisher)(1990)。

进士）为首的官僚们的强烈反对，朱厚熜一直在争取获得不受限制的专制皇权，他拒绝让步，坚持用相应的典礼给父亲追认帝位。1524 年 8 月，一场 200 名官员跪在宫门外哭泣的抗议激怒了世宗，将他们中的 100 名杖行和下狱，许多人死于廷杖或长期的牢狱。最后，随着大学士杨廷和的退休，最终以世宗坚持拒绝让步而获胜。① 一份叙述朱厚熜统治的权威文献这样描述这一时期：

> 他在位期间，富人更富，穷人更穷，这一现象长江下游地区尤甚。财富滋生休闲，人们需要奢侈品和娱乐，也因此促进了戏剧、文学、艺术和印刷业的发展。然而帝国的政治活力也开始下滑，明王朝开始呈现出衰败的迹象。②

宫廷之外，整个国家处于骚乱之中。在大礼议进入高潮之前，夏季有一大片区域感知到地震："从 1523 年 7 月至 1524 年 5 月的 10 个月中，就有多达 38 次地震的记录。南京在近代少有地震发生，但 1425 年 1 个月中就曾有 15 次地震，一天曾发生 6 次。"③嘉靖时期外部事务的忧虑也并不少，蒙古沿着北部边境从西北到东北任意入侵和杀戮，尤其是在后期。北部边境上的大同要塞在 1524 年同年发生了两次兵变。东南海岸经常受到"倭寇"海盗毁灭性的劫掠侵袭。如果将某一时期与反映上天意愿的天象相联系，那一定就是 1524 年。

一份官员吴一鹏（1493 年进士）上呈给皇帝的备忘录历数了 428

---

① 见《剑桥中国史》（*Cambridge History of China*），牟复礼和崔瑞德（1988，440—450，479）。

② 富路特（Goodrich）和房兆楹（Fang）（1976，315）。中文译文出自［美］富路特，房兆楹：《明代名人传》第贰册，时代出版传媒股份有限公司，北京：北京时代华文局，2015 年，第 433 页。——译者注

③ 同上 320，中文译文出自［美］富路特，房兆楹：《明代名人传》第贰册，时代出版传媒股份有限公司，北京：北京时代华文局，2015 年，第 439 页。——译者注

1523 年夏末至 1524 年仲春发生的灾难和异常，并恳求皇帝采取行动。当时，吴氏是礼部侍郎，他之前向皇帝抗议过仪礼的越制。1524 年春末，吴上疏：

> 一鹏极陈四方灾异，言："自去年六月迄今二月，其间天鸣者三，地震者三十八，秋冬雷电雨雹十八，暴风、白气、地裂、山崩、产妖各一，民饥相食二。非常之变，倍于往时。愿陛下率先群工，救疾苦，罢营缮，信大臣，纳忠谏，用回天意。"帝优诏报之。①

这发生在皇帝和他的高级官员们对抗的 1524 年夏季之前。作为一名年迈有资历的官员，吴得到了世宗皇帝的尊重，而且他的上疏也非常慎重。我们将看到，后来由一个资历稍浅的官员提交的思路相同的上疏遭到了严厉的惩罚。②

对行星征兆的反应

1524 年的五星会聚以典型的极简风格记录在《明史·天文志》中，不过行星聚集最紧密的日期有精确地记载："明世宗，嘉靖三年，正月壬午（2/2/1524），五星聚于营室。"③从文人私人日记对朝廷事务的记载可以收集到对这次事件更多的反馈，如郎瑛

---

① 吴一鹏的传记和一些他的上疏载于《明史》，191，5061—5063。由于星占学预测的政治敏感性，明朝第一位皇帝朱元璋，重申了禁止私人研习星占学的禁令，并严令禁止钦天监的官员调任其他职位。然而，即将看到，虽然《大明令》中的禁令在整个明朝都有效，但是朱元璋之后它们并没有得到严格的执行。最近对这一禁令以及官员们的应对的研究，见申敏哲（Shin）（2007）。江晓原（1992a，217—221）简要地研究了从帝制早期到明代这一禁令及其基本原则的发展历史。

② 《明史》，26，377。

③ 世宗皇帝的诏令，见后文。

（1487　约 1566 年），①他没有官职，以及前面提到的朱国桢。郎 ⁴²⁹
瑛生活于整个嘉靖时期并目睹了 1524 年发生的事件。他是一位
毕生都投身于学问的藏书家和鉴赏家。他对国家事务具有敏锐
的观察，并写作了一本著名的杂集《七修类稿》，其中包含对各种
各样主题的观察，范围囊括从明初的历史到当代事务。与之相
反，写作于一个世纪以后的朱国桢，是一位高级官员，自 1623 年
起同时担任礼部尚书和文渊阁大学士，后来还任太子太师。此
外，朱还是一位著名的历史学家，并撰写了一部内容充实的明朝
历史著作。

吉　兆

最先对 1524 年五星会聚进行最广泛叙述的是郎瑛的著作，
列述如下：

> 周将代殷，五星聚房。齐桓将霸，五星聚箕。高帝元年，
> 五星聚于东井，客张耳曰："东井秦地，汉王当入秦以取天下
> 矣。"已而果然。唐玄宗开元三年八月，五星聚箕尾，占曰：
> "有德则庆，无德则殃。"②果开元治而天宝乱也。宋太祖建
> 隆三年十一月，五星聚于奎，占者曰："有德受命，奄有四方，
> 子孙蕃昌。"③后历年果多。予意开濂洛关闽之学，亦本于

---

① 他的传记可在富路特和富路特（1976，791）中找到。
② 这次会聚也出现在后文朱国桢的讨论中。更显著的 730 年 4 月 15 日以及 748 年
　9 月 30 日的五星会聚明显被忽视了，因为《唐书》没有记载。萨尔沃·迪梅斯（De
　Meis）和琼·米斯（Meeus）（1994，295）。
③ 引述《史记》，27.1321 的内容。注意，事实上，《天官书》中的占辞还有："无德，受殃
　若亡。"

是。[①] 洪武间,五星亦聚奎。谅占必如宋验也。嘉靖二年,五星聚于室,当时予谓人曰:"室,营室也。"甘德、石申皆指室为太庙。吾知国家必有事于清庙而光大其国乎。至十五年,大兴土木,九庙更新,天下文明,天道昭昭矣。呜呼!自周至今,二千八百余年,而五星会聚如此,而一星独犯一宿则多矣。噫,此治日常少,而乱日常多。(《七修类稿》)[②]

如果我们暂时忽略这段话中明显的奉承,有几件事情值得注意。首先,郎瑛引用了 8 次预示朝代变更的五星会聚历史事件。其中被认为发生于明朝建立者朱元璋统治时期的一次五星会聚,最具有倾向性。[③] 郎瑛记载官方占辞预测这将再现宋代的辉煌——"谅占必如宋验也"——这很好地展示了这类意在获得认同的解释方式。但是,郎瑛弄错了嘉靖时期行星会聚出现的时间,他将它写作 1523 年,虽然这很可能是一个常见的抄写错误,将"二年"写作"三年"。这里不可能对其他行星会聚先例做彻底的研究,但是对其环境进行简要的描绘将具有启发意义。

在第二部分我讨论了三代时期发生的壮丽的行星会聚现象,第九章中还讨论了昭示汉代建立的公元前 205 年那次没那么显著的行星会聚。不像先前的行星会聚在汉代有充分的文献记载,有关公元前 7 世纪预示齐桓公称霸的那次行星会聚的叙述,第一次出现在《宋书·天文志》(420—497 年)中,在事件发生 1000 多

---

① 这是宋朝新儒学"理学"的四个门派。

② 郎瑛(1961,第 1 卷,25)。

③ 记录的日期为洪武十八年二月(1385 年 3 月 24 日),而且只记载了"五星并见"。事实上,它们之间相隔达 54°。两年后(1387 年 2 月 19 日)出现了一次它们"俱见"的记载,此时它们之间的间隔跨越整个天空(超过 150°)。《明史》,26,376。

年以后,这有点儿让人怀疑。① 郎瑛对唐代的这次行星会聚就有
疑虑。715 年既没有发生行星会聚,《唐书》中也没有这一记载。
然而,玄宗时期末(712—756 年;见后文)尾宿有一次行星会
聚。② 在郎瑛给出的日期 715 年,只有木星位于射手座的箕宿,
郎瑛也弄错了北宋那次五星会聚先例的日期。如我们所见,这指
的是 967 年 4 月中旬北宋早期第一个皇帝太祖在位时期的那次
幸运的五星会聚。③ 出现在朝代建立之初,因此它被视为吉兆。

郎瑛不是唯一一个对 1524 年行星会聚进行正面解释的有影
响力的文人。《明史》也记录了庆祝和纪念性的颂词和音乐。这
些以《天命有德》为主题的庆贺颂词中的两首是嘉靖时期专门为

---

① 《宋书》,25.735。最近,萨尔沃·迪梅斯(Salvo de Meis)(2006,18)对公元前 661
年 1 月 11 日发生的一次显著的行星会聚进行了集中的探讨,很可能当时五星位
于射手—磨竭座,最大间隔仅 17°多。值得注意的是,在这一背景下,有一份评论
归于唐代的创始人之一太宗皇帝(627—649 年在位)名下。虽然被视为一位实际
的理性主义者,一位唐代官员记录的对话[引自王方庆(1983—1986 年),4.13b]展
示了当时对行星会聚这一征兆的看法:

　太宗问侍臣曰:"帝王之兴,必有天命,非幸而得之也。"房玄龄对曰:"王者必
有天命。"太宗曰:"此言是也。朕观古之帝王,有天命者,其势如神,不行而至;其
无天命,终至灭亡。昔周文王、汉高祖,启洪祚,初受命,则赤雀来;始发迹则五星
聚。此并上天垂示,征验不虚。非天所命,理难妄得。朕若仕隋朝,不过三卫,亦
自惰慢,不为时须。"公对曰:"《易》云:潜龙勿用。言圣德潜藏之时,自不为凡庶所
识,所以汉祖仕秦,不踰亭长。"

② 注意在玄宗即位前不久 710 年 7 月末巨蟹-狮子座发生了一次壮观的仅 6°的行星
会聚,这次会聚在 7 月 25 日间隔距离最小。这发生在中宗逝世睿宗即位前仅数
周,可能因此而被忽视。它在《唐书》中没有记载。然而,这次特殊的行星会聚引
起了玛雅人浓厚的兴趣,他们在纳兰霍(Naranjo)举行了一场重大仪式,并用木星
和土星的运动推算时间策划了一次袭击亚克哈(Yaxha)的军事行动。唐纳德·
奥尔森(Olson)和布莱恩·怀特(White)(1997,63—64)。玛雅星占学中木星、土
星和金星会合的军事意义,见琳达·舒勒(Schele)和大卫·弗雷德尔(Freidel)
(1990)以及苏珊·玛尔巴斯(Milbrath)(1999)。郎瑛也忽视了在玄宗的后代代宗
(766—779 年)三年发生在巨蟹-狮子座的一次 34°范围的五星会聚,这次会聚的占
辞为"中国利"。《新唐书》,33.866。

③ 五星聚集在双鱼座,相互之间间隔约 20°。文莹(1991,第二章);徐振韬等(2000,
249)。

宫廷表演而撰写的,而且很可能与之前讨论的这些事件同时期,因为他们明显地指向 1524 年行星会聚的吉祥意义。他们提供了一个可能被认为用于转移注意力的措辞实例。其中第一个是《万岁乐》①,足够让人领略到所应用的过分暗示和奉承的话语:

> 太平天子兴隆日,
>
> 履初长,
>
> 阳回元吉。
>
> 醴泉芝草休徵集,
>
> 曾闻道五星聚室。

或许更有趣的是后来流行于哲学家王阳明(1472—1529 年)的一些信徒中的正面解释,它认为五星会聚标志着王氏的心学要超越宋朝奉为正统的程朱理学。杰出的黄宗羲(1610—1695 年)不止一次在他的《明儒学案》——中国第一部学术史著作中提出这一主张。② 即便皇室星占学仍将这次行星会聚与国家事务联系在一起,黄宗羲对这一观念的陈述,以修辞语"岂非天哉!"结尾,这与获得"麒麟"这一吉兆所预示的孔子被推崇至"素王"的象征性地位这一珍贵传统相一致。

这一天象知识至少在士人精英中广泛流传这一点毫无疑问,因为有一段时期刻在墓志上的铭文明确提到了它,其中一例就赞颂某个人出生于五星会聚的这一天:生嘉靖三年甲申正月十七日生,是日五星聚娵訾[即营室]之次。③ 显然,在这个纪念文作者

---

① 《明史》,63,1577。

② 黄宗羲(1974,14.28,62.36)。黄认为 1133 年的行星会聚标志着程朱学派的兴起,并指出"知学者"认为 1524 年的行星会聚预示着王阳明思想的兴盛。朱熹赋予 967 年五星会聚"道统"的划时代意义,以及这次五星会聚对新儒学的持久的激励意义,见韦兵(2005)。

③ 见《明文海》,450.38b。

郭棐(1529—1605 年)的心中,这应该是一个吉兆,否则他不会用这种方式提及。

凶　兆

现在,让我们来看看近一个世纪以后朱国桢是如何讨论这些相同事件的。在他的杂集《涌幢小品》中有一节标题为《五星聚》,朱叙述了一个与郎瑛非常不同的预兆。据朱:

> 嘉靖三年,五星聚于营室,司天乐護上言:"星聚,非大福即大祸。聚房周昌,聚箕齐霸,汉兴聚东井,宋盛聚奎,天宝聚尾,禄山乱。[①] 占曰:'天下兵谋,星聚营室。'"[②]

朱国桢没有给出观点,毫无疑问相信他的读者会得出一定的结论。然而,以宫廷日记和日常行政记录为基础的《明实录》卷36《乐護》中有一个条目,在上文那段预兆之后详细地引述了乐護对皇帝的箴告。乐護列举了一连串帝国面临的困难——边烽屡警,中原多盗,东南海岸海盗猖獗,经济社会萧条,农民遭受严酷剥削,城池设施匮乏,农耕畜牧荒废。从它们与五星会聚的并置可以看出,在他心中这一联系是非常明显的。乐護还说道:"天监奏五星

---

① 五星位于 30°以内,事实上没有哪次比公元前 205 年高祖的五星会聚更显著。几乎颠覆唐朝的安禄山叛乱,从 755 年持续至 763 年。这次五星会聚发生在天宝九年八月(即十月初),即 750 年。《新唐书》有载,33.865;对于星占学在安禄山叛乱中的作用,见第十四章附录部分。

② 朱国桢(1998,卷 15)。其他引述乐護对历史上五星会聚先例和凶兆的说法的是伟大的清代学者阎若璩(1983—1986,1.24b)。同样值得关注的是张萱(1558—1641年;1582 年举人)的观点,他也引述了历史上这五次五星会聚。他表达了他的困惑,即春秋时期的霸主齐桓公和唐朝的叛乱者安禄山都被视为天象征兆的应验者,这显示出他也将这些天象视为预示着天命君权的变更。张萱(1983—1986,3.9b)。张萱的传记载在富路特和房兆楹(1976,78)。

聚营室,其占为天下兵谋望……'陛下用贤、纳谏、修己、安人、罢土
木、屏玩好、以外绝门庭之冠,内弥萧蔷之虞.'从之。"①但是《明实
录》漏掉了关键的一段上书内容。《江西通志》中的一段引述记载
乐護还说道:"不忒惟天宝聚于尾箕,唐德弗迪,卒有安史之乱。"②

再来看一下 1524 年备受诘问的朝廷氛围,必须钦佩乐護大
胆地给皇帝提出了上述意见。仅在 1521 年晋升为钦天监副监
正,乐護已经能够胜任天文家的头衔。③ 不足为奇的是,《江西通
志》继续叙述了提交这份上书后,乐護被下狱,仅因高级官员们的
求情才获免。最后被降贬到远离朝廷的一个不重要的职位上。

然而乐護在这一时期标准版的历史中很少被提及,但是他在
朝廷另一位新晋官员韦商臣的简短传记保存的一份上疏中非常
突出,他是一位新晋"进士"(1522 年进士),第一个职位是查验案
情的大理评事。韦不幸地在继承礼仪之争于 1524 年夏末达到高
潮时被指派查验被问责官员的案情。据韦商臣所述,自他接受这
份职责以来,没有一日无官员被控诉。在他的上书中,韦为 45 名
有罪下狱的官员进行了辩护,许多还列举了姓名,其中包括乐護。
韦认为他们都指控不当,应被赦免。在他恳求皇帝的最后,他引
用了许多致使举国上下陷入巨大困境的许多自然灾害以及天象
(包括彗星),所有这些导致有识者莫不"寒心"。④ 这里涉及天象

---

① 见《明实录》(n. d. ,36,319)1524 年 3 月 19 日(嘉靖三年二月己酉)。

② 《江西通志》(1983—1988,81.47b)。

③ 对于明代钦天监职责的批判性评价,见撒切尔·迪恩(Deane)(1994)。

④ 他的传记引用了这份上疏,载于《明史》"列传第九十六":"臣所居官,以平狱为职。
乃自授任以来,窃见群臣上议礼忤旨者,左迁则吏部侍郎何孟春一人,谪戍则学士
丰熙等八人,杖毙则编修王思等十七人,以咈中使逮问,则副使刘秉鉴,布政马卿,
知府罗玉、查仲道等十人,以失仪就系,则御史叶奇、主事蔡干等五人,以京朝官为
所属讦奏下狱,则少卿乐護、御史任洛等四人。此皆不平之甚,上干天象,下骇众
心。臣窃以为皆所当省。况比者水旱疫疠,星陨地震,山崩泉涌,风雹蝗蝻之害,
殆徧天下,有识莫不寒心。及今平反庶狱,复戍者之官,录死者之后,释逮系者之
冤,正告讦者之罪,亦弭灾禳患之一道也。"

又明显地表示,作为世俗事务的明显反馈,不吉利的五星会聚激发了比官方记录显示的更多的官方惊恐。韦在上书结尾中提出用赦免或免除罪名和补偿死者家属来减轻许多灾害导致的困境。提出这些建议举措,韦也非常鲁莽。皇帝对韦商臣"沽名卖直"的反应是将韦氏贬谪到江西清江做一名低级的狱官。

对比不同的解释很好地展现了中国帝制晚期皇家星占学的背景。即便是最不祥的天象也要定期汇报,否则就会被责罚。赞赏性的预言证明了对这种天象可以这样进行解释,使得教科书式的卜辞没那么不吉利。① 但是即使在最严苛的政体下,也有人冒着相当大的危险以最严肃的专业态度来处理这些问题。乐護明显就是这样一个人。仔细看一下他引述的 5 次已发生的征兆,他所要表示的朴素结论无疑是:

> 星聚,非大福即大祸。天下兵谋,星聚营室……占书曰:五星之聚,是谓改易王者。有德受庆,无德受殃……②

当五星在一个政体的统治之初会聚时,它们预示着三个显赫的朝代周、汉、宋和一个霸主齐桓公的崛起。然而,当它们在朝代中期会聚时,就像唐玄宗时期,它们预示着军队叛乱一类的灾难即将到来。

然而,乐護的这一解释被压制,之后官方认可的五星会聚的解释是:

> "室,营室也。"甘德、石申皆指室为太庙。吾知国家必有

① 用几乎类似于郎瑛的话对五星会聚征兆进行的另外一种解释,见王应电(1983—1986,269.29a)。

② 乐護的预测和警告在与他时间相近的同时代人、研究经典的学者章潢(1983—1986,25.45a)那里得到了赞同性的引用。章潢的传记,见富路特和房兆楹(1976,83)。

事于清庙而光大其国乎。至十五年,大兴土木,九庙更新,天下文明,天道昭昭矣。呜呼!自周至今,二千八百余年,而五星会聚如此,而一星独犯一宿则多矣。噫,此治日常少,而乱日常多。(《七修类稿》)

还不到 12 年,在哈雷彗星于 1533 年出现后,九庙陆续进行了修葺,以应对这一预言。

然而,在这之前,世宗皇帝没有机会。帝国的一位高级审查官员金献民,在获悉这次行星会聚征兆的不吉利预言后,向皇帝请敕天下镇巡官要为军事行动做好准备。世宗皇帝允诺。[1] 即便那些吉兆和庆贺颂词反映了官方所认可的观点,世宗皇帝还是非常关注仪礼形式以遵循既有的礼仪。对于一位帝制晚期的统治者来说这意味着发布一道命令,为统治不当引起的宇宙力量的失衡以及随之而来国家遭遇的自然灾害和灾难承担起个人的责任。有人可能认为这仅仅是这一时代晚期的一种形式,一种向传统仪式的致敬,对于一个如世宗皇帝般迷信的个人,无论他有多残暴和记仇,他也不可能完全对这种忧虑毫不在意。[2] 向整个行政机构发布的国家命令如下:

> 上天示戒,灾异频仍,事关朕躬者,自当警惧,还行与内外大小臣工,着同加修省,以回天意。[3]

---

[1] 《明史》,194. 5141。

[2] 实际上,19 世纪咸丰皇帝(1831—1861)也发布了类似的认错自责令。

[3] 嘉靖三年世宗皇帝发布的命令存于《南宫奏稿》(约 1535 年),夏言(1631—1647,1517 年进士)署名的一本奏疏集。与同样保存在"奏灾异疏"部分中其他相似的国家法令进行比较,显示出它们的形式和内容仅有很小的差异。夏言(1983—1986,5.19b)。夏言的传记载于富路特和房兆楹(1976,527)。1524 年的这条敕令是世宗皇帝对这次五星会聚征兆的官方回应。既然历史上五次五星会聚先例中的四次被视为吉兆,那么他的一些官员能对这个凶兆进行一个正面的解释。这与嘉靖元年至嘉靖十一年(1521—1532 年)为期十年的干旱和饥荒破坏国家、导致无数因饥饿引起的死亡形成鲜明对比;见《明史》"世宗纪上"和"五行志下"。

鉴于中国和欧洲对 1524 年行星会聚的焦虑反应,对这一事实进行思考是非常有益的,即这一现象实际上在各处都不能见到——这一星象发生在白天,离太阳约 11°。它经由计算和推测得出,居然不可能观测到。

437

1524 年 2 月 19 日太阳和行星经度

日	水星	金星	火星	木星	土星	星座	间距
339°	340°	351°	350°	343°	341°	水瓶-双鱼	10.51°

结　论

440

但是阴阳交替和消长周期如何与信仰一个有意义的目标以及历史是对神圣真理的"渐进式启示"相适应?①

洛维特修辞性的问题显示出中国的时间观念和实践性首先是非技术性的,即对中国历史哲学,或者说对星占历史学,即历史上自然主义神学的发展造成主要困境的坦尼森(Tennyson)的"中国周期(cycles of Cathay)"。事实上这只是其中的一部分,因为,如我们在第二章中所见,中国关联性宇宙论中的循环性内涵、发展成熟的历史感即大传统核心中的线性(如在"宗谱"中)与长期的朝代更替之间总是相互作用。如余英时所说,明显可以看到:

总体来说没有做出系统化的尝试对"终极原因"进行理论化或诸如探寻历史的"一般规律"。与西方的历史理论家相反,中国的历史学家也没想从对重要历史事件的观察中发

---

① 卡尔·洛维特(Löwith)(1949,16)。

展出系统性的理论,这也许源于他非常不发达的"理论化因素"。①

不像印度的星占学家或玛雅的历日记录者,中国思想家对末世论、"深度意义上的时间"的哲学反思或消亡和再生的循环性周期不感兴趣。中国的"阴阳交替"与"信仰一个有意义的目标"之间没有一致性,我们也不应希望它有。中国历史"是由官僚们为官僚们所写。它的目的在于为统治之术所需的官僚培训搜集必要的信息和先例"②。由此来看,历史和星象预兆之间的紧密关系很明显,至少明代如此。两者都是帝国机制的仆人,只对机制的需求进行回应,而且完全在这一系统的概念化标准之内运作。

如上文中的讨论所示,充分可以看出,解读行星天象所反映
441 出的文化反响在中西方非常不同。虽然存在宗教所激发的、唤醒中国的农民大众采取一致行动的类千禧年运动,西方所经历的目的论和星占历史学强有力的联合并没有在中国实现。天文传统的惯性和保守主义,以及吸纳和教化这些有可能引起麻烦的观念的帝国制度,尽管经常存在困难,依然与11世纪的宋朝一同对预兆星占学进行排斥。在500年之后的明朝嘉靖年间,即便龙位上有一个迷信的皇帝,而且整个国家充斥着自然灾害和令人不安的异常,一个潜在的行星凶兆显然只能引起适量的不安。尽责官员提出的危言耸听的预兆没有完全被漠视,因为那些尽责的官员受到了严厉的惩罚。但是这次不祥的行星会聚所具有的任何朝代暗示似乎比较轻易地就转向一个无害的方向。

---

① 余英时(2002,169)。
② 比斯利(Beasley)和蒲立本(Pulle)。

结　语

　　奇怪的是,中国人在公元前第二千纪中观测到并被他们用来与前三个朝代的建立相联系的行星会聚现象最初出现在水瓶-双鱼座,因为最近的 1524 年那次行星会聚也出现在水瓶-双鱼座。用这类行星会聚的 516.33 年最佳周期从公元前 1576 年(公元前 1953 年是一个特例)向后推算,明显可见明朝 1524 年 2 月的那次会聚属于著名的同一"会聚"系列——公元前 1576 年,公元前 1059 年,公元前 543 年(孔子才 8 岁),公元前 27 年(三星会聚),公元前 491 年(没有纪录),公元前 234 年,公元前 750 年(新的 517 年周期),公元前 1007 年,公元前 1524 年(恢复原来的 517 年周期)。

　　中国早期的这些观测为上天会周期性的干预历史这一理论以及后世以五行宇宙观为基础的自然主义思想提供了实证基础。这两种理论都是传统中国宇宙-政治思想体系的基本内容,它们在预示朝代变革的的大传统核心中所产生的张力一直持续到当今。在困难时期大众想象力继续诉诸超越世俗权力的宇宙权威,希冀为了那些因历史发展而被剥夺权利的人的超自然力量进行干预。

　　尽管邹衍(公元前 3 世纪)的五德循环论非常诱人,但是历史变化仍然无法经由完全的机械主义观点或神秘的神圣代理进行解释,因此鉴于时机的成熟和他们自认有资格受天命(或至少决定谁应该有资格),孔子(及其追随者)回避了这一解释的不足。随着汉朝的建立和帝制时代的开启,吸收儒家学说并纳入天命观念作为帝制思想体系的基本元素已完全实现。因此,五德循环理论在政治中衰落,尤其因为它从根本上来说对朝代制度是不利的。如国家安全所关注,星象预兆和历法在以帝制为权威和受限的活动范围之内得以保留。纵观帝制中国的历史,已与这种世俗的、短期的关注捆绑在一起的星占学,仍然是无目的性的,而且从未超越朝代盛衰的循环范式。

近现代以来,尽管有几十年唯物主义世界观的经验,仍然会遇到普通老百姓愿意用预示性的征兆和天命观念来表达传统观点。1976 年是一个特别典型的例子,当时周恩来、蒋介石、毛泽东全都相继在几个月内去世,中国北方发生了灾难性的唐山大地震,死亡几十万人。有关异常天象出现的流言四处蔓延。鉴于中国变化的步伐和给当时的政体带来不稳定的那帮人后来引起的骚乱,无疑仍有一些人相信千禧年预言,当他们得知它即将到来,将带着惊恐期盼 517 年周期中下一次五星会聚的到来。

2040 年 8 月处女座的五星会聚

太阳	水星	金星	火星	木星	土星
166°	186.5°	192.9°	195.8°	190.2°	191.4°

附录 1：天文学和《今本竹书纪年》确定了武王伐纣的日期[①]

我研究中国早期天文学和星占学的一个非常重要的成果，是我致力于一劳永逸地确定武王及其诸侯盟国推翻商朝日期所获得的早期发现的影响。早期的研究仅以从大量的古代文献、公元前 841 年以前西周君主们存在争议的统治年限、和最近基于出现在早期青铜器铭文中的所谓"月相"的无法证实的循环论证中得到的混乱证据为基础。这类研究的一个突出例外是汉代的刘歆（公元前 50 年—23 年）力图用木星轨道周期来回推、计算日期，他以行星位置的历史记载为基础，这些记载大部分在《国语·周语》描述牧野之战时期的内容中可明显找到。[②] 最近，多年考古成果的积累和商晚期君主合理统治年限的复原指向了[③] 11 世纪中期的一个日期。

这一结论非常接近称为《（今本）竹书纪年》（以下《纪年》）的编年史中的日期 1051 年。这份文献，在一个被盗墓贼掠夺的战国年代的坟墓中被发现。之后，《纪年》于公元 281 年由宫廷学者

[①] 作者在原书内容基础上做了增补，形成中文版的附录一、二内容。——译者注

[②] 刘认为公元前 1122 年是周克商的年代。然而，他所用的木星的恒星周期是 12 年，而真实的周期 11.86 年略小。以每世纪约 9 个木星周期的频率，刘的回推计算向前 10 个世纪至少将产生大于 12 年的误差，在进一步考虑他所依赖的其他何种编年史证据之前，司马迁被认为是毫无帮助的。

[③] 公元前。——译者注

复原,在数世纪中被认为是不可靠的,这是由于其来源和流传可疑以及文本中存在明显的篡改,比如,用干支纪年。但是 1981年,我有一个惊人的发现,《纪年》中一个关键性的与文王在位时期有关的天文记录,即《纪年》中一次非常罕见的紧凑的五星会聚(已证明实际发生于公元前 1059 年 5 月)的日期错误地指向1071,其误差仅 12 年。如此显著的巧合意味着,极有可能《纪年》中商周朝代更替之际的记录并不是全然不可靠的,而一定包含了历史事实的内核。

我钻研这个问题多年,并出版了一系列文章分析《纪年》中周克商时期的记录。这一累积性研究的结果是我的标志天命授予夏、商、周三代的五星会聚征兆的天文日期的报告。[①] 这些资料,和其他一些武王征商时期事件的资料一起,使单独地分析年表和《纪年》关键部分的内在结构,而不依赖有可能造成误导的后世青铜器铭文定年的假说,也不一开始就试图将《纪年》和其他编年框架下的年表相匹配,成为可能。这里我并不想重述整个研究过程,或者针对不同的解释,而仅仅解释我复原《纪年》年表的方法,同时也提供支撑这些结论的历史和文本资料。我的分析在将近30 年中基本没有变化,而且至今并没有被证明是错误的。

《竹书纪年》的复原年表

对我来说很明显的是,从事件的天文日期中我能确定一些畸

---

① David W. Pankenier, "Astronomical Dates in Shang and Western Zhou," Early China 7 (1981 - 82): 2 - 37. David W. Pankenier, "*Mozi* and the dates of Xia, Shang, and Zhou: a research note," *Early China*, 9 - 10 (1983 - 85): 175 - 83; David W. Pankenier,《三代的天文观察与五行学说的起源》,《殷墟博物院院刊》1 (1989): 183—188。

变已经进入了《纪年》年表,它既早于公元前296年在墓地的埋葬年代,又早于随后公元281年它在晋朝的发现以及从坏损的竹简中进行复原的时间。这些畸变的系统性特征在复原的过程中已经影响了《纪年》年表,最后才明白这些错误导致的直接后果是试图用学者当时能够得到的许多相互冲突的历史资料来复原武王伐纣的日期。通过首次将可验证的天文现象的日期作为基准,来研究《纪年》中这些错误的踪迹,使得复原如今在《纪年》中发现的事件日期的产生过程,而不依赖为解决周晚期至汉的年表而产生的,或者基于此目的过去几十年中发表的定年方案,成为可能。

我在之前发表的研究中已经证明,许多事实众所周知,综合这些事实,可以看出《纪年》中商和西周年表中的事件全部有一个四年的倒推期(表1)。例如:

1.《纪年》中标志商朝建立的行星天象的对应日期是公元前1580年;事实上,这个"五星错行"现象很可能发生在公元前1576年,如果行星的运行位置恰好合适,类似天象很有可能每517年重现一次;①

2. 标志着文王受命的五星会聚,实际发生在公元前1059年,即便《纪年》中并没有如此记载。《纪年》给出的日期是1071年和地点房宿(天蝎座);②

3.《晋书》束皙(261—303年)传中出现了一段出自束皙参与复原的、《纪年》原始的、尚未复原版本的引文:"自周受

---

① 其他被观测和记载并影响了政治事件的最引人瞩目的五星聚会,发生在公元前234年,公元前750年,公元前1007年和公元前1524年。五星连聚和五星错聚现象发生在公元前205,公元前61年,公元前217年,公元前967年。我在本书中讨论了它们中的许多。

② 即将展示12年的差异既包含系统性的4年,还包含汉代有关五星会聚真实地点的错误观念导致的8年,对此下文将进一步阐释。

命至穆王百年。"这一清晰的表述,连同我发现的预示天命授予文王的 1059 年五星会聚,和随后确认的 1058 年为他开创的新朝代的受命元年,显示出穆王元年为公元前 958 年,正好又在《纪年》给出的日期 962 年四年以后。

我还有更多的证据,但目前我们只需考虑以上三条,它们已经很确定。这一贯穿商和西周大部分年表的系统性四年误差突出的一致性,在对可验证的天文现象进行计算机模拟时才发现,这些天文现象在探索《纪年》年表其他特征时的作用仍需探讨,所有这些都证实了我对周克商时期年表的分析基本正确,至少就《纪年》中所涉及的部分。

除了上文引用的对天象的观测,《逸周书·小开》中单独记载了公元前 1065 年 3 月 12—13 日的月全食,文中说它发生在文王 35 年,这证实了受命元年 1058 年实际上是文王 42 年。[①] 这意味着各种文献将文王之死定于"受命 9 年"(例如:《尚书·武成》《汉书·律历志》《逸周书·文传》),或他作为周君主的第 50 年(《史记·周本纪》),或标志受命的五星会聚征兆(公元前 1059 年)发生后的第 10 年(《纪年》),全都是一致的——文王死于公元前 1050 年。

对周克商时期关键天文学基准的确认,也证明了所谓"受命元年"始于 1058 年、在五星会聚天象发生后不久也是文王自称为"王"的同一年这一传统说法的准确性。这一传统说法也保证了商事实上的军事失败发生在受命第 13 年(例如《逸周书》"大匡"和"文政",《汉书·律历志》)。我们用 1058 年数在位的第 13 年,

---

① Pankenier, "Astronomical dates,"5;黎昌颢编,《中国天文学史》,北京:科学出版社,1981 年,第 21 页。

则为 1046 年，又在《纪年》"武王伐商"日期 1050 年的四年之后。以这种方式我用几种路径分析了与商朝斗争期间有关的年表，我不断得到的结果证实了这一结论，即《纪年》年表全都早了四年。

《竹书纪年》年表初发现后的复原

在汉代，1059 年五星会聚天象（赤乌）标志的受命与随后的军事征服以及天命向新周朝的实际转移之间的区别，已不能理解清楚。或至少，如果两者之间存在区别的话，"周受命"这一表述应该用于哪一场域已经产生歧义。部分作为在 10 个世纪中与朝代建立相关的超自然现象方面的传奇文献累积的后果，这一分歧也使这个问题更加混乱，即在攻打商之际是否出现过一次向文王或武王，又或者向两者都昭示的五星会聚征兆。例如，在桓谭（公元前 33 年—39 年）《新论》一书引用的纬书段落中，一方面称《纪年》中描绘的文王在天上看到的一个"图"是五星在房宿（大火或天蝎座）的会聚①，而另一方面，在周克商的甲子日，称天空中五星连珠，日月合璧。② 后一叙述明显是在汉中期已经成为朝代变迁必需的星占学传统说辞，我已指出这两段叙述确实包含真相的内核。③

---

① Pankenier，"*Mozi* and the dates of Xia，Shang，and Zhou，" 175；《太平御览》，84：5b.

② 《太平御览》，329：5a. Pankenier，"Early Chinese astronomy and cosmology"，230.

③ Pankenier，"Early Chinese astronomy and cosmology，" 245 - 6. 对我来说，本书之前各章列出的所有理由必然得出这一结论，即中国观测并保存了许多引人瞩目的五星会聚天象的记载，或如《洛书》以图象的方式，或以文字，或以口头流传。对于最早的公元前 1953 年的五星会聚现象，见本书第一部分和 Pankenier，"*Mozi* and the dates of Xia，Shang，and Zhou，" 177 ff. 。

然而,这里需注意的,不是汉代流行观念的正确性,而是以数术或宇宙论为主要基础、这时刚牢固确立的某些错误观点。在汉代统治的前一个半世纪中,意识形态的中心问题,是秦朝在宇宙论上的合法性导致了政治上关于影响前代各朝命运的德或宇宙力量的次序的争论。① 汉文帝于公元前 180 年登基后不久贾谊就首先提出、而后公孙臣再次提出(文帝十四年,公元前 166 年),汉德为土德,因此皇家应尚黄色。这与邹衍(死于公元前 240 年)的五德相胜次序一致——木、金、火、水、土——虽然只有授予秦的德不在宇宙合法性之内。一个拥有强势支持者的竞争理论认为这每一种力量产生其后续者,即五行相生次序——木、火、土、金、水——这一次序得到文帝首相张苍及后世董仲舒(约公元前 179—前 104 年)的支持。

显然在事实上从未受天命的秦朝所导致的这一意识形态难题,使得现有的分歧无法容忍。暴秦的统治,由于不正统因而没有资格与以前的三代相提并论,它表面上属水,然而就道德上五种宇宙力量的交替作用而言,需要一些合理化的说明。这场争论持续了几十年,最终确定为相生次序,但是并不是没有文献对这个多余"无质的"或"闰的"水行进行阐释。这一方案出自刘歆(死于 23 年)《世经》②,而且一般认为主要是他提出了这一方案。然而,在以前的相胜框架中,五种宇宙力量木、金、火、水、土分别对应夏、商、周、秦和汉,在相生次序中这一顺序变成了:夏—金,

---

① 鲁惟一(Michael Loewe), "Water, Earth and Fire—the symbols of the Han Dynasty," *Nachrichten der Gesellschaftfiir Natur-und Völkerkunde Ostasiens/ Hamburg*, 125 (1979): 63 - 8。

② 《汉书》21B. 1011(所有的正史都出自中华书局出版的现代版本);Jack L. Dull, "A historical introduction to the apocryphal (谶纬) texts of the Han Dynasty," Ph. D. dissertation, University of Washington, 1966, 124 ff. 。

商—水,周—木,秦—闰水,汉—火。这一系统为哀平帝时期(公元前 6 年—5 年)开始出现的谶纬著作中的许多宇宙论推断提供了概念基础,而且在东汉的第一位皇帝光武帝之后逐渐制度化。

与此同时,除了最基本的与季节进行对应、将一年四季划分为五以囊括所有自然现象外,五行还进一步扩大其对应领域。其中还有各种数术类的对应,诸如随后《管子·五行》"睹甲子,木行御……七十二日而毕,睹丙子,火行御……七十二日而毕,睹戊子,土行御……七十二日而毕,睹庚子,金行御……七十二日而毕,睹壬子,水行御……七十二日而毕也"①。

这段话,有可能在公元前 3 世纪晚期或 2 世纪纂入《管子》,其中五行以相生次序排列以反映它们各自在一年中不同时间段的主宰。由于上文描述的意识形态争论,也可能由于木对应甲子(干支之首和牧野之战的日期),木自此以后与周的威望紧密地联系在一起。因此,在汉中期,有关周建立的星占学推论开始将周朝与木同时也和火对应起来。② 有一份文献《春秋元命苞》(最早的引用在 60 年),它是注释《春秋》的一份伪经③,有许多有关天命转移至周的征兆的推测。下文是《春秋元命苞》中的相关内容,主要出自唐代著作(有增删):

> (a)"姬氏之昌[文王],苍龙之精,其位在房、心[大火,苍龙星宿];苍帝,灵威仰[岁星之精]。"

> (b)"纣辛之时,五星聚于房,为苍神之精,周据之以兴;

---

① 《管子·五行》。

② 晚至公元前 3 世纪中期,周与火和红色的对应仍相当牢固。《吕氏春秋》(四部备要),l3:4a),例如,有:"及文王之时,天先见火,赤乌衔丹书集于周社,文王曰:'火气胜。'火气胜,故其色尚赤,其事则火。"《四部备要》,l3:4a。

③ 杜敬轲(Jack Dull) "Apocryphal texts," 481。

周与房兴,五星聚之,周得天夏时瑞。"

(c)"凤凰衔丹书入文王之京。"

(d)"文王既受丹书始称王,改历,伐崇侯。"①

虽然早期火与周朝在天文学上的一致性(鹑火,夏至)在有关凤凰、丹书等内容的段落中延续,但后世更详细的推测明显转为对应于木,以及相应的类别如苍色,岁星和春、东等等。再者,(b)"五星聚于房"中的叙述文字可以在《今本竹书纪年》的"五星聚天象"条目中找到。② 这一事实,与汉中期将周与木进行对应一起,明确了天蝎座的房宿这一地点在汉代最先被称为受命瑞祥。这一地点随后在 3 世纪晚期发现《纪年》以后、编辑和复原它的编年史过程中,插入了周克商时期的记载中。

这一受命天象发生地点的错误对后来复原周克商时期年表的尝试有重要的影响。我们知道刘歆和他的父亲刘向(公元前77—前 6 年)非常熟悉现今我们在《纪年》中发现的周克商时期年表的内容。尤其,刘歆知道公认的(在他的时代)商败退日期是1050 年,而且他知道成王元年应为 1044 年。③

在《竹书纪年》发现后的复原中,在克商日期首先定于1050年之后,克商之前的年表进行了一次大的调整,我们现在知道这是为了复原年表的细节。年表复原者们提出的是表 2 中展示的系统,它复原出了流传至今的《纪年》。束皙、杜预(222—285 年)

---

① 马国翰,《玉函山房辑佚书》[台北:文海出版社,注释(1871)]卷四,第 2113 页。

② 要记得《纪年》在约 3 个世纪以后 281 年才发现,因此汉谶纬有可能添加了地点"集于房",而《纪年》中的记载仅有"五星聚",正如商的五星会聚天象仅以"五星错行"记载。

③ 德莎素(Léopold de Saussure)已证明,这在刘歆的安排中很清楚,他必须排好公元前 841 年之前统治周朝的君主们的在位期限,以将周克商的日期推至公元前 1122年。见 de Saussure, "La chronologie chinoise et l'avènement des Tcheou," *T'oung Pao* 23 (1924):299-329。

和相关的其他人面临的主要任务是必须调和武王伐纣前不久的各个事件在次序上的矛盾。这些矛盾中的大多数来源于三条无法相互协调的信息：

1.（i）编者从《国语·周语》中采撷的信息是征伐商时木星位于鹑火岁次（长蛇座）；[①]（ii）他们知道依照传统说法从文王受命至武王征商中间只有 12 或 13 年；(iii) 他们认为他们知道标志天命文王的星聚（译者注：五星会聚）的地点在房宿（大火岁次）。面对木星在星聚时位于大火（天蝎座）、而12—13 年以后征商时却位于鹑火（长蛇座）这一物理上的不可能性（因为事实上十二岁次中大火只先鹑火 8 年），《纪年》年表的作者们没有选择只能试着去调和这两个相互冲突的数据。[②]

2. 受命和克商之间隔着 13 年的传统说法，虽然记载在《尚书·洪范》《逸周书》"大匡"和"文政"一类的经典文献中，而且大部分明显受到刘歆以及这些著作的同时代人皇甫谧（215—282 年）的支持，这一 13 年的间隔被刘 1122 年的克商日期所废弃。被认为发生在房宿的受命五星会聚多向前追溯了 8 年至大火年，即五星（木星在其中）应位于天蝎座。因此应是此时，"于房"被插入进了《纪年》记载中。通过这种方式，《国语》和《左传》中有关大火和鹑火分别与商和周对应的权威传统都可以相互一致。[③] 一个意料之外的益处

---

① 《国语》在每个细节上正确与否并不重要。重要的是这段话在 3 世纪无可非议地被认为是正确的。
② 这十二岁次是：寿星、大火、析木、星纪、玄枵、诹訾、降娄、大梁、实沉、鹑首、鹑火和鹑尾。
③ 《左传》中，大火明确地对应商。Pankenier，"Astronomical dates," 7 - 8.

是《纪年》中在商和周建立之前都出现了相同的自"天瑞至征伐"的 21 年时间(见表 2)。

3. 这个妥协对未复原《纪年》年表最明显的修改是受命天象的这个额外的多向前追溯的 8 年和基于这一日期的其他事件,比如文王死亡和武王元年的日期(见表 1)。从这里可以看出这个多余的 8 年畸变是:(a)叠加在以前的年表中,与上文描述的已有的一般性四年错误进一步混合,并(b)位于征伐前时期,因为这样一来征伐前的全部年代推算也会多向前追溯 8 年,以得到 5 个世纪以前商朝建立前夕的天象日期,比如,如今在《纪年》中看到的 1588 年而不是 1580 年。这就是为什么只有以受命天象日期为基准的克商期间的日期都有一个(8+4＝)12 年的畸变;他们都随着五星会聚天象"倒推了"8 年。甚至信息更丰富的是一个对征伐时期事件的相关年表没那么明显、但却同样重要的处理,它不仅将这些事件归于帝辛和武王时期的具体年代,而且有具体的日期。仔细审视日期的这种"编排",会发现这些改动产生的过程和原因,以及进行这些改动时哪些地方证实了这份年表在发现后的改动时间(281 年以后)。

在 3 世纪复原《纪年》年表的修复工作中,除了给出岁星德位置和五星会聚的记载必须协调一致外,受命元年和克商战争之间的间隔也必须一致。克商不仅仅发生在十二年,而且在武王十二年,这一对《纪年》年表发现后的复原很重要的概念,最先出现在公元前 3 世纪中期编纂的《吕氏春秋》中。[1] 这种将日期指向武王时期某一年的做法,虽然史无前例,但仍可理解,因为事实上是

_____

① 《吕氏春秋》(四部备要),14:8a。

在武王的主导下获得了最后的军事胜利。这一做法也受到围绕
受命瑞祥现象自身的分歧的鼓励——谁受命、何时以及瑞祥实际
上是什么。早在《孟子》中,文王受命开始被理解为他继承他的父
亲季历成为周统治者的任命①,而《竹书纪年》帝辛三十三年
(即《纪年》中的 1070 年,受命天象的后一年)中沈约(441—513
年)的一个注释,明确反映了沈认为"受命"是指文王被商帝辛封
为西伯。② 从而随后武王的继位(和接任其父受封西伯)也以这
种方式进行解释,天命通过他的继任授予他。这便导致了早期对
始于 1058 年的受命年的模糊界定,以与武王的在位年限保持一
致,后者当然不可能早于文王的死亡时间 1050 年。

　　这类歧义在《史记·周本纪》中也显而易见,司马迁在一个地
方用武王在位年来计算年代,而在另一个地方用他一定知道的受
命年来计算,《尚书大传》中有类似记载。③ 然而,比较这些事件
的年表,可以看出司马迁认为这两个日期适应于同一个时间段,
仿佛他认为这两种纪年在某种程度上一定是重合的,就像这就是
事实一样。他对这些事件的讨论模糊和杂乱无章,先是用文王在
位,然后又用武王在位,而没有明确指出如何统一这明显的矛盾。

　　然而,《周本纪》有关受命至征伐时期的年表仅显示出了司马
迁的模糊不清。解决这一问题的一段话包含在他有关北蛮的记
述中。④ 那里,司马迁指出,从周太王定居渭河谷岐下,至文王伐

---

① 《孟子》2A/1 给出文王死时 100 岁。这个延长的数据基于对《尚书·无逸》中一段
话的误解:"文王受命惟中身,厥享国五十年。"孟子认为受命指文王继任其父亲,
认为他担任周统治者时 50 岁。再加上 50 年统治时间,他死时就是 100 岁。当然,
受命一定指 1059—1058 年的瑞祥,这样文王死时实际上只有 58 岁。

② 方诗铭和王修龄《古本竹书纪年辑证》,上海:上海古籍出版社,1981 年,第 231 页。

③ 见 Pankenier, "Astronomical dates," 14 - 15。

④ 《史记》,110.2881.

畎夷氏(按照《周本纪》为文王受命第二年)为"百有余岁,周西伯昌伐畎夷氏"。随后,司马迁说从此至武王伐商为略多于 10 年"后十有余年,武王伐纣",然后"其后二百有余年,周道衰,而穆王伐犬戎"[1];而且从此至周幽王(公元前 771 年)为 200 年"穆王之后二百有余年,周幽王用宠姬褒"。

从这些叙述中我们可以得出几个重要的结论。首先,《纪年》有可能接近商武乙元年太王定居岐下的时间点 1159 年,因为文王伐畎夷氏的时间被证明是 1055 年。因此 1059 年的受命五星会聚发生在太王定居周原百年之际。其次,既然这里司马迁清楚地断定从文王伐畎夷(受命后不久)至武王伐纣之间为"十有余年",而且《周本纪》也认为文王在畎夷之战六年后死去[2],因此司马迁认为武王伐纣发生在武王在位最多六年以后(即,文王在位的最后六年加上武王在位的五至六年则"十有余年")。这意味着司马迁在《周本纪》中将武王伐纣定于模糊的"十一年,十二月"[3],而在别处,定于"十一年一月"[4]。司马迁不可能将这些日期定于武王在位时期,而一定知道它们是指从文王受命年(西伯盖受命之君)起算的一个时间段。

也有可能《周本纪》中原始记载的日期实际上早就损坏了,因为《史记集解》中引徐广(352—425 年)说到以前谯周(201—270年)说过"《史记》武王十一年东观兵,十三年克商"[5],随后我将指

---

① 文中说"二百年",但这是不可能的,明显这是"一百"的传抄错误。

② 《周本纪》:"'西伯盖受命之君。'明年(1),伐犬戎。明年 (2),伐密须。明年 (3),败耆国……明年(4),伐邘。明年 (5),伐崇侯虎,而作丰邑,自岐下而徙都丰。明年 (6),西伯崩,太子发立,是为武王。"

③ 《史记》,4.121。

④ 《史记》,32.1480。

⑤ 《史记集解》,《史记》,4.121,n.2。不清楚谯周是否知道"十一年东观兵"实际上指 1048 年止于孟津的那场并未进行的战役,对此请见下文。

出这一说法是正确的。这里也要注意《逸周书·酆保解》也有下面这段话:维二十三祀庚子朔,九州岛之侯咸格于周,王在酆,昧爽,立于少庭,王告周公旦曰:"呜呼! 诸侯咸格来庆,辛苦役商,吾何保守? 何用行?"现在的文本为"二十三祀",但这明显是一个错误,因为武王在位不可能有 23 年。如果原始的文本为"十三年",一个经常会发生的传抄错误,庚子日实际上在 1046 征商之年的 3 月中(见附录 2),恰好在各种文献中都提到的诸侯聚集在周以听命于武王的时间点。由于这个错误将这一事件定位于"二十三祀",这段话很早就从现今保存在《逸周书·世俘解》中的《武成》征商之年事件的记载中剥离。作为 1046 克商之年中的标志性日期,这一记载证实了那一日期是正确的。①

后来,虽然刘歆和刘向转而认为克商日期和成王元年如《纪年》中记载的为 1050 年和 1044 年,然而没有证据显示现在《纪年》中的受命天象日期 1071 年在此时已经提出。必要的前提条件已经具备,即五星会聚已被一些人认为发生在大火,而克商发生在武王十二年,但是还没有人将受命年代和武王在位年代串联起来。因此没有出现随着这一观念而产生的"21 年方案"的踪迹。而且,刘歆和皇甫谧都非常支持自受命起算的 13 年间隔,这 13 年中最后的 4 年同时也是武王在位的前 4 年。事实上,我们随后将看到,这是正确的安排。

对比我在表 1 和表 2 中复原的实际年表,对《纪年》文本进行详细研究发现了许多有关这最新版本产生过程的重要线索。"分解"《纪年》系统的复杂过程,在表 3 最后"21 年方案"部分的图示中有最好的呈现,它详细展示了《纪年》中用作基准的帝辛在位年

---

① 见朱右曾,《逸周书集训校释》,长沙:商务印书馆,1940 年,3.27。

限如何作用于周对本朝早期年代的纪年方法。两者都与它们对应年代的实际顺序匹配。

表1 《竹书纪年》年表(左)和对应的复原年代(右)

			实际年表	
《竹书纪年》年表 夏桀?年，五星"错行"	1580 ┐ └	—4—	1576 ┐ └	夏桀?年，五星错行
	517 (496+21)		517 (496+21)	
商代元年 成汤十八年即位，建立商朝	1559 ┐ —— └	—0—	十八年 ↓ 1559	成汤元年 成汤十八年即位，建立商①
	496			
五星会聚朱鸟鹑火岁次 (1063)②	1063 ┐	—4—	1059 ┐ 1058	周五星会聚 受命元年——岁星在鹑火
	508			
从孟津撤退	1052 ┐	—4—	1048	从孟津撤退
周伐商在牧野克商	1051 ┘		1047	周克商于牧野——岁星在鹑火
武王陟	1050	—4—	1046	武王陟
成王元年 晋建国	1049	—4—	1045	成王元年
受命百年	1044	—4—	1040	晋建国——岁星在大火 受命百年
穆王元年	1035	—4—	1031	穆王元年

表1中方括号里的数值全部出自《纪年》里的年表。100年的时间跨度在文本中就有提及。其他数值，例如，496年、508年、517年是三代时期的年表中非常重要的数值。商朝的统治时间496年，除了《纪年》外还出现在其他文献中，但明确地呈现在《纪年》年表中。517年是我在其他地方详细讨论的五星会聚的最佳周期。右栏中的(496+21)显示蕴含在《纪年》年表中的这些组成数值实际上是五星会聚周期517年所包含的组成数值。我认为这些数值框架不是偶然产生或伪造出来的，而一定显示了商晚期和西周早期当时编年史内容的遗迹。

---

① 参见 D. W. Pankenier，"A multi-year drought c. 1559—55 BCE China caused by the eruption of Thera(Santorini)，" https：//Lehigh. acodemia. edu/David Pankenier。
② 1071—8＝1063。改正星聚的位置，从房宿到鹑火岁次。

解开缠绕的纷纭

　　随后的讨论试图回到我们如今看到的紊乱《纪年》系统，通过编年史中各种可识别的位移——帝辛在位时期的，武王在位时期的，以及自受命起算的 13 年间隔，来得到原始的年表和正确的日期。我们面对的《纪年》是一个立足在当时被认为是最好证据基础上的妥协产物。指出那个证据是什么以及它是怎样被应用的，显示出有关当时这份编年史的状态以及在原始的年表上进行了哪些修改的许多新细节。然而，这个讨论的要点不是要去概述年表的修改者们采取的修改步骤，而是提供一个启发性的模式，展示在每种情况下为使《纪年》中有问题的文本与实施这些改动时当时流行的观念保持一致哪些改动是必要的。随后将会发现这些系统性的调整详细地证实了蕴含在我复原的事件真实年表中的数值要求。

　　这些位移很难一眼或从整体的概述中发现，因为它们并不是单向的。也就是说，就像一把计算尺（对于那些还记得一个人长什么样的人来说）有三种不同的可调整刻度，左边的刻度用帝辛的在位年限来标记，中间的刻度用公元前纪年来标记，而右边的刻度用受命年加上武王在位年限来标记。在从墓葬中修复的、尚未复原的《纪年》年表中（表 1），左边和右边的刻度，相对于中间用公元前纪年标记的刻度，都倒推了四年。随后，在 3 世纪年表的复原过程中，左右两边的刻度都没有进一步倒推，而是突然从中间向两头延伸，在受命至克商时期拼接入额外的 12 年。而且，更糟糕的是，这一拼接不是在左右两边刻度相对应的位置进行，而是在不同的位置。其结果就是左右两边的刻度对比中间的刻度以及相互对比起来,已经形成了无法测算的错位,因此在数值上,一边刻度相比另一边的错位量,鉴于是以拼接部分前段或后段的年表进行比较,可能会有所不同。从每边单独看这些位移很容易,但是想象如何将它们都相互关联起来则是另一回事。这些位移将全部进行解释和展现,但是在脑海中保留上述图景将有利于后面的讨论。

表 2　受命时期历表与《竹书纪年》年表的对应和"21 年方案"

实际帝辛	帝辛在纪年	公元前	受命年历	武王年	《纪年》21 年方案	
(d) ㉔	→ 40	1063			8	
㉕	41	1062			9	(e)
㉖	42	1061			→ 1	(b)
㉗	43	1060			2	
(f) ㉘	44	1059	受命年		3	
㉙	45	1058	①		4	
㉚	12 46	1057	②		5	
㉛	47	1056	③		6	
㉜	48	1055	12 ④	12	7	
T ㉝	49	1054	⑤		8	
T ㉞	50	1053	⑥		9	
T ㉟	51	1052	⑦		10	
(d) T ㊱	(40) 52	1051	⑧		11 C	}(a)
㊲		1050	⑨		12 C	
㊳	4	1049	⑩	①	13	
㊴		1048 C	⑪	②	14	
(d) ㊵		1047 C	⑫	③	15	
		1046	⑬	④	16	
		1045	⑭	⑤	17	(c)

　　表 2 中圆圈里的数字显示出各种在位年代与历日年代之间的真实对应,例如帝辛末年,即他的四十年,对应公元前 1047 年,此时是受命十二年和武王三年。

C 表示武王征伐商纣之年的日期(记住有两场战役,第一次1048 年止于孟津,第二次 1047 末出发 1046 年成功)。

T 显示出《纪年》中给出的帝辛在位年代(33—36 年)与《纪年》中记载的这些年代发生的事件,以及同样这些事件在其他文献中记载发生在受命 5—8 年三者之间的真实等价性。

箭头显示了对比历史上对应的真实历日年代倒推的方向;例如帝辛末年,他的四十年,在前汉的《纪年》年表中一开始倒推了四年至 1051 年,然后在 3 世纪的年表复原过程中他的在位年限延长了十二年,随此插入了一个额外的十二年至 1063 年。克商年表从 13 年方案转变至《纪年》21 年方案,导致的变化包括其他突出例子:

(a) 原来记载为受命十一至十三年(1048—1046 年)的事件变为武王十一至十三年(1051—1049 年)。

(b) 受命十年(武王元年)的事件如今发现位于他的"新元年"(1061 年),而不是 1049 年。

(c) 武王最后两年,他的第 4 和第 5 年,变为他的第 16 年和 17 年;他在位末年、受命十四年的事件,在《纪年》方案中被分在他"新的"十四年和十七年中。

(d) 帝辛四十年的事件,原本是在他的在位末年,如今在《纪年》中记载在他的"新"末年五十二年之下。如今他的"新"四十年1063 年早于原来的 1047 年十六年。

(e) 文王死于受命九年,公元前 1050 年,如今在《纪年》中记载在五星天象以后的第 9 年 1062 之下,早了 12 年。

(f) 原本记载在帝辛二十八年 1059 年的受命天象,如今在《纪年》中位于对应 1071 年(增加＋12,表中没有显示)的帝辛三十二年(增加＋4)。

所有这些例子,基于它们在年表中出现的位置,都展现出了4年、12年或16年,或与这些时间段有关联的变化,而且它们与这里呈现的分析完全一致。

解构《竹书纪年》年表

《纪年》年表只是在3世纪被复原以后以它现在的形式才符合表2中周早期纪年系统的分析。表中我们从图示中看到以周的纪年方式呈现的《纪年》中的21年方案:首先是用受命年纪年的前九年(等于《纪年》1070年至1062年),随后是用现在被认为先于克商时期的武王在位时期纪年的十二年。只在《纪年》中发现的这一方案,代表了晋代学者竭尽所能调和许多相互冲突的文献和年表各种解释的努力。它能容纳:

(a)受命天象和征商战役期间木星位于鹑火之次;

(b)受命9年所有的年代和将文王崩纳入第9年(《汉书·律历志》和《逸周书·文传》中提到);

(c)它能兼容将两次伐商分别定于第11年和第12年的文献,前者有可能指1048年在孟津结束的第一次征伐的开始,而后者指1047—1046年这次成功的征伐战役。

对比实际的历日年代,《纪年》的21年方案就是将受命年和武王在位起点分别倒推的12年连接起来而不是叠加起来,这最后的三年,受命时期的十一至十三年,应与武王在位时期的二至四年重叠,它被剔除了而且这一时期的事件反而列在武王十一至十三年之下(见表2)。

就确切的数值而言,有意义的是,原始的受命13年中,最后4年被减掉了,只剩下9年。这9年的次序被置于所谓的武王在位的 12 年之前，得出共 21 年的时间段。事实上，这产生了 8 年的延长期（21－13＝8）。以这种方式，受命年倒推的 12 年和在武王与克商之间拼接入的年份转化成了将五星会聚日期倒推的 8 年。这倒推的 8 年，以及整个《纪年》商和西周时期年表中已经存在的 4 年误差，产生了《纪年》中那场五星会聚有总共 12 年的时间误差，发生于 1071 年而不是真实的 1059 年（见表 2）。

这里这些改动形成的时间序列，实际上是一整套动机和后果，虽然复杂，尤其令人关注，是因为公元 3 世纪年表修正形成的数值，基于我们是用绝对或相对日期来表示而有所不同。我们看到，前述受命年倒推的 12 年不仅仅是武王在位时期插入实际不存在的 12 年的结果。而且，它首先并最重要地是应对相关年表中矛盾的一个特设方案——如何使历来认可的受命年限与文王在位的最后 10 年，以及应属于武王在位十二年的克商日期保持一致。在周晚期和汉，随着推测性理论激增以及早期事件的实际顺序和意义逐渐模糊，这个问题逐渐产生。

将受命天象的地点置于大火，原本是公元前 4 世纪殷历的一项改革。① 它早于《纪年》的发现时间。当刚刚提到的矛盾和这一改革于公元 281 年在复原新发现的《纪年》文本的努力中被结合在一起时，刚成为汉朝五星会聚征兆发生地点的大火，如今成为刺激反思有关受命年限和武王在位时期难题的催化剂。一个

---

① 见 Pankenier, "Early Chinese astronomy and cosmology," 237 ff. , 这里我是指将公元前 364 年的木土合作为殷历的起点，因为依殷历推断，1084 年是周的受命之年。朱文鑫以前指出公元前 370 年是制定殷历和颛顼历的最可行时间；见《中国天文学史》，74。需注意的是，洪业（William Hung）也基于自己从《左传》中得到的证据，用木星周期进行回推计算将这一起点定在公元前 364 年左右；见他的前言部分，*Harvard-Yenching Institute Sinological Index Series*, Supplement No. 11, *Combined concordances to Ch'un-ch'iu, Kung-yang, Ku-liang and Tso-chuan* (1937), lxxxiv。

新的综合性方案被提出——21 年方案——其中将文王受命年代倒推的 12 年(实际上只有 8 年)加重了业已存在的 4 年误差。因此,错误地将大火作为受命天象的发生地点,马上成为将相关年表从 13 年变为 21 年方案的最新原因,也是将五星会聚倒推 8 年至绝对年代 1071 年的原因。①

事实上,形成我们如今看到的《纪年》年表的这种修改,明显源于几种特殊性,只有以这种方式一些事件才能出现在五星会聚之后帝辛统治的 9 年中,而且这种修改还源于将帝辛在位时期与他的真实历日年表进行对应而偶然产生的一个 16 年误差。

16 年误差

从表 2 可知,现今《纪年》中帝辛在位年限的误差,对比左边圆圈里他在位的实际年限,达到 16 年。当然这解释了为什么《纪年》中帝辛在位的起始年有 16 年的误差——用 1102 年代替 1086 年——使得真实的帝辛元年 1086 年在《纪年》系统中成为他的第 17 年。问题是这是怎么产生的?

现在我们已经解释了 4 年和 8 年的误差,它们加在一起只有 12 年。对 16 年误差的解释是,虽然五星会聚的日期只倒推了 8 年,将克商之前的第 13 年倒推至第 21 年,还必须在帝辛在位末年加上 12 年,这样才能使克商的日期位于所谓的武王十二年,因为帝辛死于这一年。由于帝辛末年——他的四十年——对比克商年代已经被编纂者倒推了 4 年,而将 1050 年作为它的日期,在他的在位末年再添加 12 年从而对帝辛的真实年代产生了 16 年

① 当然,这意味着在前汉的《纪年》年表中,如表 1 所示,受命征兆的日期是 1063 年。

的误差。因此《纪年》将最后的克商年定为 1051 年晚期，也就是帝辛五十二年，而不是真实的帝辛三十六年（见表 2 左栏）。因此，就绝对日期而言，整个《纪年》年表在之前倒推的 4 年，以推测的克商年代 1050 年为基础，再加上帝辛在位期限延长的 12 年，便得到这一结果，纵横查看表 2，历日年代 1053，即帝辛真实的三十四年，在《纪年》中成为他的五十年，共有 16 年的增量。同样地，帝辛三十四年，在《纪年》中为 1069 年——早了 16 年。而帝辛在位的起始年，我注意到，《纪年》给出的是 1102 年。这仅仅是在他的在位末年 1051 年加上他假定的在位时间 52 年得出的和，或换句话说，将他真实的即位年代 1086 年倒推了 16 年。

将帝辛在位年限与 21 年方案、受命年限加上武王在位年数方案进行对比，然而，这一改动显示出 4 年或 8 年的差异。在受命年代的前几年，前面提到的倒推的 8 年的一半实际上被帝辛在位年限倒推的 16 年（受命年代相对于克商年以及武王在位时期的早期事件只提前了 12 年）所补偿，因此《纪年》中帝辛在位时期的五星会聚（帝辛三十二年），对比他在位时期的真实年代（帝辛二十八年）只错了 4 年。在《纪年》中帝辛在位时期的后一部分，另一方面，这一误差为满满的 12 年，因此《纪年》中克商战役的年代为帝辛五十二年，却是真正的帝辛四十年（见表 3）。

还有一个例子是武王死亡的日期——在《纪年》被发现以前的年表中为 1049 年，这个日期包含那个贯穿所有年表的 4 年错误——现在变成了 1045 年（实际上是正确日期），但是现在反而成为武王十七年的年末而不是他在克商之后第一年的年末（5＋12＝17）。

对比延长的帝辛在位年限，在被发现之前的《纪年》年表向《纪年》年表的转变中，拼接入武王在位时期实际不存在的 12

年,就绝对数值而言是将他的即位时间从 1049 年倒推 12 年至 1061 年,而将他的死亡时间向后从 1049 年推至 1045 年,总和又为 16 年。

因此,《纪年》年表中的武王在位年限实际上在两个方向上都被延长,即向前又向后。就相对年代来说,他在被发现之前的《纪年》年表中,在克商之年后统治满一年(表 1)变为 5 年(又向后推 4 年,见表 2)。武王从实际上在文王死后自己统治 5 年(表 1)变成了不可能的统治 17 年(又向前倒推 12 年)。就绝对年代而言,他的元年从 1049 年变为 1061 年(向前倒推了 12 年);而他的死亡时间从 1049 年变为 1045 年(推 4 年),两种情况加起来绝对值达到 16 年。

武王在位时期的变化

向 21 年方案转变的后果仍值得注意,武王在位时期的其他历史事件以这种方式被记载。他在 1050 年文王死后、从 1049 年至 1045 年实际统治的 5 年中的事件,在《纪年》中以预言式的方式被重新分布在归于他名下的 17 年中(表 2)。他在 1049 年的即位被倒推了 12 年,如今记载在帝辛四十二年 1061 年之下。受命年代的十一至十三年,包含两次伐商战役的记载、克商和重封周诸侯、接见箕子,已经成为武王"新"的 17 年在位时期的十一至十三年。发生在受命年代十一至十三年之间、与实际的征伐战役和克商有关的大多数事件,最后被列在武王在位时期实际不存在的十一至十三年之下,但有两个有趣的例外。《洪范》和《史记》都记载为受命十三年的接见箕子,没有被倒推。首先它发生在受命十三年 1046 年,而且仍列在

498

1046 年之下,但是如今这被称为武王十六年而不是武王四年。此处错误的不是事件的绝对日期,而是武王在位年代的相对日期,然而,这相差的年代仍为 12 年。类似地,武王的死亡日期从 1049 年向后推迟了 4 年(表 1),从而减掉贯穿《纪年》年表始终的 4 年误差,就将武王的死亡日期恢复至 1045 年。尤其值得注意的是,由于受命年代十二至十三年变成武王十二至十三年,在连续两年 1048 年和 1047 年①发生的两次战役,在《纪年》版本中合并成 1051 年晚期的一次战役,在 1050 年早期的克商中达到顶点。这解释了《纪年》记载和《史记·周本纪》中的内容对这个时间存在很大的分歧,这也显示出毫无疑问《纪年》中的这个错误已经进入 3 世纪对年表的重新编排。

对此必须注意在最近的一篇文章中②,夏含夷(Edward Shaughnessy)指出,实际上武王在位年限后一部分的延长部分是由于包含成王十四至十六年记载的武王继承人成王在位年限的竹简错排所致。夏含夷用图示证明③,在尚未复原的《纪年》中成王十四年的原始内容(现在被一个晋代学者改为武王十四年)是破碎的,因此那部分内容仍在十四年,但是武王死亡的实际记载最后却在他"新的"第 17 年中。如果夏含夷对竹简错排的分析是正确的,这意味着在尚未复原的《纪年》中武王之死实际上是记载在某个第 14 年。但是,夏含夷没有认识到,这个第 14 年可能只与原始的受命年代有关。这个原始的第 14 年正是表 2 中显示的

---

① 武王放弃 1048 年战役的原因是木星留在鹑火之次的边缘,随后退行至下一年,见 Pankenier, "Astronomical dates," 14 - 16。

② 夏含夷(Edward L. Shaughnessy), "On the authenticity of the Bamboo Annals," *Harvard Journal of Asiatic Studies*, 46. 1 (1986):149 - 80。

③ Shaughnessy, "On the authenticity of the Bamboo Annals," 166 - 7.

受命年代的最后一年，或公元前 1045 年。① 表 2 中这个地方的箭头表示原始的第 14 年条目下的内容转而进入了右边《纪年》21 年方案中的第 14 和第 17 年两年之中。因此夏含夷的发现独立地证实了我前面提出的这个变化在《纪年》的复原中改变了受命十一至十三年。（也可见表 2 的一个先例，受命八年的一片原始竹简上的内容四分五裂）。另一片包含成王十六年箕子来周访问记载的竹简的错误排列，也解释了为什么复原的《纪年》现今与坚持认为这一事件发生在第 13 年的《史记》和《洪范》相矛盾。

总结前面的论述，《纪年》21 年方案对年表的调整，对《纪年》的时间编排造成了重要的、可预想的后果。

1. 它们对帝辛和武王的真实在位年限、现今《纪年》中每个统治者的在位纪年与事件的绝对日期之间的所有关系造成了不可避免的、系统性的错误。

2. 它们促进了帝辛在位后一时期的历史事件在《纪年》中以可预期的、预言式的形式分布，这点在随后的讨论中将更明显。

3. 现在知道，像《史记》一样②，原始的《纪年》一定在文王改

---

① 这里，《尚书·金藤》中显示武王死于克商两年以后的记载应这样理解，在列举年数时，这是指克商之年的后一年，而不是夏含夷主张的克商战役后的第二年 "Authenticity of the Bamboo Annals," 156, 167. 夏含夷依赖的汉代文本认为如此，是基于克商之战发生在某个第 12 年而不是第 13 年这个错误的观念与《逸周书》"作雒解""大匡"和"文政"篇中认为武王死于某个第 14 年，见"Authenticity of the Bamboo Annals," 158—159. 因为夏含夷相信汉代的"十二年克商"这个错误假说，他忽视了这里在复原的《纪年》和他刚引用的、出自《逸周书》中圣人之口的先秦说法之间存在明显的矛盾，后者记载这个克商之后随即发生的事件发生在某个"第 13 年"，而不是"第 12 年"。夏含夷同样混淆了我前面提到过，这里还将进一步阐述的原始受命年限和武王在位年限（实际上在他为父亲守孝结束后只持续了 3 年）。先秦《逸周书》再一次证明了武王死于克商之年后一年的正确性。
② 《史记·周本纪》，4.120。

历后的受命年代下记载了自文王死亡至克商年之间的事件,因为
受命第 11—14 年原始记载的开头的遗迹,保存在从墓葬中修复
的《纪年》竹简中,而且这些遗迹应在一定程度上束缚了 3 世纪的
复原工作,最显著的是它们在我们的《今本纪年》中直接变为武王
第 11—14 年(表 2)。

不畏艰险

现在让我们分析一下帝辛在位年代相对于受命年代的错
排。帝辛四十年最初对应受命十二年(表 2)。由于帝辛在位年
代不成比例的倒推,帝辛四十年转而对应受命八年而不是受命
十二年。或者,简单来讲,这一时间段向《纪年》21 年方案的转
变使帝辛在位年代相对于受命年代倒推了 4 年。虽然至少《纪
年》中的四个条目,帝辛三十三至三十六年的条目,实际上保存
了帝辛在位时期的真实纪年,条目中的那些事件一定发生在这
一时期。比如,《尚书大传》①将周征伐守卫在渭河流域东端的
商诸侯国崇定于受命六年(《周本纪》相同)。② 从公元前 1058 年
向下数 6 年,实际得到 1053 年,对应复原的帝辛在位时期的三十
四年,这是基于他 1086 年即位和帝辛四十年 1047 年死亡(表 2)。
突出的是,在《纪年》的帝辛三十四年下我们确实发现了伐崇的记
载。帝辛三十三至三十六年是迄今为止发现的仅有的 4 条真实
记录。它们非常重要因为它们证明了这里他的在位年代如我推

---

① 《尚书大传》,四部丛刊,4:5a,2:16b。
② 《尚书大传》,四部丛刊,4:5a,2:16b;《史记》,4.118。

测的，由于文本被发现后的复原确实被倒推了。①

在《纪年》被发现后的修复中，明显采取了许多其他措施以一种可行的方式来重排次序混乱的竹简，因为真实历史中的 13 年被"延长"至《纪年》中的 21 年。与此同时，帝辛三十三至三十六年的事件被复制，是因为它们一定在后来的畸变进入《纪年》以前原本存在。既然如此，它们"固定的"位置，由于与《尚书大传》一类的文献进行对比它们很容易被嵌入受命年代，也对年表的复原造成了束缚，而这一定留下了痕迹。

像受命年代一样，帝辛三十三至三十六年这 4 年相对于克商之年由于在帝辛年代之末添加了 12 年而被倒推了。因此，以绝对日期而言，例如，帝辛三十四年的事件，如今对应 1069 年而不是真实年表中的 1053 年，共倒推了 16 年（表 2）。但是因为受命时期的年代在绝对数值上一共仅倒推了 12 年，帝辛三十四年，原本对应受命 6 年，如今转而对应天瑞祥之后的第 2 年，或者称为受命二年。当然，结果是这 4 个受命年记载的事件"损失"了，所以，原始的受命二年至五年的事件（如《尚书大传》中记载的）都必须塞进帝辛三十二年（《纪年》中他在位时的五星会聚日期）至帝辛三十四年之间仅两年的短暂时期中。如果我们现在将这些与表 2 进行比对，会发现这就是《纪年》中的内容。

再举个例子，帝辛真实在位的 40 年被延长了他实际上并不

---

① 这一点在我的 "Early Chinese astronomy and cosmology," 280—84，一书中被特别强调，文中我将它也称为"关键的发现（crucial finding）"（第 319—320 页）。两年后夏含夷 "The 'Current' Bamboo Annals," 49)也关注了其中的 3 个日期，但忽视了第 4 个，这个记载将文王的活动录于帝辛第 36 年，受命第 8 年，对应的是1051 年；见表 4。我在 1983 年已经指出，帝辛在位时期保存的这 4 个日期正确的事件与我随后对克商之前全部年表的复原有必然的联系。它们为我之前提出的年表提供了坚实的证明。

存在的 12 年,以提供必需的时间解释假设的武王伐商以前在位的 11 年(错误地设想克商发生于他的第 12 年)和文王最后一年。实际上,帝辛三十七至四十年实际上对应受命九至十二年,而且应包含文王死亡和商朝最后几年的记载。但是当《纪年》年表延长时,受命十至十二年变为武王十至十二年,而帝辛三十七至四十年突然成为商朝末年"新"的帝辛第 52 年十几年之前一段平淡无奇的时期。实际上,这些年的内容被"清空"了,它们包含的事件被重新分配给他在位的"新"的最后几年,帝辛四十九至五十二年。当我们查看《纪年》中的这段时期并将它与其他文献中记载的受命时期进行比较,我们发现了非常有趣的东西(表 2)。

在帝辛三十六年《纪年》正确地记载了文王派遣他的儿子发(武王)去兴建新都镐京。我们从年表中得知这发生在第 7 年迁都丰京之后,因此我们推断这一日期原本对应受命八年。然后,在帝辛在位的四十年,《纪年》目前记载周营建灵台以及商王派遣使者向周索要贡赋之玉。从其他文献中我们知道是文王营建灵台以及拒绝给玉①,因此这些事件不可能发生在第 36 年的四年以后,因为文王死于帝辛真实的第 37 年春季,即受命八年。因此《纪年》中的这两个条目记载了实际上发生在同一年的不同事件;现在的《纪年》帝辛第 36 年记载是正确的,而帝辛第 40 年是错误的。《纪年》中第 37 至 39 年之间只有两年列有条目,它们包含的概括式记载要么位置错误,或时间不对,或两者都是;它们仅仅是"占位者"。在这份编年史中同样的空隙和敷衍还存在于帝辛四十三至四十九年的"幽灵"(即"不存在的")年代中。以这种方式,延长的《纪年》21 年方案中的多余年代要么被掩盖,要么被

① 见《诗》"大雅""灵台"。

不相符或日期错误的内容填充。

现在应该清楚灵台内容中的这种畸变以及《纪年》年表和帝辛真实在位年代之间的 16 年差距出现的原因是:

1. 受命年代的早期部分相对于克商年倒推的 12 年,是《纪年》21 年方案的基础,这一方案是由发现《纪年》以后在 3 世纪实施复原的学者们所形成的。

2. 保存了事件真实记录的四个例子,这些事件实际上就发生在这份编年史目前排定的这几个帝辛年代中。只有在我终于确定受命五星会聚的时间是 1059 年时,才有可能将受命年代早期的事件次序与《纪年》中的事件记载进行对比排列。这里概述的结果证实了帝辛在位年代与给出的绝对日期之间的真实对应。基于受命"比例尺"与帝辛"比例尺"之间不成比例的对应而形成的相对(4 年)和绝对(16 年)时间量导致的错位,证明了对年表分析的正确性。

3. 对五星会聚至克商这一关键时期进行分析所展现出的复原过程的图景,可被概括如下:首先,年表的"21 年方案"是由束皙、杜预和其他相关学者形成的,以记载克商之年和五星会聚时期岁星位于鹑火的传世文献,以及错误的假设武王伐纣发生在武王十二年为基础。以这个方案为基础,努力确认《纪年》中事件的对应年份,这些事件大多缺乏理应给出的时间开头。一旦这个方案被确定,星聚和武王伐纣就可置于对应的年代下,如帝辛三十三至三十六年条目仍应保持着它们原始的时间开头。这些能直接以早期文献中记载的受命年代进行检验。因此,虽然帝辛三十三至三十六年条目是原始的记载,它们在被插入新的、扭曲的年表中时也进行了一些必需的调整。一个后果是受命二至五年的事件被塞进仅 3 年的时间段中,而帝辛三十六至四十年的事件转而稀疏地分布在新创的帝辛四十一至五十二年的 12 多年中。

所描绘的相对年表和绝对年表这一整套操作,即受命五星会聚倒推的 8 年,以及在星聚中篡入发生位置"于房",加上有可能错排了包含成王 3 个年代记载的竹简,都将这整个过程的发生时间指向公元 281 年以后,这个过程具有一个极具有挑战性地努力复原一份残损严重的文本的所有特征。

结　论

那么,以上对《纪年》年表的分析和它作为一份历史文献的意义是什么? 确定这两个天文现象的真实性:一次月全食和一次非常罕见的五星会聚,分别发生在文王三十五年和四十一年,以及注意到五星会聚的日期比《纪年》中同一现象的日期晚了仅 12 年,可以明显看出《纪年》并不是如长久以来认为的是彻底的编造,而应该是以非常早的原始记录为基础。当然,这 12 年的时间错排意味着《纪年》有错误,但是这本书应该也包含许多事实。在公元 281 年被发现时,这堆竹简被盗墓贼在坟墓中用作照亮他们道路的火把,那些从燃烧中幸免于难的竹简的次序完全混乱。

为了学者们在历史研究中应用《纪年》,必须弄清随着时间的流逝哪类错误钻进了这本书,是由缺损导致、源自竹简的错排,或出自传抄错误。这一任务非常复杂和具有挑战性,因为现代对早期年表的复原一定不可避免地也应用了许多与晋朝宫廷学者当时可得的相同的相互冲突的文献。我们现在发现的《纪年》代表了他们尽最大的努力去调和那些文献之间以及传世说法与仍保存在他们面对的一团混乱中的带时间的《纪年》竹简之间的矛盾。这里我指《纪年》21 年方案是他们努力的结果。

上述分析代表了我尽自己最大的努力去解决这个编年史难题。《纪年》中这一时期所有的年代错误已得到解释,而且这一解决方案是完全自恰的。尤其,它在数学上非常严密,因为我称之为"计算尺"——分别代表帝辛、文王/武王和受命年代的相对年表——之间的对应都相互确定:它们数值上的联系不允许任何移滑。它们不能被移动,只能进行解释。

我对商代帝辛之前的记载和年表没有说什么。这个领域的研究仍需探索。这里通过确定商代的开始和结束时间(1559—1046年)我仅建立了一个更大的框架。然而明显夏桀的在位时期像帝辛的一样以大致相同的方式被拉长了,精确的细节仍需进一步研究。但是尤其值得注意的是,令人惊讶地,原始《纪年》年表和复原的绝对年表(表 1,右栏)中显示的商朝建立的年代 1559年很有可能是正确的。国际上对公元前 1560 年希腊圣托里尼岛上席拉火山爆发及其造成的大量污染物进入大气的集中研究很有可能就是许多先秦文献中记载的发生在成汤时期之初的毁灭性多年干旱、寒冷气候和饥荒的原因。(表 1,注释①)

这一分析使我确定了导致周朝建立、在牧野发生的周克商之战的日期。这发生在公元前 1046 年 1 月 20 日(甲子日),我提出这一日期时比夏商周断代工程经过彻底研究后于 2001 年发布的结论早近 40 年。我的分析经受住了这次以及时间的考验。① 它仍没有被证伪或受到严重的质疑。对早期年表所有可得的证据进行深刻的研究,引导我发现了《纪年》现有文本中的系统性错误。证明那些错误是如何产生的,为了解受到 17 个世纪

---

① 夏商周断代工程专家组,《夏商周断代工程 1996—2000 年阶段成果报告》,北京:世界图书公司,2000 年。陈久金,《关于夏商周断代工程西周诸王年的修正意见》,《广西民族大学学报(自然科学版)》(第 3 卷),2014 年第 20 期,第 22 页。

以前学术工程挑战的学者们的思想提供了一个迷人的视角。同样地,对于那些有此兴趣的人,这个论证为更正这些畸变并恢复《纪年》中至少一个关键部分的历史价值提供了钥匙。作为一个分水岭时期仅存的编年史,《纪年》具有独一无二的价值。至少它提供了 3000 年以前一个壮观天文现象的唯一记载。如果这本书其他章节的读者们也赞同的话,我所呈现的大量历史和科学证据在整体上只是巩固了我提出的有关早期年表和天文星占学在许多方面影响了作为一个文明的中国的丰富历史的结论。

附录 2：从不同视角考察利簋铭文的克商记载

自近半个世纪以前发现它以来，这件壮观的利簋作为历史性的周克商（公元前 1046 年）唯一无可争议的当时记录，具有标志性的意义。[①] 然而，尽管它最后证实了一些历史事实，这件青铜器铭文中的一个句子在解释上存在令人烦恼的问题。其中一种解释有可能为其他关键因素提供了第一人称证词，特别是相关传统记载中描述的星占学在策略中的作用。这里我再次考察了铭文中不确定的几个方面，并提出了有可能解决这些问题的新的解释途径。

最早且最引人瞩目的一件西周青铜器利簋，上面的铭文包含公元前 1046 年周克商时的唯一当代记载。其字体粗壮流畅，是右史利为了周武王赏赐的这件青铜器而在器上刻铭文以作为永久纪念。作为一名小小的史官，利为武王在军事上克商这一战果作出的贡献，一定非常突出。铭文开头的日期和结尾的题辞在解释上都没有问题，但是这里暂时用省略号代替的那个句子是一个

[①] 1981 年我在首次出版的分析三代时期年表的《竹书纪年》研究中，第一次提出"武王征商"的日期是 1046 年 1 月 20 日。见我的 "Astronomical Dates in Shang and W. Zhou," *Early China* 7 (1981‑82)，2‑37。这一结果，虽然最终被夏商周断代工程所证实，但其重要性直至 2014 年并没有受到充分的重视；见陈久金，《关于夏商周断代工程西周诸王年的修正意见》，《广西民族大学报（自然科学版）》（第 3 卷），2024 年第 20 期，第 22 页。

难题:

> 武王征商惟甲子朝……辛未,王在阑师,赐又史利金,用
> 作覃公宝尊彝。

图 1 利簋铭文(甲骨文合集 no. 3.4131:32 - 13 - 2)

除了最终证实后世的历史记载将甲子作为大邑商郊外牧野之战的日子是正确的外,铭文提到了重要历史时刻对时机的把握。铭文的前半部分可被解析成一个 8 个字的句子和一个 7 个字的句子。对最重要的第二句前面五个字"岁鼎克闻夙"进行解释,将是我这里的重点。李学勤认为要求学者们对这些句子的解释达成一致是不太可能的:"要求得大家统一的认识,只凭本文是不可能的。"①不是不同意李学勤的观点,其他方面一些

---

① 李学勤,《夏商周年代札记》,沈阳:辽宁大学出版社,1999 年,第 204 页。

最近的发现促使我就这个有趣且具挑战性的青铜器铭文提出一些观点。

如何解释"岁鼎"

存在巨大争议的第一个问题就是对"岁"和"鼎"的解释。卓越的权威学者们,包括张政烺,于省吾,李学勤,周言,和其他人都将"岁"解释为表示木星的岁,"鼎"(上古中文读音 * tʰeŋ?)(铜原字为 zhen 贞 * treŋ, zheng 正 * C. teŋ)[①]"确定的,正确的,垂直的,正常的"。[②]

李学勤引用的他和其他许多人认为有说服力的文本证据,包括《国语·周语》记载克商之时"岁在鹑火"的著名段落。[③] 鹑火指第 24—26 宿即柳、七星、张占据的长蛇座星次,它也以位于朱雀星座中心的长蛇座 α 鸟星命名。木星的位置最重要,因为我们

① 上古中文读音的复原请见白一平(Baxter) and 沙加尔(Sagart)。https://en.wiktionary. org/wiki/Appendix:Baxter-Sagart_Old_Chinese_reconstruction.

② 张政烺,《利簋释文》,《考古》1,1978 年,第 58—59 页;于省吾,《利簋铭文考释》,《文物》8,1978 年,第 10—12 页。对"鼎"词汇和语义方面的分析,见鲍则岳(William Boltz),"Three Footnotes on the Ting 'Tripod'," (1990)和高嶋谦一(1987)。Takashima, 1987, "Settling the Cauldron in the Right Place," 408 - 9,给出了这个字的根义是"确定的/稳定的/固定的/安全的/必然的";Boltz, 1990. Yu, 1996, vol. 3, 2718 ff. 。夏商周断代工程 5 年阶段成果报告也采用了这个;夏商周断代工程专家组,《夏商周断代工程 1996—2000 年阶段成果报告:简本》,北京:世界图书出版公司,2000 年。其中这句话被解释成"武王伐纣在甲子日晨,并逢岁(木)星当空。"李峰,《清华简"耆夜"初读及其相关问题》(2012 年),指出了出土清华简古诗《耆夜》中提及木星"岁"的相关内容,以及庆祝一次几乎与克商同时期的周战役胜利的一场盛宴;也可见柯马丁(Martin Kern),"'Xi shuai'蟋蟀('Cricket') and its consequences,"2015, 4。解释利簋铭文的文献太多了,这个简短的注释无法全部概况。参考文献中列出了许多其他的研究。

③ 早期对《国语》中这些天象的分析,见班大为(David W. Pankenier),"Early Chinese Positional Astronomy: the Guoyu Astronomical Record," Archaeoastronomy 5.3 (1982):10 - 20。

知道这是木星在公元前 1059 年五星在朱雀星座的喙部紧密会聚前 13 年的位置。

> 《周语》(下)："昔武王伐殷，岁在鹑火，月在天驷，日在析木之津，辰在斗柄，星在天鼋。量与日、辰之位皆在北维，颛顼之所建也，帝喾受之。我姬氏出自天鼋，及析木者，有建星及牵牛焉，则我皇妣大姜之侄、伯陵之后逢公之所凭神也。岁之所在，则我有周之分野也。月之所在，辰马农祥也。"

计算机模拟显示甲子日（公元前 1046 年 1 月 20 日），木星位于鹑火之中且留。[①] 同一天月亮正位于天驷（房宿），即农祥。但是太阳在两个月前的 11 月末位于"析木之津"，此时月亮也位于此处。有可能这就是战役的最后准备完成而且星占学条件具备的时候。"星在天鼋"有可能指土星位于天鼋（南冕座），但是也可能指金星和水星都在玄武之内，即冬季对应的天区。除了火星，其他天体在武王的军队到达牧野时，都渡过了银河位于"析木之津"，并随后经过天鼋。显然星象不能都用来表示这场战役的日期，因此出现了记载的一些压缩。

除了《国语》中的记载，有关 1046 年重大事件的一些细节一定长期流传直至战国时期，因为一个非常相似的安排出现在《左传》（僖公五年（公元前 656 年））记载的晋有预谋攻击虢国的上下文中。不是像《国语》中那样作为一个星象谱系传统，《左传》中的内容是以童谣的形式体现的，这意味着一些星占学条件的重要性已是广泛流传的常识。

> "八月（夏历十月）甲午，晋侯围上阳。问于卜偃曰：'吾

---

① 1059 年五星会聚和 1046 年武王伐纣时木星的位置自 1982 年我的研究发表以来，已得到反复的确认，最近由陈久金，《关于夏商周断代工程西周诸王年的修正意见》第 3 卷，2014 年第 20 期，第 22 页。

其济乎?'对曰:'克之。'公曰:'何时?'对曰:'童谣云:丙之晨,龙尾伏辰;均服振振,取虢之旗。鹑之贲贲,天策焞焞,火中成军,虢公其奔。'其九月、十月之交乎! 丙子旦,日在尾,月在策,鹑火中,必是时也。"

这里提到的龙尾、辰（日月之会）、火［心宿］中、策［尾宿］、鹑火都是指一年中发动战役的时间以及暗示这场战役会胜利的相同或相似的星象预兆。[1] 它与牧野之战的主要区别在于对虢国的攻击将发生在秋季而不是冬季。

正,贞和鼎

"贞"在《利簋》中的一个应用出现一个源自古老楚辞《离骚》的段落中,这首辞的作者著名的屈原(约公元前4世纪)用天文术语给出了自己的出生时间"摄提贞于孟陬兮,惟更寅吾以降"[2]。"贞"一直被解释为"正"。[3] 当摄提正时,计算机模拟显示指示季节的北斗在一年的正月孟陬是垂直的。垂直于地平线就是贞/正。(见后文《夏小正》中的段落)

在第四章"把上天拉下凡间"第一节中,我分析了中国古代利

---

[1] 晋国君主关心的一个原因可能是木星最近刚离开了晋的分野大梁,木星位于大梁时将大有益于晋,但是现在木星运行至秦的分野。

[2] 司马贞(活跃于约8世纪)在他的注释《索隐》中提出将正月孟陬和摄提的方位对应显示出历法已被严重疏忽,这与屈原挽歌的主题一致;《史记》"律书",25.1258。也可见周言,2000;"利簋铭文'岁鼎'补释,"(2000)。

[3] 摄提指牧夫座内左右两边的三星,两边围住大角星,战国时期的石申《石氏星经》有:摄提六星夹大角。见《天官书》:摄提者直斗杓所指,以建时节,故曰摄提格。在讨论这段话时,周言将摄提的历法功能与木星的实际位置混淆了。摄提只在表示摄提格或岁星12年周期的第一年时才指木星。比较司马迁《天官书》,"摄提者,直斗杓所指,以建时节,故曰'摄提格'""……以摄提格岁:岁阴左行在寅,岁星右转居丑。正月,与斗、牵牛晨出东方"。摄提这一辅助性季节标志的历法功能在司马氏的《历书》中有详细的阐述。《韩非子·饰邪》中表示木星的岁和摄提有明显的区分:"初时者魏数年东乡尽陶卫,数年西乡以失其国,此非丰隆、五行、太一、王相、摄提……岁星数年在西也。"

用星来为建筑定向的技术。我在那里再次给出了描述从西周至汉定向步骤的文本，着重解释了《鄘风》中的诗歌《定之方中》："定之方中，作于楚宫；揆之以日，作于楚室。"那里我展示了"正"字描绘了定向步骤必需的同时也是其结果的观测与上文《离骚》中的应用一致。正，贞，鼎都具有相同的韵律，而且在语义上密切相关。"定"宝盖头下的下半部分用"正"写成当然绝非偶然。① 而且，它们都与用来完成"校正"任务的星官飞马座的名称定（＊m-tˢeŋ-s）密切相关。② 在《尧典》"敬授人时"中，"正"也以"精确测定"的含义用于各星，如"以正仲冬"。因此"定"和"正"在这些语境中基本上是同一个字，因此像描绘的那些定向步骤一样采用了"正"的根义。③ 我也认为：

还需注意"贞"字……在商甲骨文中用于引出占卜中有待证实的询问。这个字的含义一般通过功能性的托辞诸如"卜"或"验"来获得，它似乎没有"证实为正确的"这一根义。"鼎"字在甲骨卜辞中经常与"贞"互换，有时候甚至在同一个句子中……由于"贞-鼎"也所属的"定-正"这一类字的具体含义"拉直～定向～校准"之间存在明显的关联，也许可以在甲骨文"贞-鼎"的应用中发现与超自然力量"保持一致"的类似冲动，这是占卜现象的核心所在。也就是说，通过与上天力量的位置所在保持一致来"校正"物理空间的规划布置，"定-正"在精神空间的实践中也有其心理上的对应物，即通过与那些非常神圣的实体进行文字的交流"贞"来

---

① 于省吾，《甲骨文字诂林》卷 3，1996 年，第 2718 页；Boltz, "Three Footnotes on the Ting 'Tripod'," 1990, 2，描绘了"鼎"和"贞"用作"长期研究和确定的"时在写法上的交替使用。

② 星官"定"，对应飞马座大四边形，包含第 13—14 宿营室 and 东壁，被视为清庙，而且可精确地定位到真北极。

③ 于省吾，《甲骨文字诂林》，1996 年，第 790 页。

证实某个主题的正确性。[1]

正和中

进一步分析张政烺原来的解释，即"岁正"一词指非常重要的星占内容"岁星正当其位"。一些人认为木星的"正"指上"中天"。还有其他一些人，后来才认可了岁指木星，也同意这一观点。然而，一些人忽视了铭文前两句话之间的对应，将"朝"和"岁鼎"都放在第二句的开头，并认为岁星刚好在黎明时分位于当地子午线上，这与他们所谓的"正"的含义一致。这使他们得出牧野之战的日期为公元前 1044 年，当时木星确实在黎明时位于当地子午线上，但是木星离开周的分野"鹑火"独特的"鸟星"超过 60°。因此，那些人持这一位置别无选择但是拒绝明确地将木星置于鹑火的固定文本和编年史证据；即《国语·周语》中的内容："昔武王伐殷，岁在鹑火……岁之所在，则我有周之分野也。"[2]

然而我们将在后文中看到，在这类语境中将正与中视为同义是错误的。众所周知，星星上中天和它们在晚上的出现被用于确定一个"星历"，以安排诸如《尧典》中的季节性活动。没有什么特

---

[1] 这一解释与司礼义（Paul L-M. Serruys）原来提出的解释一致，他认为"贞"在证实或"确定尚未决定的事情"的意义上具有"测试，证实"的含义；见司礼义，"Studies in the Language of the Shang Oracle Inscriptions," 22 – 23。在对商甲骨文中"鼎"和"真"的详细研究中，高嶋谦一扩展了司礼义的解释："鼎"字，正是它的应用，商祭司和君主们相信放大了"贞"或其他仪式的效果。而且，通过"贞"和"鼎"，商代来寻求神圣力量的认可；高嶋谦一，"Settling the Cauldron in the Right Place," 415。也可见席文（David S. Nivison），"The 'Question' Question" (1989)。

[2] 编年史证据，见"附录 1"与班大为（Pankenier），"Astronomical Dates in Shang and Western Zhou," 1981 – 82。

别的星占含义与行星过某地方的子午线有关，因为只要行星出现在天空中这类现象每晚发生。一个例外是金星，当它最亮且离太阳足够远的时候，如果有人知道应看向哪里，能在白天看到它上中天。[①]

无论如何，木星彻夜清晰可见，在正南方正位于周分野的正中，并与鸟星连成一线，是《利簋》中"鼎-正"所指的内容。

《定之方中》

为论证这一分析，我再次转向《诗》中的《定之方中》。这首诗的主题是赞颂卫文公在公元前 658 年重建被毁坏的都城时相关的仪式很正确[②]：

> "定之方中，作于楚宫；揆之以日，作于楚室。"

在描绘的各种活动中最重要的是太庙的规划方位正确。[③] 注释者们都认同开展此项工作的时间"定之方中"指星官"定"经过当地子午线在晚上位于正南方的时候。注释中第一条毛亨的注释叙述如下：

> "定营室也。方中昏正四方。楚宫楚丘之宫也……揆度也。度日出日入以知东西。南观定北准极以正南北。"[④]

---

① 这是统治权变更的一个征兆，司马迁有记载。《史记·天官书》，27.1324。

② 这首诗庆祝了卫文公于公元前 658 年在卫因狄蛮入侵被毁后在楚丘的重建。因齐桓公将狄逐出该地区文公才能重建，卫国才得以恢复。

③ 事实上，黄铭崇列举证据，认为建设中的这一建筑事实上是具有高度象征性的国家仪式中心明堂；见黄铭崇（1996，346）说这首诗描绘了卫国在公元前 658 年重建都城。这一解释毫无争议……然而，我们认为这首诗描绘的是重建一个神圣建筑——明堂的整个过程。

④ 《十三经注疏》，1970，vol.1，59。

郑玄(127—200 年)扩展了毛亨的注释：

> "楚宫谓宗庙也。定星昏中而正。于是可以营制宫室。故谓之营室。定昏中而正。谓小雪时其体与东壁连正四方。"[1]

在第四章《把上天拉下凡间》(本节)中我展示了"定"的东西两壁形成了每边由两颗星组成的两条对边。但是它们都有一个甚至更重要的特征。如果看下图 2 中的经线，立即就会看到有时候称为"天庙"的"定"的东西两壁，与会聚在北极超过 70°处的子午线完美地对齐。飞马座大四边形、定的日夜旋转，意味着天庙能用来定向北极，在一年的最佳时间——夜晚经过当地子午线，当"定"的两条边(后来被分成营室和东壁两宿以形成 28 宿，易于四季的划分)垂直于地平线并穿过头顶上方的顶点指向北极时(图 3)。在一年中的其他时间，当"定"不能看见或与地平线形成斜角时，它不能用来定向。这样，我们才理解了上述毛亨注释的真实含义："定营室也。方中昏正四方。楚宫楚丘之宫也……揆度也。度日出日入以知东西。南观定北准极以正南北。"

调查显示在商晚期和西周这类标准化的定向观测最佳的时间是在秋末的晚上。确切时间由于观测时间不同而有轻微的变化。小雪时，"定"最适合在日落后的黄昏进行观测。各种各样的资料证实在农忙季节结束后的秋季将开展这一活动。例如，《国语·周语》有："营宫其中，土功其始。"[2]因此，用来表示一颗星或星官(或者中午的太阳)位于当地子午线上的词是"中"，有可能事实上这就是"𠁥"字的来源。然而，就"定"来说，它只有在这个星

---

[1]《十三经注疏》，1970，vol. 1，59。
[2]《国语》，2.9b。

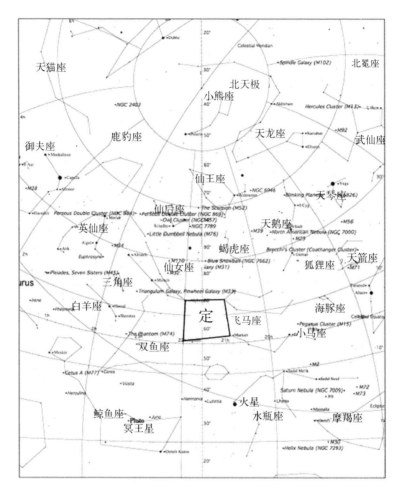

图 2　公元前一千纪中期的秋末夜晚飞马座(定)在南方垂直于地平线(天文模拟软件 Starry Night Pro 6)

官正好位于当地子午线正南方的"中"时,才能发挥它的"正"功能,因为此时它的东西两边正垂直于地平线。这就是为什么郑玄详细阐述"中而正"的原因。在一年的其他时间"定"会过子午线("中")但是都不会是"正"的,即"正直"。这被《左传》(庄公二十九年)中一段有关建筑活动时间的相应内容所证实:

"冬,十二月。城诸及防,书,时也。凡土功,龙见而毕
务,戒事也;火见而致用。水昏正而栽,日至而毕。"

这里再次,用来描绘"水宫"或营室(位于天之冬或"水"宫的
中央)的更准确的词,是"正"。虽然这两个条件"中"和"正"恰好
都发生在这个季节,严格来讲它们表示的意思并不相同。因此,
必须仔细地区分这两个技术性词汇的含义。

再举一个例子。《国语》中有一段话描绘了非常古老的时候,
在春初基于对自然现象的观测,太史会宣布此时适合开展农业活
动。[1] 其中一个关键性的季节标志是称为"农祥"的星官在黎明
前出现,它是位于天蝎座的第4宿房宿的一个俗称:"农祥晨正,
日月底于天庙,土脉乃发。"韦昭的注释证实了农祥就是天蝎座的
房宿,而且他注释"晨正"如下:"谓立春农祥中。"韦昭随后解释了
日月的内容:"天庙,营室也。正月,日月皆在营室。"

可惜,韦昭没有将"正(直)"和"中"区分开。实际上,由于房
宿(距星为天蝎座 π)和营室(飞马座 α)之间还有间隔,日位于营
室时房不可能以其一般的含义"中"于当地子午线。图3描绘了
周代的情况,看一眼就可得知房宿的位置在南方以及当太阳位于
营室时这个星官的定向。然而不是位于当地子午线之中,当时房
宿四星的连线是几乎垂直于地平线,或"正",这一定向正是让星
官"定"在此时得以发挥类似于北斗的定向作用。因此,显然"农
祥晨正"并不是指"当农祥中于黎明时"而是"当农祥正于黎明
时",如北斗正于孟陬月时,是一个标志农历开端的非常准确的季
节指示。的确如此,此时农祥也几乎位于子午线的正南方,但是
文献用的是"正",而不是"中"。

---

[1]《四部备要》,1.7a。

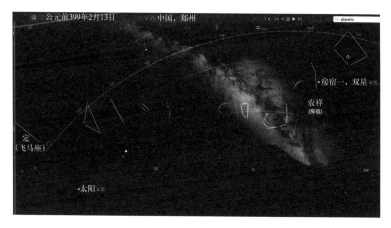

图3　周晚期新年时的天空,恰好在黎明前农祥垂直于地平线,当时太阳即将在天庙(定星座)升起。几个小时前农祥上中天(天文模拟软件 Starry Night Pro 7)

这里还有另外一个例子,这次出自《夏小正》:"正月斗柄悬在下;六月初昏,斗柄正在上。"陈久金和其他人引用了《夏小正》中其他地方与星座定向有关的段落,证实了文本中"正"和"中"有明显的区分,以及与各种方位连在一起的"正"用于表示"正东、南、西和北"。①

"正"用于行星

考察"正"用于行星的类似用法得出了一个相似的结论。通过分析《史记》中与金星有关的星占预测,可知这类语境中的"定~正"不是指它们在当地的子午线上中天:

---

① 在他们的书中,陈久金和他的合作者们忽视了"正直"的含义,这是定义中的一个重要部分。陈久金,卢央,刘尧汉,《彝族天文学史》,昆明:云南人民出版社,1984年,第202页。钟守华说秦简星占学文献《天官书》中的"正"表示面向南方进行观测,但是我们看到,这只是它的一部分含义;钟守华,《秦简天官书的中星和古度》,2005年,第93页。

"其出卯南,南胜北方,出卯北,北胜南方;正在卯,东国利。出酉北,北胜南方,出酉南,南胜北方。正在酉,西国胜。"[①]

与金星有关的这段话非常适合我们的讨论,因为它明确了在涉及行星星占预测时,"正"并不是指在子午线上中天。这是因为金星作为一颗内行星,位于太阳东或西不可能超过 47°,仅为其最高点的一半,因此如我们前面看到的,除了白天它不可能"中"于子午线,因此,在行星星占预测中,"正"应被理解为"位于恰当的星区"。我们在图 4 中看到公元前 1046 年 1 月的天象。就在此时,木星不仅位于鹑火之中,而且当这一对星象在夜晚穿过当地子午线时岁星位于贯穿鸟星通向地平线的直线上,从而木星当时如郑玄所说的"正而中"。

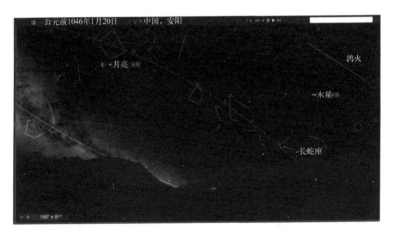

图 4　公元前 1046 年 1 月 20 日黎明前从安阳看见的西方天空景象。木星即将在夜晚的西方天空升起,整晚可见。夜晚的几个小时以前岁星和鸟星将穿过当地子午线,在正南方既正而中。月龄是第 21.23 日,1 月 13 日满月 8 天以后(Starry Night Pro 7)

———————————

[①] 《史记·天官书》,27.1326。

青铜器铭文中的月相

毋庸置疑西周青铜器定年中最棘手的问题涉及对许多铭文时间表述中所谓"月相"的解释。四个时间表述"初吉，既生霸（魄），既望，既死霸（魄）"，后接干支日期，经常作为结尾元素出现在铭文内部的日期中。通常它们被称为"月相"。"月相"一词本身就存在问题因为它预判了在事实上所有这四个表述是否真地与月亮的变化有关这个问题。

传世的解释出自王国维（1877—1927 年）对古代文献和青铜器铭文中这一类表述的研究。王国维认为"初吉指从一个月的月初至第七或八日，既生霸指从第八或九日至第十四或十五日，既望指从第二十三日至朔望月的最后一日"①。这是通常的解释，直至 1958 年黄盛璋有说服力地指出，至少初吉与月相无关，但是一切都是为了确认这个月第一个吉祥的天干符号。

然而，既然并不是所有的十个天干都是一样的吉祥，有可能"初吉"原本指的是一组吉祥天干中的一个的首次出现。在周晚期，丁亥日最受欢迎，超出其他所有干支。无论如何，黄的发现，最初是由王引之（1766—1834 年）对类似内容的一个注释所带来的灵感，已被呈现西周至清代所有时段的中国书写遗产的青铜器铭文和文学文本中的大量证据所证实。尤其是，不同铭文中出现的"五月吉日孟更"和"五月吉日初更"指同一年同一月证明了黄的解释基本正确，而且应被视为铁证。最近在歧山南坡周早期宫殿遗址地层中发现的三份甲骨文中包含奇特的"既吉"一词。这

---

① 王国维，《生霸死霸考》，《观堂集林》，北京：中华书局，1959 年，第 19—26 页。

个词与"月吉"和"初吉"可能有何关联尚需研究。既然"既吉"似乎指"吉"日或时间段以后的日或时间段,这三个词不可能意思相同。[1] 即便黄的论证非常有说服力,然而争论继续围绕着这四个表述是否指四个月相、四个定点、将一个月分成两半再加上两个更短的时间段等等而争论不休。这里没法评价所有这些相互竞争的假说,而仅仅对这个问题进行概述并描述最有希望提供令人信服的解决方案的方法。

用最简单的话来说,为了确定这四个表述的确切含义,关键是要复原这一年的历日,还要知道记载或铭文自身的日期。但是要确定绝对日期,必须在文体、碑文和内部历史证据的基础上,确定在哪一个君主在位时期的哪一年刻下了铭文,而所有的这些证据都尚需解释。此外,由于这些器皿的地点不同,还必须假设有一个"皇家"历法(例如,正月)在不同的国家之间连续使用、每个君主的在位年限和应用的置闰方法(或如果没有,那情况会是如何)。即使对置闰方法达成一致意见,我们从《春秋》和《左传》一类的文本资料得知,规则的置闰经常被忽视。[2]

由于涉及许多变量和不确定因素,很难就这个问题的一个或另一方面避免循环争论或诡辩。既然西周各君主的在位期限还没有真正明确的结论,加上由于不可能最终确定在哪个在位时期有足够多的、已有内部日期的青铜器被铸造,不可避免的结果就

---

[1] 黄盛璋,《释初吉》,《历史研究》卷 4,1958 年,第 71—86 页。这个遗址出土的"周原"甲骨文也有各种含义的"既死"和含义不清的"既魄";见例如,《陕西岐山凤雏村发现周初甲骨文》,《文物》卷 10,1979 年,第 41 页,no. H1-1:55;徐锡台《周原出土卜辞选释》,《考古与文物》卷 3,1982 年,第 61 页,no. H11:26, 48, 54;徐锡台,《探讨周原甲骨文中有关周初的历法问题》,《古文字研究》卷 1,1979 年,第 203—207 页。

[2] 将春秋时期不规则的置闰作为历法逐渐进步的证据,对此简洁的讨论见黎昌颐编,《中国天文学史》,第 71—72 页。

是给甚至包含完整内部日期（包括君主在位的年代、月、月相、日期）的碑文确认绝对日期的努力不能完全令人信服。因此，这四个"月相"词汇的含义长期以来不能达成共识。① 学者们继续坚持他们自己有关哪些青铜器属于西周君主哪段在位时期的文献学结论，这些结论却依赖对经常混淆的历史证据的解释，这些历史证据并不总是铭文自身包含的。②

1981 年一个开拓的却经常被忽视的研究尝试了一个看起来有希望的、新颖的途径。包括编纂《中国天文学史》团队在内的一批天文学家采用了一种新方法。学者们将他们的注意力集中在两小组带铭文的青铜器上，不考虑对这四个词汇的解释，它们的历史年代大多数金文学家已有共识。将所谓卫组③的三个青铜器与第十五年的趞曹鼎视为一组，而四个所谓的司马共器④作为另外一组，他们研究了每组器皿中历日日期和"月相"之间的关系。这个研究的编纂者们得出结论："西周时期（至少是西周中期）是将一个朔望月分成两半，上半月称既生霸，下半月叫既死霸……初吉很可能就是初干吉日，既望的含义比望日要扩大一些。"⑤

自此以后，像之前黄盛璋对初吉的研究一样，也许还因为他们的数据组非常小，他们的研究结果没有遭到许多研究他们各自的西周年表复原、和或王国维对 4 个月相词语解释的学者们忽视性的反对。这些异议者中一些外国学者非常突出。一个著名的

---

① 见叶正渤，《20 世纪以来西周金文月相问题研究综述》，《徐州师范大学学报（哲学社会科学版）》第 5 卷，2004 年第 30 期，第 9—13 页。
② 对一般方法论的批评，见班大为，"Reflections of the Lunar Aspect on Western Chou Chronology," *T'oung Pao* 通报（Second Series）78. 1/3（1992）：33 - 76. https://www.jstor.org/stable/4528553.
③ 它们是：三年卫盉，五年卫鼎，九年卫鼎。
④ 师晨鼎，师俞簋盖，四年瘭盨，谏簋。
⑤ 中国天文学史整理研究小组，（1981），20—21。

例外是奋力确定西周年表的夏商周断代工程,在它们最初的报告中形成了与《中国天文学史》的编纂者们基本一致的结论,但没有包括"生霸"和"死霸"指一个月分成的两个部分这个结论。[1]

实际考量各种月相理论

各种各样的月相解释面临的一个严肃问题从早期阶段起应很明显。对于周朝月相的观测者们来说,它逐渐变得明晰并挫败了他们早期试图仅通过观测来给月亮的运行制定一个规则框架的努力:

> 不像其他两个基本的时间单位,太阳日和太阳年,朔望月不是常数而且变化多端。在前后相继的月份中,这些月相再次出现的时间差多至两日半……。如果太阳和月亮在同一平面的两个圆形轨道上以常速围绕地球运动,它们的相对速度就能再现这两个天体与地球有关的所有现象。月亮再现其任意相位的时间间隔是相等的,而且朔望月将立即成为基本时间单位,所有月亮现象的预测可能很容易实施。事实上,由于天体之间的引力,月亮的运行是人类可以想象的最迷人问题中的一个。例如,月亮的近地点,决定了月亮的速度因而影响了所有月亮周期的长度,诸如恒星月和朔望月等等,会向前和向后移动。因此近点月的长度(即,从近地点到近地点),如果单独视为一个两体问题,将是一个常数,在 25 至 29 日之间变动。[2]

---

[1] 夏商周断代工程专家组,35。最近的共识,囊括了对夏商周断代工程结论微小的调整,见陈久金,《关于夏商周断代工程》,《关于夏商周断代工程西周诸王年的修正意见》,《广西民族大学报(自然科学版)》(第 3 卷),2014 年第 20 期。

[2] 前山保胜(Y. Maeyama),"The Length of the Synodic Months: the Main Historical Problem of the Lunar Motion," *Archives internationales d'histoire des sciences* 29 (1979),69,84。

月亮各相位时长变化的结果很容易通过查询任何一年的《天文日历》(*Astronomical Almanac*)得到证实。下面的表格,出自"1982 年月亮的物理观察星表",显示了不断变化的周期性,并清楚地展示了 1982 年 11 月和 12 月在月亮四个相位的各自周期中存 2 日半的变量。月亮满月(100%可见)的时间从 13.6 日至 16.0 日变化不等。在夏商周断代工程发布的对月亮词汇的综合分析中,这种变化很能解释偶然出现的 2—3 日的偏离。例如,它完全解释了为什么在诸如专家们研究的 6 次"既望"中,它能在朔望月的第 16 日至第 20 日之间变化。①

表 1　一个典型的朔望月中月亮各相位时长的变化

月	日期表示的四个相位时长		望日
	第一	第三	
一月	7.8	7.0	14.6
二月	7.4	7.9	13.8
三月	7.0	7.7	14.1
四月	6.8	8.4	13.6
五月	6.6	8.2	14.1
六月	6.8	8.7	13.8
七月	7.0	8.2	14.5
八月	7.3	7.6	15.2
九月	7.7	7.7	14.9
十月	8.0	7.0	15.5
十一月	8.2	6.3	16.0
十二月	8.2	6.6	15.4

---

① 陈久金,《关于夏商周断代工程》,《关于夏商周断代工程西周诸王年的修正意见》,《广西师范大学报(自然科学版)》(第 3 卷),2014 年第 20 期,第 19 页。

在这种情况下,即便中国古代的观测者决定将月亮周期分成四个必然不相等的相位,而不是仅分成两个两周左右,很难想象在循环的四个月亮相位之间数日子并记下它们各自的时间段,能使他们认识到相位能用于实际目的,尤其是考虑到"旬"的存在和不间断使用。可以想象月亮从黑暗至满月再回到黑暗的变化被记下来,但是这完全是另外一回事。

如果,换句话说,假设包含月相词汇的铭文是它们用于标记事件日期的残存遗迹,也必须假设月相的观测正以表 1 中呈现的方式波动。然而,事实上,月相的变化通常被完全忽略而不是被记录,而且由于裸眼观测和简陋的纪时,观测到的变化很可能超出前文给出的 2 日半。[①] 因此,能够得出结论,月相的这些指标太不精确而很难用作要求精确到日的绝对定年的主要基础。而且,由于后世春秋时期历史学家们通过直接观测来校正历法时的好坏表现不均衡,没有理由假设他们的西周同行在几个世纪以前把工作做得更好。[②]

严格的数学分析

最近,完成了一项类似的更有雄心壮志的研究,它采用了类似于《中国天文学史》编纂者们使用的数学方式,但是以特别适合这个目的的一个更大的数据组为基础。类似以前的研究,它仅应

---

① 商晚期,像当时的美索不达米亚一样,月、年的开始以及将闰月置于年末都是在实际观测的基础上而不是通过计算得出的。商晚期的一个月是 31 或甚至 32 天,其可能性是与自公元前 1077 年商晚期君主帝辛攻打人方的战役以来有日期的记载的讨论联系在一起的。见《中国天文学史》,1981 年,第 15 页。

② 将春秋时期不规则的置闰作为历法逐渐进步的证据,对此简洁的讨论见《中国天文学史》,第 71—72 页。

用明确相关的铭文自身的内部历法日期所形成的相关限制，来研究每个月相词汇含义的可能范围，从而避开了历史日期和在位年限的问题。分析的文本包括 7 个独立的材料组，选择的每份铭文包含两个或更多的月相、月和日期，从而它们在日期上的区别能精确地识别出。在每一组铭文内部对算法限制进行严格分析，将有可能确定月相词汇可能指示的日期范围。作者总结了研究如下：

> 首先既生霸和既死霸从名称上看，应该指一个月的上半月和下半月中相应的两部分，不应该跨越望日或有重合的部分。从本文的讨论看，既生霸应该包含整个上半月，而不只是四分之一个月。相应地，既死霸应该包含整个下半月。
>
> 其次，既生霸和初吉应该有重叠。
>
> 第三，本文中涉及一条初吉，单从排出的结果看，并没有限制的非常严格，晋侯苏钟的初一到初八之间，静方鼎在初一到初四之间，三件卫器加曹趄曹鼎得到的初吉是二十九——初四之间，司马共组铜器两条初吉是上半月，虽有学者认为初吉不是月相，但从这里看如果将初吉定为一个月的前面若干天，所涉及的材料都能合理地排入，因为关于既生霸的研究结果排除了月相的四分说，因此认为初吉是一个月的前四分之一月相变得没有基础，由此看来初吉是初干吉日的解释应该比较可取。[1]

必须注意，这个分析显示了毫无疑问用"四个月相"来解释西

---

[1] Xu Fengxian, "Sequential Relations," 35；徐凤先，《以相对历日关系探讨金文月相词语的范围》，《中国科技史料》1，2009 年，第 89—101 页。

周铭文中的月相词汇"初吉,生霸/魄,既望,死霸/魄"不会是正确的。如今这已得到反复的验证,包括综合性的夏商周断代工程研究团队的证明。现在,或许,我们可以再进一步确认西周铭文和文本中也经常在月相前面出现的修饰语"既""旁"和"既旁"的确切含义。①

众所周知,《逸周书·世俘解》篇保存了遗失的《武成》篇中周克商时期及之后的一系列时间确定的事件。这些事件中关键的一小部分除了事件、月和干支日的类型外,还囊括了公式化的时间表述序言。② 这些时间表述序言,以及青铜器铭文中有关年代的那些陈述,在几乎所有的西周年表研究中都成为月相分析的基础。相关的时间陈述是:

> 1. "惟一[二]月丙午,旁生魄若翼日丁未,王乃步自于周,征伐商王纣。"
>
> 2. "越若来二月既死魄越五日甲子朝,至接于商。"
>
> 3. "时四月,既旁生魄越六日庚戌,武王朝至燎于周。"

幸运的是这三条陈述都很完整,包括月、月相和干支日。这有可能通过将事件置于历日中来确定这些词的确切含义,而无需对这些月相词汇的定义做任何前提假设。由于它们的不确定性和不确定的可靠度,这些词语在我之前将"武王征商"的时间定为公元前 1046 年时没有起任何作用,公元前 1046 年是根据一些最可靠的文献中出现的所谓"受命年"的计算,以公元前 1059 年著

---

① "旁"是"方"的同音异形字,解释为"刚刚",如"定之方中"中的用法。

② 朱右曾,1940,《逸周书集训诂校释》,3.27。《逸周书·小开》记载公元前 1065 年 3 月 12—13 日有一次月全食。这已被证实并精确到日期,它也证实了《世俘解》中的日期在历史上也是准确的这一假设中的日期。见 Pankenier "Astronomical Dates in Shang and W. Zhou," 5;《中国天文学史》(1981),21。

名的五星会聚及其前后事件的相对年代的木星运动为基础而作出的。[①] 但是现在,用克商之年事件的编年史来检验克商的时间为公元前 1046 年 1 月 20 日,我们可以精确地确定《世俘解》中记载的干支日对应的月亮亮度。当然,它们在六十甲子中的位置是固定的,因此这些数字不会有问题。

表 2

二月既死魄越五日 21.6 天	克商 甲子 01/20/1046	16	己卯	31	甲午	46 ↓	己酉
2	乙丑	17	庚辰	32	乙未	既旁生魄 月龄 9.1 天	武王朝至 庚戌 燎于周
3	丙寅	18	辛巳	33	丙申	荐俘殷王 鼎告天宗 上帝	辛亥
4	丁卯	19	壬午	34	丁酉	49	壬子
5	戊辰	20	癸未	35	戊戌	50	癸丑
6	己巳	21	甲申	36	己亥	谒戎殷 于牧野	甲寅
7	庚午	22	乙酉	陈本命 伐磨	庚子	王定	乙卯
8	辛未	23	丙戌	38	辛丑	53	丙辰
9	壬申	24	丁亥	39	壬寅	54	丁巳
10	癸酉	25	戊子	2/28/1046 月龄 1.4 天	四月 癸卯	55	死魄 戊午 月龄 16.7 天
11	甲戌	26	己丑	正月 12/31 41 1.56 天	旁生 甲辰 月龄 2.9 天	王成辟四 方通殷命 有国	既死魄 己未 月龄 17.7 天

[①] 陈久金,《关于夏商周断代工程西周诸王年》,《关于夏商周断代工程西周诸王年的修正意见》,《广西师范大学(自然科学版)》(第 3 卷),2014 年第 20 期,第 22 页。

续表

二月既死魄越五日 21.6 天	克商 甲子 01/20/1046	16	己卯	31	甲午	46↓	己酉
12	乙亥	27	庚寅	生魄 月龄2.6天	既旁生魄 乙巳	57	庚申
13	丙子	28	辛卯	旁生魄 月龄3.6天	丙午	58	辛酉
14	丁丑	29	壬辰	王步 自周	丁未	59	壬戌
15	戊寅	30	癸巳	45	戊申↓	60	癸亥↓

表 2:《世俘解》事件记载的公元前 1046 年前 4 个月的历表。误差为 1 日。例如,当年第一个月的第一天很可能为 12 月 31 日而月龄为 36 小时。丙午日(旁生),一天后生魄,月龄为 3.6 日。这就是后世称为"腓"的那日。红色的日期在"牧野之战"以前,那些绿色的在那场战役以后,主要在 4 月。箭头表示之后的带"既"的日子。如果"生魄"始于 2 月 28 日,它至少持续 8 日直至庚戌日,而且有可能直至望日乙卯日。举行"王定"仪式的那天发生在望日 3 月 12 日

● ♯1 中的时间有如下内容:《世俘解》中"一月"武王从周出发,但是如果甲子日位于二月这不可能正确。而且,"一月"没有出现在西周铭文中;如果这是指第一个月,应称为"正月"。学者们得出结论认为"一"应是"二"的误写。丁未日对应公元前 1046 年 1 月 1 日,而月龄为 2.5 日。新月出现在 12 月 30 日。实际上没有明显的理由要在记录上明确提到丙午,除非它有一些特殊的含义,而且根据历法,很可能第一天就观测到新月或生魄。很久以后,首次观测到新月的这天,通常迟至一个月的第三天,被称为"腓",然而这里"丙午"被称为"旁生魄"。不是将一个月的固定一天称为"腓",有可能早期仅仅是用新月的首次出现来定义一个月的第一天。这意味着观测到的新月月龄约为 36 小时,这非常好而且激发自信。"旁生魄"从而指实际的新月的后一天。"既"从

而应指自"旁生"日起的那段时间,这一天一般为这个月的第三天。这个"既旁"的第一天后世被定义为"朏"。

- ♯2中的时间有如下内容:二月甲子日是首次观测到月亮开始月亏之后的第五天"既死魄越五日"。这一天是1月20日,这一天的月龄为21日,或望月一个星期以后,望月为1月12—13日,此时的月龄为14.8日。因此"既死魄"应不是指一天,而是月亏首次出现以后的月亏相位,通过类比和简单的逻辑,可知"生"和"死"如前面《中国天文学史》和徐凤先证明的那样,指将一个月一分为二形成的月盈和月亏两个部分。

- ♯3中的时间有如下内容:庚戌日是"既旁生魄十六日"。根据对天文学环境的计算机模拟,庚戌日为3月7日,这天的月龄为9.2日(新月出现在2月27—28日)。因此,如果二月丁未日的月龄为旁生或2.5日,同时如果现在庚戌的月龄9.1日(太阳正午)在丁未的6日以后,那么四月"既旁生"的月龄将为3.6日,这一结果与♯1中的结果相符。望月二十四小时以后是可能观测到月亏的最早时间,基于这一天的具体时间和观测者的敏锐性有多高。"既生"或"既死"12日左右以后都被称为"既"是符合逻辑的。

因此,这些"月相"都符合公元前1046年的历法。这三个时间内在都自恰,这极大增强了定年的信心和"世俘—武成"日期的可靠性。

这三条记载巩固了克商年代为1046并彼此相互证实。它们进一步论证了第一个月相生霸(魄)始于新月的首次出现,以及第二个月相死霸(魄)出现在望月以后,从首次观测到月亮的明亮面开始收缩的亏凹阶段开始。我们看到二月甲子日的"既死霸

(魄)＋五日"指月亏,月龄约为 17 日。①

注意实际看到的新月和亏月的首次出现可能有 1 或 2 日的变化,上述结果证实了"生霸"和"死霸"是将朔望月粗略分成两个相等部分的两分法解释,每个约为 12 日,被月中 3—4 日的"望月"隔开。我们在上述表格中看到,真正的"望",包含满月的那一天,会发生在一个月第 14 至 16 日中的任何一个时间。

月相词汇起源的一个重要线索

出自西南彝族天文学的一条非常重要的证据以前被忽视了,但对这个问题有重要的意义。这个民族与三代时期至汉代中原古老的对手"羌"有密切的联系。事实上,彝族民众几个世纪以来在中原人口膨胀的压力下从陕西和甘肃向南方迁移。渭河流域的周原与西边的非汉族民族非常亲近,这就是周武王被任命为西伯的原因。那些民族的入侵最终迫使周王室放弃了渭河流域而于 771 年重新定居于洛阳。生活在西边的周民众中,当然一大部分所谓的"蛮族"与周有紧密的文化纽带和联姻。

第二部分"以天上为基准"的相应章节中指出,有进一步的有力证据显示彝族天文学和《夏小正》中记载的"月令"有紧密联系。尤其相关的是彝族的纪时特别关注月相。② 他们将一个月分成望月前后各 12 日的两个时段,这意味着他们的望月至少持续 3 至 4 日。这与这个研究现在展示的 1046 年历法细节的安排方式

---

① 在月相的"四分法"解释中,"死魄"五天以后在日期上应是最后一个四分之一月相的末尾,约在这个月的 27 或 28 天。但是在公元前 1046 年 1 月中,甲子日比它早一个星期,仅在望月的 7 天左右以后。"四分法"解释显然站不住脚。

② 陈久金,卢央,刘尧汉,《彝族天文学史》,1984 年,第 121,254,263 页。

一样。这可以很好地解释西周早期青铜器铭文中"月相"在时间表述中的突然出现。此前在周如此急切地仿效和吸收其主导性商文化和文字的卜辞中，没有任何的"月相"痕迹。

结　论

武王伐纣的日期 1046 年 1 月 20 日因而与我们确切知道的这起划时代事件的一切，无论是文本记载、青铜器铭文记录、历法、商晚期和周早期的相对年表、还是实际的天文学状况都一致。"右史利"的称谓显示他的职位相当于后来的西周铭文中出现的"史"一职。"史"的职权范围包含星占学、占卜，以及记录君主和宫廷的重要事件和行为。然而，后来的西周史官很少会像这里的"右史利"一样因其服务受到如此高的嘉赏。

在铭文中他记载了有关这场重要战役的三个突出事实——(i)精确的时机，(ii)星占学条件，和(iii)成功的结果——后世庆祝性青铜器铭文的典型类型。毋庸置疑，既然商都距离周有许多日的路程，从公元前 11 世纪后勤的角度来看，进攻的决定一定是提前制订好，以调集盟国并在黄河会合。当然"右史利"确定岁星一定位于周的分野星区鹑火很关键，而不会像 1048—47 年发生的那样驶离这个天区，迫使之前的那次战役在孟津中止。① 因此，很有可能"利"需要确定岁星在战役进行之时"正"位于鹑火。"利"的预测对武王有利，这很有可能解释了为什么他在"利簋"中特别记载了他的星占预测来强调他个人在那场重大胜利中的作用。

---

① 在这里武王在下令从孟津撤退回周之前，向他的盟国们宣称"未知天命"。记载委婉地叙述武王仅"观兵"。Pankenier，"Cosmo-political background，" 10.

刻有电报式铭文的"利簋"的铸造,的确是为了纪念"右史礼"在那些事件中所起的作用。"利簋"的题名明确显示这件器皿是为了"利"的祖先祭祀而作,以使他之后的后代纪念他为家族荣誉作出的伟大功勋。这件青铜器并不是周王室记录事件的载体,然而,它的目的在于特别突出"利"成功决定了这场胜仗在星占学上的合适时机,这为他赢得了如此大的嘉赏。它给我们提供了中国古代历史上一次真正的划时代时刻的唯一记载,这是一件非常幸运的事。

参考文献

Abrabanel, Isaac, 1960. *Ma'ayney hayyešu'ah* (*The Wells of Salvation*) (rpt., Tel Aviv: Elisha, first published 1497).

Ackerman, Diane, 2011. "Planets in the Sky with Diamonds," *New York Times*, October 2, "Sunday Review," 5.

Allan, Sarah(艾兰), 1981. *The Heir and the Sage : Dynastic Legend in Early China* (San Francisco: Chinese Materials Research Center).

1984. "The Myth of the Xia," *Journal of the Royal Asiatic Society* (new series) 116, 242 – 56.

1991. *The Shape of the Turtle : Myth , Art and Cosmos in Early China* (Albany: State University of New York).

2007. "Erlitou and the Formation of Chinese Civilization," *Journal of Asian Studies* 66.2, 461 – 96.

2009. "On the Identity of Shang Di 上帝 and the Origin of the Concept of a Celestial Mandate (*Tian Ming* 天命)," *Early China* 31, 1 – 46.

2010. "T'ien and Shang Ti in Pre-Han China," *Acta Asiatica* 98, 1 – 18.

Allen, Melinda S., 2010. "East Polynesia," in Ian Lilley (co-ordinator), *Early Human Expansion and Innovation in the Pacific* (Paris: ICOMOS), 137 – 82.

Ames, Roger T. (安乐哲), 1994. *The Art of Rulership* (Albany: State University of New York). Ascher, M. and Ascher, R., 1975. "The Quipu as Visible Language," *Visible Language* 9.4, 329 – 56.

Atwood, Christopher(艾鹜德), 1991. "Life in Third-Fourth Century Cadh'ota: A Survey of Information Gathered from the Prakrit Documents Found North of Minfeng (Niya)," *Central Asiatic Journal* 35.3 – 4, 161 – 99.

Aveni, Anthony F., 2002. *Empires of Time : Calendars , Clocks , and Cultures* (Boulder: University Press of Colorado).

（ed.），2008a. *Foundations of New World Cultural Astronomy: A Reader with Commentary* (Boulder: University Press of Colorado).

2008b. *People and the Sky: Our Ancestors and the Cosmos* (New York: Thames and Hudson).

Aveni, Anthony F. and Gibbs, Sharon L., 1976. "On the Orientation of Precolumbian Buildings in Central Mexico," *American Antiquity* 41.4 (October), 510-17.

Bagley, Robert(白克礼), 1987. *Shang Ritual Bronzes in the Arthur M. Sackler Collections* (Washington, DC, and Cambridge, MA: Arthur M. Sackler Foundation).

1993. "Meaning and Explanation," *Archives of Asian Art* 46, 6-26.

1999. "Shang Archaeology," in Michael Loewe(鲁惟一) and Edward L. Shaughnessy(夏含夷) (eds.), *The Cambridge History of Ancient China, from the Origins of Civilization to 221 BC* (Cambridge: Cambridge University Press), 124-231.

2004. "Anyang Writing and the Origin of the Chinese Writing System," in S.D. Houston (ed.), *The First Writing: Script Invention as History and Process* (Cambridge: Cambridge University Press), 190-249.

Baillie, Mike, 2000. *Exodus to Arthur: Catastrophic Encounters with Comets* (London: B.T. Batsford).

Balme, J., Davidson, I., McDonald, J., Stern, N., and Veth, P., 2009. "Symbolic Behaviour and the Peopling of the Southern Arc Route to Australia," *Quaternary International* 202, 59-68.

Balter, Michael, 2011. "South African Cave Slowly Shares Secrets of Human Culture," *Science* 332 (June 10), 1260-1.

Ban Dawei(班大为), 2008. "Beiji de faxian yu yingyong"(《北极的发现与应用》), *Ziran kexueshi yanjiu* (《自然科学史研究》) 27.3, 281-300.

2011. "Zai tan beiji jianshi yu di zi de qiyuan"(《再谈北极简史与"帝"字的起源》)," in Patricia Ebrey(伊沛霞) and Yao Ping(姚平) (eds.), *Xifang Zhongguo shi yanjiu luncong* (《西方中国史研究论丛》), Vol. 1, *Gudai yanjiu* (《古代史研究》) [ed. Chen Zhi(陈致)] (Shanghai: Shanghai guji), 199-238.

Barber, Elizabeth Wayland and Barber, Paul T., 2004. *When They Severed Earth from Sky: How the Human Mind Shapes Myth* (Princeton: Princeton University Press).

Barillà, Enzo, n.d. "Drawing Nigh to February 1524: The Spate of Fear," available at www.enzobarilla.eu/estero/ING%20aspettando%

20il%20febbraio%20del%201524. pdf.

Barnard, Mary, 1986. *Time and the White Tigress* (Portland: Breiten-
bush).

Barnard, Noel(巴纳), 1993. "Astronomical Data from Ancient Chinese
Records: The Requirements of Historical Research Methodology,"
East Asian History 6, 47–74.

Basilov, V. N., 1989. "Chosen by the Spirits," *Anthropology & Archeology
of Eurasia* 28.1, 9–37.

Baudez, Claude and Picasso, Sydney, 1992. *Lost Cities of the Maya* (New
York: Harry N. Abrams).

Baxter, William H.(白一平), 1992. *A Handbook of Old Chinese Phonolo-
gy* (Berlin: Mouton de Gruyter).

Baylor, Michael, 1993. *Revelation and Revolution : Basic Writings of
Thomas Müntzer* (Bethlehem: Lehigh University Press).

Beasley, W. G. and Pulleyblank, E. G.(蒲立平) (eds.), 1961. *Historians
of China and Japan* (London: Oxford University Press).

Bellah, Robert N., 2011. *Religion in Human Evolution : From the Paleo-
lithic to the Axial Age* (Cambridge, MA: Harvard University Press).

Belmonte, Juan A., 2001. "On the Orientation of the Old Kingdom Egyp-
tian Pyramids," *Archaeoastronomy* 26, 1–20.

Belmonte, Juan A., Gonzalez Garcia, A. C., Shaltout, M., Fekri, M., and
Miranda, N., 2008. "From Umm al Qab to Biban al Muluk: The Ori-
entation of Royal Tombs in Ancient Egypt," *Archaeologica Baltica*
10, 22–33.

Bennett, Steven, 1978. "Patterns of the Sky and Earth: A Chinese Sci-
ence of Applied Cosmology," *Chinese Science* 3, 1–26.

Berger, Peter L., 1990. *The Sacred Canopy : Elements of a Sociological
Theory of Religion* (New York: Anchor Doubleday).

Bertola, Francesco, 2003. *Via Lactea : Un percorso nel cielo e nella storia
dell'uomo* (Rome: Biblos).

Best, Elsdon, 1921. "Polynesian Mnemonics: Notes on the Use of the
Quipus in Polynesia in Former Times; Also Some Account of the In-
troduction of the Art of Writing," *New Zealand Journal of Science
and Technology* 4.2, 67–74.

Beyton-Davies, Paul, 2007. "Informatics and the Inca," *International
Journal of Information Management* 27, 306–18.

Bezold, Carl, 1919. "Sze-ma Ts'ien und die babylonische Astrologie," *Os-

tasiatische Zeitschrift 8，42 - 9.

Bi，Yuan(毕沅)，1974. *Lüshi chunqiu xin jiaozheng*（《吕氏春秋新校正》），*Xinbian Zhuzi jicheng*（《新编诸子集成》）ed.，Vol. 7（rpt.，Taipei：Shijie）.

Bielenstein，Hans(毕汉斯)，1950. "An Interpretation of the Portents in the Ts'ien Han Shu," *Bulletin of the Museum of Far Eastern Antiquities* 22，127 - 43.

Biot，Édouard(毕瓯)（trans.），1975. *Le Tcheou-li ou Rites des Tcheou*，3 vols.（Taipei：Ch'eng-wen，first published Paris：Imprimerie nationale，1851）.

Birrell，Anne M.，1999. *Chinese Mythology：An Introduction*（Baltimore：Johns Hopkins University Press）.

Bo，Shuren(薄树人)，1981. "Sima Qian-wo guo weida de tianwenxue jia"（《司马迁——我国伟大的天文学家》），*Ziran zazhi*（《自然杂志》）4.9，685 - 8.

Bodde，Derk(卜德)，1961. "Myths of Ancient China," in S. N. Kramer（ed.），*Mythologies of the Ancient World*（Garden City，NY：Doubleday），372 - 6.

    1975. *Festivals in Classical China：New Year and Other Annual Observances during the Han Dynasty*（*206 B. C. - A. D. 220*）（Princeton：Princeton University Press）.

    1981. "The Chinese Magic Known as 'Watching for the Ethers,'" in C. Le Blanc(白光华) and D. Borei（eds.），*Essays on Chinese Civilization：Derk Bodde*（Princeton：Princeton University Press）；rpt. from S. Egerod and E. Glahn（eds.），*Studia Serica Bernhard Karlgren dedicata：Sinological Studies Dedicated to Bernhard Karlgren on his Seventieth Birthday，October 5，1959*（Copenhagen：Ejnar Munksgaard，1960），14 - 35.

    1991. *Chinese Thought，Society，and Science*（Honolulu：University of Hawaii）.

Boltz，William G.（鲍则岳），1986. "Early Chinese Writing," *World Archaeology* 17.3，420 - 36.

    1990. "Three Footnotes on the *Ting* 'Tripod,'" *Journal of the American Oriental Society* 110.1，1 - 8.

    1994. *The Origin and Early Development of the Chinese Writing System*（New Haven，CT：American Oriental Society）.

    1996. "Early Chinese Writing," in P. T. Daniels and W. Bright（eds.），

The World's Writing Systems (New York and Oxford: Oxford University Press), 191 – 9.

1999. "Language and Writing," in Michael Loewe and Edward L. Shaughnessy (eds.), *The Cambridge History of Ancient China : From the Origins of Civilization to 221 B.C.* (Cambridge: Cambridge University Press), 74 – 123.

2011. "Literacy and the Emergence of Writing," *Writing & Literacy in Early China : Studies from the Columbia Early China Seminar*, 51 – 84.

Bona ben ershisishi(《百衲本二十四史》), 1965. *Sibu congkan*(《四部丛刊》)(Shanghai 1930 – 7, rpt. Taipei).

Brashier, K. E.(白瑞旭), 1996. "Han Thanatology and the Division of Souls," *Early China* 21, 125 – 58.

Brokaw, Galen, 2003. "The Poetics of *Khipu* Historiography: Felipe Guaman Poma de Ayala's *Nueva coronica* and the *Relacion de los quipucamay*," *Latin American Research Review* 38.3, 111 – 47.

Brooks, E. Bruce(白牧之), 1994. "The Present State and Future Prospects of Pre-Han Text Studies," *Sino-Platonic Papers* 46 (July), 1 – 74.

Brooks, E. Bruce and Brooks, A. Taeko(白妙子), 1998. *The Original Analects : Sayings of Confucius and His Successors* (New York: Columbia University).

Brough, John(布腊夫), 1965. "Comments on Third-Century Shan-Shan and the History of Buddhism," *Bulletin of the School of Oriental and African Studies* 28, 582 – 612.

Brown, David, 2006. "Astral Divination in the Context of Mesopotamian Divination, Medicine, Religion, Magic, Society, and Scholarship," *East Asian Science, Technology, and Medicine* 25, 69 – 126.

Burke, Kenneth, 1969. *A Rhetoric of Motives* (Berkeley: University of California).

1970. *The Rhetoric of Religion : Studies in Logology* (Berkeley: University of California).

Burrow, T., 1935. "Tocharian Elements in the Kharosthi Documents from Chinese Turkestan," *Journal of the Royal Asiatic Society* 67.4, 667 – 75.

Cai, Yong(蔡邕), 1983 – 6. *Mingtang yueling lun*(《明堂月令论》), *Siku quanshu*(《四库全书》), Wen yuan ge edition (1782)(rpt., Taipei:

Shangwu), digital edition.

Campion, N., 2012. *Astrology and Cosmology in the World's Religions* (New York: New York University Press).

Campion, Nicholas, 1994. *The Great Year: Astrology, Millenarianism and History in the Western Tradition* (London: Penguin).

2009. *A History of Western Astrology* (London: Continuum).

2012. *Astrology and Cosmology in the World's Religions* (New York: New York University Press).

Cao, Jinyan(曹锦炎), 1982. "Shi jiaguwen beifang ming"(《释甲骨文北方名》), *Zhonghua wenshi luncong* (《中华文史论丛》) 3, 70‑1.

(ed.), 2011. *Zhejiang daxue cang zhanguo Chu jian* (《浙江大学藏战国楚简》), 3 vols. (Hangzhou: Zhejiang daxue).

Carlson, John B., 1982. "The Double-Headed Dragon and the Sky: A Pervasive Cosmological Symbol," *Ethnoastronomy and Archaeoastronomy in the American Tropics*, *Annals of the New York Academy of Sciences* 385.1, 135‑63.

Carrasco, David, 1989. "The King, the Capital and the Stars: the Symbolism of Authority in Aztec Religion," *World Archaeoastronomy* (Cambridge: Cambridge University Press), 45‑54.

Cen, Zhongmian(岑仲勉), 2004. *Liang Zhou wenshi luncong: Xi Zhou shehui zhidu wenti* (《两周文史论丛:西周社会制度问题》) (Beijing: Zhonghua shuju).

Chan, Wing-tsit (陈荣捷), 1963. *A Sourcebook in Chinese Philosophy* (Princeton: Princeton University Press).

Chang, Kwang-chih(张光直), 1976. *Early Chinese Civilization: Anthropological Perspectives* (Cambridge, MA: Harvard University Press).

1980. Shang *Civilization* (New Haven: Yale University Press).

1983. *Art, Myth, and Ritual: The Path to Political Authority in Ancient China* (Cambridge, MA: Harvard University Press).

Chang, Kwang-chih(张光直), 1990. "Gudai muzang de hunpo guannian" (《古代墓葬的魂魄观念》), *Zhongguo wenwu bao* (《中国文物报》), 28 June.

1999. "China on the Eve of the Historical Period," in Michael Loewe and Edward L. Shaughnessy (eds.), *The Cambridge History of Ancient China, from the Origins of Civilization to 221 B.C.* (Cambridge: Cambridge University Press), 37‑73.

Chang, Kwang-chih, Xu, Pingfang(徐苹芳), Allan, Sarah, Lu, Liancheng(卢连成)，2005. *The Formation of Chinese Civilization：An Archaeological Perspective*（New Haven：Yale University Press）.

Chang，Zhengguang(常正光)，1989a. "Yin dai de fangshu yu yinyang wuxing sixiang de jichu"（《殷代的方术与阴阳五行思想的基础》），*Yinxu bowuyuan yuankan*（《殷墟博物苑苑刊(创刊号)》）1，175‑82.

Chang，Zhengguang(常正光)，1989b. "Yin dai shoushi juyu‑'si fang feng' kaoshi"（《殷代授时举隅——〈四方风〉考释》），in Zhongguo tianwenxue shi wenji bianjizu（ed.），*Zhongguo tianwenxue shi wenji*（《中国天文学史文集》）5（Beijing：Kexue），39‑55.

Chavannes，Édouard(沙畹)，1895‑1904. *Les Mémoires historiques de Se-Ma-Ts'ien*，6 vols.（Paris：E. Leroux）.

Chavannes，Édouard，1913a. *Documents chinois découverts par Aurel Stein*（Oxford：Oxford University Press）.

1913b. *Mission archéologique dans la Chine septentrionale*（Paris：Imprimerie nationale）.

Chen，Banghuai(陈邦怀)，1959a. "Mao Mu xing"（《冒母星》），in Chen Banghuai，*Yindai shehui shiliao zhengcun*（《殷代社会史料征存》）（Tianjin：Tianjin renmin），6a‑b.

1959b. "Si fang feng ming"（《四方风名》），in Chen Banghuai，*Yindai shehui shiliao zhengcun*（《殷代社会史料征存》）（Tianjin：Tianjin renmin），1a‑5b.

Chen，Cheng-Yih(程贞一) and Xi，Zezong(席泽宗)，1993. "The Yáo diǎn（《尧典》）and the Origins of Astronomy in China," in C. Ruggles（ed.），*Astronomies and Cultures*（Newit：University Press of Colorado），32‑66.

Chen，Gongrou(陈公柔)，2005. "Xi Zhou jinwen zhong de 'Xinyi,' Chengzhou yu Wangcheng"（《西周金文中的"新邑""成周"与"王城"》），in *Xian Qin liang Han kaoguxue luncong*（《先秦两汉考古学论丛》）（Beijing：Wenwu），33‑48.

Chen，Jiujin(陈久金)，1978. "Cong mawangdui boshu *Wu xing zhan* de chutu shitan wo guo gudai de suixing jinian wenti"（《从马王堆帛书〈五星占〉的出土试探我国古代的岁星纪年问题》），in Zhongguo tianwenxue shi wenji bianjizu（ed.），*Zhongguo tianwenxue shi wenji*（《中国天文学史文集》），48‑65.

1987. "*Zhou Yi* qian gua liu long yu jijie de guanxi"（《周易乾卦六龙与季节的关系》），in Chen Jiujin(陈久金) and Chen Meidong(陈美东)（eds.），*Ziran kexue shi yanjiu*（《自然科学史研究》）3，205‑12.

1993. "Lun *Xia xiao zheng* shi shi yue taiyang li"(《论夏小正是十月太阳历》), in Chen Jiujin, *Chen Jiujin ji*(《陈久金集》)(Ha'erbin：Heilongjiang jiaoyu)，3 – 30.

Chen，Jiujin(陈久金)，Lu，Yang(卢央)，and Liu，Yaohan(刘尧汉)，1984. *Yizu tianwenxue shi*(《彝族天文学史》)(Kunming：Yunnan renmin).

Chen，Mengjia(陈梦家)，1955. "Xi Zhou tongqi duandai"(《西周铜器断代》)(一)，*Kaogu xuebao*(《考古学报》)9，137 – 75.

1988. *Yinxu buci zong shu*(《殷墟卜辞综述》)(Beijing：Zhonghua；first published Beijing：Kexue，1956).

Chen，Quanfang(陈全方)，1988. *Zhouyuan yu Zhou wenhua*(《周原与周文化》)(Shanghai：Shanghai renmin).

Chen，Songchang(陈松长)，2000. "'Taiyi sheng shui' kaolun"(《〈太一生水〉考论》)，in Wuhan daxue Zhongguo wenhua yanjiuyuan(《武汉大学中国文化研究院》)(ed.)，*Guodian Chu jian guoji xueshu yantao hui lunwenji*(《郭店楚简国际学术会论文集》)(Wuhan：Hubei renmin).

2001. *Mawangdui boshu 《Xingde》 yanjiu lungao*, *Chutu sixiang wenwu yu wenxian yanjiu congshu*(《马王堆帛书刑德研究论稿，出土思想文物与文献研究丛书》)(Taipei：Taiwan guji).

Chen，Zhongyu(陈仲玉)，1969. "Yin dai guqi zhong de long xing tu'an zhi fenxi"(《殷代骨器中的龙形图案之分析》)，*Lishi yuyan yanjiusuo jikan*(《历史语言研究所集刊》)41.3，455 – 96.

Chen，Zungui(陈遵妫)，1955. *Zhongguo gudai tianwenxue shi*(《中国古代天文学史》)(Shanghai：Shanghai renmin).

Cheng，Pingshan(程平山)，2005. "Lun Taosi gucheng de fazhan jieduan yu xingzhi"(《论陶寺古城的发展阶段与性质》)，*Jiangnan kaogu*(《江汉考古》)96（March），48 – 53.

Cheol，Shin Min，2007. "The Ban on the Private Study of Astrology and Publication of Books on Astrology in Ming Dynasty：Ideas and Reality," *Korean History of Science Society* 27.2，231 – 60.

Cheung，Kwong-yue(张光裕)，1983. "Recent Archaeological Evidence Relating to the Origin of Chinese Characters," in D. N. Keightley (ed.)，*The Origins of Chinese Civilization* (Berkeley：University of California)，323 – 91.

Chu，Ge(楚戈)，2009. *Long shi*(龙史)(Taipei：Guojia tushuguan).

Cong，Y. Z. and Wei，Q. Y.，1989. "Study of Secular Variation (2000 B.

C. - 1900 A. D.) Based on Comparison of Contemporaneous Records in Marine Sediments and Baked Clays," *Physics of the Earth and Planetary Interiors* 56, 69 - 75.

Conklin, William J., 1982. "The Information System of Middle Horizon Quipus," *Ethnoastronomy and Archaeoastronomy in the American Tropics*, *Annals of the New York Academy of Sciences* 385. 1, 261 - 81.

Conman, Joanne, 2006 - 9. "The Egyptian Origin of Planetary Hypsomata," *Discussions in Egyptology* 64, 7 - 20.

Cook, Richard S. (曲理查), 1995. "The Etymology of Chinese 辰 *Chén*," *Linguistics of the Tibeto-Burman Area* 18. 2.

Corballis, Michael C., 2011. *The Recursive Mind : The Origins of Human Language, Thought, and Civilization* (Princeton: Princeton University Press).

Csikszentmihalyi, Mark (齐思敏), 1997. "Chia I's 'Techniques of the Tao' and the Han Confucian Appropriation of Technical Discourse," *Asia Major* (3rd series) 10. 1 - 2, 49 - 67.

2006. *Readings in Han Chinese Thought* (Indianapolis: Hackett).

Csikszentmihalyi, Mark (齐思敏) and Nylan, Michael (戴梅可), 2003. "Constructing Lineages and Inventing Traditions through Exemplary Figures in Early China," *T'oung Pao* (2nd series) 89. 1, 59 - 99.

Cullen, Christopher (古克礼), 1993. "Motivations for Scientific Change in Ancient China," *Journal for the History of Astronomy* 24, 185 - 203.

1996. *Astronomy and Mathematics in Ancient China : The* Zhou bi suan jing (Cambridge: Cambridge University Press).

2001. "The Birthday of the Old Man of Jiang County and Other Puzzles: Work in Progress on Liu Xin's *Canon of the Ages*," *Asia Major* 14. 2, 27 - 60.

2011a. "Translating *Xiu*, 'Lunar Lodges' or Just 'Lodges,'" *East Asian Science, Technology and Medicine* 33, 76 - 88.

2011b. "Understanding the Planets in Ancient China: Prediction and Divination in the *Wu xing zhan*," *Early Science and Medicine* 16, 218 - 51.

Cullen, Christopher and Farrer, Anne, 1983. "On the Term *Hsuan Chi* and the Three-Lobed Jade Discs," *Bulletin of the School of Oriental and African Studies* 46. 1, 53 - 76.

Da Silva, Cândido M., 2010. "Neolithic Cosmology: The Spring Equinox and the Full Moon," *Journal of Cosmology* 9, 2207－16.

Dai, Chunyang(戴春阳), 2000. "Lixian Dabuzishan Qin gong mu di ji you guan wenti"(《礼县大堡子山秦公墓地及有关问题》), *Wenwu* (《文物》) 5, 74－80.

Davies, Paul, 2002. "That Mysterious Flow," *Scientific American* 287.3 (September), 40－3, 46－7.

David W. Pankenier, 2019. "A Chinese Mythos of Mantic Turtles, Yu the Great, Numbers, and Divination," Bulletin of the Museum of Far Eastern Antiquities, 80－81.

De Crespigny, Rafe(张磊夫), 1976. *Portents of Protest in the Later Han Dynasty: The Memorials of Hsiang-k'ai to Emperor Huan* (Canberra: Australian National University Press).

De Meis, Salvo, 2006. "L'astronomia dello Shi-King e di altri classici cinesi: II parte," *Giornale di Astronomia: Revista di informazione, cultura e didattica della Società Astronomica Italiana* 32.2, 17－23.

De Meis, Salvo and Meeus, Jean, 1994. "Quintuple planetary groupings—Rarity, Historical Events and Popular Beliefs," *Journal of the British Astronomical Association* 104.6, 293－7.

De Saussure, Léopold(德莎素), 1911. "Les origines de l'astronomie Chinoise: La règle des cho-ti," *Toung Pao* 12, 347－74.

　　1930. *Les origines de l'astronomie Chinoise* (Paris: Maisonneuve).

Deane, Thatcher E., 1994. "Instruments and Observation at the Imperial Astronomical Bureau during the Ming Dynasty," *Osiris* (2nd series), Instruments, 126－40.

DeBernardi, Jean(白瑾), 1992. "Space and Time in Chinese Religious Culture," *History of Religions* 31.3, 247－68.

Defoort, Carine(戴卡琳), 1997. *The Pheasant Cap Master (He guan zi): A Rhetorical Reading* (Albany: State University of New York).

Deutsch, David, 2011. *The Beginning of Infinity: Explanations that Transform the World* (New York: Penguin Books).

Di Cosmo, Nicola(狄宇宙), 2002. *Ancient China and Its Enemies: The Rise of Nomadic Power in East Asian History* (Cambridge: Cambridge University Press).

Didier, John(狄约翰), 2009. "In and Outside the Square," *Sino-Platonic Papers* 192.

Diény, Jean-Pierre(桀溺), 1987. *Le symbolisme du dragon dans la Chine antique* (Paris: Bibliothéque de l'Institut des hautes études Chinoiscs).

Ding，Shan(丁山)，1961. "Si fang feng yu feng shen"(《四方之神与风神》)，in Ding Shan, *Zhongguo gudai zongjiao yu shenhua kao*(《中国古代宗教与神话考》)(Shanghai：Longmen lianhe)，78 - 95.

Dixon，C. Scott，1999. "Popular Astrology and Lutheran Propaganda in Reformation History," *History* 84，406 - 7.

Domenici，Viviano and Domenici，Davide，1996. "Talking Knots of the Inka：A Curious Manuscript May Hold the Key to Andean Writing," *Archaeology* 49.6，50 - 6.

Donald，Merlin，1991. *Origins of the Modern Mind：Three Stages in the Evolution of Culture and Cognition*(Cambridge，MA：Harvard University Press).

Dorofeeva-Lichtmann，Véra(魏德理)，1996. "Political concept behind an interplay of spatial 'positions,'" *Extrême-Orient，Extrême-Occident* 18，9 - 33.

2009. "Ritual Practices for constructing terrestrial space (Warring States-Early Han)," in J. Lagerwey and M. Kalinowski (eds.), *Early Chinese Religion，Part One，Shang through Han (1250 BC - 220 AD)*(Leiden：Brill)，Vol. 1，595 - 644.

2010. "The *Rong Cheng shi* 容成氏 version of the 'Nine Provinces'：some parallels with transmitted texts," *East Asian Science，Technology，and Medicine* 32，13 - 58.

Du，Jinpeng(杜金鹏) and Xu，Hong(许宏)(eds.)，2005. *Yanshi Erlitou yizhi yanjiu*(《偃师二里头遗址研究》)(Beijing).

Dubs，Homer H(德效骞). *The History of the Former Han Dynasty*，3 vols. (Baltimore：Waverly，1938 - 55).

Dull，Jack L.(杜敬轲)，1966. "A Historical Introduction to the Apocryphal (*ch'an-wei*) Texts of the Han Dynasty," Ph.D. dissertation，University of Washington.

Eberhard，Wolfram(艾伯华)，1958. *The Political Function of Astronomy and Astrologers in Han China*，in J. K. Fairbank (ed.)，*Chinese Thought and Institutions* (Chicago：The University of Chicago Press)，33 - 70.

1970. "Beiträge zur kosmologischen Spekulation in der Han Zeit," *Baessler Arkiv* 16，1 - 100，rpt. in Wolfram Eberhard, *Sternkunde und Weltbild im alten China：Gesammelte Aufsätze von Wolfram Eberhard* (Taipei：Chinese Materials and Research Aids Service Center），11‑109.

Ecsedy，I.（艾之迪），Barlai，K.，Dvorak，R.，and Schult，R.，1989. "Antares Year in Ancient China," in A. F. Aveni（ed.），*World Archaeo-astronomy*（Cambridge：Cambridge University Press），183‑6.

Egan，Ronald C.（艾朗诺），1977. "Narratives in *Tso chuan*," *Harvard Journal of Asiatic Studies* 37.2，323‑52.

Eliade，Mircea，1958. *Patterns in Comparative Religion*（Lanham，MD：Sheed and Ward）.

Emerson，Ralph Waldo，1979. *Nature*，*Addresses*，*and Lectures*（ed. R. E. Spiller and A. R. Ferguson）（Cambridge：The Belknap Press of Harvard University；first published 1836）.

Encyclopedia Britannica，1984，15th ed.（Chicago：Encyclopedia Britannica）.

Eno，Robert（伊若白），1990. "Was there a High God *Ti* in Shang Religion?" *Early China* 15，1‑26.

Enoki，Kazuo（榎一雄）and Kimura，Sugako（木村寿贺子）（eds.），1974. *A Concordance to Mo Tzu*，Harvard-Yenching Institute Sinological Index Series，Supplement No. 21（rpt.，San Francisco：Chinese Materials Center）.

Fagg，Lawrence W.，1985. *Two Faces of Time*（Wheaton，IL：Theosophical Publishing）.

Fang，Shiming（方诗铭），and Wang，Xiuling（王修龄），1981. *Guben Zhushu jinian jizheng*（《古本竹书纪年辑证》）（Shanghai：Shanghai guji）.

Farmer，Steve，Henderson，John B.，and Witzel，Michael，2000. "Neurobiology，Layered Texts，and Correlative Cosmologies：A Cross-cultural Framework for Pre-modern History," *Bulletin of the Museum of Far Eastern Antiquities* 72，49‑90.

Feng，Shi（冯时），1990a. "Henan Puyang Xishuipo 45 hao mu de tianwenxue yanjiu"（《河南濮阳西水坡 45 号墓的天文学研究》），*Wenwu* 3，52‑60，69.

1990b. "Yinli sui shou yanjiu"（《阴历岁首研究》），*Kaogu xuebao*（《考古学报》）1，19‑42.

1990c. "Zhongguo zaoqi xingxiangtu yanjiu"（《中国早期星象图研究》），*Ziran kexueshi yanjiu*（《自然科学研究》）9.2，108‑18.

1993. "Hongshan wenhua san huan shi tan de tianwenxue yanjiu"（《红山文化三环石坛的天文学研究》），*Beifang wenwu*（《北方文物》）33.1，

9 - 17.

1994. "Yin buci sifang feng yanjiu"(《殷卜辞四方风研究》), *Kaogu xue-bao* (《考古学报》) 2, 131 - 54.

1996. *Xinghan liu nian* (《星汉流年》)(Chengdu: Sichuan jiaoyu).

1997. "Chunqiu Zi Fan bian zhong ji nian yanjiu - Jin Chong Er guiguo kao"(《春秋子犯编钟纪年研究——晋重耳归国考》), *Wenwu jikan* (《文物集刊》) 4, 59 - 65.

2007. *Zhongguo tianwen kaoguxue* (《中国天文考古学》)(Beijing: Zhongguo shehui kexue).

Feng, Yunpeng(冯云鹏) and Feng, Yunyuan(冯云鹓), 1893. *Jinshi suo* (金石索)(Shanghai: Shanghai jishan shuju, first published 1821); also availabe at http://catalog. hathitrust. org/Record/002252003.

Fingarette, Herbert, 1998. *Confucius : The Secular As Sacred* (Prospect Heights, IL: Waveland).

Fisher, Carney T. (费克光), 1990. *The Chosen One : Succession and Adoption in the Court of Ming Shizong* (Sydney: Allen and Unwin).

Fong, Wen(方闻), 1980. *The Great Bronze Age of China : An Exhibition from the People's Republic of China* (New York: Metropolitan Museum of Art).

Fraser, Douglas(弗雷泽), 1968. *Early Chinese Art and the Pacific Basin : A Photographic Exhibition* (New York: Intercultural Arts).

Freidel, David, Schele, Linda, and Parker, Joy, 2001. *Maya Cosmos : Three Thousand Years on the Shaman's Path* (New York: Quill, first published 1995).

Fu, Xi'nian(傅熹年), 1981. "Shaanxi Fufeng Zhaochen Xi Zhou jianzhu yizhi chutan"(《陕西扶风召陈西周建筑遗址初探》), *Wenwu* 3, 34 - 45.

Galdieri, Patrizia and Ranieri, Marcello, 1995. "Terra e cielo: note sulle origini dell'architettura cinese della valle del Fiume Giallo," in M. Bernardini et al. (eds.), *L'Arco de Fango che Rubò la Luce alle stelle : Studi in onore di Eugenio Galdieri per il suo settantesimo compleanno - Roma 29 ottobre 1995* (Lugano: Edizioni Arte e Moneta), 155 - 71.

Gao, Heng(高亨), 1973. Zhouyi *gujing jinzhu* (《周易古经今注》)(rpt., Hong Kong: China Book, first published Shanghai: Kaiming, 1947).

Gao, Wence(高文策), 1961. "Shi lun *Yi* de chengshu niandai yu fayuan diyu"(《试论〈易〉的成书年代与发源地域》), *Guangming ribao* (《光明

日报》），June 2.

Gassmann，Robert H.（高思曼）and Behr，Wolfgang（毕鹗），2011. *Antikchinesisch – Ein Lehrbuch in zwei Teilen*（Bern：Peter Lang）.

Geertz，Clifford，1973. "Ideology as a Cultural System," in Clifford Geertz，*The Interpretation of Cultures：Selected Essays*（New York：Basic Books），193 – 233.

Ghezzi，Ivan and Ruggles，Clive，2007. "Chankillo：A 2300-year-old solar Observatory in Coastal Peru," *Science* 315，1239 – 1243.

Gingerich，Owen，1984. "Astronomical Scrapbook：The Origin of the Zodiac," *Sky & Telescope* 67.3（March），218 – 20.

2000. "Plotting the Pyramids," *Nature* 408（November 16），297 – 8.

Goldin，Paul R.（金鹏程），2005. *After Confucius*（Honolulu：University of Hawaii）.

2007. "Xunzi and Early Han Philosophy," *Harvard Journal of Asiatic Studies* 67.1，135 – 66.

2008. "The Myth that China Has no Creation Myth," *Monumenta Serica* 56，1 – 22.

Goodrich，Lincoln C.（富路特）and Fang，Chaoying（房兆楹）（eds.），1976. *Dictionary of Ming Biography，1364 – 1644*（New York：Columbia University Press）.

Goody，Jack，1977. *The Domestication of the Savage Mind*（Cambridge：Cambridge University Press）.

2006. *The Theft of History*（Cambridge：Cambridge University Press）.

Graham，Angus C.（葛瑞汉），1989a. *Disputers of the Tao：Philosophical Argument in Ancient China*（LaSalle，IL：Open Court）.

1989b. "A Neglected Pre-Han Philosophical Text：*Ho-Kuan-Tzu*," *Bulletin of the School of Oriental and African Studies* 52.3，497 – 532.

Granet，Marcel（葛兰言），1932. *Festivals and Songs of Ancient China*（London：Routledge）.

Gritsch，Eric W.，1967. *Reformer without a Church：The Life and Thought of Thomas Müntzer，1488? – 1525*（Philadelphia：Fortress）.

Grofe，Michael J.，2011. "The Sidereal Year and the Celestial Caiman：Measuring Deep Time in Maya Inscriptions," *Archaeoastronomy* 24，56 – 101.

Gu jin tushu jicheng（《古今图书集成》），1964（rpt.，Taipei：Wen-hsing）.

Gu，Yanwu（顾炎武），1966. *Ri zhi lu*（《日知录》），*Sibu beiyao* edition（Taipei：Taiwan Chunghua）.

Gu，Jiegang(顾颉刚)，n. d. "*Zhouyi* gua yao ci zhong de gushi"(《〈周易〉卦爻辞中的故事》) *Gu shi bian*（《古史辨》)（rpt.，Taipei）.

Guo，Moruo(郭沫若)，1982a. *Buci tong zuan*（《卜辞通纂》)（rpt.，Beijing：Kexue）.

1982b. "Shi zhigan"(《释支干》)，in *Guo Moruo quanji*（《郭沫若全集》)（Beijing：Kexue），Vol. 1，155‑340.

1999. *Zhoudai jinwen tulu ji shiwen*（《周代金文图录及释文》)［*Liang Zhou jinwen ci daxi kaoshi*（《两周金文辞大系考释》)］，3 vols. （Shanghai，rpt. Taipei：Datong，1971）.

Guoyu（《国语》)，1927‑35，*Sibu beiyao* edition（Shanghai：Zhonghua；rpt. Taipei：Taiwan Chung-hua，1966）.

Hammerstein，Helga R.，1986. "The Battle of the Booklets：Prognostic Tradition and Proclamation of the Word in Early Sixteenth-Century Germany，" in P. Zambelli（ed.），*Astrologi Hallucinati*（Berlin：W. de Gruyter），129‑51.

Han Fei(韩非)，1974. *Hanfeizi*（《韩非子》)，*Xinbian zhuzi jicheng* edition（rpt.，Taipei：Shijie shuju）.

Handy，E. S. Craighill，1923. *The Native Culture in the Marquesas*，*Bernice C. Bishop Museum Bulletin* 9（Honolulu：Bishop Museum）.

Harbsmeier，Christoph(何莫邪)，1995. "Some Notions of Time and History in China and the West，" in C. C. Huang（黄进兴）and E. Zürcher(许理和)（eds.），*Cultural Notions of Time and Space in China*（Leiden：Brill），50‑71.

1998. "Language and Logic in Traditional China，" *Science and Civilisation in China*，Vol. 7，Part 1，*Language and Logic*（Cambridge：Cambridge University Press）.

Harper，Donald(夏德安)，1999. "Warring States Natural Philosophy and Occult Thought，" in Michael Loewe and Edward L. Shaughnessy（eds.），*The Cambridge History of Ancient China*，*from the Origins of Civilization to 221 B. C.*（Cambridge：Cambridge University Press），813‑84.

Harris，Lynda.，2011. "The Milky Way：Path to the Empyrean?"，*The Inspiration of Astronomical Phenomena VI*，*ASP Conference Series* 441，387‑91.

Hart，James A.，1984. "The Speech of Prince Chin：A Study of Early Chinese Cosmology，" in H. Rosemont Jr.（罗思文）（ed.），*Explorations in Early Chinese Cosmology*，JAAR Thematic Studies L/2（Chico：

Scholar's Press)，35 - 65.

Havelock，Eric A.，1983. "The Linguistic Task of the Pre-Socratics," *Language and Thought in Early Greek Philosophy* (LaSalle，IN：Hegeler Institute)，7 - 82.

1987. "The Cosmic Myths of Homer and Hesiod," *Oral Tradition* 2.1，31 - 53.

Hawkes，David(霍克思) (trans.)，1959. *Ch'u Tz'u : The Songs of the South* (London：Oxford University Press).

Hay，John(韩庄)，1994. "The Persistent Dragon," in W. J. Petersen(裴德生)，A. Plaks(蒲安迪)，and Yü Ying-shi(余英时) (eds.)，*The Power of Culture : Studies in Chinese Cultural History* (Hong Kong：Chinese University Press)，119 - 49.

He，Bingyu (Ho Peng Yoke)(何丙郁) and He，Guanbiao(何冠彪)，1985. *Dunhuang canjuan zhan yunqi shu yanjiu* (《敦煌残卷占云气书研究》) (Taipei：Yiwen).

He，Nu(何驽)，2004. "Taosi zhongqi xiaocheng nei daxing jianzhu IIFJT1 fajue xinlu licheng zatan"(《陶寺中期小城内大型建筑 IIFJT1 发掘心理历程杂谈》) *Gudai wenming yanjiu zhongxin tongxun* (《古代文明研究中心通讯》) 23，47 - 58.

2006. "Taosi zhongqi xiaocheng nei daxing jianzhu jizhi IIFJT1 shidi moni guanxiang baogao"(《陶寺中期小城内大型建筑基址 IIFJT1 实地模拟观测报告》)，*Gudai wenming yanjiu zhongxin tongxun* (《古代文明研究中心通讯》)29，3 - 14.

2009. "Shanxi Xiangfen Taosi chengzhi zhongqi wang ji da mu IIM22 chutu qigan 'guichi' gongneng shitan"(《山西襄汾陶寺城址中期王级大墓出土漆杆圭尺功能试探》)，*Ziran kexueshi yanjiu* (《自然科学史研究》) 28.3，261 - 76.

He，Xiu(何休)，1971. *Chunqiu Gongyang zhuan He shi jiegu* (《春秋公羊传何氏解诂》)，*Sibu beiyao* edition (Taipei：Taiwan Chunghua).

Henderson，John B.，1984. *The Development and Decline of Chinese Cosmology* (New York：Columbia University Press).

1995. "Chinese Cosmographical Thought：The High Intellectual Tradition," in J. B. Harley and D. Woodward (eds.)，*The History of Cartography*，Vol. 2，Book 2，*Cartography in the Traditional East and Southeast Asian Societies* (Chicago：University of Chicago)，203 - 27.

Henricks，Robert G. (韩禄伯)，1989. *Lao-tzu Te-Tao Ching* (New York：Ballantine).

Hesiod，1983. *The Poems of Heslod* (trans. R. M. Frazer) (Norman：University of Oklahoma).

Ho，Peng-yoke(何丙郁) (trans.)，1966. *The Astronomical Chapters of the Chin shu* (Paris：Mouton).

Hobson，John M.，2008. *The Eastern Origins of Western Civilisation* (Cambridge：Cambridge University Press，first published 2004).

Hong，Xingzu(洪兴祖)，Wang，Yi(王逸)，and Li，Xiling(李锡龄)，1971. *Chuci buzhu*(《楚辞补注》)，*Sibu beiyao* edition (Taipei：Taiwan Chung-hua).

Horowitz，Wayne，2011. *Mesopotamian Cosmic Geography* (Durban，Ireland：Clearway Logistics Phase 1a).

Hostetter，Clyde，1990. "The Naked-eye Crescent of Venus," *Sky & Telescope* 79 (January)，74 - 6.

Hotaling，Steven J.，1978. "The City Walls of Han Ch'ang-an," *T'oung Pao* 64.1 - 3，1 - 46.

Hotz，Robert Lee，2008. "How Alphabets Shape the Brain," *Wall Street Journal*，May 2，A10.

Houston，Stephen D.，2004a. "The Archaeology of Communication Technologies," *Annual Review of Anthropology* 33，223 - 50.

　2004b. *The First Writing：Script Invention as History and Process* (Cambridge：Cambridge University Press).

Hsiao，Kung-chuan(萧公权)，1979. *History of Chinese Political Thought* (trans. F. W. Mote) (Princeton：Princeton University Press).

Hsu，Cho-yun(许倬云) and Linduff，Katheryn M.(林嘉琳)，1988. *Western Chou Civilization* (New Haven：Yale University Press).

Hu，Houxuan(胡厚宣)，1983，"Yin dai zhi tianshen chongbai"(《殷代之天神崇拜》)，in *Jiaguxue Shang shi luncong*(《甲骨学商史论丛》)[*chuji*(《初集》)，*shang*(上)] (Chengdu；rpt. Taipei：Datong)，1 - 29.

Hu，Houxuan(胡厚宣) and Guo，Moruo(郭沫若) (eds.)，1979 - 82. *Jiaguwen heji*(《甲骨文合集》)，13 vols. (Beijing：Zhonghua).

Hu，Lin'gui(呼林贵)，1989. "Xi'an Jiao da Xi Han ershiba xiu xingtu yu *Shiji：Tian-guanshu*"(《西安交大西汉二十八宿与〈史记・天官书〉》)，*Renwen zazhi*(《人文杂志》) 2，85 - 7.

Hu，Tiezhu(胡铁珠)，2000. "*Xia xiao zheng* xingxiang niandai yanjiu"(《〈夏小正〉星象年代研究》)，*Ziran kexueshi yanjiu*(《自然科学史研究》) 19.3，234 - 50.

Hu，Wenyao(胡文辉)，1993. "Shi 'sui'- yi Shuhudi 'ri shu' wei zhongxin"(《释岁——以睡虎地秦简〈日书〉为中心》) *Wenhua yu chuanbo* 文化與傳播 4, 101 - 22.

Huang, Chun-chieh(黄进兴), 1995. "Historical Thinking in Classical Confucianism: Historical Argumentation from the Three Dynasties," in C.C. Huang and E. Zürcher (eds.), *Cultural Notions of Time and Space in China* (Leiden: Brill), 72 - 85.

Huang, Chun-chieh and Zürcher, Erik(许理和) (eds.), 1995, *Cultural Notions of Time and Space in China* (Leiden: Brill).

Huang, Shengzhang(黄盛璋), 1960. "Da Feng gui zhizuo de niandai didian yu shishi"(《大丰簋制作的年代、地点与史实》), *Lishi yanjiu* 6, 81 - 95.

Huang, Tianshu(黄天树), 2006a. "Shuo jiaguwen zhong de 'yin' he 'yang'"(《说甲骨文中的阴和阳》), in Huang Tianshu, *Gu wenzi lunji* (《古文字论集》)(Beijing: Xueyuan), 213 - 17.

Huang, Tianshu(黄天树), 2006b. "Shuo Yinxu jiaguwen zhong de fangwei ci"(《说殷墟甲骨文中的方位词》), in Huang Tianshu, *Gu wenzi lunji* (《古文字论集》)(Beijing: Xueyuan), 203 - 12.

Huang, Yi-long(黄一农), 1990. "A Study of Five-Planet Conjunctions in Chinese History," *Early China* 15, 97 - 112.

Huang, Yi-long and Chang, Chih-ch'eng(张志成), 1996. "The Evolution and Decline of the Ancient Chinese Practice of Watching for the Ethers," *Chinese Science* 13, 82 - 106.

Huang, Zongxi(黄宗羲), 1974. *Ming Ru xue an* (《明儒学案》)(rpt., Taipei: Heluo).

Hubeisheng bowuguan(湖北省博物馆), 1989. *Zeng Hou Yi mu*(曾侯乙墓)(Bejing: Wenwu).

Hughes, David, 1979. *The Star of Bethlehem : An Astronomer's Confirmation* (New York: Walker and Company).

Hulsewé, A. F. P.(何四维), 1965. "Texts in Tombs," *Études asiatiques* 18 - 19, 78 - 89.

1979. "Watching the Vapours: An Ancient Chinese Technique of Prognostication," *Nachrichten der Gesellschaft für Natur-und Völkerkunde Ostasiens* 125, 40 - 9.

Hunansheng bowuguan(湖南省博物馆), 1973. "Xin faxian de Changsha Zhanguo chu mu bohua"(《新发现的长沙战国楚墓帛画》), *Wen wu* (《文物》) 7.3, 3 - 4.

Hung, William(洪业), 1966. *Combined Concordances to Ch'un-ch'iu*,

Kung-yang, *Ku-liang and Tso-chuan*, Harvard-Yenching Institute Sinological Index Series, supplement 11（rpt., Taipei: Cheng Wen）.

Hunger, Herman and Pingree, David, 1999. *Astral Sciences in Mesopotamia*（Leiden: Brill）.

Hurwit, Jeffrey M., 2000. *The Athenian Acropolis: History, Mythology, and Archaeology from the Neolithic Era to the Present*（Cambridge: Cambridge University Press）.

Hwang, Ming-chorng(黄铭崇), 1996. "Ming-Tang: Cosmology, Political Order, and Monuments in Early China," Ph. D. dissertation, Harvard University.

Hyman, Malcolm D., 2006. "Of Glyphs and Glottography," *Language and Communication* 26, 231 - 49.

Institute of Archaeology of the Chinese Academy of Social Sciences, Institute of Archaeology of Shanxi Province and Cultural Relics Bureau of Linfen City（IACASS, IASP, CRBLC）, 2004. "Shanxi Xiangfen xian Taosi chengzhi jisiqu daxing jianzhu IIFJT1 jizhi 2003 nian fajue jianbao"(《山西襄汾县陶寺城址祭祀区大型建筑 IIFJT1 基址 2003 年发掘简报》), *Kaogu* 7, 9 - 24.

    2005. "2004 - 2005 nian Shanxi Xiangfen xian Taosi yizhi fajue xin jinzhan"(《2004—2005 年山西襄汾县陶寺遗址发掘新进展》), *Gudai wenming yanjiu zhongxin tongxun*（《古代文明研究中心通讯》）10, 58 - 64.

    2007. "Shanxi Xiangfen xian Taosi chengzhi daxing jianzhu IIFJT1 jizhi 2004 - 2005 nian fajue jianbao"(《山西襄汾县陶寺城址大型建筑 IIFJT1 基址发掘简报》), *Kaogu* 4, 3 - 25.

Irwin, Geoffrey, 2010. "Navigation and Seafaring," in Ian Lilley (co-ordinator), *Early Human Expansion and Innovation in the Pacific*（Paris: ICOMOS）, 51 - 72.

Isbell, Billie Jean, 1982. "Culture Confronts Nature in the Dialectical World of the Tropics," *Ethnoastronomy and Archaeoastronomy in the American Tropics*, *Annals of the New York Academy of Sciences* 385. 1, 353 - 63.

Itō, Chūta(伊东忠太), 1938. *Zhongguo jianzhu shi*（《中国建筑史》）, in *Zhongguo wenhua congshu*（《中国文化丛书》）[trans. Chen Qingquan (陈清泉)]（Shanghai: Shanghai shudian）.

Itō, Michiharu(伊滕道治), 1978. "Shū Buō to Rakuyū - kason mei to Itsushūsho doyū"(《周武王定鼎之地洛邑——何尊铭文〈逸周书·度

邑〉》），in *Uchida Ginpū hakushi shōju kinen Tōyōshi ronshū*（《内田吟风博士颂寿纪念东洋史论集》），41‐53.

Iwami, Kiyohiro(石见清裕)，2008. "Turks and Sogdians in China during the T'ang Dynasty," *Acta Asiatica* 94，41‐65.

Jabłoński, Witold, 1939. "Marcel Granet and His Work," *Yenching Journal of Social Studies* 1，242‐55.

Jacobsen, Lyle E., 1983. "Use of Knotted String Accounting Records in Old Hawaii and Ancient China," *Accounting Historians Journal* 10.2，53‐61.

Jacobsen, Thorkild, 1968. "The Battle between Marduk and Tiamat," *Journal of the American Oriental Society* 88.1（January‐March），104‐8.

1976. *The Treasures of Darkness : A History of Mesopotamian Religion* (New Haven: Yale University Press).

1994. "The Historian and the Sumerian Gods," *Journal of the American Oriental Society* 114.2，145‐53.

James, Jean M., 1993. "Is It Really a Dragon? Some Remarks on the Xishuipo Burial," *Archives of Asian Art* 46，100‐1.

Jao, Tsung-I(饶宗颐) and Léon Vandermeersch(汪德迈)（trans.），2006. "Les relations entre la Chine et le monde Iranien dans l'Antiquité," *Bulletin de l'École française d'Extrême-Orient* 93，207‐45.

Jao, Tsung-yi(饶宗颐)，1972. "Some Aspects of the Calendar, Astrology, and Religious Concepts of the Ch'u People as Revealed in the Ch'u Silk Manuscript," in N. Barnard(巴纳)（ed.），*Early Chinese Art and Its Possible Influence in the Pacific Basin*（New York: Intercultural Arts Press），118‐9.

1998. "Yin buci suojian xingxiang yu shen shang, long hu, ershiba xiu zhu wenti"（《殷卜辞所见星象与参商、龙虎、二十八宿诸问题》），in Zhang Yongshang(张永山) and Hu Zhenyu(胡振宇)（eds.），*Hu Houxuan xiansheng jinian wenji*（《胡厚宣先生纪念文集》）（Beijing: Kexue），32‐5，37.

2003. "*X Gong xu* yu *Xia shu* yi pian 'Yu zhi zong de'"（《〈夒公盨〉与〈夏书佚篇〈禹之总德〉〉》），*Hua xue*（《华学》）6，1‐6.

Jastrow, Morris, 1905. *Die Religion Babyloniens und Assyriens*（Giessen, Ricker）.

Jenkins, R.M., 2004. "The Star of Bethlehem and the Comet of 66 AD," *Journal of the British Astronomy Association* 114（June），336‐43.

Jiang, Linchang(江林昌), 2003. "Gong xu ming wen de xueshu jiazhi zonglun"(《〈公盨〉铭文的学术价值总论》), *Huaxue*(《华学》) 6, 35 - 49.

Jiang, Xiaoyuan(江晓原), 1991. "Tianwen, Wu Xian, Ling tai - tianwen xingzhan yu gudai Zhongguo de zhengzhi guannian"(《天文、巫咸、灵台——天文星占与古代中国的政治观念》), *Ziran bianzhengfa tongxun：kexue jishu shi*(《自然辩证法通讯：科学技术史》) 13.73, 53 - 7.

1992a. *Xingzhanxue yu chuantong wenhua*(《星占学与传统文化》) (Shanghai：Shanghai guji).

1992b. "Zhongguo tianxue de qiyuan：xi lai haishi zisheng"(《中国天学的起源：西来还是自生》) *Ziran bianzheng fa tongxun：kexue jishu shi*(《自然辩证法通讯：科学技术史》) 14.78, 49 - 56.

2004. *Tianxue zhenyuan*(《天学真原》) (Shenyang：Liaoning jiaoyu, first published 1991).

Jiangxi tongzhi(《江西通志》), 1983 - 6. *Siku quanshu*(《四库全书》), *Wen yuan ge* edition (1782) (rpt., Taipei：Shangwu), digital edition.

Jin shu(《晋书》), 1974 (Beijing：Zhonghua).

Johnston, Ian(江忆恩), 2010. *The Mozi：A Complete Translation* (New York：Columbia University Press).

Jones, T. L., Storey, A. A., Matisoo-Smith, E., Ramirez-Aliaga, J. M. (eds.), 2011. *Polynesians in America* (New York：Altamira).

Joseph, Rhawn, 2011. "Evolution of Paleolithic Cosmology and Spiritual Consciousness, and the Temporal and Frontal Lobes," *Journal of Cosmology* 14, 4400 - 40.

Jung, Carl G. (莱格), 1969. "Synchronicity：An Acausal Connecting Principle," in *Collected Works of C. G. Jung*, Vol. 8, *The Structure and Dynamics of the Psyche*, 2nd edition (Princeton：Bollingen Series, Princeton University Press).

Justeson, John S., 1989. "Ancient Maya Ethnoastronomy：An Overview of Hieroglyphic Sources," in Anthony Aveni (ed.), *World Archaeoastronomy* (New York：Cambridge University Press), 76 - 129.

Kalinowski, Marc(马克), 1986. "L'Astronomie des populations Yi du Sud-Ouest de la Chine," *Cahiers d'Extreme Asie* 2, 253 - 63.

1996. "The Use of the Twenty-Eight Xiu as a Day-Count in Early China," *Chinese Science* 13, 55 - 81.

1998 - 9. "The Xing De 刑德 Texts from Mawangdui," *Early China* 23 - 4, 125 - 202.

2004. "Fonctionnalité calendaire dans les cosmogonies anciennes de la Chine," *Études chinoises* 23, 88 - 122.

2009. "Diviners and Astrologers under the Eastern Zhou," in J. Lagerwey and M. Kalinowski (eds.), *Early Chinese Religion*, Part One, *Shang through Han* (*1250 BC - 220 AD*) (Leiden: Brill), Vol. 1, 341 - 96.

(trans.), 2011. *Wang Chong : Balance des discours : Destin, providence et divination* (Paris: Les Belles Lettres).

Kaltenmark, Max(康德谟), 1961. "Religion and Politics in the China of the Ts'in and the Han," *Diogenes* 9.34, 16 - 43.

Karlgren, Bernhard(高本汉), 1933. "Word Families in Chinese," *Bulletin of the Museum of Far Eastern Antiquities* 5, 9 - 120.

(trans.), 1950a. *The Book of Documents* (Stockholm: Museum of Far Eastern Antiquities).

(trans.), 1950b. *The Book of Odes* (Stockholm: Museum of Far Eastern Antiquities).

1964a. *Glosses on the Book of Odes* (Stockholm: Museum of Far Eastern Antiquities).

1964b. *Grammata Serica Recensa* (Stockholm: Museum of Far Eastern Antiquities).

1970. *Glosses on the Book of Documents* (Stockholm: Museum of Far Eastern Antiquities).

Keenan, Douglas J., 2002. "Astro-historiographic Chronologies of Early China Are Unfounded," *East Asian History* 23, 61 - 8.

Keightley, David N. (吉德炜), 1975. "Legitimation in Shang China," unpublished MS, presented to the Conference on Legitimation of Chinese Imperial Regimes, Asilomar, CA (June 15 - 24).

1982. "Akatsuka Kiyoshi and the Culture of Early China: A Study in Historical Method," *Harvard Journal of Asiatic Studies* 42.1, 267 - 320.

1984. "Late Shang Divination: The Magico-Religious Legacy," in Henry Rosemont(罗思文) Jr. (ed.), *Journal of the American Academy of Religion Studies* 50.2, *Explorations in Early Chinese Cosmology*, 11 - 34.

1985. *Sources of Shang History : The Oracle-Bone Inscriptions of Bronze Age China* (Berkeley: University of California).

1988. "Shang Divination and Metaphysics," *Philosophy East and West*

38.4, 367 - 97.

1989. "The Origins of Writing in China: Scripts and Cultural Contexts," in W.M. Senner (ed.), *The Origins of Writing* (Lincoln: University of Nebraska), 171 - 202.

1996. "Art, Ancestors, and the Origins of Writing in China," *Representations* 56, 68 - 95.

1997. "Graphs, Words, and Meanings: Three Reference Works for Shang Oracle-bone Studies, with an Excursus on the Religious Role of the Day or Sun," *Journal of the American Oriental Society* 117.3, 507 - 24.

1998. "Shamanism, Death, and the Ancestors: Religious Mediation in Neolithic and Shang China (ca. 5000 - 1000 B.C.)," *Asiatischen Studien* 52, 763 - 831.

1999a. "The Environment of Ancient China," in Michael Loewe and Edward L. Shaughnessy (eds.), *The Cambridge History of Ancient China, from the Origins of Civilization to 221 B. C.* (Cambridge: Cambridge University Press), 30 - 6.

1999b. "The Shang," in Michael Loewe and Edward L. Shaughnessy (eds.), *The Cambridge History of Ancient China, from the Origins of Civilization to 221 B.C.* (Cambridge: Cambridge University Press), 232 - 91.

2000. *The Ancestral Landscape : Time, Space, and Community in Late Shang China (ca. 1200 - 1045 B. C.)* (Berkeley: Institute of East Asian Studies).

2004. "The Making of the Ancestors: Late Shang Religion and Its Legacy," in J. Lagerwey (ed.), *Religion and Chinese Society*, Vol. 1, *Ancient and Medieval* (Hong Kong: Chinese University of Hong Kong), 3 - 64.

Kelley, David H. and Milone, Eugene F., 2011. *Exploring Ancient Skies : A Survey of Ancient and Cultural Astronomy* (New York: Springer).

Kennedy, E.S., 1963. "Astronomy and Astrology in India and Iran," *Isis* 54.2, 229 - 46.

1971. *The Astrological History of Masha-Alla* (Cambridge, MA: Harvard University Press).

Kepler, Johannes, 1614. *De anno natali Christi*.

Kerenyi, Karl, 1980. *The Gods of the Greeks* (London: Thames & Hudson, 1951).

Kern, Martin(柯马丁), 1997. *Die Hymnen der chinesischen Staatsopfer : Literatur und Ritual in der politischen Representation von der Han-Zeit bis zu den Sechs Dynastien* (Stuttgart: Franz Steiner).

——2000. "Religious Anxiety and Political Interest in Western Han Omen Interpretation: The Case of the Han Wudi 汉武帝 Period (141 - 87 B. C.)," *Chūgoku shigaku* (《中国史学》) 10, 1 - 31.

——2007. "The Performance of Writing in Western Zhou China," in Sergio La Porta (ed.), *The Poetics of Grammar and the Metaphysics of Sound and Sign* (Leiden: Brill), 109 - 75.

——2009. "Bronze Inscriptions, the *Shijing* and the *Shangshu*: The Evolution of the Ancestral Sacrifice during the Western Zhou," in J. Lagerwey and M. Kalinowski (eds.), *Early Chinese Religion*, Part 1, *Shang through Han (1250 BC - 220 AD)* (Leiden: Brill), Vol. 1, 143 - 200.

Kestner, Ladislav, 1991. "The *Taotie* Reconsidered: Meanings and Functions of Shang Theriomorphic Imagery," *Artibus Asiae* 51.1 - 2, 29 - 53.

Kiang, Tao(陶江), 1984. "Notes on Traditional Chinese Astronomy," *Observatory* 104 (February), 19 - 23.

Kierman, Frank A., Jr., 1974. "Phases and Modes of Combat in Early China," in F. A. Kierman Jr. and J. K. Fairbank (eds.), *Chinese Ways in Warfare* (Cambridge, MA: Harvard University Press), 47 - 56.

Kim, Il-gwon(金一权), 2005. "Astronomical and Spiritual Representations," *Preservation of the Koguryo Kingdom Tombs* (Paris: ICONOS), 25 - 32.

Kim, Seung-Og(金承玉), 1994. "Burials, Pigs, and Political Prestige in Neolithic China," *Current Anthropology* 35.2, 119 - 41.

Klein, Cecelia F., 1982. "Woven Heaven, Tangled Earth: A Weaver's Paradigm of the Mesoamerican Cosmos," *Ethnoastronomy and Archaeoastronomy in the American Tropics*, *Annals of the New York Academy of Sciences* 385.1, 1 - 35.

Knechtges, David R.(康达维), 1987. *Wen xuan or Selections of Refined Literature* (Princeton: Princeton University Press), Vol. 2, 263 - 77.

Kozloff, Arielle P., 1994. "Star-Gazing in Ancient Egypt," *Bibliothèque d'étude* 106.1 - 4, 169 - 76.

Kozloff, Arielle P. and Bryan, Betsy M., 1992. *Egypt's Dazzling Sun :*

Amenhotep III and His World (Bloomington: Cleveland Museum of Art and Indiana University Press).

Kronk, Gary, 1997. "A Large Comet Seen in 135 B. C.?" *International Comet Quarterly* 19, 3 - 7.

Krupp, Edwin C., 1991. *Beyond the Blue Horizon : Myths and Legends of the Sun, Moon, Stars, and Planets* (New York: Oxford University Press).

Kryukov, Mikhail. (刘华夏), 1986. "K probleme tsiklicheskikh znakov v Drevnem Kitae," in Ju. V. Knorozov (ed.), *Drevnye sistemy pis'ma - etnicheskaja semiotika* (Moscow, Nauka), 107 - 13.

Kuhn, Dieter, 1995. "Silk Weaving in Ancient China: From Geometric Figures to Patterns of Pictorial Likeness," *Chinese Science* 12, 77 - 114.

Kunst, Richard A. (孔理霭), 1985. "The Original ' *Yijing* ': A text, Phonetic Transcription, Translation, and Indexes, with Sample Glosses," Ph. D. dissertation, University of California, Berkeley.

Lai Guolong(来国龙), 2005. "Death and the Otherworldly Journey in Early China as Seen through Tomb Texts, Travel Paraphernalia, and Road Rituals," *Asia Major* 18. 1, 1 - 44.

Lai, Zhide(来知德), 1972. *Ding zheng Yijing Lai zhu tujie* (《订正易经来注图解》)(rpt., Taipei: Zhongguo Kong xuehui).

Lang, Ying(郎瑛), 1961. *Qixiu leigao* (《七修类稿》), *Ming Qing biji congkan* (《明清笔记丛刊》) edition (Beijing: Zhonghua).

Lau, D. C. (刘殿爵) (trans.), 1970. *Mencius* (Harmondsworth, Middlesex: Penguin).

Lau, D. C. and Ames, Roger T. (trans.), 1996. *Sun Bin : The Art of Warfare* (New York: Ballantine).

Laube, A., Steinmetz, M., and Vogler, G. (eds.), 1974. *Illustrierte Geschichte der deutschen frühbürgerlich Revolution* (Berlin: Dietz Verlag).

Laurencich-Minelli, Laura and Magli, Giulio, 2008. "A Calendar *Quipu* of the Early 17th Century and Its Relationship with the Inca Astronomy," *History of Physics* 801, ArXiv e-prints, arXiv: 0801. 1577v1, web version.

Lebeuf, A., 1996. "The Milky Way, a Path of the Souls," in V. Koleva and D. Kolev (eds.), *Astronomical Traditions in Past Cultures* (Sofia: Institute of Astronomy BAS), 148 - 61.

Lee，Dorothy，1973. "Codifications of Reality: Lineal and Nonlineal," in R. E. Ornstein (ed.), *The Nature of Human Consciousness* (San Francisco: W. H. Freeman), 128‐42.

Legge，James(理雅各)，1972. *The Chinese Classics, with a Translation, Critical and Exegetical Notes, Prolegomena, and Copious Indexes*, 5 vols. (Taipei: Wen shi zhe, 1972; first published Hong Kong and London: Trubner, 1861 - 1872 [Shanghai: Commercial Press, 1872]).

Levi，Jean(乐唯)，1977. "le mythe de l'âge d'or et les théories de l'évolution en Chine ancienne," *L'homme* 17, 73‐103.

    1989. *Les fonctionnaires divins: Politique, despotisme et mystique en Chine ancienne* (Paris: Éditions de Seuil).

Lévi-Strauss，Claude，1969. *The Raw and the Cooked: Mythologiques*, Vol. 1 (Chicago: University of Chicago).

Lewis，Mark Edward(陆威仪)，1990. *Sanctioned Violence in Early China* (Albany: State University of New York).

    1999. *Writing and Authority in Early China* (Albany: State University of New York).

    2006a. *The Construction of Space in Early China* (Albany: State University of New York).

    2006b. *The Flood Myths of Early China* (Albany: State University of New York).

    2007. *The Early Chinese Empires: Qin and Han* (Cambridge, MA: Harvard University Press).

    2009. "The Mythology of Early China," in J. Lagerwey and M. Kalinowski (eds.), *Early Chinese Religion*, Part One, *Shang through Han (1250 BC‐220 AD)* (Leiden: Brill), Vol. 1, 543‐94.

Lewis-Williams，David and Pearce，David，2005. *Inside the Neolithic Mind* (London: Thames and Hudson).

Li，Changhao(黎昌颖) (ed.)，1981. *Zhongguo tianwenxue shi* (《中国天文学史》) (Beijing: Kexue).

Li，Daoyuan(郦道元)，1983‐6. *Shui jing zhu jishi ding'e* (《水经注集释订讹》) (*Siku quanshu* (《四库全书》), Wen yuan ge edition (1782) (rpt., Taipei: Shangwu), digital edition.

Li，Feng，in press. *Early China: A Social and Cultural History* (New York: Columbia University Press).

Li，Feng(李峰)，in press. "Qinghua jian 'Qi ye' chu du ji qi xiangguan

wenti"(《清华简〈耆夜〉初读及其相关问题》)，in Li Zongkun(李宗焜)
(ed.)，*Chutu cailiao yu xin shiye*(《出土材料与新视野》)(Taipei：
Academia Sinica).

Li，Feng and Branner，David P.(林德威)(eds.)，2011. *Writing and Literacy in Early China*(Seattle：University of Washington).

Li，Geng(黎耕) and Sun，Xiaochun(孙小淳)，2010. "Taosi IIM22 qigan
yu guibiao ceying"(《陶寺 IIM22 漆杆与圭表测影》) *Zhongguo keji shi
zazhi*(《中国科技史杂志》) 31.4，363‐72.

Li，Jianmin(李建民)，1999. "Taiyi xin zheng：yi Guodian Chu jian wei
xiansuo"(《太一新证：以郭店楚简为线索》)，*Chūgoku shutsudo shiryō
kenkyū*(《中国出土史料研究》) 3，46‐62.

2007. "Taosi yizhi chutu de zhu wen 'wen' zi pian hu"(《陶寺遗址出土
的朱书"文"字扁壶》)，in Xie Xigong (解希恭) (ed.)，*Xiangfen Taosi
yizhi yanjiu*(《襄汾陶寺遗址研究》)(Beijing：Kexue)，620‐3；rpt.
from *Zhongguo shehui kexue yuan gudai wenming yanjiu zhongxin
tongxun*(《中国社会科学院古代文明研究中心通讯》) 1 (January
2001).

Li，Jingchi(李镜池)，1978. *Zhou Yi tanyuan*(《周易探源》)(Beijing：
Zhonghua，first published 1930).

1981. *Zhou Yi tongyi*(《周易通义》)(Beijing：Zhonghua).

Li，Ling(李零)，1985. *Changsha Zidanku Zhanguo Chu boshu yanjiu*(《长
沙子弹库战国楚帛书研究》)(Beijing：Zhonghua).

1991. "'Shitu' yu Zhongguo gudai de yuzhou moshi"(《"式图"与中国古
代的宇宙模式》)，Part 1，*Jiuzhou xuekan* 4.1，5‐52；"'Shitu' yu
Zhongguo gudai de yuzhou moshi"(《"式图"与中国古代的宇宙模
式》)，Part 2，*Jiuzhou xuekan* 4.2，49‐76；rpt. as "'Shi tu' yu
Zhongguo gudai de yuzhou moshi"(《"式图"与中国古代的宇宙模
式》)，in Li Ling，*Zhongguo fangshu kao*(《中国方术考》)，revised e-
dition(Beijing：Dongfang，2000)，89‐176.

1995‐6. "An Archaeological Study of Taiyi 太一(Grand One) Worship，" *Early Medieval China* 2，1‐39.

2000. *Zhongguo fangshu kao*(《中国方术考》)，revised edition(Beijing：
Dongfang，first published 1993).

2002. "Lun Gong xu faxian de yiyi"(《论〈豳公盨〉发现的意义》)，
Zhongguo lishi wenwu 6，35‐45.

Li，Ling and Cook，C. A.(柯鹤立)，2004. "The Chu Silk Manuscript，" in
C. A. Cook and J. S. Major(梅杰)(eds.)，*Defining Chu：Image and*

Reality in Ancient China（Honolulu：University of Hawaii Press），171‐7.

Li，Liu，2007，*The Chinese Neolithic：Trajectories to Early States*（Cambridge：Cambridge University Press）.

Li，Qin(李勤)，1991. *Xi'an Jiaotong daxue Xi Han bihua mu*（《西安交通大学西汉壁画墓》）（Xi'an：Xi'an Jiaotong daxue）.

Li，Xiaoding(李孝定)，1970. *Jiaguwen jishi*（《甲骨文字集释》）（Taipei：Zhongyang yanjiuyuan lishi yuyan yanjiusuo）.

Li，Xiusong(李修松)，1995. "Xia wenhua de zhongyao zhengju‐Taosi yizhi chutu caihui taopan tu'an kaoshi"（《夏文化的重要证据——陶寺遗址出土彩绘陶盘图案考释》）*Qi Lu xuekan*（《齐鲁学刊》）1，82‐7.

Li，Xueqin(李学勤)，1982. "Lun Chu boshu zhong de tianxiang"（《论楚帛书中的天象》），*Hunan kaogu jikan* 1，68‐72.

    1985. "Shangdai de sifang feng yu sishi"（《商代的四风与四时》），*Zhongzhou xuekan*（《中州学刊》）5，99‐101.

    1989. "*Xia xiao zheng* xin zheng"（《夏小正新证》），*Nong shi yanjiu*（《农史研究》）8（May），4‐11.

    1992‐3. "A Neolithic Jade Plaque and Ancient Chinese Cosmology," *National Palace Museum Bulletin*，Vol. XXVII. 5‐6（November/December 1992‐January/February 1993），1‐8.

    1999a. *Xia Shang Zhou niandai xue zhaji*（《夏商周年代学札记》）（Shenyang：Liaoning daxue）.

    1999b. "Xu shuo '*niao xing*'"（《续说鸟星》），in Li Xueqin，*Xia Shang Zhou niandai xue zhaji*（《夏商周年代学札记》）（Shenyang：Liaoning daxue），62‐6.

    1999c. "Zi Fan bianzhong de li ri wenti"（《〈子犯编钟〉的历日问题》），in Li Xueqin，*Xia Shang Zhou niandai xue zhaji*（《夏商周年代学札记》）（Shenyang：Liaoning daxue），105‐13.

    2000. "'Xiaokai' que ji yueshi"（《〈小开〉确记日食》），*Gudai wenming yanjiu tongxun*（《古代文明研究通讯》）6（May）.

    2001. "Chu boshu yanjiu"《楚帛书研究》，in Li Xueqin，*Jianbo yiji yu xueshu shi*（《简帛佚籍与学术史》）（Nanchang：Jiangsu jiaoyu），38，44‐5.

    2002. "Lun Gong xu ji qi zhongyao yiyi"（《论豳公盨及其重要意义》），in Li Xueqin，*Zhongguo gudai wenming yanjiu*（《中国古代文明研究》）（Shanghai：Huadong shifan daxue，2002），126‐36；rpt. from *Zhongguo lishi wenwu*（《中国历史文物》）6.

2005a. "Lun Yinxu buci de xin xing"(《论殷墟卜辞的新星》), in Li Xueqin, *Zhongguo gudai wenming yanjiu* (《中国古代文明研究》) (Shanghai：Huadong shifan daxue)，7 – 11.

2005b. "Zhongguo wenzi yu shufa de luansheng"(《中国文字与书法的孪生》), in Li Xueqin, *Gudai Zhongguo wenming yanjiu* (《中国古代文明研究》)(Shanghai：Huadong shifan daxue)，385 – 8.

Li，Xueqin，Harbottle，Garman，Zhang，Juzhong(张居中)，Wang，Changsui(王昌燧)，2003. "The Earliest Writing? Sign Use in the Seventh Millennium BC at Jiahu，Henan Province，China," *Antiquity* 77.295，31 – 44.

Li，Yong(李勇)，1992. "Dui Zhongguo gudai hengxing fenye he fenye shipan yanjiu"(《对中国古代恒星分野和分野式盘研究》)，*Ziran kexue shi yanjiu* (《自然科学史研究》) 11.1，22 – 31.

Liao，Mingchun(廖名春)，1999. "*Zhouyi* liang gua yao ci wu kao"(《〈周易〉乾坤两卦爻辞五考》) *Zhouyi yanjiu* (《周易研究》) 1 (February)，38 – 49.

Lilley，Ian，2010. "Near Oceania," in Ian Lilley (co-ordinator)，*Early Human Expansion and Innovation in the Pacific* (Paris：ICOMOS)，13 – 46.

Lin，Li-chen，1995. "The Concepts of Time and Position in the *Book of Changes* and Their Development," in C. C. Huang and E. Zürcher (eds.)，*Cultural Notions of Time and Space in China* (Leiden：Brill)，89 – 113.

Lin，Yun(林沄)，1986. "A Reexamination of the Relationship between Bronzes of the Shang Culture and of the Northern Zone," in K. C. Chang (ed.)，*Studies of Shang Archaeology：Selected Papers from the International Conference on Shang Civilization* (New Haven：Yale University Press).

  1998. *Lin Yun xueshu wenji* (《林沄学术文集》) (Beijing：Zhongguo dabaike)，167 – 73；rpt. from "*Tian Wang gui* 'wang si yu tian shi' xinjie"(《〈天亡簋〉"王祀於天室"新解》)，*Shixue jikan* (《史学集刊》) 3 (1993)，25 – 8.

Liu，An(刘安)，1927 – 35. *Huainanzi* (《淮南子》). *Sibu beiyao* (《四部备要》) edition (Shanghai：Zhonghua，rpt. Taipei：Taiwan Chung-hua，1966).

  1974. *Huainanzi* (《淮南子》). *Xinbian Zhuzi jicheng* (《新编诸子集成》) (rpt.，Taipei：Shijie shuju)，Vol. 7.

Liu，Cary Y.（刘怡玮），Nylan，Michael（戴梅可），Barbieri-Low（李安敦），Anthony，and Loewe，Michael，2005. *Recarving China's Past ：Art，Archaeology and Architecture of the "Wu Family Shrines"*（Princeton：Princeton University Art Museum and Yale University Press）.

Liu，Ciyuan（刘次沅），Liu，Xueshun（刘学顺），and Ma，L.（马莉萍），2005. "A Chinese Observatory Site of 4,000 Year［*sic*］Ago," *Journal of Astronomical History and Heritage* 8.2，129 - 30.

Liu，Ciyuan and Zhou，Xiaolu（周晓陆），1999. "The Sky Brightness when the Sun Is in Eclipse," *Chinese Astronomy and Astrophysics* 23，249 - 57.

Liu，Ciyuan and Zhou，Xiaolu，2001. "Analysis of Astronomical Records of King Wu's Conquest," *Science in China*（series A）44.9，1216 - 24.

Liu，Guozhong（刘国忠），2011. *Zou jin Qinghua jian*（《走进清华简》），in Li Xueqin（李学勤）（ed.），*Qinghua jian yanjiu congshu*（《清华简研究丛书》）（Beijing：Gaodeng jiaoyu）.

Liu，Huiping（刘惠萍），2003. *Fu Xi shenhua chuanshuo yu xinyang yanjiu*（《伏羲神话传说与信仰研究》）（Taipei：Wenjin）.

　2008. "Xiangtian tongshen - guanyu Tulufan muzang chutu Fu Xi Nü Wa tu de zai sikao"（《象天通神——关于吐鲁番墓葬出土伏羲女娲图的再思考》），*Dunhuang xue*（《敦煌学》）27，293 - 310.

Liu，Lexian（刘乐贤），2004. *Mawangdui tianwen shu kaoshi*（《马王堆天文书考释》）（Guangdong：Zhongshan daxue）.

Liu，Li（刘莉），2007. *The Chinese Neolithic ：Trajectories to Early States*（Cambridge：Cambridge University Press）.

Liu，Li and Chen，Xingcan（陈星灿），2003. *State Formation in Early China*（London：Duckworth）.

Liu，Li and Xu，Hong（许宏），2007. "Rethinking *Erlitou*：Legend，History and Chinese Archaeology," *Antiquity* 81，886 - 901.

Liu，Qingzhu（刘庆柱），2007. "Archaeological Discovery and Research into the Layout of the Palaces and Ancestral Shrines of Han Dynasty Chang'an：A Comparative Essay on the Capital Cities of Ancient Chinese Kingdoms and Empires," *Early China* 31，113 - 43.

Liu，Qiyu（刘起釪），2004. "Yaodian Xi He zhang yanjiu"（《〈尧典〉义和章研究》），*Zhongguo shehui kexue yuan lishi yanjiusuo xuekan*（《中国社会科学院历史研究所丛刊》）2，43 - 70.

Liu，Shaojun（刘韶军），1993. *Zhongguo gudai zhanxing shu zhu ping*（《中国古代占星术注评》）（Beijing：Shifan daxue）.

Liu，Wu(刘斌)，2001. "Liangzhu wenhua de jitan yu guanxiang cenian"
(《良渚文化的祭坛与观象测年》)，*Zhongguo wenwu bao*(《中国文物报》)，January 5，section 7.

Liu，Xinglong(刘兴隆)，1986. *Jiagu wenzi jiju jianshi* 甲骨文字集句简释
(Zhengzhou：Zhongzhou guji).

Liu，Xueshun(刘学顺)，2009. "Yin dai lifa：xiancun zui zao de Zhongguo
tuibu li"(《殷代历法：现存最早的中国推步历》)，*Yindu xuekan*(《殷都学刊》)2，24‐8.

Liu yi zhi yi lu(《六艺之一录》)，1983‐6. *Siku quanshu*(《四库全书》)，
Wen yuan ge edition (1782)(rpt.，Taipei：Shangwu)，digital edition.

Liu，Yu(刘雨)，2003. "Bin gong kao"(《豳公考》)，in Zhang Guangyu(张
光裕)(ed.)，*Di si jie guoji Zhongguo gu wenzi xue yantao hui lunwen
ji*(《第四届国际中国文字学研讨会论文集》)(Hong Kong：Xianggang
Zhongwen daxue Zhongguo yuwen ji wenxue xi)，97‐106.

Liu，Yunyou(刘云友)[Xi Zezong(席泽宗)]，1974. "Zhongguo tianwen
shi shang de yizhong zhongyao faxian‐Mawangdui Han mu boshu
zhong de 'Wu xing zhan'"(《中国天文史上的一种重要发现——马王
堆汉墓帛书中的〈五星占〉》)，*Wenwu* 11，28‐39.

Liu，Zhao(刘钊)，2009. "'Xiao chen Qiang ke ci' xin shi"(《小臣墙刻辞
新释》)，*Fudan xuebao（shehui kexue ban）*(《复旦学报（社会科学
版）》)1，4‐11.

Liu，Zongdi(刘宗迪)，2002. "*Shanhaijing*：*Dahuangjing* yu *Shangshu*：
Yaodian de duibi yanjiu"(《〈山海经·大荒经〉与〈尚书·尧典〉的对比
研究》)，*Minzu yishu*(《民族艺术》)3，available at http://hi. baidu.
com/fdme/blog/item/00dda88fcb3796fb503d92d8. html，accessed May
13，2011.

Liutao(《六韬》)，"Longtao"(《龙韬》)(Shijiazhuang：Hebei renwu，
1991；Bingjia baodian edition).

Lloyd，Geoffrey E. R.(劳埃德) and Sivin，Nathan(席文)，2002. *The
Way and the Word：Science and Medicine in Early China and Greece*
(New Haven：Yale University Press).

Locke，L. Leland，1912. "The Ancient Quipu, a Peruvian Knot Record,"
American Anthropologist，New Series，14. 2（April‐June），325‐32.

Lockyer，J. Norman，1964. *The Dawn of Astronomy：A Study of the
Temple Worship and Mythology of the Ancient Egyptians*(Cambridge，
MA：MIT Press，first published 1891).

Loehr，Max(罗樾)，1968. *Ritual Vessels of Bronze Age China*(New

York: Asia Society).

Loewe, Michael, 1967. *Records of Han Administration* (Cambridge: Cambridge University Press).

1974. "The Campaigns of Han Wu-ti," in F. A. Kierman Jr. and J. K. Fairbank(费正清) (eds.), *Chinese Ways in Warfare* (Harvard University Press), 67 – 122.

1987. "The Cult of the Dragon and the Invocation for Rain," in C. LeBlanc and S. Blader (eds.), *Chinese Ideas about Nature and Society : Studies in Honour of Derk Bodde* (Hong Kong: Hong Kong University Press), 195 – 214.

(ed.), 1993. *Early Chinese Texts : A Bibliographical Guide* (Berkeley: Society for the Study of Early China and Institute of East Asian Studies, University of California).

1994a. "The Han View of Comets," in Michael Loewe, *Divination, Mythology and Monarchy in Han China* (Cambridge: Cambridge University Press), 61 – 84.

1994b. "The Oracles of the Clouds and the Winds," in Michael Loewe, *Divination, Mythology and Monarchy in Han China* (Cambridge: Cambridge University Press), 191 – 213.

1995. "The Cycle of Cathay: Concepts of Time in Han China and Their Problems," in C. C. Huang and E. Zürcher (eds.), *Cultural Notions of Time and Space in China* (Leiden: Brill), 305 – 28.

2000. *A Biographical Dictionary of the Qin, Former Han and Xin Periods (221 BC – AD 24)* (Leiden: Brill).

Loewe, Michael and Shaughnessy, Edward L. (eds.), 1999. *The Cambridge History of Ancient China : From the Origins of Civilization to 221 B. C.* (Cambridge: Cambridge University Press).

Löwith, Karl, 1949. *Meaning in History* (Chicago: The University of Chicago Press).

Lü, Buwei(吕不韦), 1974. *Lüshi chunqiu* (《吕氏春秋》), *Xinbian zhuzi jicheng* (《新编诸子集成》) ed. (Taipei: Shijie shuju).

Lu, Yang(卢央) and Shao, Wangping(邵望平), 1989. "Kaogu yicun zhong suo fanying de shiqian tianwen zhishi"(《考古遗存中所反应的史前天文知识》), in Zhongguo shehui kexueyuan kaogu yanjiusuo (《中国社会科学院考古研究所》) (ed.), *Zhongguo gudai tianwen wenwu lunji* (《中国古代天文文物论集》) (Beijing: Wenwu), 1 – 16.

Luo, Qikun(雒启坤), 1991. "Xi'an Jiaotong daxue Xi han muzang bihua ershiba xiu xingtu kaoshi"(《西安交通大学西汉墓葬壁画二十八宿星图考释》), *Ziran kexue shi yanjiu*(《自然科学史研究》) 10.3, 236‑45.

Ma, Chengyuan(马承源), 1976. "*He zun* ming wen chu shi"(《〈何尊〉铭文初释》), *Wenwu* 1, 64‑5.

(ed.), 1989. *Shang Zhou qingtong qi ming wen xuan*(《商周青铜器铭文选》), Vol. 3, *Shang Xi Zhou qingtong qi ming wen shiwen ji zhushi*(《商西周青铜器铭文释文及注释》)(Beijing: Wenwu).

1992. *The Chinese Bronzes*(《中国青铜器》)(Shanghai: Shanghai guji, first published 1988).

Ma, Guohan(马国翰)(ed.), n.d. *Yuhan shanfang ji yishu*(《玉函山房辑佚书》), 6 vols. (Taipei: Jinan keben).

MacRobert, Alan, 2005. "Venus Revealed," *Sky & Telescope* 110 (December), 116.

Maeyama, Yasukatsu(前山保胜), 2002. "The Two Supreme Stars, Thien-i and Thai-i, and the Foundation of the Purple Palace," in S. M. R. Ansari (ed.), *History of Oriental Astronomy*, IAU Congress Proceedings (Kyoto 1997) (Dordrecht: Kluwer), 3‑18.

2003. "The Oldest Star Catalog of China, Shih Shen's Hsing Ching," in Maeyama Yasukatsu, *Astronomy in Orient and Occident: Selected Papers on Its Cultural and Scientific History* (Hildesheim: Georg Olms), 1‑34; rpt. from Y. Maeyama and W. Saltzer (eds.), *Prismata: Festschrift für Willy Hartner* (Wiesbaden, 1977).

Magli, Giulio, 2004. "On the Possible Discovery of Precessional Effects in Ancient Astronomy," arXiv: physics/0407108v2[physics. hist-ph][v1] Tue, 20 Jul 2004 17:45:26 GMT (561kb) [v2] Sunday, August 1, 2004, 09:36:30 GMT (505kb).

2009. *Mysteries and Discoveries of Archaeoastronomy* (New York: Springer).

Major, John S.(梅杰), 1978. "Myth, Cosmology, and the Origins of Chinese Science," *Journal of Chinese Philosophy* 5, 1‑20.

1987. "The Meaning of Hsing-te [Xingde]," in C. LeBlanc and S. Blader (eds.), *Chinese Ideas about Nature and Society* (Hong Kong: Hong Kong University Press), 281‑91.

1993. *Heaven and Earth in Early Han Thought: Chapters Three, Four, and Five of the Huainanzi* (Albany: State University of New York).

Major, John S., Queen, Sarah A., Meyer, Andrew S., and Roth, Harold D. (trans.), 2010. *The Huainanzi* (New York: Columbia University

Press).

Mallory, J. P. and Mair, Victor H.（梅维恒）(eds.), 2000. *The Tarim Mummies : Ancient China and the Mystery of the Earliest Peoples from the West* (London: Thames and Hudson).

Mann, Charles C., 2003. "Cracking the *Khipu* Code," *Science* 300 (June 13), 1650 - 1.

Maspero, Henri(马伯乐), 1929. "L'astronomie Chinoise avant les Han," *T'oung Pao* 26, 267 - 356.

　1948 - 51. "La Ming-tang et la crise religieuse chinoise avant les Han," *Mélanges chinois et bouddhiques* 9, 1 - 71.

　1953. *Les documents chinois de la troisième expedition de Sir Aurel Stein en Asie centrale* (London: J. Gernet).

Matheson, Peter, 1994. *The Collected Works of Thomas Müntzer* (Edinburgh: T. and T. Clark).

Mathieu, Rémi, 1983. "Reviewed Work: *The Heir and the Sage : Dynastic Legend in Early China* by Sarah Allan," *L'homme* 23.3, 137 - 8.

Mawangdui Hanmu boshu zhengli xiaozu, 1980. *Mawangdui Hanmu boshu* (Beijing: Wenwu), Vol. 1.

Meeus, Jean, 1997a. *Mathematical Astronomy Morsels* (Richmond: Willmann-Bell).

　1997b. "Planetary Groupings and the Millennium," *Sky & Telescope* 94. 2, 60 - 2.

Mei, Yi-Pao(梅贻宝)(trans.), 1929. *The Ethical and Political Works of Motse* (*Mozi*, *Mo-tzu*, *Motze*) (London: Probsthain).

Milbrath, Susan, 1999. *Star Gods of the Maya* (Austin: University of Texas).

　2003. "Jupiter in Classic and Postclassic Maya Art," in J. W. Fountain and R. M. Sinclair (eds.), *Current Studies in Archaeoastronomy : Conversations across Time and Space* (Durham, NC: Carolina Academic), 301 - 30.

Miller, Roy Andrew, 1988. "Pleiades Preceived: From Mul. Mul to Subaru," *Journal of the American Oriental Society* 108.1, 1 - 25.

Ming shi (《明史》), 1974. (Beijing: Zhonghua).

Ming shilu (《明实录》), n.d. (Beijing: Beijing Ai Rusheng shuzihua jishu yanjiu zhongxin).

Ming wen hai(明文海), 1983 - 6, *Siku quanshu* (《四库全书》), Wen yuan ge edition (1782) (rpt., Taipei: Shangwu), digital edition.

Miranda, Noémi, Belmonte, Juan A., and Molinero, Miguel Angel, 2008. "Uncovering Seshat: New Insights into the 'Stretching of the Cord Ceremony,'" *Archaeologica Baltica* 10, 57 - 61.

Mitsukuni, Yoshida(吉田光邦), 1979. "The Chinese Concept of Technology: A Historical Approach," *Acta Asiatica* 36, 49 - 66.

Mo Di(墨翟), 1966. *Mozi*(《墨子》), *Sibu beiyao* edition (Taipei: Taiwan Chung-hua, first published Shanghai: Zhonghua, 1927 - 35).

Mote, Frederick W. (牟复礼) and Twitchett, Denis (崔瑞德) (eds.), 1988. *The Cambridge History of China*, Vol. 7, *The Ming Dynasty 1368 - 1644*, *Part 1* (Cambridge: Cambridge University Press).

Müller, Klaus E., 2002. "Perspectives in Historical Anthropology," in J. Rüsen (ed.), *Western Historical Thinking: An Intercultural Debate* (New York and Oxford: Berghahn), 33 - 52.

Nakayama, Shigeru(中山茂), 1966. "Characteristics of Chinese Astrology," *Isis* 57, 442 - 54.

Needham, Joseph (李约瑟), 1969. *Science and Civilisation in China*, Vol. 2, *History of Scientific Thought* (Cambridge: Cambridge University Press).

1970. "Astronomy in Classical China," in Joseph Needham, *Clerks and Craftsmen in China and the West: Lectures and Addresses on the History of Science and Technology* (Cambridge: Cambridge University Press), 1 - 13.

1981. "Time and Knowledge in China and the West," in J. T. Fraser (ed.), *The Voices of Time: A Cooperative Survey of Man's Views of Time as Expressed by the Sciences and by the Humanities* (Amherst: University of Massachusetts), 233 - 6.

Needham, Joseph and Lu, Gwei-Djen(鲁桂珍), 1985. *Trans-Pacific Echoes & Resonances: Listening Once Again* (Singapore: World Scientific).

Needham, Joseph, with the research assistance of Wang Ling, 1954. *Science and Civilisation in China*, Vol. 1, *Introductory Orientations* (Cambridge: Cambridge University Press).

Needham, Joseph, with the research assistance of Wang Ling(王玲), 1959. *Science and Civilisation in China*, Vol. 3, *Mathematics and the Sciences of the Heavens and the Earth* (Cambridge: Cambridge University Press).

Needham, Joseph, with the research assistance of Wang Ling, and the special cooperation of Kenneth Robinson, 1962. *Science and Civilisation in China*, Vol. 4.1, *Physics* (Cambridge: Cambridge University Press).

Neugebauer, Otto, 1975. *A History of Ancient Mathematical Astronomy* (Berlin, Heidelberg and New York).

Nienhauser, William H.(倪豪士), Cheng, Tsia-fa(郑再发), Lu, Zongli (吕宗力), and Reynolds, Robert (trans.), 1994. Ssu-ma Ch'ien, *The Grand Scribe's Records*, Vol. 1, *The Basic Annals of Pre-Han China* (Bloomington: Indiana University Press).

Nienhauser, William H., Jr., Cao, Weiguo, Galer, Scott W., Pankenier, David W.(班大为)(trans.), 2002. *The Grand Scribe's Records*, Vol. 2, *The Basic Annals of Han China* (Bloomington: Indiana University Press).

Nisbett, Richard E., 2003. *The Geography of Thought : How Asians and Westerners Think Differently ... and Why* (New York: The Free Press).

Nivison, David S.(倪德卫), 1989. "The 'Question' Question," *Early China* 14, 115 - 25.

North, John D., 1986. "Celestial Influence: The Major Premise of Astrology," in P. Zambelli (ed.), *Astrologi Hallucinati : Stars and the End of the World in Luther's Time* (Berlin: W. de Gruyter), 45 - 100.

O'Keefe, Daniel L., 1983. *Stolen Lightning : A Social Theory of Magic* (New York: Vintage).

Oliveira, C. and da Silva, Cândido M., 2010. "Moon, Spring, and Large Stones," *Proceedings of the XV World Congress UISPP* (Lisbon, September 4 - 9, 2006), 7, Session C68 (Part I), *BAR International Series*, S2122, 83 - 90.

Olson, Donald W. and White, Brian D., 1997. "A Planetary Grouping in Maya Times," *Sky & Telescope* 97.2 (August), 63 - 4.

Ong, Walter J. 2002. *Orality and Literacy : The Technologizing of the Word* (New York: Routledge, first published 1982).

Ornstein, Robert E., 1973. *The Nature of Human Consciousness* (San Francisco: W.H. Freeman).

Pang, Kevin D., 1987. "Extraordinary Floods in Early Chinese History and Their Absolute Dates," *Journal of Hydrology* 96, 139 - 55.

Pang, Kevin D. and Bangert, J.A., 1993. "The 'Holy Grail' of Chinese Astronomy: The Sun-Moon, Five Planet Conjunction in Yingshi

(Pegasus) on March 5, 1953 BC," *Journal of the American Astronomical Society* 25, 922.

Pang, Pu（庞朴）, 1978. "Huoli chu tan"（《火历初探》）, *Shehui kexue zhanxian*（《社会科学战线》）4, 131 – 7.

Pankenier, David W., 1981. "Astronomical Imagery in *Qian Gua* in the *Book of Changes*, with Particular Reference to 'Arrogant Dragon'," unpublished MS, March 30.

1981 – 2. "Astronomical Dates in Shang and Western Zhou," *Early China* 7, 2 – 37.

1982. "Early Chinese Positional Astronomy: The *Guoyu* Astronomical Record," *Archaeoastronomy* 5.3 (July-September), 10 – 20.

1983. "Early Chinese Astronomy and Cosmology: The Mandate of Heaven as Epiphany," Ph.D. dissertation, Stanford University.

1983 – 5. "*Mozi* and the Dates of Xia, Shang, and Zhou: A Research Note," *Early China* 9 – 10, 175 – 83.

1986. "The Metempsychosis in the Moon," *Bulletin of the Museum of Far Eastern Antiquities* 58, 149 – 59.

1990. "The Scholar's Frustration Reconsidered: Melancholia or Credo?" *Journal of the American Oriental Society* 110.3, 434 – 59.

1992a. "The *Bamboo Annals* Revisited: Problems of Method in Using the Chronicle as a Source for the Chronology of Early Zhou, Part 1," *Bulletin of the School of Oriental and African Studies*, Vol. LV.2, 272 – 97.

1992b. "The Bamboo Annals Revisited: Problems of Method in Using the Chronicle as a Source for the Chronology of Early Zhou, Part 2: The Congruent Mandate Chronology in *Yi Zhou shu*," *Bulletin of the School of Oriental and African Studies*, Vol. LV.3, 498 – 510.

1992c. "Reflections of the Lunar Aspect on Western Chou Chronology," *T'oung Pao* 78, 33 – 76.

1995. "The Cosmo-political Background of Heaven's Mandate," *Early China* 25, 121 – 76.

1998a. "Applied Field Allocation Astrology in Zhou China: Duke Wen of Jin and the Battle of Chengpu (632 BCE)," *Journal of the American Oriental Society* 119.2, 261 – 79.

1998b. "The Mandate of Heaven," *Archaeology* 51.2 (March/April), 26 – 34.

2000. "Popular Astrology and Border Affairs in Early China: An

Archaeological Confirmation," *Sino-Platonic Papers* 104, 1 – 19.

2004a. "A Brief History of *Beiji* 北极 (Northern Culmen), with an Excursus on the Origin of the Character *di* 帝," *Journal of the American Oriental Society* 124. 2, 211 – 36.

2004b. "A Short History of *Beiji*," *Culture and Cosmos* 8. 1 – 2, 287 – 308.

2004c. "Temporality and the Fabric of Space-Time in Early Chinese Thought," in Ralph M. Rosen (ed.), *Time and Temporality in the Ancient World* (Philadelphia: University of Pennsylvania Museum), 129 – 46.

2005. "Characteristics of Field Allocation (*fenye* 分野) Astrology in Early China," in J. W. Fountain and R. M. Sinclair (eds.), *Current Studies in Archaeoastronomy: Conversations across Time and Space* (Durham: Carolina Academic Press), 499 – 513.

2007. "*Caveat Lector*: Comments on Douglas J. Keenan, 'Astro-historiographic Chronologies of Early China Are Unfounded,'" *Journal of Astronomical History and Heritage* 10. 2, 137 – 41.

2011. "Getting 'Right' with Heaven and the Origins of Writing in China," *Writing and Literacy in Early China* (Seattle: University of Washington), 13 – 48.

2012. "On the Reliability of Han Dynasty (206 BCE – 220 CE) Solar Eclipse Records," *Journal of Astronomical History and Heritage* 15. 3, 200 – 12.

in press. "Babylonian Influence on Chinese Astral Prognostication (*xingzhan*)? Or 'How not to Establish Transmission.'"

Pankenier, David W., Liu, Ciyuan, and de Meis, Salvo, 2008. "The Xiangfen, Taosi Site: A Chinese Neolithic 'Observatory'?" in Jonas Vaiškūnas (ed.), *Astronomy and Cosmology in Folk Traditions and Cultural Heritage* (Klaipeda: University of Klaipeda, Archaeologia Baltica 10), 141 – 8.

Pankenier, David W., Xu, Zhentao (徐振韬), and Jiang, Yaotiao (蒋窈窕), 2008. *Archaeoastronomy in East Asia: Historical Observational Records of Comets and Meteor Showers from China, Japan, and Korea* (Youngstown, NY: Cambria).

Paper, Jordan, 1978. "The Meaning of the *T'ao-T'ieh*," *History of Religions* 18, 18 – 41.

Parpola, Asko, 2012. "Indus Civilization (– 1750 BCE)," *Brill's Encyclo-*

pedia of Hinduism, Vol. 4 (Leiden: Brill), 3 - 18.

Peratt, Anthony L. "Characteristics for the Occurrence of a High-Current, Z-Pinch Aurora as Recorded in Antiquity," *IEEE Transactions on Plasma Science* 31.6 (December 2003), 1192 - 1214.

Peterson, Willard(裴德生), 1988. "Squares and Circles: Mapping the History of Chinese Thought," *Journal of the History of Ideas* 49.1 (January - March), 47 - 60.

Pettazoni, Raffaele, 1959. "The Supreme Being: Phenomenal Structure and Historical Development," in M. Eliade and J. M. Kitagawa (eds.), *The History of Religions : Essays in Methodology* (Chicago: The University of Chicago Press), 59 - 66.

Pines, Yuri(尤锐), 2010. "Political Mythology and Dynastic Legitimacy in the *Rong Cheng Shi* Manuscript," *Bulletin of the School of Oriental and African Studies* 73.3, 503 - 29.

Pingree, David, 1963. "Astronomy and Astrology in India and Iran," *Isis* 54.2, 229 - 46.

1968. *The Thousands of Abu Ma'shar* (London: Warburg Institute).

Pingree, David and Morrisey, Patrick, 1989. "On the Identification of the Yogatārās of the Indian Nakṣatras," *Journal for the History of Astronomy*, 20, 99 - 119.

Pomian, Krzysztof, 1986. "Astrology as a Naturalistic Theology of History," in P. Zambelli (ed.), *Astrologi Hallucinati : Stars and the End of the World in Luther's Time* (Berlin: W. de Gruyter), 29 - 43.

Poo, Mu-chou(蒲慕州), 1993. "Popular Religion in Pre-imperial China: Observations on the Almanacs of Shui-hu-ti," *T'oung Pao* 69, 225 - 48.

Pope, John A., Gettens, R.J., Cahill, J.(高居翰), and Barnard, N.(巴纳) (eds.), 1967. *The Freer Chinese Bronzes*, 2 vols. (Washington: Smithsonian Institution).

Porter, Deborah L.(裴碧兰), 1993. "The Literary Function of K'un-lun Mountain in the *Mu T'ien-tzu Chuan*," *Early China* 18, 74 - 106.

1996. *From Deluge to Discourse : Myth, History, and the Generation of Chinese Fiction* (Albany: State University of New York Press).

Postgate, Nicholas, Wang, Tao, and Wilkinson, Toby, 1995. "The Evidence for Early Writing: Utilitarian or Ceremonial?" *Antiquity* 69, 459 - 80.

Puett, Michael J. (普鸣), 1998. "Sages, Ministers, and Rebels: Narratives from Early China Concerning the Initial Creation of the State," *Harvard Journal of Asiatic Studies* 58.2, 425‑79.

 2002. *To Become a God: Cosmology, Sacrifice, and Self-Divinization in Early China* (Cambridge, MA: Harvard Yenching Institute).

Pulleyblank, Edwin G.(蒲立本), 1955. *The Background of the Rebellion of An Lu-shan* (London: Oxford University Press).

 1991. "The *Ganzhi* as Phonograms and Their Application to the Calendar," *Early China* 16, 39‑80.

Qian, Baocong(钱宝琮), 1932. "Tai yi kao" 太一考, *Yanjing xuebao* (《燕京学报》), 2449‑78.

Qiu, Xigui(裘锡圭), 1979. "Tantan Suixian Zeng Hou Yi mu de wenzi ziliao"(《谈谈随县曾侯乙墓的文字资料》), *Wenwu* 文物 7, 25‑32.

 1983‑5. "On the Burning of Human Victims and the Fashioning of Clay Dragons to Seek Rain as Seen in Shang Dynasty Oracle Bone Inscriptions," *Early China* 9‑10, 290‑306.

 1989. "Cong Yinxu jiagu buci kan Yin ren dui bai ma de zhongshi"(《从殷虚甲骨文卜辞看殷人对白马的重视》), *Yinxu bowuyuan yuankan* (《殷墟博物苑苑刊》) 1, 70‑2.

 1992. "Shi hai"(《释害》), *Gu wenzi lunji* (《古文字论集》) (Beijing: Zhonghua).

 1996. *Wenzi xue gaiyao* (《文字学概要》) (Beijing: Shangwu, first published 1988).

 2000. *Chinese Writing* (*Wenzi xue gaiyao*, trans. Gilbert L. Mattos and Jerry Norman) (Berkeley: Society for the Study of Early China).

 2004. *Zhongguo chutu wenxian shi jiang* (《中国出土文献十讲》) (Shanghai: Fudan daxue), 46‑77, rpt. of Qiu, Xigui(裘锡圭), 2002. "*X Gong xu* ming wen kaoshi"(《〈燮公盨〉铭文考释》), *Zhongguo lishi wenwu*(《中国历史文物》) 6.

Qu Yingjie(曲英杰), 1991. *Xian Qin ducheng fuyuan yanjiu* (《先秦都城复原研究》) (Harbin: Heilongjiang jiaoyu).

Qutan Xida(瞿昙悉达) (Gautama Siddha, *c.*729), *Kaiyuan zhanjing* (《开元占经》). Siku zhenben siji ed.

Ramsey, John T., 1999. "Mithradates, the Banner of Ch'ih-Yu, and the Comet Coin," *Harvard Studies in Classical Philology* 99, 197‑253.

Ranieri, Marcello, 1997. "Triads of Integers: How Space Was Squared in Ancient Times," *Rivista di Topografia Antica* 7, 209‑44.

Raphals, Lisa(瑞丽), 2008‑9. "Divination in the *Han shu* Bibliographic

Treatise," *Early China* 32, 45 – 101.

Rappenglück, Michael A., 2002. "The Milky Way: Its Concept, Function and Meaning in Ancient Cultures," in T. M. Potyomkina and V. N. Obridko (eds.), *Astronomy of Ancient Civilizations*, Proceedings of the European Society for Astronomy in Culture (SEAC 8) Conference, May 23 – 7, 2000 (Moscow: Nauka), 270 – 7.

Rawlins, Dennis and Pickering, Keith, 2001. "Astronomical Orientation of the Pyramids," *Nature* 412 (August 16), 699.

Rawson, Jessica(罗森), 2000. "Cosmological Systems as Sources of Art, Ornament and Design," *Bulletin of the Museum of Far Eastern Antiquities* 72, 133 – 89.

Reiche, H. A. T., 1979. "The Language of Archaic Astronomy: A Clue to the Atlantis Myth?" in Kenneth Brecher and Michael Feirtag (eds.), *Astronomy of the Ancients* (Cambridge, MA: MIT Press), 155 – 89.

Reiner, Erica, and Pingree, David, 1975. *Babylonian Planetary Omens*, Part 1, *The Venus Tablet of Ammisaduqa* (Malibu: Getty).

Ricoeur, Paul, 1985. "The History of Religions and the Phenomenology of Time Consciousness," in J. Kitagawa (ed.), *The History of Religions : Retrospect and Prospect* (New York: Macmillan), 13 – 30.

Robertson, John S., 2004. "The Possibility and Actuality of Writing," in Stephen D. Houston (ed.), *The First Writing : Script Invention as History and Process* (Cambridge: Cambridge University Press), 16 – 38.

Rochberg, Francesca, 2007. *The Heavenly Writing : Divination, Horoscopy, and Astronomy in Mesopotamian Culture* (Cambridge: Cambridge University Press).

Rogers, John H., 1998a. "Origins of the Ancient Constellations: I. The Mesopotamian Traditions," *Journal of the British Astronomical Association* 108, 9 – 28.

1998b. "Origins of the Ancient Constellations: II. The Mediterranean Traditions," *Journal of the British Astronomical Association* 108, 79 – 89.

Rohleder, Anna, 2011. "Asian Art Fair Brings out Buyers," Forbes. com (March), available at www. forbes. com/2001/03/21/0321connguide. html, accessed June 25, 2011.

Rosenberg, Roy A., 1972. "The 'Star of the Messiah' Reconsidered," *Biblica* 53, 105 – 9.

Roth，Harold（罗浩），1999. *Original Tao : Inward Training （Nei-yeh）
and the Foundations of Taoist Mysticism* （New York：Columbia Uni-
versity Press）.

Ruan，Yuan（阮元）（ed.），1970. *Shisanjing zhushu* （rpt.，Taipei：Wen-
hua）.

Ruggles，Clive L. N.，1999. *Astronomy in Prehistoric Britain and Ireland*
（New Haven：Yale University Press）.

2005. *Ancient Astronomy : An Encyclopedia of Cosmologies and Myth*
（Santa Barbara：ABC-CLIO）.

2011. "Pushing back the Frontiers or Still Running around the Same Cir-
cles? 'Interpretative Archaeoastronomy' Thirty Years on," in Clive
L. N. Ruggles （ed.），*Archaeoastronomy and Ethnoastronomy : Build-
ing Bridges Between Cultures*，'Oxford IX' International Symposium
on Archaeoastronomy （IAU Symposium 278） （Cambridge：Cam-
bridge University Press），1 – 18.

Ruggles，Clive L. N.，Cotte，Michael et al.，2010. *Heritage Sites of Astron-
omy and Archaeoastronomy in the context of the UNESCO World
Heritage Convention* （Paris：ICOMOS and IAU）.

Rüsen，Jörn （ed.），2002. *Western Historical Thinking : An Intercultural
Debate* （New York and Oxford：Berghahn）.

Samson，Geoffrey，1994. "Chinese Script and the Diversity of Writing
Systems," *Linguistics* 32，117 – 32.

Sanft，Charles（陈立强），2008 – 9. "Edict of Monthly Ordinances for the
Four Seasons in Fifty Articles from 5 C. E. : Introduction to the Wall
Inscription Discovered at Xuanquanzhi，with Annotated Transla-
tion," *Early China* 32，125 – 208.

Sanfu huangtu （《三辅黄图》），1983 – 6. *Siku quanshu* （《四库全书》），
Wen yuan ge edition （1782） （rpt.，Taipei：Shangwu），digital edition.

Saso，Michael（苏海涵），1978. "What is the Ho-t'u?" *History of Religions*
17.3 – 4，399 – 416.

Saturno，William A.，Taube，Karl A.，and Stuart，David，2005. "The Mu-
rals of San Bartolo，El Petén，Guatemala Part 1：The North Wall,"
Ancient America，7 （February），1 – 56.

Saussy，Haun（苏源熙），2000. "Correlative Cosmology and Its Histories,"
Bulletin of the Museum of Far Eastern Antiquities 72，13 – 28.

Schaberg，David（史嘉柏），2001. *A Patterned Past : Form and Thought in
Early Chinese Historiography* （Cambridge，MA：Harvard University

Asia Center).

2005. "Command and the Content of Tradition," in Christopher Lupke (ed.), *The Magnitude of Ming : Command, Allotment, and Fate in Chinese Culture* (Honolulu: University of Hawaii), 23 – 48.

Schaefer, Bradley E., 2006. "The Origin of the Greek Constellations," *Scientific American* (November), 96 – 101.

Schafer, Edward H. (薛爱华), 1973a. *Ancient China* (New York: Time-Life, first published 1967).

1973b. *The Divine Woman : Dragon Ladies and Rain Maidens in Tang Literature* (Berkeley: University of California Press).

1974. "The Sky River," *Journal of the American Oriental Society* 94.4, 401 – 7.

1977. *Pacing the Void : T'ang Approaches to the Stars* (Berkeley: University of California Press).

Scheid, John (沙义德) and Svenbro, Jesper, 2001. *The Craft of Zeus : Myths of Weaving and Fabric* (Cambridge, MA: Harvard University Press).

Schele, Linda and Freidel, David, 1990. *Forest of Kings : The Untold Story of the Ancient Maya* (New York: W. Morrow).

Schwartz, Benjamin (史华慈), 1985. *The World of Thought in Ancient China* (Cambridge, MA: Harvard University Press).

Selin, Helaine, 2000. *Astronomy across Cultures : The History of Non-Western Astronomy* (Dordrecht: Kluwer).

Sellman, James D., 2002. *Timing and Rulership in Master Lü's Spring and Autumn Annals, Lüshi chunqiu* (Albany: State University of New York).

Sen, Tansen (沈丹森), 2010. "The Intricacies of Premodern Asian Connections," *Journal of Asian Studies* 69.4, 991 – 9.

Shaanxisheng kaogu yanjiusuo (陕西省考古研究所) (ed.), 1991. *Xi'an Jiaotong daxue Xi Han bihua mu* (《西安交通大学西汉壁画墓》) (Xi'an: Jiaotong daxue).

1995. *Haojing Xi Zhou gongshi* (Xi'an: Xibei daxue).

2001. "Xi'an faxian de Bei Zhou An jia mu" (《西安发现的北周安家墓》), *Wenwu* (《文物》) 1, 4 – 26.

Shaanxisheng Yongcheng kaogu dui (陕西省雍城考古队), 1983. "Fengxiang Majiazhuang yihao jianzhu qun yizhi fajue jianbao" (《凤翔马家庄 1 号建筑群遗址发掘简报》), *Wenwu* (《文物》) 7, 30 – 37.

1985. "Qin du Yongcheng kancha shijue jianbao"(《秦都雍城勘查试掘简报》), "Fengxiang Majiazhuang yihao jianzhu qun yizhi fajue jianbao"(《凤翔马家庄 1 号建筑群遗址发掘简报》), *Kaogu yu wenwu*(《考古与文物》) 2, 7 - 20.

Shaltout, Mosalam, Belmonte, Juan Antonio, and Fekri, Magdi, 2007. "On the Orientation of ancient Egyptian Temples (3): Key Points in Lower Egypt and Siwa Oasis, Part I, *Journal of the History of Astronomy* 38, 141 - 60.

Shangshu dazhuan, 1930 - 7. Sibu congkan edition (Shanghai: Shangwu, rpt. Taipei, 1965).

Shanxisheng kaogu yanjiusuo(山西省考古研究所), 2005. *Taiyuan Sui Yu Hong mu*(《太原隋虞弘墓》)(Beijing: Wenwu).

Shao, Wangping(邵望平) and Lu, Yang(卢央), 1981. "Tianwenxue qiyuan chutan"(《天文学初谈》), in Zhongguo tianwenxueshi wenji bianjizu (ed.), *Zhongguo tianwenxue shi wenji*(《中国天文学史文集》), 2 (Beijing: Kexue), 1 - 16.

Shaughnessy, Edward L., 1983. "The Composition of the Zhou Yi," Ph. D. dissertation, Stanford University.

1996. *I Ching : The Classic of Changes* (New York: Ballantine).

1997. "The Composition of 'Qian' and 'Kun' Hexagrams," in Edward L. Shaughnessy, *Before Confucius : Studies in the Creation of the Chinese Classics* (Albany: State University of New York), 197 - 219.

1999. "Western Zhou History," in Michael Loewe and Edward L. Shaughnessy (eds.), *The Cambridge History of Ancient China : From the Origins of Civilization to 221 B. C.* (Cambridge: Cambridge University Press), 292 - 351.

2007. "The *Bin Gong Xu* Inscription and the Beginnings of the Chinese Literary Tradition," in W. Idema (ed.), *The Harvard-Yenching Library 75th Anniversary Memorial Volume* (Hong Kong: Chinese University Press), 1 - 19.

Shen, Changyun(沈长云), 1987. "*Guoyu* bianzhuan kao"(《〈国语〉编撰考》), *Hebei Shiyuan xuebao (zhexue shehui kexue ban)*(《河北科技师范学院(哲学社会科学版)》) 3, 134 - 41.

Sheng Dongling(盛冬铃), 1992. *Liu Tao yi zhu*(《六韬译注》)(Shijiazhuang: Hebei renmin).

Shi, Xingbang(石兴邦), 1993. "Qin dai ducheng yu lingmu de jianzhi ji qi xiangguan de lishi yiyi,"(《秦代都城与陵墓的建制及其相关的历史意

义》) *Qin wenhua luncong* (《秦文化论丛》) 1，98 - 130.

Shi，Yunli(石云里)，Fang，Lin(方林)，and Han Zhao(韩朝)，2012. "Xi Han Xia Hou Zao mu chutu tianwen yiqi xin tan"(《西汉夏侯灶墓出土天文仪器新探》)，*Ziran kexueshi yanjiu* (《自然科学史研究》) 31.1，1 - 13.

Shi，Zhangru(石璋如)，1948. "Henan Anyang Hougang de Yin mu"(《河南安阳后岗的殷墓》). *Zhongguo zhongyang yanjiuyuan，lishi yuyan yanjiusuo qikan* (《中国中央研究院历史语言研究所集刊》) 13，21 - 48.

Shima，Kunio(岛邦男)，1969. *Inkyo bokuji kenkyū* (《殷墟卜辞研究》) (Tokyo：Chūgokugaku kenkyūkai，first published 1958).

Shima，Kunio(岛邦男)，Zhang，Zhenglang(张政烺) and Zhao，Cheng(赵诚) (trans.)，Chen Yingnian(陈应年) (ed.)，1979. "Di si"(《谛祀》)，*Gu wenzi yanjiu* (《古文字研究》) 1，396 - 412.

Shin，Min Cheol，2007. "The Ban on the Private Study of Astrology and Publication of Books on Astrology in Ming Dynasty：Ideas and Reality" (in Korean)，*Korean History of Science Society* 27.2，231 - 60.

Shirakawa，Shizuka(白川静)，1964 - 84. *Kimbun tsūshaku* (《金文通释》)，59 vols. (Kobe：Hakutsuru bijutsukan).

    2000. *Jinwen tongshi xuanshi* (《金文通释选释》) (Wuhan：Wuhan daxue).

Silva，Fabio，in press. "Equinoctial Full Moon Models and Non-gaussianity：Portuguese Dolmens as a Test Case,"in M. Rappenglück，B. Rappenglück，and N. Campion (eds.)，*Astronomy and Power* (British Archaeological Reports).

Sima，Qian(司马迁)，1959. *Shiji* (《史记》) (Beijing：Zhonghua).

Simon，Edmund，1924. "Über Knotenschriften und ähnliche Knotenschnüre d. Riukiuinseln,"*Asia Major* 1，657 - 67.

Sivin，Nathan(席文)，1969. *Cosmos and Computation in Early Chinese Mathematical Astronomy* (Leiden：Brill).

    1989. "Chinese Archaeoastronomy：Between Two Worlds,"in A. Aveni (ed.)，*World Archaeoastronomy，Oxford II International Conference on Archaeoastronomy* (Cambridge：Cambridge University Press)，55 - 64.

    1990. "Science and Medicine in Chinese History,"in Paul S. Ropp(罗溥洛) (ed.)，*Heritage of China：Contemporary Perspectives on Chinese Civilization* (Berkeley：University of California)，164 - 96.

1995a. "The Myth of the Naturalists," *Medicine, Philosophy and Religion in Ancient China : Researches and Reflections* (Aldershot: Variorum), 1 – 33.

1995b. "State, Cosmos, and Body in the Last Three Centuries B. C.," *Harvard Journal of Asiatic Studies* 55.1, 5 – 37.

2000. "Christoph Harbsmeier, *Science and Civilisation in China*, Volume 7, *The Social Background*, Part 1: *Language and Logic in Traditional China* (Cambridge: Cambridge University Press. xxiv, 479, 1 pp.)," *East Asian Science, Technology, and Medicine* 17, 121 – 34.

2009 [with the research collaboration of Kiyoshi Yabuuti(薮内清) and Shigeru Nakayama(中山茂)]. *Granting the Seasons : The Chinese Astronomical Reform of 1280, with a Study of Its Many Dimensions and an Annotated Translation of Its Records* (New York: Springer).

Sivin, Nathan, and Ledyard, Gari, 1995. "Introduction to East Asian Cartography," in J. B. Harley and D. Woodward (eds.), *The History of Cartography*, Vol. 2, Book 2, *Cartography in the Traditional East and Southeast Asian Societies* (Chicago: The University of Chicago Press), 23 – 31.

Smith, Adam, 2011. "The evidence for scribal training at Anyang," in Li Feng and David P. Branner (eds.), *Writing and Literacy in Early China* (Seattle: University of Washington Press), 173 – 205.

Smith, Catherine D., 1995. "Prehistoric Cartography in Asia," in J. B. Harley and D. Woodward (eds.), *The History of Cartography*, Vol. 2, Book 2, *Cartography in the Traditional East and Southeast Asian Societies* (Chicago: The University of Chicago Press), 1 – 22.

Smith, John E., 1986. "Time and Qualitative Time," *Review of Metaphysics* 40, 3 – 16.

Smith, Jonathan(赵纳川), 2010 – 11. "The *dizhi* 地支 as Lunar Phases and Their Coordination with the *Tian Gan* 天干 as Ecliptic Asterisms in a China before Anyang," *Early China* 33 – 4, 199 – 228.

Smith, Jonathan Z.(赵纳川), 1978. *Map Is Not Territory : Studies in the History of Religions* (Leiden: Brill).

Smith, Kidder, Jr. (苏德恺), 1989. "*Zhouyi* Interpretation from Accounts in the *Zuozhuan*," *Harvard Journal of Asiatic Studies* 49. 2, 421 – 63.

Snow, Justine T., 2002. "The Spider's Web, Goddesses of Light and Loom: Examining the Evidence for the Indo-European Origin of Two

Ancient Chinese Divinities," *Sino-Platonic Papers* 118，1 - 75.

Som，Tjan Tjoe(曾珠森)，1952. *Po Hu T'ung*（《白虎通》）：*The Compre-hensive Discussions in the White Tiger Hall*（Leiden：Brill）.

Song，Zhenhao(宋镇豪)，1985. "Jiaguwen 'chu ri,' 'ru ri' kao"（《甲骨文出日入日考》），in Yang Jinzong(杨瑾绽) and Sun Guangen(孙关根)（eds.），*Chutu wenxian yanjiu*（《出土文献研究》）（Beijing：Wen-wu），33 - 40.

1993. "Zhongguo shanggu ri shen chongbai de jili（《中国上古日神崇拜的祭礼》），" in Wang Entian(王恩田)（ed.），*Xi Zhou shi lunwen ji*（《西周史论文集》），Vol. 2（Xi'an：Shaanxi renmin jiaoyu），1008 - 18.

Spence，Kate，2000. "Ancient Egyptian Chronology and the Astronomical Orientation of Pyramids," *Nature* 408（November 16），230 - 4.

2001. "Reply to Rawlins and Pickering," *Nature* 412（August 16），700.

Starostin，Sergey，1998 - 2003. *The Tower of Babel : Evolution of Human Language Project*，available at http://starling. rinet. ru/babel. php? lan = en，accessed August 6，2011.

Steele，John M.，2000. *Observations and Predictions of Eclipse Times by Early Astronomers*，*Archimedes* 4.

2003. "The Use and Abuse of Astronomy in Establishing Absolute Chro-nologies," *La physique au Canada* 59. 5（September - October），243 - 8.

2004. "Applied Historical Astronomy：An Historical Perspective," *Journal for the History of Astronomy* 35，337 - 55.

2007. "A Comparison of Astronomical Terminology and Concepts in China and Mesopotamia," Origins of Early Writing Systems Confer-ence，October 2007，Peking University，Beijing，available at http://cura. free. fr/DIAL. html♯CA.

Stein，M. Aurel(斯坦因)，1980. *Serindia : Detailed report of explorations in Central Asia and westernmost China*，5 vols. （rpt.，Delhi：Motilal Banarsidass，first published London and Oxford：Clarendon Press，1921）.

1981. *Ancient Khotan : Detailed Report of Archaeological Excavations in Chinese Turkestan Carried out and Described under the Orders of H. M. Indian Government*，2 vols. （rpt.，New Delhi：Cosmo Publishers，first published Oxford：Clarendon Press，1907）.

1990. *Ruins of Desert Cathay : Personal Narrative of Explorations in*

Central Asia and Westernmost China, 2 vols. (Delhi: Low Price, first published 1912).

Steinhardt, Nancy S. (夏南悉), 1999. *Chinese Imperial City Planning* (Honolulu: University of Hawaii).

Stephenson, F. R., 1994. "Chinese and Korean Star Maps and Catalogs," in J. B. Harley and D. Woodward (eds.), *The History of Cartography*, Vol. 2, Book 2, *Cartography in the Traditional East and Southeast Asian Societies* (Chicago: The University of Chicago Press), 511–78.

Stephenson, Paul. *The Serpent Column : A Cultural Biography* (forthcoming).

Stone-Miller, Rebecca, 1995. *Art of the Andes from Chavín to Inca* (New York: Thames and Hudson).

Su, Peng(苏芃), 2009. "Dunhuang xie ben 'Tian di kai pi yilai diwang ji' kaojiao yanjiu"(《敦煌写本〈天地开辟以来帝王纪〉考校研究》), *Chuantong Zhongguo yanjiu jikan* (《传统中国研究集刊》) 7 (November 8), available at www.gwz.fudan.edu.cn/ SrcShow.asp? Src_ID = 968, accessed February 16, 2013.

Su, Yu(苏舆), 1974. *Chunqiu fanlu yi zheng* (《春秋繁露义证》) (rpt., Taipei: Heluo tushu, first published 1873–1914).

Sun, Xiaochun(孙小淳) and Kistemaker, Jacob, 1997. *The Chinese Sky during the Han : Constellating Stars and Society* (Leiden: Brill).

Sun, Zhichu(孙稚雏), 1980. "*Tian Wang gui* ming wen huishi"(《〈天亡簋〉铭文汇释》), *Guwenzi yanjiu* (《古文字研究》) 3, 166–80.

Sun, Zuoyun(孙作云), 1958. "Shuo *Tian Wang gui* wei Wu Wang mie Shang yiqian tong qi"(《说天王簋为武王灭商以前铜器》), *Wenwu cankao ziliao* (《文物参考资料》) 1, 29–32.

Swanson, Guy E., 1964. *The Birth of the Gods : The Origin of Primitive Beliefs* (Ann Arbor: University of Michigan).

Taiping yulan(《太平御览》), 1975, 7 vols. (rpt., Taipei: P'ing p'ing).

Takashima, Ken-ichi(高嶋谦一), 1987. "Settling the Cauldron in the Right Place: A Study of 鼎 in the Bone Inscriptions," in M. Ma, Y. N. Chan, and K. S. Lee (eds.), *Wang Li Memorial Volumes*, English volume (Hong Kong: Hong Kong University Press), 405–21.

Takashima, Ken-ichi and Serruys, Paul L.-M.(司礼义), 2010. *Studies of Fascicle Three of Inscriptions from the Yin Ruins*, Vol. 1, *General Notes, Text and Translations*. (Taipei: Institute of History and Philology，Academia Sinica）.

Takigawa，Kametarō（龙川龟太郎），1955. *Shiji huizhu kaozheng*（《史记会注考证》）（Beijing：Wenxue guji kanxing she）.

Tambiah，Stanley J.，1985. "The Galactic Polity in Southeast Asia," in Stanley J. Tambiah，*Culture*，*Thought and Social Action*：*An Anthropological Perspective*（Cambridge，MA：Harvard University Press），252‑86.

   1990. *Magic*，*Science*，*Religion and the Scope of Rationality*（Cambridge：Cambridge University Press）.

Tan，Li Hai（谭力海），Spinks，John A.（史秉士），Eden，Guinevere F.，Perfetti，Charles A.，and Siok，Wai Ting（萧慧婷），2005. "Reading depends on writing, in Chinese," *Proceedings of the National Academy of Sciences* 102.24（June 14），8781‑5.

Tan，Qixiang（谭其骧）（ed.），1982. *Zhongguo lishi ditu ji*（《中国历史地图集》）（Beijing：Zhongguo ditu）.

Tang，Jigen（唐际根），2001. "The Construction of an Archaeological Chronology for the History of the Shang Dynasty of Early Bronze Age China," *Review of Archaeology* 22.2，35‑47.

Tang，Lan（唐兰），1958. "*Zhen gui*"（《朕簋》），*Wenwu cankao ziliao*（《文物参考资料》）9，69.

Tang，Lan（唐兰），1976. "*He zun* mingwen jieshi"（《〈何尊〉铭文解释》），*Wenwu* 1，60‑3.

Tang，Lan（唐兰），1986. *Xi Zhou qingtong qi ming wen fen dai shi zheng*（《西周青铜器铭文分代史征》）（Beijing：Zhonghua）.

Teboul，Michel（戴明德），1985. "Sur quelques particularités de l'uranographie polaire Chinoise," *T'oung Pao* 71，1‑39.

Thorp，Robert L.（杜朴），2006. *China in the Early Bronze Age*（Philadelphia：University of Pennsylvania）.

Thote，Alain（杜德兰），2009. "Shang and Zhou Funeral Practices：Interpretation of Material Vestiges," in J. Lagerwey and M. Kalinowski（eds.），*Early Chinese Religion*，Part 1，*Shang through Han*（*1250 BC‑220 AD*）（Leiden：Brill），Vol. 1，103‑42.

Tian，Changwu（田昌五），1988. "On the Legends of Yao，Shun，and Yu and the Origins of Chinese Civilization," *Chinese Studies in Philosophy* 19.3，21‑68.

Tian，Yaqi（田亚歧），2003. "Yongcheng Qin gong lingyuan weigou de faxian ji qi yiyi"（《雍城秦公陵园围沟的发现及其意义》），*Qin wenhua luncong*（《秦文化论丛》）10，294 - 302.

Titiev，Mischa，1960. "A Fresh Approach to the Problem of Magic and Religion," *Southwestern Journal of Anthropology* 16.3，292 - 8.

Tong，Shuye(童书业)，1975. *Chunqiu shi*（《春秋史》）(Taipei：Kaiming).

Tseng，Hsien-chi(曾宪七)，1957. "A Study of the Nine Dragons Scroll," *Archives of the Chinese Art Society of America* 11，16 - 39.

Tseng，Lilian Lan-ying(曾蓝莹)，2001. "Picturing Heaven：Image and Knowledge in Han China" Ph. D. dissertation，Harvard University.

2011. *Picturing Heaven in Early China*（Cambridge，MA：Harvard-Yenching Institute).

Tu，Ching-i(涂经怡)，2000. *Classics and Interpretations：The Hermeneutic Traditions in Chinese Culture*（Piscataway，NJ：Transaction).

Twitchett，Denis(崔德瑞) and Loewe，Michael（eds.），1986. *The Cambridge History of China*，Vol. 1，*The Ch'in and Han Empires*，*221 BC-AD 220*（Cambridge：Cambridge University Press).

Urton，Gary，1978. "Orientation in Quechua and Incaic Astronomy," *Ethnology* 17.2，157 - 67.

1981. "Animals and Astronomy in the Quechua Universe," *Proceedings of the American Philosophical Society* 125.2，110 - 27.

1998. "From Knots to Narratives：Reconstructing the Art of Historical Record Keeping in the Andes from Spanish Transcriptions of Inka *Khipus*," *Ethnohistory* 45.3，409 - 38.

2003. *Signs of the Inka Khipu*（Austin：University of Texas).

Van Ess，Hans(叶翰)，2006. "Cosmological Speculations and the Notions of the Power of Heaven and the Cyclical Movements of History in the Historiography of the *Shiji*," *Bulletin of the Museum of Far Eastern Antiquities* 78，79 - 107.

Van Stone，Mark，2011. "It's Not the End of the World：What the Ancient Maya Tell Us about 2012," *Archaeoastronomy* 24，12 - 36，available at www. famsi. org/research/vanstone/2012/index. html.

Vandermeersch，Léon(汪德迈)，1977. *Wangdao ou la voie royale：Recherches sur l'esprit des institutions de la Chine ancienne*（Paris：École Française d'Extrême-Orient).

Vankeerberghen，Griet（方丽特），2001. *The Huainanzi and Liu An's Claim to Moral Authority*（Albany：State University of New York).

Vogelsang，Kai(冯凯)，2002. "Inscriptions and Proclamations：On the

Authenticity of the 'gao' chapters of the Book of Documents," *Bulletin of the Museum of Far Eastern Antiquities* 74，138‐209.

Von Falkenhausen，Lothar（罗泰），2006. *Chinese Society in the Age of Confucius（1000‐250 BC）：The Archaeological Evidence*（Los Angeles：Cotsen Institute of Archaeology，UCLA）.

Waley，Arthur（trans.），1937. *The Book of Songs*（London：Allen and Unwin）.

Walters，Derek，2005. *The Complete Guide to Chinese Astrology*（London：Watkins）.

Wang，Aihe（王爱和），2000. *Cosmology and Political Culture in Early China*（Cambridge：Cambridge University Press）.

Wang，Binghua（王炳华），1997. "Chenluo shamo de shenmi wangguo‐Niya kaogu bainian ji"（《沉落沙漠的神祕王国——尼雅考古百年记》）*Wenwu tiandi*（《文物天帝》）2，3‐9.

Wang，Changfeng（王长丰）and Hao，Benxing（郝本性），2009. "Henan suo chu fu ren ding suixing taisui jinian kao"（《河南新出"夫人鼎"岁星太岁纪年考》），*Zhongyuan wenwu*（《中原文物》）3，69‐75.

Wang，Chong（王充），1974. *Lun Heng*（《论衡》），*Xinbian Zhuzi jicheng*（《新编诸子集成》），Vol. 7（Taipei：Shijie）.

Wang，Eugene Y.（汪悦进），2009. "Why Pictures in Tombs? Mawangdui Once More," *Orientations* 40.2，27‐34.

2011. "Ascend to Heaven or Stay in the Tomb," in A. Oberding and P. J. Ivanhoe（eds.），*Mortality in Traditional Chinese Thought*（Albany：State University of New York），37‐84.

Wang，Fangqing（王方庆），1983‐6. *Wei Zheng Gong jian lu*（《魏郑公谏录》），*Siku quanshu*（《四库全书》），Wen yuan ge edition（1782）（rpt.，Taipei：Shangwu），digital edition.

Wang，Jianmin（王健民）et al.，1979. "Zenghou Yi mu chutu de ershiba xiu qinglong baihu tu,"（《曾侯乙墓出土的二十八宿青龙白虎图》）*Wenwu*（《文物》）7，40‐5.

Wang，Jianmin（王健民）and Liu，Jinyi（刘金沂），1989. "Xi Han Ruyin Hou mu chutu yuanpan shang ershiba xiu gu judu de yanjiu"（《西汉汝阴侯墓出土图盘上二十八宿古度距度的研究》），in Shehui kexueyuan kaogu yanjiusuo（ed.），*Zhongguo gudai tianwen wenwu lunji*（《中国古代天文文物论集》）（Beijing：Wenwu），59‐68.

Wang，Jianzhong（王建中）and Shan，Xiushan（闪修山）（eds.），1990. *Nanyang liang Han huaxiangshi*（《南阳两汉画像石》）（Beijing：Wenwu）.

Wang, Liqi（王利器）, 1988. *Shiji zhuyi*（《史记注释》）（Xi'an：San Qin）.

Wang, Ning（王宁）, 1997. "Shi zhigan bianbu"（《〈释支干〉辨补》）, in Zhang Hao（张浩）and Tan Jihe（谭继和）（eds.）, *Guo Moruo xuekan* 郭沫若学刊 2, 37‑45.

Wang，Shixiang（王世襄）, 1987. *Zhongguo gudai qiqi*（《中国古代漆器》）（Beijing：Wenwu）.

Wang, Shujin（王树金）, 2007. "Mawangdui Han mu boshu '*Tianwen qixiang zazhan*' yanjiu sanshi nian"（《马王堆汉墓帛书〈天文气象杂占〉研究三十年》）, Hunan sheng bowuguan guankan（《湖南省博物馆馆刊》）4, 31‑42.

2011. *Mawangdui Han mu jianbo jicheng*（《长沙马王堆汉墓简帛集成》）（Changsha：Zhonghua）.

Wang, Shumin（王叔岷）, 1982. *Shiji jiaozheng* 史记斠正（Taipei：Zhongyang yanjiuyuan lishi yuyan yanjiusuo）.

Wang, Shuming（王树明）, 2006. "Shuangdun wandi kewen yu Dawenkou taozun wenzi"（《双墩碗底刻文与大汶口陶尊文字》）, *Zhongyuan wenwu*（《中原文物》）2, 34‑9, 58.

Wang, Xianqian（王先谦）, 1975. *Xunzi jijie*（《荀子集解》）, *Xinbian Zhuzi jicheng*（《新编诸子集成》）, Vol. 3（Taipei：Shijie）.

1974. *Zhuangzi jijie*（《庄子集解》）, in *Xinbian Zhuzi jicheng*（《新编诸子集成》）（rpt., Taipei：Shijie shuju）, Vol. 4.

Wang, Xueli（王学理）, 1999. *Xianyang di du ji*（《咸阳帝都记》）（Xianyang：San Qin）.

Wang, Yingdian（王应电）, 1983‑6. *Tong wen bei kao*（《同文备考》）, *Siku quanshu*（《四库全书》）, Wen yuan ge edition (1782)（rpt., Taipei：Shangwu）, digital edition.

Wang, Yue（王樾）, 1997. "Niya kaogu dashi ji"（《尼雅考古大事纪》）, *Wenwu tiandi*（《文物天地》）2, 12‑14.

Wang, Yuxin（王宇信）and Yang Shengnan（杨升南）, 1999. "Shangdai zongjiao jisi ji qi guilü de renshi"（《商代宗教祭祀及其规律的认识》）, *Jiaguxue yibai nian*（《甲骨学一百年》）（Beijing：Shehui kexue wenxian）, 592‑602.

Wang, Zhongshu, 1984a. *Han Civilization*（New Haven：Yale University Press）.

（王仲殊）, 1984b. *Handai kaoguxue gaiyao*（《汉代考古学概要》）（Beijing，Zhonghua）.

Watson，Burton(华兹生)，1967　*Basic Writings of Mo Tzu，Hsün Tzu，and Han Fei Tzu*（New York：Columbia University Press）.

Wei，Bing(韦兵)，2005. "Wuxing ju kui tianxiang yu Song dai wen zhi zhi yun"（《五星聚奎天象与宋代文治之远》），*Wen shi zhe*（《文史哲》）4，27‑34.

Wei，Cide(魏慈德)，2002. *Zhongguo gudai fengshen chongbai*（《中国古代风神崇拜》）（Taipei：Taiwan Shufang）.

Wei，Hong.（卫宏），1983‑6. *Han jiu yi*（《汉书仪》）. *Siku quanshu*（《四库全书》），Wen yuan ge edition（1782）（rpt.，Taipei：Shangwu），digital edition.

Wei，Q. Y.，Li，T. C.，Chao，G. Y.，Chang，W. S.，and Wang，S. P.，1983. "Results from China," in K. M. Creer，P. Tucholka，and C. E. Barton（eds.），*Geomagnetism of Baked Clays and Recent Sediments*（Amsterdam：Elsevier），138‑50.

Wei，Wei(魏徵) et al.（eds.），1973. *Sui shu*（《隋书》）（Beijing：Zhonghua）.

Weir，John D.，1972. *The Venus Tablets of Ammizaduga*（Istanbul：Nederlands Historisch-Archaeologisch Instituut）.

Weitzel，R. B.，1945. "Clusters of Five Planets," *Popular Astronomy* 53，159‑61.

Wen，Yiduo(闻一多)，1982. *Wen Yiduo quanji*（《闻一多全集》）（Hong Kong：Sanlian）.

　　1993. "*Zhou Yi* yizheng leizuan"（《周易义证类纂》），in Sun Dangbo(孙党伯) and Yuan Jianzheng（袁謇正）（eds.），*Wen Yiduo quanji*（《闻一多全集》）（Changsha：Hubei renmin），231‑6.

Wen，Ying(文莹)，1997. *Yuhu qinghua*（《玉壶清话》）（1078）（Beijing：Zhonghua，first published 1991）.

Wheatley，Paul，1971. *The Pivot of the Four Quarters：A Preliminary Enquiry into the Origins and Character of the Ancient Chinese City*（Edinburgh：Edinburgh University Press）.

White，Gavin，2008. *Babylonian Star-Lore*（London：Solaria）.

White，Hayden，1975. *Metahistory：The Historical Imagination in Nineteenth-Century Europe*（Baltimore：Johns Hopkins University）.

Whitfield，Roderick(韦陀)，1993. *The Problem of Meaning in Early Chinese Ritual Bronzes*（London：Percival David Foundation of Chinese Art，School of Oriental and African Studies，University of London）.

Whitfield，Susan(魏泓)，2004. *Aurel Stein on the Silk Road*（London：

Serindia）.

Wilhelm，Helmut（卫德明），1959. "I-Ching Oracles in the *Tso-chuan* and the *Kuo-yü*," *Journal of the American Oriental Society* 79. 4，275 – 80.

Wilhelm，Richard（卫礼贤）（trans. ），1967. *The I Ching or Book of Changes*，rendered into English by Carey F. Baynes（Princeton：Princeton University Press）.

Williams，George H.，1962. *The Radical Reformation*（Philadelphia：Westminster）.

Witzel，Michael，1984. "Sur le chemin du ciel," *Bulletin des études indiennes* 2，213 – 79.

Witzel，E.J. Michael，2013. *The Origins of the World's Mythologies*（New York：Oxford University Press）.

Worthen，Thomas D.，1991. *The Myth of Replacement：Stars，Gods，and Order in the Universe*（Tucson：University of Arizona）.

Wright，Arthur F.（芮沃寿），1977. "The Cosmology of the Chinese City," in W. G. Skinner（ed. ），*The City in Late Imperial China*（Stanford：Stanford University Press），33 – 73.

Wu，Hung（巫鸿），1989. *The Wu Liang Shrine：The Ideology of Early Chinese Pictorial Art*（Stanford：Stanford University Press）.

——— 1997. *Monumentality in Early Chinese Art and Architecture*（Stanford：Stanford University Press）.

Wu，Jiabi（武家璧），2001. "Zeng Hou Yi mu qixiang fangxing tukao"（《曾侯乙墓漆箱房星图考》）*Ziran kexue shi yanjiu*（《自然科学史研究》）20.1，90 – 4.

——— 2010. "Zeng Hou Yi mu qi shu 'ri chen yu wei' tianxiang kao"（《曾侯乙墓漆书"日辰于维"天象考》），*Jiang Han kaogu*（《江汉考古》）3，90 – 9.

Wu，Jiabi（武家璧），Chen，Meidong（陈美东），and Liu，Ciyuan（刘次沅），2007. "Taosi guanxiangtai yizhi de tianwen gongneng yu niandai"（《陶寺观象台遗址的天文功能与年代》），*Zhongguo kexue*（《中国科学》）（G：*wulixue* 物理学，*lixue* 力学，*tianwenxue* 天文学）38.9，1 – 8.

Wu，Jiabi and He，Nu，2005. "A preliminary study about the astronomical date of the large building IIFJT1 at Taosi," *Bulletin of the Center for Research on Ancient Civilizations* 8，50 – 5.

Wu，Kuang-ming（吴光名），1995. "Spatiotemporal Interpenetration in Chinese Thinking," in C. C. Huang and E. Zürcher（eds. ），*Cultural*

Notions of Time and Space in China（Leiden：Brill），17–44.

Wu，Nelson，1963. *Chinese and Indian Architecture*（New York：George Braziller）.

Wu，Yiyi，1990. "Auspicious Omens and Their Consequences：Zhen-Ren (1006–1066) Literati's Perception of Astral Anomalies," Ph. D. dissertation，Princeton University.

Xi，Zezong(席泽宗)，1989a. "Mawangdui Han mu boshu de huixing tu" (《马王堆汉墓帛书的慧星图》)，in Shehui kexueyuan kaogu yanjiusuo (ed.)，*Zhongguo gudai tianwen wenwu lunji*（《中国古代天文文物论文集》)（Beijing：Wenwu），29–34.

　　1989b. "Mawangdui Han mu boshu '*Wu xing zhan*'"(《马王堆汉墓帛书〈五星占〉》)，in Shehui kexueyuan kaogu yanjiusuo（ed.)，*Zhongguo gudai tianwen wenwu lunji*（《中国古代天文文物论集》)（Beijing：Wenwu），46–58.

Xia，Hanyi(夏含义)（E. L. Shaughnessy)，1985. "*Zhou Yi* qian gua liu-long xinjie"(《〈周易〉乾卦六龙新解》) *Wenshi* 文史 24，9–14.

Xia Shang Zhou duandai gongcheng zhuanjiazu (ed.)，2000. *Xia Shang Zhou duandai gongcheng 1996–2000 nian jieduan chengguo baogao*，(《夏商周断代工程 1996—2000 年阶段成果报告：简本》)（Beijing：Shijie tushu).

Xia，Yan(夏言)〔Xia Wanchun(夏完淳)〕，1983–6. *Nan gong zou gao* (《南宫奏稿》)，*Siku quanshu*（《四库全书》)，Wen yuan ge edition (1782)（rpt.，Taipei：Shangwu)，digital edition.

Xiao，Liangqiong(肖良琼)，1989. "*Shanhaijing* yu Yizu tianwenxue" (《〈山海经〉与彝族天文学》)，in Zhongguo tianwenxue shi wenji bianjizu，*Zhongguo tianwenxue shi wenji*（《中国天文学史文集》) 5（Beijing：Kexue)，150–9.

Xie，C. Z.，Li，C. X.，Cui，Y. Q.，Zhang，Q. C.，Fu，Y. Q.，Zhu，H.，Zhou，H.，2007. "Evidence of Ancient DNA Reveals the First European Lineage in Iron Age Central China," *Proceedings of the Biological Sciences* 274.1618（July 7)，1597–601.

Xie，Qingshan(谢青山) and Yang，Shaoshun(杨绍舜)，1960. "Shanxi Lüliang Shilouzhen you faxian tongqi"(《山西吕梁县石楼镇又发现青铜器》) *Wenwu* 7，51–2.

Xie，Xigong,(解希恭)(ed.)，2007. *Xiangfen Taosi yizhi yanjiu*(《襄汾陶寺遗址研究》)（Beijing：Kexue).

Xin Tang shu（《新唐书》)，1976.（Beijing：Zhonghua).

Xing Wen 邢文，1998. "'Yao dian' xingxiang，lifa yu boshu 'Sishi'"

（《〈尧典〉星象、历法与帛书〈四时〉》），*Huaxue*（《华学》）3，169‐76.

——（ed.），2003. *The X Gong Xu* 燹公盨: *A Report and Papers from the Dartmouth Workshop*，*A Special Issue of International Research on Bamboo and Silk Documents*: *Newsletter*（Hanover: Dartmouth College）.

Xiong，Victor C.（熊存瑞），2000. *Sui‐Tang Chang'an*: *A Study in the Urban History of Medieval China*（Ann Arbor: Center for Chinese Studies，University of Michigan）.

Xu，Dali.（徐大立），2008. "Bengbu Shuangdun yizhi kehua fuhao jianshu"（《蚌埠双墩遗址刻画符号简述》），*Zhongyuan wenwu*（《中原文物》）3，75‐9.

Xu，Fengxian（徐凤先），1994. "Zhongguo gudai yichang tianxiang guan"（《中国古代异常天象观》），*Ziran kexueshi yanjiu*（《自然科学史研究》）2，201‐8.

—— 2010. "Cong Dawenkou fuhao wenzi he Taosi guanxiangtai tanxun Zhongguo tianwen xue qiyuan de chuanshuo shidai"（《从大汶口符号文字和陶寺观象台探寻中国天文学起源的传说时代》），*Zhongguo keji shi zazhi*（《中国科技史杂志》）31.4，373‐83.

Xu，Fengxian，2010‐11. "Using Sequential Relations of Day-Dates to Determine the Temporal Scope of Western Zhou Lunar Phase Terms," *Early China* 33‐4，171‐98.

Xu，Fengxian and He，Nu，2010. "Taosi Observatory, China," in Clive Ruggles and Michel Cotte（eds.），*Heritage Sites of Astronomy and Archaeoastronomy in the Context of the UNESCO World Heritage Convention*，*ICOMOS-IAU Thematic Study on Astronomical Heritage*（June），86‐90.

Xu，Fuguan（徐复观），1961，*Yin yang wu xing guannian zhi yanbian ji ruogan youguan wenxian de chengli shidai yu jieshi de wenti*（Taipei: Minzhu）.

Xu，Hong（许宏），2004. "Erlitou yizhi kaogu faxian de xueshu yiyi"（《二里头遗址考古新发现的学术意义》），*Zhongguo wenwu bao*（《中国文物报》）（2004 年 9 月 17 日），available at www. kaogu. cn/cn/detail. asp? ProductID＝8497，2007‐12‐19.

Xu，Weimin（徐卫民），2000. *Qin ducheng yanjiu*（《秦都城研究》）（Xi'an: Shaanxi renmin jiaoyu）.

Xu，Zhentao，Pankenier，David W.，and Jiang，Yaotiao，2000. *East Asian Archaeoastronomy*: *Historical Records of Astronomical Observations of China*，*Japan and Korea*（Amsterdam: Gordon and Breach）.

Yabuuchi, Kiyoshi, 1973. "Chinese Astronomy: Development and Limiting Factors," in S. Nakayama and N. Sivin (eds.), *Chinese Science: Explorations of an Ancient Tradition* (Cambridge, MA: MIT Press), 91-103.

Yan, Ruoqu(阎若璩), 1983-6. *Qian qiu zha ji*(《潜邱札记》), *Siku quanshu*(《四库全书》), Wen yuan ge edition (1782) (rpt., Taipei: Shangwu), digital edition.

Yan, Yiping(严一萍), 1957. "Buci sifang feng xin yi"(《卜辞四方风新义》), *Jiaguwen yanjiu*(《甲骨文研究》) 1 (Taipei: Yi-wen).

Yan, Yunxiang(阎云翔), 1987. "Chunqiu zhanguo shiqi de long"(《春秋战国时期的龙》) *Jiuzhou xuekan*(《九州学刊》) 1.3, 131-3.

Yang, Hongxun(杨鸿勋), 1987. *Jianzhu kaoguxue lunwenji*(《建筑考古学论文集》) (Beijing: Wenwu).

Yang, Kuan(杨宽), 1983. "Shi *He zun* ming wen jian lun Zhou kaiguo niandai"(《释〈何尊〉铭文兼论周开国年代》), *Wenwu* 6, 53-7.

Yang, Shengnan(杨升南), 1992. *Shangdai jingji shi*(《商代经济史》) (Guiyang: Guizhou Renmin).

Yang, Shuda(杨树达), 1986. "Jiaguwen zhong zhi sifang feng ming yu shen ming"(《甲骨文中之四方风名与神名》), *Ji wei ju jiawen shuo*(《积微居甲文说》) (Shanghai: Shanghai guji), 77-83.

Yang, Xiangkui(杨向奎), 1962. *Zhongguo gudai shehui yu gudai sixiang yanjiu*(《中国古代社会与古代思想研究》) (Shanghai: Shanghai renmin).

Yang, Xiaoneng (杨晓能), 1988. *Sculpture of Xia & Shang China* [(*Zhongguo Xia Shang diaosu yishu*(《中国夏商雕塑艺术》))] (Hong Kong: Da dao wenhua).

Yates, Robin D.S.(叶山), 2005. "The History of Military Divination in China," *East Asian Science, Technology, and Medicine* 24, 15-43.

Yeomans, Donald K. and Kiang, Tao, 1981. "The Long-Term Motion of Comet Halley," *Monthly Notices of the Royal Astronomical Society* 197, 633-46.

Yi, Ding(一丁), Yu, Lu(雨露), and Hong, Yong(洪涌), 1996. *Zhongguo gudai fengshui yu jianzhu xuanzhi*(《中国古代风水与建筑选址》) (Shijiazhuang: Hebei kexue).

Yi, Shitong(伊世同), 1996. "Beidou ji-dui Puyang Xishuipo 45 hao mu beisu tianwen tu de zai sikao"(《北斗祭——对濮阳西水坡 45 号墓贝塑天文图的再思考》), *Zhongyuan wenwu* 2, 22-31.

Yin, Difei(殷涤非), 1960. "Shi lun *Da Feng gui* de niandai"(《试论〈大丰

篇〉的年代》），*Wenwu* 5，53‑4.

    1978. "Xi Han Ruyin Hou mu chutu de zhanpan he tianwen yiqi"（《西汉汝阴侯墓出土的占盘和天文仪器》），*Kaogu* 5，338‑43.

Yu，Xingwu（于省吾），1960. "Guanyu *Tian wang gui* ming wen de ji dian lunzheng"（《关于〈天亡篇〉的几点论证》），*Kaogu* 8：34‑6，41.

    1979. "Shi sifang he sifang feng ming de liang ge wenti"（《释四方和四方风名的两个问题》），*Jiagu wenzi shilin*（《甲骨文字释林》）（Zhonghua），123‑8.

    (ed.)，1996. *Jiagu wenzi gulin*（《甲骨文字诂林》）（Beijing：Zhonghua）.

Yü，Ying-shih，1986. "Han Foreign Relations," in Denis Twitchett and Michael Loewe（eds.），*The Cambridge History of China*，Vol. 1，*The Ch'in and Han Empires*，*221 BC‑AD 220*（Cambridge：Cambridge University Press），377‑462.

Yü，Ying-shih（余英时），2002. "Reflections on Chinese Historical Thought," in Jörn Rüsen（ed.），*Western Historical Thinking：An Intercultural Debate*（New York and Oxford：Berghahn Books），152‑72.

［*Yu zhi*］*Tian yuan yu li xiang yi fu*（《［御製］天元玉历祥异赋》），Lange chao ben（《兰格抄本》）（1628‑44），2005；cf. *Siku jinhui shu congkan*（bubian）（《四库禁毁书丛刊(补编)》），*Siku jinhui shu congkan bianzuan weiyuan hui*（四库禁毁书丛刊编纂委员会）（eds.），Ming caihui ben 明彩繪本，Vol. 33（Beijing：Beijing chubanshe），485‑722.

Yu，Zhiyong（于志勇），1998. "Xinjiang Niya chutu 'wuxing chu dongfang li Zhongguo' caijin qian xi"（《新疆尼雅出土五星出东方利中国彩锦浅析》），in Ma Dazheng（马大正）and Yang Lian（杨镰）（eds.），*Xiyu kaocha yu yanjiu xubian*（《西域考察与研究续编》）（Urumqi：Xinjiang renmin），187‑8，194.

Yunmeng Shuihudi Qinmu bianxiezu（云梦睡虎地秦墓编写组），1981. *Yunmeng Shuihudi Qinmu*（《云梦睡虎地秦墓》）（Beijing：Wenwu）.

Zambelli，Paola，1986. "Introduction：Astrologers' Theories of History," in P. Zambelli（ed.），*Astrologi Hallucinati：Stars and the End of the World in Luther's Time*（Berlin：W. de Gruyter），1‑28.

Zhang，Guangyuan（张光远），1995. "Gugong xincang chunqiu Jin Wen cheng ba 'Zi Fan he zhong' chu shi"（《故宫新藏春秋晋文称霸子犯和编钟初释》），*Gugong wenwu yuekan*（《故宫文物月刊》）13.1，4‑30.

Zhang，Guangzhi（Kwang-chih Chang）（张光直），1990. "Puyang san qiao yu Zhongguo gudai meishu shang de ren shou muti"(《濮阳三蹻与中国古代美术上的人兽母题》), *Zhongguo qingtong shidai* (《中国青铜时代》), 2, 91; rpt. from *Wenwu* (《文物》) 11 (1988), 36‑9.

Zhang, Huang(章潢), 1983‑6. *Tu shu bian* (《图书编》) (1577), *Siku quanshu* (《四库全书》), Wen yuan ge edition (1782) (rpt., Taipei: Shangwu), digital edition.

Zhang, Peiyu(张培瑜), 1987. *Zhongguo xian Qin shi libiao* (《中国先秦史历表》) (Ji'nan: Qi Lu shushe).

——— 1989. "Chutu Han jian boshu de lizhu"(《出土汉简帛书的历注》), in Guojia wenwuju gu wenxian yanjiu shi (ed.), *Chutu wenxian yanjiu xu ji* (《出土文献研究续集》) (Beijing: Wenwu), 135‑47.

——— 1997. *San qian wu bai nian liri tianxiang* (《三千五百年历日天象》) (Zhengzhou: Daxiang).

——— 2002. "Determining Xia-Shang-Zhou Chronology through Astronomical Records in Historical Texts," *Journal of East Asian Archaeology* 4.1‑4, 347‑57.

Zhang, Tian'en(张天恩), 2002. "Tianshui chutu de shoumian tongpai shi ji youguan wenti"(《天水出土的兽面铜牌饰及有关问题》), *Zhongyuan wenwu* (《中原文物》) 1, 43‑6.

Zhang, Xuan(张萱), 1983‑6. *Yi yao* (《疑曜》), *Siku quanshu* (《四库全书》), Wen yuan ge edition (1782) (rpt., Taipei: Shangwu), digital edition.

Zhang, Yujin(张玉金), 2004. "Yinxu jiaguwen zheng zi shi yi"(《殷墟甲骨文正字释义》), *Yuyan kexue* (《语言科学》) 3.11, 38‑44.

Zhang, Yuzhe(张钰哲), 1978. "Halei huixing de guidao yanbian de qushi he ta de gudai lishi"(《哈雷彗星的轨道演变的趋势和它的古代历史》), *Tianwen xuebao* (《天文学报》) 19.1, 109‑18.

Zhang, Zhenglang(张政烺), 1976. "*He zun* mingwen jieshi buyi"(《〈何尊〉铭文解释补遗》), *Wenwu* (《文物》) 1: 66‑7.

Zhang, Zhiheng(张之恒) and Zhou, Yuxing(周裕兴), 1995. *Xia Shang Zhou kaogu* (《夏商周考古》) (Nanjing: Nanjing daxue).

Zhejiangsheng kaogu yanjiusuo bianzhu(浙江省考古研究所编著), 2003. *Yaoshan* (《瑶山》) (Beijing: Wenwu).

Zheng, Huisheng(郑慧生), 1984. "Shangdai buci sifang shen ming, feng ming he hou shi chun xia qiu dong sishi de guanxi"(《商代卜辞四方神名,风名和后世春夏秋冬四时的关系》), *Shixue yuekan* (《史学月刊》) 6, 9‑14.

Zheng, Jiaoxiang(郑杰祥), 1994. "Shangdai sifang shen ming he feng ming xin zheng"(《商代四方神名和风名新证》), *Zhongyuan wenwu* (《中原文物》)3, 5‑11.

Zheng, Wenguang(郑文光), 1979. *Zhongguo tianwenxue yuanliu*(《中国天文学源流》)(Beijing：Xinhua).

Zhong, H. J., Jiu, Z. Z., Dan, T., and Brecher, K., 1983. "A Textual Research on the Astronomical Diagrams in No. 1 Tomb of Leigudun," *Journal of Central China Teacher's College*, *Natural Science Edition* 4, 1‑22.

Zhong, Shouhua(钟守华), 2005. "Qin jian 'Tian guan shu' de zhongxing he gudu"(《秦简〈天官书〉的中星和古度》), *Wenwu* 3, 91‑6.

Zhongguo huaxiangshi quanji bianji weiyuanhui(中国画像史全集编辑委员会), 2000. *Zhongguo huaxiangshi quanji*(《中国画像史全集》), Vol. 1〔ed. Jiang Yingju(蒋英炬)〕(Ji'nan：Shandong meishu).

Zhongguo shehui kexueyuan kaogu yanjiusuo(中国社会科学院考古研究所)(ed.), 1980. *Zhongguo gudai tianwen wenwu tuji*(《中国古代天文文物图集》)(Beijing：Wenwu).

（ed.）, 1994. *Yinxu de faxian yu yanjiu*(《殷墟的发现与研究》)(Beijing：Kexue).

（ed.）, 1999. *Zhongguo tianye kaogu baogao ji：Yanshi Erlitou*(《中国考古田野考古报告集——偃师二里头》)(Beijing：Zhongguo dabaike quanshu).

Zhou, Fengwu(周凤五), 2003. "*Sui Gong xu* ming chu tan"(《〈遂公盨〉铭初探》), *Hua xue*(《华学》)6, 7‑14.

Zhou, Xifu(周锡铍), 2002. "*Tian Wang gui* ying wei Kang Wang shi qi"(《〈天亡簋〉应为康王时器》), *Guwenzi yanjiu*(《古文字研究》)24, 211‑16.

Zhu, Fenghan(朱凤瀚), 2006. "'Shao gao,' 'Luo gao,' *He zun* yu Chengzhou"(《〈召诰〉〈洛诰〉〈何尊〉与成周》), *Lishi yanjiu*(《历史研究》)1, 3‑14.

Zhu, Guozhen(朱国桢), 1998. *Yong chuang xiao pin*(《涌幢小品》)(1622.), *Mingjia daodu biji congshu*(《名家导读笔记丛书》)(Beijing：Wenhua yishu).

Zhu, Kezhen(竺可桢), 1979. "Er-shi-ba xiu qiyuan zhi shidai yu didian"(《二十八宿起源之时代与地点》)*Zhu Kezhen wenji*(《竺可桢文集》)Beijing, Kexue, rpt. from *Sixiang yu shidai*(《思想与时代》)34(1944), 234‑54.

Zhu, Naicheng(朱乃诚), 2006. "Erlitou wenhua 'long' yicun yanjiu"(《二里头文化'龙'遗存研究》), *Zhongyuan wenwu*(《中原文物》)2, 15‑

21，38.

Zhu，Wenxin(朱文鑫)，1934. *Shiji tianguan shu hengxing tu kao*（《〈史记·天官书〉恒星图考》）(Shanghai：Shangwu，first published 1927).

Zhu，Xi(朱熹)，n. d. *Hui'an xiansheng Zhu wengong wenji*（《晦庵先生朱文公文集》），Vol. 8，*Sibu congkan chubian jibu* edition（rpt.，Shanghai：Shangwu），1434. 2 – 1435. 1.

Zhu，Yanmin（朱彦民），2003. "Yinren zun dongbei fangwei shuo buzheng"（《殷人尊东北方位补证》），*Zhongyuan wenwu*（《中原文物》）6，27 – 33.

2005. "Shang zu qiyuan yanjiu zongshu"（《商族起源研究综述》），*Han xue yanjiu tongxun*（《汉学研究通讯》）24. 3，13 – 23.

Zhu，Youzeng(朱右曾)，1940. *Yi Zhou shu jixun jiaoshi*（《逸周书集训校释》）(Shanghai：Shangwu).

Zhu，Youzeng（朱右曾）and Wang，Guowei（王国维），1974. *Guben Zhushu jinian jijiao*（《古本竹书纪年辑校》）(Taipei：Yiwen).

Ziółkowski，Mariusz，2009. "Lo realista y lo abstracto：observaciones acerca del posible significado de algunos tocapus（t'uqapu）'figurativos,'" *Estudios Latinoamericanos* 29，37 – 64.

Zou，Heng(邹衡)，1979. *Shang Zhou kaogu*（《商周考古》）(Beijing：Wenwu).

Zuidema，R. Tom，1989. "A *Quipu* Calendar from Ica，Peru，with a Comparison to the *Ceque* Calendar from Cuzco," in A. Aveni（ed.），*World Archaeoastronomy*（Cambridge：Cambridge University Press），341 – 51.

"海外中国研究丛书"书目

1. 中国的现代化　[美]吉尔伯特·罗兹曼 主编　国家社会科学基金"比较现代化"课题组 译　沈宗美 校
2. 寻求富强:严复与西方　[美]本杰明·史华兹 著　叶凤美 译
3. 中国现代思想中的唯科学主义(1900—1950)　[美]郭颖颐 著　雷颐 译
4. 台湾:走向工业化社会　[美]吴元黎 著
5. 中国思想传统的现代诠释　余英时 著
6. 胡适与中国的文艺复兴:中国革命中的自由主义,1917—1937　[美]格里德 著　鲁奇 译
7. 德国思想家论中国　[德]夏瑞春 编　陈爱政 等译
8. 摆脱困境:新儒学与中国政治文化的演进　[美]墨子刻 著　颜世安 高华 黄东兰 译
9. 儒家思想新论:创造性转换的自我　[美]杜维明 著　曹幼华 单丁 译　周文彰 等校
10. 洪业:清朝开国史　[美]魏斐德 著　陈苏镇 薄小莹　包伟民 陈晓燕 牛朴 谭天星 译　阎步克 等校
11. 走向21世纪:中国经济的现状、问题和前景　[美]D.H.帕金斯 著　陈志标 编译
12. 中国:传统与变革　[美]费正清 赖肖尔 主编　陈仲丹 潘兴明 庞朝阳 译　吴世民 张子清　洪邮生 校
13. 中华帝国的法律　[美]D.布朗 C.莫里斯 著　朱勇 译　梁治平 校
14. 梁启超与中国思想的过渡(1890—1907)　[美]张灏 著　崔志海 葛夫平 译
15. 儒教与道教　[德]马克斯·韦伯 著　洪天富 译
16. 中国政治　[美]詹姆斯·R.汤森 布兰特利·沃马克 著　顾速 董方 译
17. 文化、权力与国家:1900—1942年的华北农村　[美]杜赞奇 著　王福明 译
18. 义和团运动的起源　[美]周锡瑞 著　张俊义 王栋 译
19. 在传统与现代性之间:王韬与晚清革命　[美]柯文 著　雷颐 罗检秋 译
20. 最后的儒家:梁漱溟与中国现代化的两难　[美]艾恺 著　王宗昱 冀建中 译
21. 蒙元入侵前夜的中国日常生活　[法]谢和耐 著　刘东 译
22. 东亚之锋　[美]小R.霍夫亨兹 K.E.柯德尔 著　黎鸣 译
23. 中国社会史　[法]谢和耐 著　黄建华 黄迅余 译
24. 从理学到朴学:中华帝国晚期思想与社会变化面面观　[美]艾尔曼 著　赵刚 译
25. 孔子哲学思微　[美]郝大维 安乐哲 著　蒋弋为 李志林 译
26. 北美中国古典文学研究名家十年文选　乐黛云 陈珏 编选
27. 东亚文明:五个阶段的对话　[美]狄百瑞 著　何兆武 何冰 译
28. 五四运动:现代中国的思想革命　[美]周策纵 著　周子平 等译
29. 近代中国与新世界:康有为变法与大同思想研究　[美]萧公权 著　汪荣祖 译
30. 功利主义儒家:陈亮对朱熹的挑战　[美]田浩 著　姜长苏 译
31. 莱布尼兹和儒学　[美]孟德卫 著　张学智 译
32. 佛教征服中国:佛教在中国中古早期的传播与适应　[荷兰]许理和 著　李四龙 裴勇 等译
33. 新政革命与日本:中国,1898—1912　[美]任达 著　李仲贤 译
34. 经学、政治和宗族:中华帝国晚期常州今文学派研究　[美]艾尔曼 著　赵刚 译
35. 中国制度史研究　[美]杨联陞 著　彭刚 程钢 译